DIOPHANTI ALEXANDRINI

OPERA OMNIA

CUM GRAECIS COMMENTARIIS

EDIDIT

PAULUS TANNERY.

VOLUMEN II

CONTINENS PSEUDEPIGRAPHA, TESTIMONIA VETERUM, PACHYMERAE PARAPHRASIN, PLANUDIS COMMENTARIUM, SCHOLIA VETERA, OMNIA FERE ADHUC INEDITA, CUM PROLEGOMENIS ET INDICIBUS.

STUTGARDIAE IN AEDIBUS B. G. TEUBNERI MCMLXXIV

Editio stereotypa editionis anni MDCCCXCV

ISBN 3-519-01293-6

Printed in Germany
Druck: Julius Beltz, Hemsbach/Bergstr.

PROLEGOMENA.

I.

Viris mathematicis quibus Diophantea problemata artificiaque etiamnunc haud negligenda videbuntur, primum huius editionis volumen destinavi; in hoc altero nihil tale invenient, nihil inquam (ultimo quaestionum excepto conspectu, pp. 287 sqq.) quod studiis ipsorum inservire queat. Variis e silvis huc congestam materiam plerumque ineditam philologis et praesertim paucioribus iis dedico, qui mathematicae historiae nova documenta graeca scrutari cupient. Non erat igitur latinam cur interpretationem, sicut in priore volumine, vellem condere; sed eo longiora forsitan nunc mihi praefanda sunt.

Primum de collectis *pseudepigraphis* separatim dicam.

1. Fragmentum I, in catalogo Parisini supplementi graeci indicatum, codex exhibet S. 387, circa annum 1303 scriptus et quo illustrissimus Hultschius usus est (sub nota C) in edendis *Heronis Alexandrini geometricorum et stereometricorum reliquiis.* Praecedentia folia implet opusculum inscriptum: *Ἀρχὴ τῆς μεγάλης καὶ Ἰνδικῆς ψηφιφορίας* (sic), anno 1252 elaboratum et post dimidium fere saeculum a Maximo

Planude compilatum[1]). Neque obiter hoc tacendum: opusculo in illo cifrarum figurae eae sunt quibus tum temporis Itali utebantur; Planudes contra, ut omnes sciunt, persicas notas numerorum exhibuit.

Quae in fine Calculi illius Indici de extractione radicis quadraticae dicuntur, complere credo voluit libri scriptor, nempe monachus quidam varia mathematica ad libitum suum colligens. Forsan scholium mancum in Diophanteo quodam codice excerpsit et inde falsum lemma adscripsit; nam error manifestus est, sed fraudis suspicioni nullus locus.

2. In compluribus Ptolemaei Compositionis mathematicae codicibus manuscriptis illa *Προλεγόμενα* reperiuntur anonyma, quorum initium et partem geometricam praeclarae suae Pappi editioni (praef. vol. III, pp. XVII—XXI; pp. 1138—1165) Hultschius adiunxit. Pappo quidem tributa fuerunt ab auctore catalogi Vaticano graeco 184 praemissi, Diophanti nomen contra iisdem in Marciano 303 saec. XIV praefixum est, ut recentiorem saec. XVII Canonicianum Bodleianum 32 omittam. Utrinque falso; nam etsi Pappum certe cum Theone aliisque (non Diophantum autem) Prolegomenôn[2]) auctor compilaverit, post Syrianum cuius mentionem fecit, ergo non ante finem quinti vel ini-

1) In notissimo opere quod graece edidit Gerhardt: *Das Rechenbuch des Maximus Planudes,* Halle, Schmidt, 1865.

2) Prolegomenôn auctorem fuisse Heliodorum Alexandrinum Hermiae filium Ammoniique fratrem cur coniici possit, alias exposui (*Bulletin des Sciences Mathématiques,* janv. 1894 et *Zeitschrift für Mathematik und Physik,* sub titulo: *Un fragment des Métriques de Héron*).

tium sexti saeculi eum vixisse haud dubitandum est; nec infra verisimiliter statuendus est qui *θεῖον* Ptolemaeum vocat.

Prolegomena illa tota vel saltem ineditam partem, etsi lucem mereatur, Diophanteis operibus adiungere haud mihi animus fuit. Ceterum optimus codex Parisinus 2390, quo uti poteram, recentiore manu depravatus est et Vaticanos manuscriptos denuo invisere ob eam causam non vacabat. Attamen fragmentum desiderari poterat illud quod C. Henry iam vulgavit sub titulo: *Opusculum de multiplicatione et divisione sexagesimalibus Diophanto vel Pappo attribuendum* (Halis Saxoniae, H. W. Schmidt, 1879). Quum praesertim huius editoris stupendae lectiones acutissimum Hultschium, ne me ipsum dicam, haud semel frustra torserint[1]), operae pretium fore duxi si eundem codicem fideliter describerem, nempe Parisinum 453 in quo Ioannes a Sancta-Maura, circa annum 1600, fragmentum illud ex Vaticano quodam manuscripto satis curiose deprromptum bis inseruit; Hultschii aliquas coniecturas adnotavi, sed cur praecedentem editionem omnino neglexerim, qui illam viderit statim intelliget.

3. Tertium fragmentum (pp. 15—31) in catalogis haud recensitum doctissimus Heiberg amicissime mihi indicavit quum eo praesente Parisiis fruerer. Nemini lemma *Διοφάντου* fucum faciet; Heroniana hîc habes in codice saec. XIV nec meliora nec peiora quam plurima Hultschianae collectionis. Tum temporis Diophanti nomen Byzantinis diu paene incognitum, ut

1) *Zeitschrift für Math. u. Phys.* XXIV, *hist.-lit. Abthlg.* p. 199 sqq.

infra ostendetur, apud doctos celebritatem nactum erat; illud mathematicis anonymis scriptis praefigere fraus facilis fuit. Sic Prolegomenis ad syntaxin in Marciano codice, sic Heronianis fragmentis (ut aliis Euclidis nomen) in Parisino nostro adscriptum fuit.

Quid praecipue notandum de hoc pseudepigrapho nunc dicam. Geometriae quae fertur Heronis librarius saec. XIII, ut videtur, varia adiunxit quae invenerat *ἐν ἄλλῳ βιβλίῳ τοῦ Ἥρωνος* (ed. Hultsch, pp. 131, 14; 134, 8. 15). Alteram ipsius Heronis editionem nunc deperditam sic designari credidit clarissimus Mauritius Cantor, multaque ingeniosissime suo more secundum hanc coniecturam disputavit[1]). Sed qui attente Heronianis iampridem editis novum fragmentum nostrum conferet, forsan aliter sentiet; illud enim *ἄλλο βιβλίον* nihil esse nisi quandam problematum geometricorum byzantinam collectionem, vel Heronis nomine insignitam, ut alias illas ab Hultschio in corpus conflatas, vel forte anonymam, sed Heronianis simillimam, mihi saltem probabilius videtur. Ceterum ex illa collectione (aut illo alio Heronis libro) Diophanteum pseudepigraphum depromptum fuisse, amplius demonstrare supersedeo; locos conferendos in meis adnotationibus lector inveniet qui ea de re sententiam pronuntiare cupiet.

II.

Quum omnia (perpauca sane) quae ad meam notitiam pervenerunt *de Diophanto testimonia veterum* collegi,

1) *Vorlesungen über Geschichte der Mathematik*, Lipsiae, apud Teubnerum, 1880, pp. 330 sqq.

hoc praecipue fuit in votis ut ostenderem huius auctoris praeter nomen vix quidquam notum fuisse post quintum saeculum et ante tempora Georgii Pachymerae Maximique Planudis. Nicomachum Byzantini amplexi sunt, Diophantum paene ignorare diu videntur. Post commentarium a Planude scriptum res aliter se habet; ex. gr., in utraque epistola Nicolai Artavasdi, cognomento Rhabda[1]), initium ex prooemio Arithmeticorum tacite compilatur; ipse Diophantus audit ὁ *μέγιστος ἐν ἀριθμητικοῖς*. Sed talia recentiora consulto omisi.

1, 2, 3. *Theonis Alexandrini Ioannisque Hierosolymitani* (pp. 35 et 36) loci iampridem noti novis animadversionibus haud egent; de *Suidae* autem testimonio (p. 36) aliquatenus disputandum est quum gravibus erroribus sese implicuerit Nesselmann[2]), vir alias de mathematica historia optime meritus, sed qui forsan arabicam linguam magis quam graecam calleret[3]). Codicum enim auctoritate reiecta, Kusterianaque lectione admissa (*ὑπόμνημα εἰς Διοφάντου τὸν ἀστρονομικὸν κανόνα*: cf. infra p. 36, 24), commentarium ab Hypatia non in Diophanti Arithmetica sed in aliud quoddam astronomicum opus scriptum fuisse adfirmavit, frustra negans *ὑπόμνημα εἰς Διόφαντον* graeca verba esse et haud animadvertens talia multo magis Suidae condonanda esse quam quae Kusterus proposuit, quum

---

1) Videsis meam editionem: *Les deux lettres arithmétiques de Nicolas Rhabdas,* Paris, Klincksieck, 1886 (*Extr. des Notices* etc. XXXII) pp. 23, 26, 58.

2) *Die Algebra der Griechen,* pp. 248 sqq.

3) Ut adparet quando sedulus inquirit utrum *Διοφάντης* an *Διόφαντος* dicendum sit.

illo sensu *εἰς τὸν Διοφάντου ἀστρ. καν.* omnino scribendum fuisset. Ceterum nullam astronomicam tabulam (*κανόνα*) post Ptolemaeum apud veteres conditam fuisse extra dubium est; idcirco ante *τὸν* addidi *εἰς* (quod facile intercidere potuit) et quum commentarii *εἰς τὸν Πτολεμαίου πρόχειρον κανόνα* (Suidas v. *Θέων*) duae recensiones adhuc exstent, alteram Theoni patri cuius sub nomine feruntur, alteram Hypatiae filiae deberi libenter credam. Sed de his alias.

Nullum autem Diophanti opus praeter Arithmetica et libellum de polygonis numeris unquam iure commemoratum est. Si de Harmonicis quibusdam Gesnerus et Ramus locuti sunt, manifesti erroris origo in promptu est; in codice enim Vaticano 191 [1]) post Diophantea opera et sine auctoris nomine reperitur illa *Εἰσαγωγὴ ἁρμονική* quae vel Euclidi vel Cleonidae adscribitur. Lemmatis omissio, nunc in recenti catalogo codici praefixo correcta, Gesnero fucum fecit.

Omnino igitur optimorum Suidae codicum lectio *εἰς Διόφαντον* servanda est Hypatiaeque commentarium in Arithmetica Diophanti scriptum fuisse intelligendum.

4. In catalogo graecorum Scorialensium codicum excerpta Diophantea Millerus recensuit (MS. *Υ* — III — 12, saec. XIV, fo. 73^r^). Sub falso titulo satis longa latebat *Michaelis Pselli epistola* (infra pp. 37—42), quam raptim descripsi in Hispanico meo itinere. Sed eam

1) In Matritensi 48, ex quo Vaticanus 191 descriptus est, Zosimi nomen recentiore manu additum legitur; Harmonica autem illa non idem scripsit librarius qui Diophanto operam dedit.

haud levis esse momenti iudicans, alia subsidia mihi ad editionem paranda duxi et in Bandinii catalogo eiusdem epistolae mentione reperta ut Florentiae adservatae[1]), apographum poposci, quod mihi humanissime misit ab amico meo H. Omont v. cl. rogatus doctissimus peritissimusque Vitelli, cui maximas gratias et ago et habeo.

Quid ad mathematicam historiam epistola illa conferat, satis perspicuum erit, sed pauca forsan nihilominus monenda sunt. Qui Psellum noverit vel exempli gratia eum viderit (infra pp. 39, 16—41, 20) Heronianas Mensuras tacite compilavisse gravissimisque mendis, quibus etiam Parisini codices scatent[2]), haudquaquam offensum fuisse, nullus dubitabit omnia quae de Diophanto Anatolio Aegyptiacaque arte analytica initio epistolae traduntur, e Diophanteo codice deprompta fuisse in quo satis amplus et antiquus sane commentarius reperiebatur. Hunc eundem fuisse quem Hypatia composuerat, credere fas mihi sit.

Ceterum, ut alia omittam, gravissimo testimonio detegitur origo pravae lectionis *ἄλογος* pro *ἀόριστον* in textu Diophanti (vol. I, 6, 4; cf. II, 37, 12 et 38, 2 cet.) Vox *ἄλογος*, ex nomenclatura potentiarum secundum Anatolium in margine scripta, ad vocem *δυναμόκυβος* (I, 4, 23) referebatur; illam voci *ἀόριστον* substituendam esse credidit librarius ille qui recentiorum codicum archetypum descripsit; quae confusio

1) Etiam saec. XIV codex Laurentianus LVIII, 29 adsignatur.

2) Ut agnoscere licet collato Hultschii critico apparatu.

vix fieri potuit, nisi margines antiqui exemplaris notis coopertae fuissent.

5. *Epigrammata arithmetica* graeca, quae Bachetus commentario suo ad quaestionem Diophanti V, 33 adiunxit[1]), in hac nova editione quaerenda fore credidi, imo meae operae haud parcendum esse duxi ut antiqua Palatini codicis scholia iuris publici facerem, quum satis bonae notae mihi viderentur et Diophanti haud semel mentionem iniicerent. Compendia igitur resolvi, quorum difficultas Iacobsium aliosque Anthologiae editores deterruerat, et facile intelligendum credo textum exhibui; de quo non glorior, de prisco fractiones scribendi more gravissimo reperto testimonio contentus. Etenim denominatores supra lineam, non in loco exponentis quem vocant hodie, in codice saec. X constanter inveni; quem usum (v. praef. vol. I, p. VIII) suspicatus fueram, sed cuius in Diophanteis manuscriptis indubitatum exemplum afferre haud poteram.

In epigrammatîs ipsis denuo praelo tradendis quam rationem secutus sum in nota ad pag. 43 dixi et amplius defendere haud conabor; Spartam meam pro viribus ornare mihi satis est, Mycenas illas celebres

1) Ultimum (45 Bacheti), quod in Palatino codice haud reperitur et a Salmasio ex Anthologia Planudea depromptum fuerat, consulto omisi, sed hîc ad verbum repetam:

Ἡμίονος καὶ ὄνος φορέουσαι οἶνον ἔβαινον·
αὐτὰρ ὄνος στενάχιζεν ἐπ' ἄχθει φόρτου ἑοῖο,
τὴν δὲ βαρυστενάχουσαν ἰδοῦσ' ἐρέεινεν ἐκείνη·
Μῆτερ, τί κλαίουσ' ὀλοφύρεαι ἠύτε κούρη;
εἰ μέτρον ἕμοι δοίης, διπλάσιον σέθεν ἦρα·
εἰ δὲ ἓν ἀντιλάβοις, πάντως ἰσότητα φυλάξεις.
Εἰπὲ τὸ μέτρον, ἄριστε γεωμετρίης ἐπίιστορ.

aliis libenter relinquo. Attamen de aetate collectionis scholiorumque quaedam haud omittenda videntur.

Num ante Constantinum Cephalam, qui decimo labente saeculo epigrammatum corpus Palatinum quod fertur condidit, arithmetica problemata in priores Anthologias admissa fuerint, disputare licet; saltem ex iis quae ad pp. 43—72 adnotavi, illud demonstrari potest, duas collectiones Cephalae praesto fuisse: alteram quae satis antiqui poetae nomen prae se ferebat, Socratis scilicet cuius Diogenes Laertius mentionem fecit; alteram recentiori Metrodoro adtributam. Nulla scholia (nisi forsan quosdam solutionum numeros in margine scriptos) in prima collectione reperiebantur, si tantummodo septem illa excipias quae ad ep. XIV, 7 scripta sunt post Iulianum imperatorem a variis credo temporeque longe disparibus, certe autem parum arithmeticae nisi practicae peritis hominibus. Nimis raras huiusmodi relliquias invenimus; quid ad vulgaris calculi historiam conferre possint, exemplo unico alibi demonstrare conatus sum[1]).

Ad unumquodque vero Metrodoreae collectionis epigramma Constantinus Cephalas iam scripta scholia invenit, quae in textum suum recepit[2]); sed quum problemata quaedam in Socratea collectione reperta iamiam prius descripserat (nempe ep. XIV, 2, 3, 6, 7), illa non repetivit, sed Metrodoreos numeros Socrateis adiunxit scholiaque in margine posuit. Verum ordinem

1) *Revue des études grecques*, VII, pp. 204 sqq.: *Le calcul des parties proportionnelles chez les Byzantins.*

2) Errores animadvertas velim in compendiis solutis, pp. 44, 18; 53, 16; 70, 7, 14; item lacunam, 55, 20.

Metrodoreae collectionis usque ad trigesimum saltem epigramma (nam quae numerata erant 31, 34, 35, 37 deperdita videntur) restituere nunc perfacile est; adparet autem a Metrodoro antiqua epigrammata cum recentioribus collecta fuisse, nec ullius problematis eum auctorem indubitato iure declarari posse.

Ceterum Metrodoreae collectionis scholia diu ante Cephalam scripta fuisse libenter credam. Pro tempore haud impurus sermo[1]); auctori Euclides familiaris, imo Diophanti saltem primus liber notus est. Cur Metrodoro ipsi scholia illa haud tribui possint, non video; praesertim si problemata haud invenisse sed potius compilavisse iudicandus est, ea scholiis munire sine dubio potuit, ut suam collectionem utiliorem acceptioremque redderet.

Sed quum Byzantinus ille grammaticus sub Constantino Magno vixisse aliaque multa de astronomia et geometria scripsisse a Iacobsio (comment. in Anthol. Gr. t. XIII, p. 917) perhibeatur, miram confusionem haud tacere possum. Alius enim est Metrodorus philosophus e Persis oriundus, cuius mendacia Constantinum et Saporem in bellum implicuerunt (de quo Valesium ad Amm. Marcell. consulas); alius Metrodorus mathematicus, a Servio Plinio Ptolemaeoque (in libello de Apparitionibus) memoratus; alius grammaticus noster, quem Fabricius, haud spernendo argumento nixus, Anastasio et Iustino imperatoribus supparem fuisse statuit[2]). Ergo ad aetatem Diophanti definiendam

1) In scholiis alterius collectionis contra invenies λογάριν (p. 49, 3) aliaque deterioris notae.

2) Bibl. Gr. ed. Harles, IV, p. 482; cf. 468 et 478.

nullius est momenti notissimum illud de vita arithmetici viri epigramma (infra p. 60), cui fidem tanquam historico testimonio alii libenter tribuunt, alii prorsus abrogant.

6. De paucis illis scholiis in Iamblichum (infra, p. 72) quae a recenti Pistelliana editione mutuatus sum, hoc tantum monebo: scholiastes eundem, quo Psellus usus est, codicem cognovisse videtur et antiquum commentarium (Hypatiae?) a textu haud perspicue distinctum ut operam Diophanti bis indicavisse.

7. Ultimum fragmentum (pp. 73—77) e Nicomacheo codice Parisino 2372 (saec. XV) deprompsi, ut contra ostenderem quo modo Byzantinus quidam satis eruditus, Pselloque forsitan aetate suppar, de Diophanto inaniter locutus sit; nomen audivit, de tredecim libris illius auctoris mentionem iniicit, sed quae problemata in illis libris tractata fuerint, prorsus ignorat (p. 73, 25). Nec alias propter causas breve illud prolegomenon ineditum negligendum forsan videbitur.

III.

1. Nunc ad *scholia* transeo quae publici iuris feci. In Vaticano gr. 116 (saec. XVI) post *Σχόλια τῆς ἀριθμητικῆς Διοφάντου τοῦ Πλανούδη κυροῦ Μαξίμου* alia inveni sub rubrica *ἐξ ἑτέρου* quae Planudeis praeposui. Haud diu me latuit auctor; nam decimo abhinc anno, operis Georgii Pachymerae, cui titulus *Σύνταγμα τῶν τεσσάρων μαθημάτων* vel *Τετράβιβλον*, partes ineditas[1]) iam descripseram, facileque capitula

1) Musicam partemque prooemii mutilam edidit Carolus Vincent, qui Parisinorum codicum notitiam dedit (*Notices et*

quaedam arithmetica agnovi in quibus Pachymeres, ut Nicomachum in praecedentibus, Euclidem in sequentibus, Diophantum excerpsit vel potius primi libri paraphrasin suo tempori accommodatam exhibere conatus est, codicem nactus nostrorum credo archetypum, iisdem saltem mendis depravatum, in quo ex. gr. verba *ἄλογος ἀριθμός* (p. 80, 8; cf. I, 6, 4) iam legebantur.

Vaticanus gr. 116 ex deperdito quodam codice descriptus videtur, cuius Parisini quoque apographi sunt; initio ille iam mutilus erat, itaque auctoris nomen deerat. Integer textus tantum exstat in Naniano 255 (nunc Marciano Cl. VI cod. VI) saec. XV, sed optimae notae, ex monasterio S. Catharinae Sinaitico olim allato et quem mihi v. cl. Castellani, Marcianae bibliothecae praefectus, humanissime Parisios transmisit. Huius recensionem infra exhibui (pp. 78—122), nulla variante lectione in Parisinis codicibus reperta quae mentione digna videretur.

2. Haud multo post Georgii Pachymerae tentamen iustum commentarium in duos priores libros Diophanti Maximus Planudes scripsit. Anonymum opus exstat in plurimis codicibus vel nomen tantum praefixum fuit post editam a Xylandro, qui auctorem suspicatus erat, latinam interpretationem. Sed nullus dubio locus est: etsi enim Vaticani gr. 116, cuius modo titulum dedi, deperditus est archetypus, huius adhuc decem folia saeculi XIV exstant in Ambrosiano Et 157 sup., et ubi incipiunt problemata, haud ambigue prima manu

Extraits, T. XVII, 1858, pp. 362—533): ex libro quarto quaedam fragmenta Th. H. Martin Theonis Smyrnaei Astronomiae adiunxit.

legitur (fol. 14): *Διοφάντου ἀλεξανδρέως τῶν εἰς ιγ τὸ πρῶτον* et *Σχόλια τοῦ Πλανούδη κυροῦ Μαξίμου.*

Vetustissimum qui nunc adservatur Marcianum 308 (saec. XV) in Planudeis scholiis, nunc primum graece editis, secutus sum, varietate lectionum sine nota peculiari addita; ubi autem correctiones ex codicibus Parisinis hausi (qui omnes ex Marciano vel ex huius apographis descripti fuerunt), Marcianum posui $= B$, Parisinum 2485 $= K$, Arsenaciensem 8406 $= X$, huiusque ultimi secundam manum $= X_2$. Nihil mihi praebuit mentione dignum Parisinus 2379 quem etiam contuli.

3. Ultimum locum (pp. 256—260) scholiis veteribus adsignavi quae in Diophanteis codicibus alterius familiae reperiuntur. Multa alia ex Matritensi 43 $= A$ describere potuissem, sed haud maioris momenti fereque omnia mutila; nam margines huius codicis iampridem exesae fuerunt, iisque sedulo inspectis, perpauca colligenda credidi, nulla edenda, nisi quod ultimum admisi (p. 260, 24—26) in gratiam doctissimi Heiberg qui mihi maledictum illud iamiam indicaverat.

Ceterum, si vetera scholia illa dixi, quae Pachymerae paraphrasin vel Planudeum commentarium aetate superare mihi non videntur, ea tantum secernere volui a multo recentioribus iis (saeculi XVI vel XVII), quae post Xylandri editionem viri docti interdum adnotaverunt. Variis manibus haud facile distinguendis scholia Matritensia scripta fuerunt, nullam agnovi quam librarii (saec. XIII) fuisse credam.

Quum saeculo XV fere medio ex Matritensi Vaticanus gr. 191 $= V$ descriptus est, illa tantum scholia ad primum librum admissa sunt, quae nunc etiam facile legi possunt; duo (p. 260, 10 et 21) manca librarius reliquit (quae sequebantur in Matritensi frustra divinare tentavi); post quaestionem I, 28, inani labore defessus, ulteriora neglexit, sed quaedam antea suo Marte (scholia 4, 5, 6) addiderat. Vaticani gr. 304 (apographi ex *V*) scriptor (XVI saec.) scholia 16, 17, 18 item adiunxit. Inde omnia defluxerunt in Parisinum 2378, in Neapolitanum III C 17, quos contuli, et in alios codices eiusdem familiae.

4. In Pachymereis Planudeis et ultimis scholiis edendis, imo in toto hoc volumine, illa tantum menda tollenda esse duxi quae non auctori ipsi tribui posse credidi; quam rationem, in priore volumine iam initam, multo magis in hoc altero servare debebam, quum de scriptoribus sequioris aevi agebatur. Peculiares cuiusque mores, sicut in codicibus adparebant, ad eandem normam adigere imprimis nolui, et ex. gr. ἶσος scripsi in Pachymerea paraphrasi, ἴσος alibi.

De diagrammatîs quae in Planudeo commentario reperiuntur, pauca addam; illa quam fidelissime descripsi, sed numeros mendosos interdum tacite correxi, nulla varietate lectionum indicata. Compendia sic legenda sunt:

’Ε^{λ}.	ἐλάσσων	Μ^{ζ}.	μείζων
ὑπ$^{χ'}$. }	ὑπεροχή	διαίρ.	διαίρεσις
vel ὑπερο^{χ}. }		πολλ.	πολλαπλασιασμός
ἔκθ.	ἔκθεσις	ἀφ.	ἀφαίρεσις
προ. }	πρόσθεσις	μερ.	μερισμός
vel πρ. }	vel προσθήκη	σύνθ.	σύνθεσις
ὑπ.	ὑποστάσεις	τετρ.	τετραγωνισμός
ἴσω.	ἴσωσις	πλ.	πλευρά
λ^{π}.	λείπεται	π^{ρ}.ς	παρὰ ἀριθμόν.

Ad problema II, 29, p. 246—247, animadvertere omisi diagramma male compositum fuisse a Planude, qui prava lectione deceptus (vide adn. crit. I, p. 128, 9) suo in commentario ex errore isto vix sese explicuit. Sic Planudi ipsi deberi diagrammata compertum est; quod haud monerem, nisi antiquiora illa esse vir doctus mihique amicus L. Rodet frustra censuisset[1]).

IV.

De genuina Diophanti Arithmeticorum compositione.

De hoc secundo volumine praedicta in praesens sufficiant; ad prius revertar, de fatis Diophanteorum codicum, ut promissum absolvam, disputationem nunc aggressurus.

Quo tempore Diophantus ipse vixerit Arithmeticaque scripserit, diu incertum fuit; hodie, etsi ex epistola Michaelis Pselli (infra p. 38, 24) eum iuniorem Anatolio (Laodicensi episcopo) non fuisse haud extra omne dubium concludi possit, hoc tamen probabilius videtur; nec multo antea eius aetas statuenda est; tertio igitur saeculo post Ch. n. medio fere Diophanti ἀκμὴν adsignare fas mihi sit.

Ab Hypatia, circa finem quarti saeculi, libris saltem sex prioribus Arithmeticorum commentarium adiunctum fuisse evincere iam conatus sum; septem ultimos intactos remansisse et ideo deperditos fuisse libenter

1) *Sur les notations numériques et algébriques antérieurement au XVIe siècle,* Paris, Leroux, 1881.

credam. Sic Eutocius nobis quatuor Conicorum priores libros servavit, sed posteriores, a quibus manum abstinuit, desideramus, et sicut Apolloniano manco operi ad iustum complendum volumen Sereni liber adiunctus est, Arithmeticorum relliquiis adnexum invenimus libellum *De polygonis numeris* qui maioris operis pars haud censendus est.

Post Aegyptum deperditam diu apud Byzantinos Diophantei libri paene ignoti remanserunt; forsitan unicum exstabat exemplar, quod tamen adhuc vidit Michael Psellus (et ante eum credo scholiastes Iamblichi), sed cuius post Constantinopolim a Latinis anno 1204 vi captam nullum vestigium reperitur.

Ex illo antiquo exemplari (*a*) descriptus est saeculo VIII vel IX codex alius (*α*) hodie quoque deperditus, sed qui vere proprieque nostrorum archetypus nominandus est. Huius codicis aetas definiri potest, quum in fidelissimo apographo Matritensi 48 saec. XIII iota adscriptum constanter observetur, imo contra omnes leges literae finali ω plerumque additum (in vocibus ut λέγω etc.) reperiatur. Nec magis arithmetices peritus, sed forsan astrologiae deditus erat barbarus ille scriptor cui compendium $\varDelta^{\varkappa}$ (nempe τετράκις) absurde in διακεκριμένον (I, 464, 4 etc.) moris fuit solvere.

Similia vel etiam multo graviora alia librario isti in praef. prioris voluminis iam imputavi. Sed utinam talia tantum ab eo Diophanti contextus perpessus esset vulneraque insanabilia haud accepisset! Commentarios enim scholiaque omnia omittere quum librarius instituisset, sed male, ut iam diximus, distinctio fieret, plura recepit quae relinquenda, plura reliquit quae recipienda erant. Nam Hypatia et post illam forsitan scholiastae alii alteras solutiones interdum novaque problemata plurima Diophanteis addiderant; quorum partem variis in locis tanquam genuinam librarius admisit (ut probl. II, 1—7, 17, 18 etc.); quapropter alia multa, etiamsi verisimilius a Diophanto ipso scripta, suspicionem movere possunt nec certo auctori vindicari queunt.

Contra saltem, ne lacunam I, 365, 5 memorem, Porismata illa omissa fuerunt, quae Diophantus problematîs suis adnexerat et quorum ter mentionem diserte iniecit: Ἔχομεν ἐν τοῖς πορίσμασιν (I, 316, 6; 320, 5; 358, 5). Nam peculiare opus, eodem quo Euclideum titulo insignitum, Porismata Diophantea fuisse nullus credo; imo persuasum habeo aequationum secundi gradus sub tribus terminis solutionem, quam promisit Diophantus (I, 14, 23) et tanquam notam alibi sumpsit (ex. gr. I, 305, 5), in porismatîs ad probl. I, 27 et 30 datam fuisse. Sic multa alia porismata facile divinatione restitui vel e Bachetianis recipi possent; sed nihilominus de horrenda mutilatione operis graviter dolendum est.

Attamen quum hodie inter historicos mathematicos Nesselmanni sententia plurimum vigeat, Porismatum nempe deperditorum recuperationem, si speranda esset, maioris momenti fore quam septem ultimorum librorum inventionem, cur album calculum meum adiicere nequeam, hîc obiter mihi dicendum est.

In septem libros illos quaenam et cuiusmodi problemata congesta erant, omnino incertum est; nihilominus materiam Diophanto defuisse gravissimi auctores pronuntiarunt[1]), ut difficiliores quam in quinto libro quaestiones proposuisset; ita haud magni iactura facienda foret et pars deperdita non post sextum sed potius post primum librum desideranda. Quae si vera essent, vix starent quae disputavi.

Sed quaeso, si quintus, si sextus liber Arithmeticorum deperditus esset, quis recentiorum unquam talia problemata a Graecis tentata fuisse credidisset? Maximus error est si neges quod ab antiquis omnibus ignoratum fuisse non manifeste demonstratum est, hoc ab aliquo mathematico graeco cognosci potuisse. Quousque theoriam de numeris promoverit Archimedes, ut de aliis taceam, si nescimus, ignorantiam nostram fateamur. Sed inter celebre illud problema bovinum et difficillima Diophantea nonne satis amplum intervallum est ut septem libros complendum admittat? Et ne quod recentiores mathematici invenerunt, antiquis adrogem, nonne plura Indis Arabibusque tributa ex graecis fontibus hausta esse potuerunt? Quid si Leonardus Pisanus problema solvit Diophanteis simillimum, in Arithmeticis hodie frustra quaerendum? Ut liberius loquar, quum illustrissimus Chaslesius Porismata Euclidis satis probabiliter restituit, etsi Pappi lemmatîs adiutus, difficiliorem suscepit operam quam si numericis quaestionibus a Graecis haud iure abiudicandis septem Diophanteos libros complere tentavisset. Sed Chaslesiana geometrica utpote vere nova avide a studiosis accepta sunt; analysin indeterminatam

1) Vide M. Cantor, *Vorlesungen über Geschichte der Mathematik,* I (1880) p. 387.

quam vocant promovere sub antiquo habitu vestituque quis hodie sperare potest?

Ceterum de Diophanto imprimis erratum est, quum problematum suorum unicus auctor creditus est: arithmeticas tantum quaestiones redegit in corpus, sicut eodem fere tempore varia geometrica Pappus collegit; antiquiorum autem nomina si Diophantus silentio praetermisit uniformique methodo diversitatem originum primo obtutui celavit, attentius consideranti dissimilia vestigia nihilominus adparent; quaedam solutiones ex ungue leonem indicant, aliae multae debilioribus ingeniis debentur. Quapropter operae pretium duxi fore, si diligenter in indice graecitatis varietates sermonis enotarem quarum haud paucae forsan omittendae videbuntur; priscarum collectionum quas Diophantus compilavit distinctioni sic quodammodo praeludere in animo fuit. Sed nunc vereor ne frustra laborem meum impenderim, quum genuina Diophantea vix ipsa discerni queant; attamen tentaminis haud paenitet, quod multum mihi ad emendationes contulit[1]).

1) Quum indicem illum secundum Bachetianam editionem iampridem confectum recensioni meae aptarem, aliquas dubitationes novas de quibusdam locis adnotare debui; alii plura poterunt animadvertere; quod si faciunt, haud aliter operae meae utilitatem comprobatam iri cupio.

Indicis autem in usum hoc omnino monendum est, vocem unamquamque in unaquaque Diophantea quaestione nonnisi semel et primo loco notatam fuisse, quando saltem alia peculiaris mentio eiusdem vocis haud utilis mihi videbatur; sic consilio meo quod aperui brevitatique simul in mathematico opere satis consulere visum est.

V.

De Diophanteis codicibus.

Quum in praefatione prioris voluminis quorundam codicum notitiam iam dederim, ea quae dixi non repetam, sed stemma filiationis universum proponam (pag. XXIII) comprobareque conabor; asterisco codices notavi quos non ipse excussi; literis peculiaribus illos tantum designavi quorum varietatem lectionum collegi et penes me habeo.

Prioris classis tres characteres indicare satis erit: voces *ὀργανῶσαι τὴν μέθοδον* (I, 2, 5) absunt, nisi aliunde in marginem receptae; post *συμβήσεται* (I, 8, 24) omittuntur ea quae adnotavi ex *B*, a Maximo Planude, ut videtur, addita; denique peculiaria tantum illa reperiuntur scholia quae infra (p. 256—258) post Planudea dedi.

1. De *Matritensi A* nihil antedictis adderem, nisi haud satis scrupulose in praef. primi voluminis (p. III) scripsissem Vaticanum *V* ex *A* nondum corrupto ortum esse: haud enim intelligendum est nullam mutationem ante descriptionem illam in codice *A* allatam fuisse, sed tantum tunc temporis nondum scripturam ad exemplar alicuius Planudei codicis exactam esse. Si varias correctorum manus in tam male tractato codice haud certo agnoscere potui, hoc tamen constat, interdum *V* scripturam exhibere (ex. gr. I, 120, 9) quam in *A* ex correctione quadam ortam esse inveni. Quod monendum erat, ne quis in apparatu critico scripturam *A* desideret, si aliquando eam

(*a*) Deperditum antiquum exemplar Hypatianae recensionis.

(*α*) Deperditum apographum S. VIII vel IX.

PRIOR CLASSIS.

1. Matritensis 48 = *A* S. XIII.
2. Vaticanus gr. 191 = *V* S. XV post medium.
3. Vaticanus gr. 304 S. XVI ineunte.

4. Parisinus 2379 = *C* (post duos priores libros) S. XVI medio.
5. Parisinus 2378 = *P* S. XVI medio.
6. Neapolitanus III C 17 S. XVI medio.
7. Urbinas gr. 74 S. XVI exeunte.
8. Oxon. Baroccianus 166* (pars tantum libri I).

PLANUDEA CLASSIS.

9. Codex deperditus S. XIV cuius exstant decem folia in Ambrosiano Et 157 sup.
10. Marcianus 308 = B_1 S. XV ineunte.

11. Guelferbytanus* Gudianus 1 S. XV.

12. Palatinus gr. 391 S. XVI exeunte.
13. Reginensis 128 S. XVI exeunte.

4. Parisinus 2379 = *C* (duo priores libri et Planudea).

20. Taurinensis C III 16.
21. Parisinus Ars. 8406 = *X*.
22. Scorialensis Ω-I-15 S. XVI medio.
23. Scorialensis R-II-3 S. XVI exeunte.

14. Ambrosianus A 91 sup. (1545).
15. Vaticanus gr. 200 (1545).

16. Scorialensis T-I-11 (1545)
17. Parisinus 2485 = *K* S. XVI medio.
18. Scorialensis R-III-18 S. XVI medio.
19. Ambrosianus Q 121 sup. (pars libri I) S. XVI medio.

?

24. Oxon. Savilianus * S. XVI exeunte.

RECENSIO AURIAE ex collatis codicibus 2, 3, 15 et Xylandri interpretatione conflata:

25. Parisinus 2380 = *D*.
26. Ambrosianus E 5 sup.

Codices deperditi:

27. Patavinus Broscio a Synclitico concessus.
28. Cardinalis Du Perron.

haud exhibuerim, quum tamen prior scriptura *A* erui non potuisset.

2. *Vaticanum V* ex Matritensi ipso descriptum fuisse post integram utriusque codicis collationem nullus dubito et satis demonstrat addita Introductio harmonica Ps.-Euclidea (videsis supra, p. VIII). Sed etiam Matritensem Romae tunc satis longo tempore praesto fuisse coniici potest; bibliothecarius enim ille, qui priscam tabulam codici *V* praefixam [1]) confecit, manu sua non tantum titulos deficientes Arithmeticorum libris I, II et III atramento addidit, sed etiam in margine vocem *ἀρξάμενος* (I, 2, 5/6), quae omissa fuerat, ex fonte ipso reposuit. Antea tituli quarti libri et sequentium minio hodie evanido a rubricatore quodam additi fuerant, sicut in iisdem libris problematum literae initiales et numeri; quum autem exemplar *A* non sequeretur iste, plures errores commisit, quorum haud uniformis correctio in codicibus eiusdem classis discrepantiam attulit. Laborem a fine inceptum rubricator imperfectum reliquit; nam in tribus prioribus libris initiales literae atramento postea additae sunt et problematum numeri, qui in codice *A* deerant, omnino absunt.

3. *Vaticanum graecum 304* ex *V*, non ex *A*, descriptum fuisse scholiorum collatio imprimis mihi demonstravit: notandum est insuper vocem *ἀρξάμενος* (de qua paulo supra) in textum receptam fuisse erasis sequentibus literis quae prius hoc loco scriptae

---

1) Variis e codicibus antea separatis *V* conflatus est. Prisca tabula notat: *Διοφάντου ἀριθμητική· ἁρμονικὰ διάφορα.*

fuerant. Ceterum nitidius exaratus codex ille 304 ad describendum deinceps electus fuit, nec antiquiorem fontem manuscripti quinque sequentes reddere videntur, quod peculiari demonstratione non eget quum de recentioribus agatur.

4. *De Parisino 2379* = *C* (olim Regio), inter codices Planudeae classis etiam, quoad duos priores libros, recensendo vide praef. primi vol. (p. IV) et quae dicam infra (15) de Vaticano graeco 200. Hunc enim codicem 200 describendum elegisse Romae debuit Ioannes Hydruntinus, ut Planudis commentarium Diophanto adiungeret; item post Diophantum ex eodem Vaticano fragmentum addidit anonymum quod in plurimis Planudeae classis codicibus reperitur, scilicet partem illam Calculi secundum Indos in quam edendam Guelferbytano Gudiano (infra 11) C. I. Gerhardt (pp. 33—46) usus est[1]. Sic primo obtutu priori classi Parisinum *C* abnegares, idemque statueres de codicibus aliis (infra 20, 21, 22, 23) qui ex illo descripti videntur. Sed integra collatio demonstrat Hydruntinum post duos priores libros Vaticanum 200 reliquisse et n. 304 ut melioris notae secutum fuisse; tertiam igitur classem, cuius *C* princeps sit, qui volet constituere poterit.

5, 6. *Parisinus 2378* = *P* (olim Colbertinus) et *Neapolitanus III C 17* ab Angelo Vergetio, cuius manum haud incelebrem facile agnosces, post medium

1) Nomen Planudis fragmento illi in tribus tantum codicibus praefigitur, Guelferbytano, Reginensi (infra 13) et manu posteriore Ambrosiano A 91 sup. (infra 14).

saeculum XVI fideliter descripti sunt. In marginibus Neapolitani variae correctiones reperiuntur, quas saec. XVII ineunte mathematicus quidam attulit, sed quarum nulla ratio habenda est, quum Graecis incognitas notationes praebeant, v. g. $\frac{\alpha}{\beta}$ pro $\frac{1}{2}$.

De eodem codice in catalogo suo (II, p. 362) Salvator Cyrillus sic mentionem composuit, ut libellum de polygonis numeris tanquam septimum Arithmeticorum librum indicatum fuisse posses credere: hoc tantum verum est, in summis paginis (tituli instar currentis quem vocant) literas *Α*, *Β*, *Γ*, *Δ*, *Ε*, *Ζ*, *Η* secundum librorum ordinem minio depictas a Vergetio fuisse.

7. *Urbinas gr. 74* varia arithmetica ab uno eodemque librario saec. XVI exeunte descripta exhibet, nempe: f° 1 sub titulo *Ψηφοφορία κατ' Ἰνδοὺς ἡ λεγομένη μεγάλη* opusculum illud ante Planudem scriptum de quo supra dixi (p. III); ex Ottoboniano codice (Montfaucon I, 187 C) depromptum videtur. — f° 9 Diophantum integrum, sed sine scholiis ullis, ex Vaticano gr. 304. — f° 82 ex Vaticano gr. 116: *Σχόλια τῆς ἀριθμητικῆς Διοφάντου τοῦ Πλανούδη κυροῦ Μαξίμου*; post lemma *ἐξ ἑτέρου* excerptum illud ex Arithmetica Georgii Pachymerae, quod iuris publici in hoc volumine feci; aliud excerptum ex Geometria eiusdem, de irrationalibus Euclideis; denique fragmentum Planudeum Calculi Indici Diophanteis ut dixi saepius adnexum.

8. *Oxonianum Baroccianum 166* ex catalogo tantum novi, nec ampliora quam partem libri primi

Arithmeticorum exhibet (usque ad *κοινὴ προσκείσθω* I, 30, 15); ultima quae addit verba ex scholio vetere 15 (II, 259, 28—260, 2) originem satis indicant.

9. Ad alteram classem, scilicet Planudeam, nunc transeo. De codice deperdito saec. XIV, cuius decem confuso ordine exstant folia in *Ambrosiano Et 157 sup.*, iam (p. XIV) mentionem inieci. Diophanti quinque insunt fragmenta, nempe: foliis 13, 14, 8 *καὶ τῶν πολλαπλασιασμῶν* (I, 14, 1) ... *ἔσται ἀριθμοῦ ἑνὸς μονάδων ϙ̄* (26, 2). — f° 18 *παρὰ τῶν λοιπῶν δύο* (56, 15) ... *ἀριθμοὶ ἄρα κ̄ε̄* (60, 20). — f° 20 *ἀπὸ τῆς* (66, 4) ... *δεδομένον* (76, 15). — foliis 15, 9, 16, 17 *Εὑρεῖν* (88, 2) ... *τὸ πρόβλημα* (114, 9). — f° 19 *αἱ πλευραὶ συνάγουσι* (124, 12) ... *ὁ ἀπὸ τοῦ ἐλάσσονος* (136, 26); in marginibus Planudeus reperitur commentarius. Alia tredecim folia eadem manu scripta sed itidem perturbata mutilas partes aliorum operum exhibent, nempe: 1, 2, 3 *Θεολογούμενα ἀριθμητικῆς*; 6 *εἰς τὴν τοῦ Πλάτωνος ψυχογονίαν* [1]); 6, 10, 12 bis, 11 bis, 12, 11, 4 *ψηφοφορία κατ' Ἰνδοὺς ἡ λεγομένη μεγάλη*, Planudea scilicet (non autem secundum vulgatam recensionem); folio 4 ex abrupto incipit fragmentum illud praedicti Calculi Indici, quod Diophanteis Planudeae classis plurimis codicibus adnexum esse iam vidimus. Manifestum est in archetypo classis istius perturbato ordine partes Calculi Indici ante et post Diophantum exstitisse, ultimam-

1) Editum sub nomine Michaelis Pselli a Vincent (*Notices et Extraits,* XVI 2, pp. 316—337) anno 1847; sub nomine Soterichi philosophi a R. Hoche (Elberfeld) anno 1871.

que a librariis ut anonymam descriptam fuisse; similem imo maiorem confusionem in Ambrosiano invenimus, qui ergo nisi archetypum ipsum, certe archetypo propiorem codicem nobis repraesentat quam alii de quibus infra dicturus sum.

Quum itineris Italici mei die ultimo spicilegium hoc insperatum mihi oblatum esset, novas lectiones avide quaesivi, sed a Marciano B_1 nullam inveni discrepantiam, in iis saltem quae exacte contuli, nam operae omnino absolvendae tempus defuit; haud tamen alium ab utili forsan labore deterrere velim, imo ingenue dicam: si quis Diophantum amplius adornare cupit, Ambrosianum in primis adeat, Guelferbytanum deinde inspiciat.

10. De *Marciano 308* $= B_1$ vide praef. primi voluminis (p. I). Hîc tantum de peculiari textus dispositione, quam plures infra recensendi codices imitantur, mentionem faciam: Diophantea in duas columnas distribuuntur, Planudea, post unumquodque problema (aut prooemii sectionem) intercalata, totum paginam implent.

11. *Guelferbytanum Gudianum 1* saec. XV exeunte scriptum ex catalogo tantum nossem, nisi dubia quaedam summa cum benevolentia per epistolam sustulisset v. cl. Heinemann, bibliothecae praepositus. Diophantum continet codex iste cum commentario Planudeo (sine nomine auctoris) et fragmento Calculi Indici (sub lemmate: *τοῦ Μαξίμου τοῦ Πλανούδου*). Hoc lemma Xylander invenerat in codice quo usus est ab Andrea Dudithio Sbardellato commodato, nec, ut diximus, in alio tale lemma reperitur, nisi in Re-

ginensi, recentiore Guelferbytani apographo, et in Ambrosiano A 91 sup., ubi problema V, 28 (31 Bacheti et Xylandri) omissum est. Nisi ergo statuas Dudithii codicem deperditum esse, certum est illum eundem esse ac Guelferbytanum; nec alium vidit Tomasinus (Bibliothecae Patavinae manuscriptae publicae et privatae, 1639, p. 115) inter Nicolai Trevisani libros, quorum antea Matheus Macignus Venetianus possessor fuerat; nam Guelferbytano septem folia *Adnotationum in librum I Diophantis* XVII. saeculo ineunte ab eodem Macigno addita sunt. Num ex Marciano B_1 (nota Dudithium ex matre[1]) etiam Venetianum fuisse) an ex Ambrosiano Et 157 sup. nondum mutilo Guelferbytanus iste descriptus fuerit, incertum relinquere debeo. Constat autem Xylandri vel interpretationem vel commentarios nihil continere quod antiquiorem Marciano fontem indicet.

12. *Palatinus gr. 391* saec. XVI exeunte scriptus Diophantum exhibet cum commentario sed sine fragmento Calculi Indici. Marginales notae teutonico sermone adscriptae eum demonstrant paratum fuisse ut typographis traderetur; descriptum igitur fuisse vel a Xylandro ipso vel Xylandri cura concludas necesse est.

13. *Reginensis 128* saec. XVI exeunte scriptus eadem quae Guelferbytanus (cum lemmate *τοῦ Μαξίμου τοῦ Πλανούδου*) praebet; nec alia origo quaerenda est.

---

1) Cuius familiam cognomen Sbardellatus indicat; quod ignoravit Nesselmann (*Alg. d. Gr.* p. 279, not. 1).

14, 15. Primum genus Planudeae classis absolvimus, secundum aggredior. Gemelli sunt *Ambrosianus A 91 sup.* et *Vaticanus gr. 200;* ambo membranacei, ambo eadem manu satis eleganti descripti, ambo Marciani B_1 dispositionem referentes, ne de fonte dubites. Uterque Diophantum, commentarium et fragmentum Calculi Indici exhibet, sed in utroque omissum est problema V, 28; ergo alter ex altero descriptus fuit, nempe Vaticanus ex Ambrosiano; saltem rubricator ex Marciano in Ambrosiano miniatas literas et numeros addidit, Vaticanum prope intactum reliquit, duobus titulis tantum scriptis: *Διοφάντου Ἀλεξανδρέως ἀριθμητικῶν πρῶτον* ante secundum librum, *Διοφάντου Ἀλεξανδρέως ἀριθμητικῶν γ^ον^* ante tertium. In Vaticano etiam hodie literae pleraeque initiales desunt, sed atramento tituli librorum additi sunt nullo exemplari adhibito. Sic ante primum librum legitur *Διοφάντου Ἀλεξανδρέως ἀριθμητικῆς* (sic) *α'*; ante quartum, *Διοφάντου δ^ον^*; ante problema V, 20 Bacheti, *Διοφάντου ε^ον^*; ante quintum librum, *Διοφάντου ϛ^ον^*; ante sextum, *Διοφάντου ζ^ον^*; ante libellum polygonorum, *Διοφάντου η^ον^*; quam falsam divisionem a Vaticano tres sequentes codices mutuati sunt.

16. Inde demonstrare possumus quo anno duo praedicti codices descripti sunt. *Scorialensis* enim *T-I-11* eandem divisionem quam Vaticanus 200, sed non Marciani B_1 dispositionem praebens, Vaticani ergo apographus, hanc subscriptionem profert:

Τέλος τοῦ τοῦ Διοφάντου η^ου^ τῶν ἀριθμητικῶν
Ὁ οὐαλεριᾶνος φορολιβιεὺς ὁ ἀλβίνου καλούμενος

κανονικὸς καί τε καὶ ἀδελφὸς ἔγραψεν εἰς ῥώμη
ἔτει ͵αφμε.

Quum Mendozae olim fuerit codex iste et in libro manuscripto ubi Marciani commodati codices inscripti erant haec mentio reperiatur:

1545. *A di ultimo feurer. Al magnifico orator Caesareo* (nempe Mendozae) *sono imprestati gli tre infrascritti libri:* 1° *Cleomedes et Diophantes signato n*° 204[1]). . . . 1546. *A di 24 marzo. El contrascritto libro fu restituito et posto nella libreria al loco suo,*

Carolus Graux (*Essais sur les origines du fonds grec de l'Escurial*, Paris 1880, p. 249) Scorialensem ex Marciano B_1 descriptum fuisse statuit; conclusionem istam haud stare posse videmus: imo Mendoza plures libros describendos anno 1545 curavit, primos ab uno eodemque librario Ambrosianum et Vaticanum, deinde Romae a Valeriano Albini Foroiuliensi ex Vaticano Scorialensem, quem ut proprium tantum servavit.

17, 18. Item *Parisinus 2485* = *K* et *Scorialensis alter R-III-18* Vaticano 200 simillimi et Marciani B_1 dispositionem servantes Vaticani apographi videntur esse; prior, olim de Mesmes, postea Colbertinus, ab eodem librario qui Ambrosianum et Vaticanum descripsit procuratus, etiam Mendozae sumptibus deberi potest; Scorialensem subscripsit Ἄγγελος ὁ Λάσκαρις ὁ Ῥυνδακηνός, nempe Iani Lascaris filius.

1) Cleomedem enim cum Diophanto continet Marcianus B_1 hodie notatus 308; vetus numerus 204 ex antiquis catalogis etiam notus erat.

19. Eidem generi attribuendum videtur (ex titulo: *Διοφάντου Ἀλεξανδρέως ἀριθμητική α*, qui Vaticanum 200 ut fontem indicat) initium operis usque ad verba *ἐπὶ δὲ δ*. (I, 8, 3) cum commentario ab Angelo Vergetio in *Ambrosiano Q 121 sup.* (f° 44—59) descriptum.

20. Tertium genus Planudeae classis codices tres vel forsan quinque complectitur ex principe Parisino *C* (supra 4) ortos. Sicut integri codices secundi generis cum Diophanto commentarium Planudeum Calculique Indici fragmentum omnes exhibent; sed, ut iam dixi, post Arithmeticorum duos priores libros classem *A* sequi videntur.

Taurinensum C III 16 (73 Pasini), olim Collegii Patavini Societatis Iesu, subscripsit Constantinus Palaeocappa (*Κωνσταν*.[τι] *γραφεὺς Ἕλλην κοπιακῶς τὸν βίβλον τόνδ᾽ ἐπέραινε*), qui ex *C* Hipparchum in Aratum Diophanto addidit. In marginibus notulae insunt XVII. saeculi cum arabicis quae vocant cifris.

21. *Parisinum Arsenacensem 8406* = *X* Christophorus Auerus descripsit, quum adhuc Romae credo codex *C* (tunc cardinalis Ridolfi) praesto erat.

22, 23. *Scorialenses Ω-I-15*, Philippo II. regi a Iacobo Diassorino dedicatus, sed non scriptus, et *R-II-3*, olim Covarrubiae, peculiarem divisionem proferunt. Diophanti liber primus in duos partitus est, quorum alter incipit: *Καὶ τῶν πολλαπλασιασμῶν* (14, 1); sic Arithmeticorum libri septem constituti sunt; ut octavus de numeris polygonis libellus numeratus est. Haud dubium est recentiorem Covarrubiae codicem (saec. XVI exeunte descriptum) alterius apographum esse, quum Diassorinus anno 1562 vita defunctus sit. Diassorini vero codicem e Parisino *C*, non e Marciano B_1, descriptum fuisse haud equidem demonstrare valeo, quum integrum eum non contulerim. Sed ex lepidissima pictura in fronte codicis posita illum Parisiis adornatum fuisse credo, in officina Angeli Vergetii et circa annum 1555, quum iam Petrus Strozzi in Galliam Parisinum *C* attulerat.

24. *Oxoniensem Savilianum 6* saec. XVI exeunte scriptum ex catalogo Caswelli tantum novi: mentio *Diophanti Alexandrini Arithmeticorum libri sex et de numeris multangulis cum scholiis Maximi Planudis* classem indicat, non autem fontem proximum.

25, 26. De codicibus Auriae, nempe *Ambrosiano E 5 sup.* et *Parisino 2380* = *D* (olim de Montchal), vide praefationem primi voluminis (p. IV). Hoc tantum addam, haud ab Auria ipso sed a librario Ioanne a Sancta Maura (circa annum 1600) codices illos descriptos fuisse.

27, 28. Ex variis antiquorum codicum notitiis quas colligere potui, duos forsitan deperditos fuisse credendum est. Scripsit enim Tomasinus (p. 121): „In Bibliotheca Alexandri Synclitici Viri Clarissimi et Primi Iuris Civilis Professoris instructissima videbatur non ita dudum graece scriptus elegantissime Diophantes fol. ch. vet. longe copiosior et emendatior illo qui Parisiis prodiit. Eum vir optimus concessit Viro Cl. Ioanni Broscio Mathematico Cracoviensi, ut ipsius cura et studio in lucem ederetur, quem nunc eruditi omnes avide exspectant.“ — Item Bachetus in

Epistola ad Lectorem: „Ioannes tamen Regiomontanus tredecim libros se alicubi vidisse asseverat et Illustrissimus Cardinalis Perronius . . . mihi saepe testatus est, se codicem manuscriptum habuisse, qui tredecim Diophanti libros integros contineret, quem cum Guilielmo Gosselino concivi suo, qui in Diophantum commentaria meditabatur, perhumaniter more suo exhibuisset, paulo post accidit, ut Gosselinus peste correptus interiret, et Diophanti codex eodem fato nobis eriperetur.“ Sed quae de Regiomontano ibi dicta sunt, omnino falsa esse facile demonstratur[1]); nec maiorem fidem merentur Perronii vel Synclitici testimonia de integro vel copiosiore (Planudeo?) codice; nimis saepe talia fucum fecerunt; at vanos rumores explosisse sat erit.

VI.

De compendiis Diophanteis.

Hactenus de Diophanteis codicibus: superest ut apertius quam in priore volumine de dubiis quibusdam quaestionibus ad rem criticam pertinentibus sententiam meam declarem atque explicem.

1. In primis de compendiorum technicorum usu mihi agendum est; num in archetypo (*a*) casuum notae additae fuerint, num pluralis numerus duplicato compendio (in voce *ἀριθμός*) significatus fuerit, quas scribendi rationes contra codicum auctoritatem immutare ausus sum, praecipue disquirendum.

---

1) Vide M. Cantor: *Vorlesungen über Geschichte der Mathematik,* II, pag. 241.

Quum autem clarissimus mihique honoratissimus Fridericus Hultschius in relatione sua de priore huius editionis volumine[1]) a me postulaverit ut variantes lectiones codicum $A B_1$ quoad compendia nunc adderem, post longam dubitationem tanto viro satisfacere haud mihi animus fuit, laboremque inceptum invitus reliqui ut prorsus inutilem, imo delusorium.

Innumera quidem testimonia, ut animadvertit Hultschius, ex mathematicis codicibus manuscriptis afferri possunt, casuum finales syllabas per compendia notatas postea a librariis male solutas esse; nec igitur ex mendis istiusmodi evinci potest in archetypo casuum nullas notas fuisse. Sed qui exemplaria graeca versare consuetus est, nemo negabit notas illas finalium in recentioribus codicibus vulgo inveniri, in vetustioribus persaepe omitti[2]). Compendiorum duplicatio in plurali numero certe casuum notatione antiquior est et a Byzantinis librariis parum utiliter servata postquam finalium additio mos inveteratus fuit.

Proponam igitur ex critico prioris voluminis apparatu haud pauca quae manifesto testantur compendia nullis finalium notis munita a librariis vel male soluta vel servata esse.

Pluries pro *καὶ* scilicet ꞩ vel ꞩ' invenitur *ἀριθμοῦ*, 168, 6; *ἀριθμὸν*, 192, 11; 198, 15; 212, 20; 216, 23; etiam *ἀριθμῶν*, 98, 11. Item ex ϛ *κ*° ζ, 390, 3, 4, ortum est *ἀριθμῶν* $\overline{\kappa\zeta}$.

Compendium Λ quod defectum significat et ple-

1) *Berliner philol. Wochenschr.*, 23. Juni 1894.

2) Quod in codice *A* observare licet.

rumque in λείψει solutum est[1]), post quam vocem genitivus casus ponendus est, haud raro in codice A exstat pro formis verbi λείπειν (λιπὼν vel λείψας, etiam semel λίπωσι), 104, 21, 22; 106, 1; 130, 3; 132, 24; 140, 22; 176, 17; 182, 10, 13; 186, 16; 364, 16; unde concludas in locis ubi AB_1 scripserunt λείψει cum accusativo, 156, 3, 5, 8, 10; 140, 14; 176, 12; 182, 8, 11; 186, 12, compendium Λ sine finali syllaba in archetypo exstitisse sed male solutum esse.

Compendium ⊥ pro ὀρθή plerumque sine ulla casus nota servatum est (certe non intellectum): 392, 5; 394, 12; 396, 3; 402, 10, 18; 404, 17; 406, 7, 8; 408, 2; 410, 2, 3; 412, 4, 12, 14, 23; 414, 2, 26; 418, 1; 426, 8; 444, 15. Cf. 366, 14, ubi pro eo A scripsit Δ^Y, B δυνάμεων.

Pro πλευρά scriptum est πλάσις 92, 12; sed alibi compendium simpliciter $\overline{\pi}$ videtur fuisse, 202, 14; 450, 17; unde mendum πλευρά pro πῶς 450, 18; compendium idem pro voce πλῆθος apparet 356, 7.

Hae qui perpenderit nullus dubitabit compendia nisi semper saltem saepe in archetypo notis finalium destituta fuisse. Archetypum autem (a) non nobis repraesentant codices AB_1, sed scripturam librarii (α) qui Marte proprio compendia resolvit. Archetypi igitur genuinam formam restituere nulla spes remanet.

---

1) Attamen A prima manu scripsit λεῖψις 20, 21, 28; 28, 15; 34, 13, 14, 16; 38, 14; 40, 1, 2; 44, 8, 24; et λεῖψις cum dativo 32, 12, 16; 34, 10; etc. λείψεων 44, 20.

Quod sic ostendam: primum compendium technicum 16, 11 posui pro μονάδες codicum; sed post ἔστω usus formam μονάδων poscere videtur, ut 16, 13 ἀριθμοῦ ἑνός, 16, 14 ἀριθμοῦ ἑνὸς μονάδων $\overline{\mu}$; 16, 21 et 22 μονάδων. Item 16, 14 codices dant γίνονται ἀριθμοὶ δύο μονάδες $\overline{\mu}$; sed post γίνεται etiam genitivus casus desiderari potest, ut 16, 21 ἀριθμὸς μονάδων.

Nominativus casus item ad valorem praedicandum invenitur adhuc 18, 4, 12 (ἀριθμοὶ τρεῖς καὶ μονάδες τέσσαρες, sed ἀριθμοῦ ἑνός), 15; 20, 5; 26, 22 (ἀριθμὸς εἷς); 28, 18; 30, 13; 36, 6, 7 (ἀριθμοὶ ιβ, sed ἀριθμοῦ ἑνὸς μονάδων $\overline{\iota\beta}$); 40, 15, 17; 44, 2, 8; 46, 16, 17, 19 (ἔσονται μονάδες $\overline{o\varepsilon}$), 22 (ἀριθμοὶ $\overline{\varepsilon}$ .. μονάδες $\overline{\varrho}$); 48, 16; 50, 8 (ἀριθμοὶ τρεῖς), 15. Haec usque ad paginam 52, 9 reperio, ubi primo compendium technicum Ϛ apparet in codice *A* sine ulla finalis nota. Ubique alias usque ad eundem terminum genitivus casus ponitur.

Unam eandemque in talibus scribendi rationem Diophanti fuisse quis pronuntiet? Sed quam fidem codices mereantur, ex aliis videre est; 18, 11, 13 μονάσι τέσσαρσιν ὑπερέχῃ (ει) scriptum est [1]), quod cum usu Diophanteo bene congruit. At accusativus pro dativo ponitur 20, 4; 22, 12; 40, 14, 16 et paginis 42, 44, 46: nullum aliud exemplum (compendia soluta si excipias) reperiri potest.

Sed quid dicam de genitivo post vocem ἴσος? *A* prima manu scripsit μονάδων ξ 18, 3; similia re-

1) At μονάδων τεσσάρων *A* prima manu.

perio 20, 5; 26, 5, 6, 28; 28, 18; 30, 14; 34, 16; 38, 14; 42, 11; 46, 17. Talia B_1 facile correxit; sed qui Diophanteum, non Planudeum usum inquirit, vix inde aliquid credo eruere potest. Quoties igitur compendium technicum solutum est, vel quoties compendio nota finalis addita fuit (quod in *A* prima manu rarum est), hoc nihil ad criticam valere et aliunde testimonia quaerenda esse persuasum habeo.

2. Nihilominus optimo iure clarissimus Hultschius de alio compendiorum genere quaestionem movit: etsi enim inter formas *διπλασίων*, *τριπλασίων* etc. frequentiores et formas *διπλάσιος*, *τριπλάσιος* rariores usus codicum fluctuet, num Diophantus ipse scribendi rationem variaverit inquiri potest. Attamen sub iudice litem malo relinquere; nam si Diophantus priscos arithmeticos compilavit, illas quas inveniebat formas servare potuit; quoties autem compendia scripserit quae librarii solverint, diiudicare haud in promptu est. Quae compendia vero in archetypo reperiebantur, sic fere disces:

Mendum *ἐπὶ* pro *πενταπλασ'* 416, 8 compendium $ε^π$ vel simile quid indicat; item *ἑκκαιδεκάκις* pro *ἑκκαιδεκαπλασ'* 126, 10 brevem tantum notam numeralibus literis appositam fuisse demonstrat.

Peculiariter pro *διπλασ'* *A* scripsit $Δ^Y ι'$ 386, 25 (*δυνάμεις* *B*). Contra *διπλασίων* scriptum est 320, 7 pro *δίς*, quae vox interdum tota ponebatur (226, 18 $\bar{δ}$ *ἴσοι* = *δίς*), interdum compendio quodam figurata erat: 302, 23 enim *δίς* scriptum est pro $\bar{β}$, nisi pro *δυάδα*; contra 316, 14 *δύο* pro *δίς* nempe ex *β'* (cf. 284, 16 *γ'* pro *τρίς*). Ex quo compendium meum

($\beta^{\pi\lambda \cdot}$ = διπλασίων) defendere possim; sed illud perspicuitatis causa elegi, nec genuinam formam repraesentare tentavi, quam potius Δ^{π}_{ι} fuisse credo.

Pro τετραπλασ' scriptum est δίς 330, 17, at etiam τετάρτου, 326, 24 (ex δ'), et τετραπλεύρου, 246, 1, nempe ex $\delta^{\pi\lambda'}$.

Pro τετράκις compendium Δ^{K} (226, 21) certum est; persaepe in διακεκριμένος absurde solutum est, quae vox astrologis solita librarii (α) indolem denotat. Ex quibus omnino constantem compendiorum illorum rationem fuisse vix credam; attamen ea in archetypo saepissime usitata esse, unamque literam vel duas ad plurimum numeris adscriptas fuisse pro certo teneo.

3. Ad duplicationem compendii ꞩ in plurali numero nunc redeo; hunc Byzantinum morem in hoc altero volumine retinendum censui, eumque finalium additione antiquiorem esse iam dixi, quod ex codice *A* evinci potest. Sed ne credas hanc scribendi normam temporibus Diophanti iam invaluisse, multa obstant (praeter locos supra allatos 98, 11 et 390, 3, 4) et praesertim veterum compendiorum ratio; nunquam μ^{o} (vel μονάς vel μοῖρα) duplicata fuit; μ^{υ} duplicatum non myriades plures sed myriadem duplam (myriadem myriadis) significat. Sic Diophantus $\Delta^{Y}\Delta$ scripsit pro δυναμοδύναμις, $K^{Y}K$ pro κυβόκυβος, quem usum, etsi satis monitus, parum cavit librarius (α) quum compendium Δ^{Y} in plurali numero duplicavit 194, 20, item compendium K^{Y} 210, 19.

Imo nec mihi genuinus videtur Heronianorum codicum usus de duplicando fractionum denominatore: ubi v. g. pag. 56, 21 Hultschianae editionis legitur λεπτὰ ιγ″ ιγ″ ὀκτώ, antiquius scriptum fuisse λεπτὰ τρισκαιδέκατα ὀκτώ libenter credam, nisi hoc totum interpolatum fuerit.

Quapropter hunc modum in priore volumine omnino reieci, scribendo etiam v. g. □^{οι} pro τετράγωνοι, non □□′, etc.

4. De figura compendiorum technicorum pauca addam. Initiales literae, ut Δ^Y, K^Y etc., praetereundae sunt; sed de symbolis ϛ et ⋔ quum iam multa disputata sint et nihilominus eorum origo incerta maneat, sententiam meam vix celare possum.

Diophanto fere peculiares illae notae sunt; etsi enim vox ἀριθμός in mathematicis codicibus persaepe compendio scripta sit, multo frequentius figuram ϟ vel similem invenies, quae antiquo coppa proxima est. Contra Diophanteum compendium digamma inversum est, et nota defectus ⋔ priscam figuram literae sampi in memoriam revocat. Sic longe forsan ante Diophantum veteres logistici Graeci obsoletas formas literarum in usum suum convertisse videntur, parvis mutationibus adhibitis, ne erroribus locum praeberent.

In archetypo (*a*) formam ϛ vel similem in usu fuisse satis demonstrant confusiones cum voce καί, quas supra notavi. Illam Planudes in sua recensione parum mutatam reposuit; nam in fonte (α) propius accedebat ad eam quam *A* servavit, nempe ϥ; etenim 206, 13 pro ἀριθμός *A* scripsit β′ (ex forma *u*), B_1 δεύτερος; contra pro ἧ 198, 11 scriptum fuit ἀριθμόν. Hanc formam ϥ nunquam extra Diophanteos codices nactus sum; eam librarius (α) ex coppa depravato ob faciliorem calami ductum detorsisse videtur.

De genuina figura compendii ⩚ dubitari licet; sic enim in uncialibus quas vocant literis descriptionem Diophanti repraesentandam credidi ψ' ἐλλιπὲς κάτω νεῦον; at codices curvum ductum exhibent Ƭ', symbolumque dextrorsum saepe inclinant, ita ut ad lambda prope accedat. In commentario suo Planudes manifesto ⅄ scripsit quasi literam initialem vocis λείψει; sed in *A* litera Λ etsi aliter (in λείπεται) interdum soluta, vocem λοιπός significare videtur (102, 2, 3; 274, 15).

Aliam antiqui compendii depravationem in signo aequalitatis deprehendere licet; literas ι^{σ} in archetypo scriptas fuisse vix dubium est[1]); sed haud semel, ex. gr. 226, 14, confusio vocum ἴσος et ἀριθμός in codicibus invenitur. Symbolum ergo qui vix ab ϥ distinctum erat, a librariis introductum fuit.

Quae autem supra dixi de compendio ⩚ variis modis soluto hoc demonstrant, sensum huius symboli nunquam incertum, enuntiationem haud semel, nisi semper, ambiguam fuisse; quod mihi non parvi momenti videtur.

Item fere de signo aequalitatis statuendum; nam pro adiectivo ἴσος verborum ἰσάζειν vel ἰσοῦν variae formae pluribus locis supponi possunt.

Sed ne longius haec disputem quae me ad alia similia exempla extra Diophanteos imo extra mathe-

---

1) Cf. adn. crit. I, 96, 13, 14; 111, 21; 116, 25.

maticos codices prono tramite devolvant, argumentum de compendiis relinquam ad finem properans.

VII.

De fractionum notationibus.

Distinguendae sunt quoad notationem apud antiquos fractiones quarum denominator est unitas (*τὸ μέρος*), et fractiones quarum denominator unitate maior est (nempe *τὰ μέρη*, si tamen *τὸ δίμοιρον* excipias).

Primum genus, ut omnes sciunt, Graeci notabant denominatore tantum scripto, quem a numeris integris distinguebant signo peculiari addito versus partem dextram superiorem. In recentioribus codicibus, nisi syllaba finalis repraesentetur, pro signo duplex accentus $\left(\gamma'' \text{ pro } \frac{1}{3}\right)$ frequentissimus est; in manuscriptis vetustioribus saepe vel simplex accentus vel calami ductus varii reperiuntur.

Normam illam ubique sequitur Diophantus vel in positionibus vel in analysi; sed in codice *A* haud omnino constans est peculiare signum fractionis. Inveniuntur enim: vel simplex accentus satis longus (ς^), vel ductus calami ex corpore literae oriens (θ'), vel idem aut simplicior ductus cum accentu vel supra vel infra: sic *τρίτον* figuratur γ' vel γ'' vel γ'' (I, p. 50, 12; 60, 4).

Signum quod finxi (I, p. 6, 21) et ut genuinum adhibui, etiam reperiri potest ad pag. 52 et alibi, sed secunda manu (vetere tamen) cuius proprium videtur; illud elegi ut suspectam vocem *ἔχον* tanquam ex compendio male soluto ortam (cf. 74, 6) e textu eiicerem; sed nemini fucum facere velim et figuram forte recentiorem ut vere antiquam venditare.

Item signum L′ pro $\frac{1}{2}$ melius Diophanti saeculo convenire credidi; in codice *A* forma fere haec est: ◡̇, sed punctum saepe abest.

Vix credas compendium *τοῦ διμοίρου* $\left(\frac{2}{3}\right)$ quater tantum apud Diophantum inveniri; vulgatam figuram ω′ adhibui, sed aliam credo antiquiorem archetypus exhibebat, nempe ȝ, quam didici ex mathematico papyro Akhmîmensi, a Iulio Baillet recens edito. Sic intelligi potest compendium quod ex *A* exprimendum curavi 272, 4 (certe haud intellectum) confusum fuisse cum signo ς 272, 5, cum *δύο* 274, 13, cum *α* 274, 14. Sed 320, 18 quod dedi ex *A*, haud dubie legendum est $\bar{\beta}$ *γ′* (ut *B*) scilicet *δύο τρίτα*, nam in *A* litera *β* sub figuris *B* et *u* depicta est.

Quod autem in praefatione prioris voluminis negandum credideram, post analysin et in solutionibus vulgarem usum non amplius sequi videtur Diophantus, sed unitatem *α* tanquam numeratorem ponere, supra eam[1]) scripto denominatore; quod exemplum scholiastes Anthologiae (Metrodorus?) imitatus est, ut infra videre est p. 62, 13.

Etenim si perpendas in *A* et B_1 pro fractione simpliciter $\bar{\alpha}$ scriptum fuisse I, 140, 17; 142, 22; 194,

1) Quod idem valet ac si post numeratorem denominator scriptus esset. Cf. ergo infra 67, 5 $\bar{\alpha}$ *ια′*.

13, 14, 15; 206, 23; 208, 18; 210, 21; 212, 16, vix aliter concludi potest; si autem certam scripturam desideres, celebris Palatini codicis auctoritatem nunc invocare licet.

Quoad fractionem secundum genus denominatorem prima manu supra numeratorem habet *A* 102, 6, 18 $\left(\text{sic: } \frac{\iota\varsigma}{\varrho\kappa\alpha} \text{ et } \frac{\Delta}{E}\right)$; 110, 3, 4; 112, 11, 12; 114, 20, 21; 116, 12, 13; 118, 2, 3; 136, 7 ($\Delta^{\varsigma\text{o}}$). Post numeratorem scriptus est 60, 4; 100, 18; 120, 8; locos dubios addas 56, 6 (ubi pro $\kappa\gamma^{\omega\nu}$ *A* habet *μονάδων* erasum et supra lineam *εἰκοσιτρίτων* 2ª m.); 58, 10 (ubi numerator omissus est); 120, 9 (ubi locus prioris scripturae fere quinque vel sex literas continebat, quum posterior sicut 120, 8 in marginem extendatur, quod adnotare omisi in apparatu critico). Denique semel 78, 26 invenitur $\overline{\iota\varepsilon}^{\delta}$ scilicet denominator in loco quem vocant exponentis, ubi eum constanter ponit recensio Planudea (B_1). Alibi ubique omissus est in *A* 1ª manu.

Num prima scribendi ratio perpetuo in archetypo observata fuerit, equidem affirmare non audeo. Librariis enim, nisi mathematicis, nullius momenti erat literas addere vel supra vel post praecedentes. Attamen ex plurimis omissionibus vix dubitari potest scripturam supra numeratorem multo frequentiorem fuisse legitimamque normam repraesentare. Ultimus modus (scriptura denominatoris in loco exponentis dicto) non ante viguit quam mos finales eodem loco addendi invaluerit; modi huius quoad fractiones exemplum ante saeculum XIII non exstat.

De transversa linea inter numeratorem et denominatorem vix quicquam diiudicari potest. Ad libitum librarii tum addita tum neglecta videtur, sicut supra numeros integros. Si autem mos illam ducendi in normam transisset, antiqua scribendi ratio haud facile immutata foret.

Haec sunt quae animadvertisse operae pretium duxi: ut autem paucis verbis concludam, Byzantinas mathematicas notationes ex codicibus novimus, de antiquis saepe vix coniecturas afferre possumus; nec credendum has notationes tam longo temporis decursu fideliter servatas fuisse; graves mutationes demonstrare, graviores forsan coniicere licet.

VIII.

Prolegomenis hisce coronidem ut imponam, aliquas notas criticas recensebo, quas in chartis a Nesselmanno relictis inventas doctissimus Max. Curtze mihi sponte sua humanissime transmisit. Bachetiana editione usus codicumque manuscriptorum ope destitutus, genuinas lectiones haud semel (viginti quinque locis) proprio Marte Nesselmannus restituit nonnullaque typographica menda (quae tacite sedecim locis correxi) sustulit; quae omnia sigillatim adnotare parum utile mihi videtur; sed insuper varias correctiones proposuit, quae haud omnino negligendae sunt.

Vol. I, p. 30, 23 et 32, 21 de dictione ὁ εἶς dubitationem movet. — 42, 6 τοῦ τε $\bar{\kappa}$ καὶ ⟨τοῦ⟩ $\bar{\lambda}$, item 92, 18 ἔκ τε τοῦ $\bar{\delta}$ καὶ ⟨τοῦ⟩ $\bar{\vartheta}$ restituit. — 42, 16 οἱ τρεῖς] σὺν τρεῖς corr. — 48, 13 ἐλάσσων] ἐλάχιστος corr.; item 78, 16 et 112, 18. — 70, 21 αὐταί] αὗται corr.; item 120, 15 οὗτος pro αὐτός. — 124, 26 $\overset{\circ}{M}{}^{\alpha}$ = μονάδα] μονάδα μίαν. — 128, 14 λίπῃ] λείψῃ pro λείπῃ B_1. — 131, 2 ὁμοίως post γ^{ov} reiicit. — 144, 15 τουτέστι] ἔστω convenienter. — 150, 8 ἀριθμούς delet (ut volebam).

Quae omnia contra codicum auctoritatem haud dubie defendi possunt, etsi purum ubique et exactum sermonem Diophanto imponere extra veras criticas leges mihi videatur.

A Nesselmanno autem correctiones alias quasdam haud iure allatas fuisse credo; p. 20, 13 et similibus in locis dioristicis δέ pro δή legit. — 30, 2 τόν pro ὅν. — 36, 1/2 ὁμωνύμου τῷ διδομένῳ λόγῳ, quod lectio *B* indicabat. — 74, 10 καί delet; item 144, 8 et 156, 5. — 104, 15 λοιπῶν pro λοιπόν *Ba*. — 162, 11 ἐκζητήσεις ἄν pro ἐὰν ζητήσεις ἄν *Ba*; in quibus partim a Bacheto Nesselmannus in errorem inductus est, partim genuinum Diophanteum usum haud agnovisse videtur.

Menda quaedam typographica benevolus lector corrigat, quaeso. Legendum est Vol. I, p. 8, 13 ἑστώσης — 74, 3 (adn. crit.) posterius] prius — 77 numerus 42 in margine collocandus est lin. 10; pro 42 in margine penultima linea ponendus 43 — 101, 7 (a fine): ut] est — 107, 3 (a fine): $2x + 3$] $2x - 3$ — 208, 16 ἦν δὲ ς $\bar{\varepsilon}$· — 263, 4 radius] radices — 273, 5 $\frac{65}{9} - \frac{2}{3}x$] $\frac{65}{9} - 2\frac{2}{3}x$ — 259, 8 (a fine): duos] tres — 362, 17 post ζητούμενον deleatur signum].

Vol. II, p. 151, 14 *'E^λ*. ϛ ᾱ] *'E^λ*. ϛ ᾱ — 160, 24 κ̅] ρ̅κ̅ — 160, 25 ρ̅κ̅] κ̅ — 203, 7 *τῆ*] *τὰ* — 252, 21 ϛϛ ᾱ] ϛ ᾱ. — In Indice Graecitatis: v. *βιβλίον*: 16, 2] 16, 7 — v. *διδόναι*: 103, 5] 108, 5 — 36, 20] 36, 19 — v. *εἰς*: 262, 24] 282, 24 — v. *εἷς*: 56, 10] 56, 18 — v. *ἐκ*: 282, 1] 282, 2 — v. *θέλειν*: 232, 7] 232, 6.

Denique novam animadversionem ad locum II 38, 25 dubitanter proponam: pro *ἑτέρω* codicum *ἑταίρῳ* vel ⟨*τῷ*⟩ *ἑταίρῳ* coniici possunt; vox *συνοπτικώτατα* varians lectio videtur pro *συνεκτικώτατα* (38, 24), ergo delenda.

Scribebam Parisiis mense Iunio MDCCCXCV.

DIOPHANTUS
PSEUDEPIGRAPHUS.

I.

Ex codice Parisino Suppl. gr. 387, fo. 181r.

Ἐκ τῆς ἀριθμητικῆς Διοφάντου.

Ἀπὸ δύο μεθόδων εὑρίσκεται παντὸς τετραγώνου ἀριθμοῦ πλευρὰ ἤτοι δυνάμεως. καὶ ἡ μὲν μία ἔχει οὕτως· ἀπόγραψαι τοιοῦτον ἀριθμὸν κατὰ τὴν τάξιν τῆς Ἰνδικῆς μεθόδου· εἶτα ἄρξαι ἀπὸ δεξιῶν ἐπὶ ἀριστερά, καθ' ἕκαστον δὲ στοιχεῖον λέγε· γίνεται· οὐ γίνεται· γίνεται· οὐ γίνεται· ἕως ἂν τελειωθῶσι τὰ στοιχεῖα, καὶ εἰ μὲν τύχῃ τὸ τελευταῖον ὑπὸ τὸ γίνεται, ἄρξαι τοῦ μερισμοῦ ἐκεῖθεν· εἰ δὲ ὑπὸ τὸ οὐ γίνεται, καταλιπὼν τὸ τελευταῖον στοιχεῖον ἄρξαι τοῦ μερισμοῦ ἀπὸ τοῦ μετ' αὐτὸ στοιχείου τοῦ πρὸς τὰ δεξιά, ἐν ᾧ δηλονότι φθάνει τὸ γίνεται.

II.

Ex codice Parisino 453.

(A = fo. 72v—76v, B = 82v—86r).

Μέθοδοι εὔχρηστοι πρὸς τοὺς ἀπὸ μορίων πολλαπλασιασμοὺς κατὰ τὸν τῆς ἀστρονομίας κανόνα πλέον τῶν ἄλλων μεθόδων σώζουσαι τὴν ἀκρίβειαν πᾶσαν.

---

3 Διοφάντους codex. 18 Μέθοδος εὔχρηστος B.

Ἐπειδὴ τὰς ἐφόδους ὡς ἔνι μάλιστα τοῦ ἀκριβοῦς ἕνεκεν δεῖ εἶναι, εὑρίσκομεν δὲ πλέον τῶν ἄλλων τοὺς ἀστρονόμους περιεργότερον καταγινομένους πρὸς τοῦτο, ἀγαπητὸν ἡγούμενοι καὶ πρὸς τὰ χωρὶς ἀστρονομίας πάντα, ὅσα τε πολλαπλασιασμοῖς καὶ μερισμοῖς ἕπεται, εὐθετοῦν, ἀπεγραψάμεθα τοῦτο τὸ μεθόδιον.

Τοῦ ζωδιακοῦ γὰρ κύκλου εἰς $\overline{\tau\xi}$ διαιρουμένου, ἕκαστον τῶν τμημάτων μοῖραν ὠνόμασαν οἱ παλαιοί· ἐξῆν δὲ τὴν μοῖραν ἡμᾶς παραδέχεσθαι ἢ ὡς μοναδικὸν χωρίον ἢ ποδιαῖον πρὸς τὰς ἀπαντώσας χρείας. διὰ οὖν τὰ ποστημόρια, ταύτῃ, τουτέστι τῷ $\tau\xi^{\omega}$ μέρει τοῦ κύκλου, ποτὲ μὲν ὡς ποδί, ποτὲ δὲ ὡς μονάδι δυναμένῃ παραλαμβάνεσθαι, πρώτην διαίρεσιν ἐπινοήσαντες, τὴν εἰς τὰ $\xi\xi^{\alpha}$, διὰ τὸ πλειόνων μερῶν γίνεσθαι ἀπαρτιζόντων τὸν $\overline{\xi}$ ταύτην, ἐκάλεσαν ἕκαστον τῶν τμημάτων οἱ μὲν πρῶτον λεπτόν, οἱ δὲ ἑξηκοστὸν πρῶτον· εἶτα διὰ τὸ χρῄζειν λεπτομερεστέρας ἀκριβείας πρὸς τὸ εὑρίσκειν, ἐφ' ὅσον ἦν δυνατὸν μετ' ἀκριβείας, τὰ κέντρα τῶν ἀστέρων ποίας ἐποχὰς ἐπέχουσιν ἐν τοῖς κατ' οὐρανὸν διαστήμασι, διεῖλον καθ' ἑαυτοὺς ἕκαστον τῶν πρώτων λεπτῶν εἰς ἕτερα $\xi\xi^{\alpha}$ τινα καὶ ἐκάλεσαν ταῦτα .δεύτερα ἑξηκοστὰ ἤτοι λεπτά. ἦν οὖν αὐτοῖς οὕτως ἡ μοῖρα διὰ μὲν τῶν πρώτων $\xi\xi^{\omega\nu}$ διαιρουμένη εἰς λεπτὰ μὲν πρῶτα $\overline{\xi}$, δεύτερα δὲ κατ' ἐπιδιαίρεσιν $\overline{,\gamma\chi}$· εἶτα μείζονος ἀκριβείας δεηθέντες διὰ τὸ ἐν τοῖς κατ' οὐρανὸν παράλλαξιν ὁποιανοῦν βραχυτάτην ἡμῖν ἐπινοουμένην οὐ μικρὰν ἐργάζεσθαι διαφοράν, ἕκαστον τῶν δευτέρων

---

2 εἶναι] εἰδέναι coni. Hultsch. 5 τε] γε coni. Hultsch. 7 διαιροῦμεν A. 9 ἐξῆν] ἐξὸν mel. cod. Par. 2390. 11 προστημόρια A. 14 $\xi^{o\nu}$ = ἑξηκοστόν. $\xi\xi^{\alpha}$ = ἑξηκοστά.

λεπτῶν διελόντες εἰς ἕτερα ξξ^{α}, ἐκάλεσαν τὰ γενόμενα λεπτὰ τρίτα ὄντα κατὰ τὴν τρίτην διαίρεσιν. οὕτως διαιροῦνται τὴν μοῖραν ἤτοι μονάδα ἤτοι πόδα εἰς ⟨μυριάδας⟩ κ̅α̅ ⟨͵ς⟩, ὥστε τὸ τρίτον λεπτὸν ἓν γίνεσθαι εἰκοστόμονον μυριάδων ἑξακισχιλιοστὸν τῆς μονάδος· ἔτι φιλαλήθεις ὄντες, ἕκαστον τῶν τρίτων λεπτῶν τούτων διεῖλον εἰς ξ̅ καὶ τὰ γενόμενα ἐκάλουν λεπτὰ ἤτοι ἑξηκοστὰ τέταρτα, καὶ εἶχον ἔτι πολλῷ ἐλάσσονα μόρια λαμβανόμενα τῆς μονάδος ταῦτα τὰ ἑξηκοστά· διήρουν γὰρ οὕτως τὴν μονάδα εἰς μυριάδας ͵α̅σ̅ϟ̅ς̅. ἐπιστῆσαι οὖν ἐστιν ἐκ τούτων ὁ πᾶς κύκλος εἰς πόσα διήρητο διὰ τούτων· οὕτω δὴ οὖν κατὰ τὸ ἑξῆς προῆλθον μέχρι ἕκτων ἑξηκοστῶν, ποιήσαντες τὴν ὑποδιαίρεσιν ἀνάλογον ἔχουσαν· ἔστι γὰρ ὡς μονὰς πρὸς ἑξηκοστὰ πρῶτα, οὕτω πρῶτα ἑξηκοστὰ πρὸς δεύτερα καὶ δεύτερα πρὸς τρίτα καὶ τρίτα πρὸς τέταρτα καὶ ἑξῆς· ἔστι γὰρ ὡς ἓν πρὸς ἕν, οὕτω πάντα πρὸς πάντα· ὡς γὰρ μονὰς πρὸς ξ^{ον} α̅ πρῶτον, οὕτως λεπτὸν α̅ πρῶτον πρὸς δεύτερον καὶ δεύτερον πρὸς τρίτον καὶ ἑξῆς· ὁμοίως δὲ καὶ τὰ ἰσάριθμα· ε̅ γὰρ μοῖραι πρὸς ε̅ λεπτὰ πρῶτα ⟨τὸν⟩ αὐτὸν λόγον ἔχουσιν ὃν ε̅ πρῶτα πρὸς ⟨ε̅⟩ δεύτερα καὶ ε̅ δεύτερα πρὸς ε̅ τρίτα καὶ ἑξῆς ὁμοίως. τῷ μὲν οὖν Πτολεμαίῳ μέχρις ἕκτων ἑξηκοστῶν ἐν τῇ Συντάξει πρόεισιν ἡ διαίρεσις γενναίως καὶ ἀκριβῶς ποιουμένῳ τὰς παραδόσεις· ἡμῖν δὲ ἀρκείτω παραδείγματος ἀστείου καὶ εἰσαγωγῆς ἕνεκεν ἕως δευτέρων λεπτῶν τουτέστιν ἕως ͵γ̅χ̅ διαιρεῖσθαι

1 εἰς om. A. 4 μυριάδας et ͵ς in scholio marginali B. 5 εἰκοστομον A, εἰκοστομόριον B. 11 ͵α̅σ̅ϟ̅β̅ B. 14 ὡς B, ἡ A. 17 οὕτως B. 18 πρὸς ξ̅ B, ξ′ ξ̅ A. 21 τὸν addidi. ἔχουσι? A. 22 ε̅ addidi. 25 τὰς om. B.

τὴν μονάδα ἤτοι τὸν πόδα· τοῦτο γὰρ καὶ πρὸς τὰς τοῦ Προχείρου Κανόνος Ψηφοφορίας ἐξαρκεῖν δοκεῖ τοῖς παλαιοῖς.

Περὶ πολλαπλασιασμοῦ.

Πολλαπλασιασμοῦ ὁρισμός.

Πολλαπλασιασμός ἐστι σύνθεσις ἀριθμοῦ τινος δοθέντος καθ' ἕτερον ἀριθμὸν δοθέντα· οἱονεὶ ὅταν ὁ ἕτερος τοσαυτάκις συντιθέμενος ᾖ ὁπόσος ἐστὶν ὁ ἕτερος ἐν τῷ πλήθει τῶν μονάδων καὶ ποιῇ τινα κατὰ τὸ πλῆθος τῆς συνθέσεως, ὁ γενόμενος λέγεται πολλαπλασιασμὸς τοῦ ἑτέρου κατὰ τὸν ἕτερον.

Λέγεται μὲν καὶ ἄλλη σύνθεσις, ἀλλ' οὐ πολλαπλασιασμός· καὶ γὰρ ὁ ἐκ τῶν δοθέντων εἴτε ἴσων εἴτε ἀνίσων ἀριθμῶν καὶ εἴτε δύο ἢ τριῶν ἢ καὶ πλειόνων συντεθείς, ἁπλῶς λέγεται συγκεῖσθαι, οὐ μέντοι πολλαπλασίων. πολλαπλασιάζομεν δὲ ἢ μοῖραν ἐπὶ μοῖραν ἢ μοίρας ἐπὶ μοίρας, καὶ πάλιν ἢ λεπτὸν ἐπὶ λεπτὸν ἢ λεπτὰ ἐπὶ λεπτά, καὶ ἀνάμιξ μοῖραν ἐπὶ λεπτὸν καὶ λεπτά· ἀλλ' ἡ μὲν μοῖρα ἐφ' ὃ ἂν εἶδος πολλαπλασιασθῇ, τὸ αὐτὸ εἶδος ποιεῖ· ἐπὶ γὰρ πρῶτα λεπτὰ πολυπλασιαζομένη ἡ μοῖρα ἢ μοῖραι πρῶτα λεπτὰ ποιοῦσιν· καὶ ἀνάπαλιν λεπτὰ πρῶτα ἐπὶ μοῖραν ἢ μοίρας ποιεῖ πρῶτα λεπτά, καὶ ἑξῆς ὁμοίως· μοῖρα ἐπὶ δεύτερα, δεύτερα ποιεῖ καὶ ἐπὶ τρίτα, τρίτα καὶ ἑξῆς· πρῶτα δὲ ἐπὶ πρῶτα ποιεῖ δεύτερα, ἅπερ ἐστὶν ἐλάσσονα τῶν πρώτων (τῶν μὲν γὰρ πρώτων τὸ ἓν λεπτὸν ξ^{ον} ἐστι τῆς μοίρας· τῶν δὲ δευτέρων, ‚γχ^{ον})· *ὅπερ*

---

7 *κατὰ* A. *ἀριθμὸν* compendio B, *καὶ* A. 8 *ἢ* AB. 12 *ἄλλη* AB. 16 *πολλαπλασίων*] *πολλαπλασ×* A, *πολλαπλάσιον* B. 19 *μοῖρα*] $\mathring{M}$ A, *μονὰς* B, *μοῖρα* in margine. 21 *ἡ* om. B. 22 *ποιοῦσι* B. *ἐπὶ* om. A. 27 $\widetilde{ξξ}$ id est *ἑξηκοστῶν* AB.

ἐναντίον ἐστὶ τῷ πολλαπλασιασμῷ τῶν λοιπῶν ἀριθμῶν· ἐπαυξήσει γὰρ πολλαπλασιάζονται ὡς ἐὰν πεντάκις τὸν $\bar{ϛ}$ πλάττοντες συνθῶμεν καὶ ποιήσωμεν τὸν $\bar{λ}$· πρῶτα δὲ ⟨$\bar{ε}$⟩ λεπτὰ ἐπὶ πρῶτα $\bar{ϛ}$ πολλαπλασιάζοντες, $\bar{λ}$ δεύτερα ποιοῦμεν, ὅπερ ἥμισύ ἐστιν ἑνὸς πρώτου λεπτοῦ· τοῦτο δὲ γίνεται διὰ τὴν τῶν μορίων πρὸς τὴν μονάδα ἀντιπεπόνθησιν. ἀεὶ γὰρ τὰ μόρια πολλαπλασιαζόμενα ἐναντίως ταῖς μοίραις ἐπ' ἔλαττον χωρεῖ· ἐφ' ἑαυτὸ γὰρ τὸ ἥμισυ πολλαπλασιαζόμενον τέταρτον γίνεται· $\bar{β}$ δὲ μονάδες ἐπὶ $\bar{β}$, $\bar{δ}$ ποιοῦσιν. ὁμοίως καὶ τρίτον ἐπὶ τρίτον, ἔνατον γίνεται· $\bar{γ}$ δὲ ἐπὶ $\bar{γ}$, $\bar{ϑ}$, ὅπερ δοκεῖ λῆρον. τοῦτο δὲ συμβαίνει τοῖς μορίοις ὅτι οὐ συντίθενται κατὰ μονάδα, ἀλλὰ τοὐναντίον μερίζονται κατὰ τὰ ὁμώνυμα μέρη ταῖς μονάσιν· τὸ γὰρ ἥμισυ ἐπὶ τὸ ἥμισυ νῦν οὐ συνετέθη καθ' ὅλον ἑαυτό, ὥσπερ τὰ $\bar{β}$ ἐπὶ τὰ $\bar{β}$, ἀλλὰ κατὰ τὸ ἥμισυ ἑαυτοῦ, ὡς ἔστιν ἰδεῖν καὶ ἐπὶ διαγράμματος οὕτως.

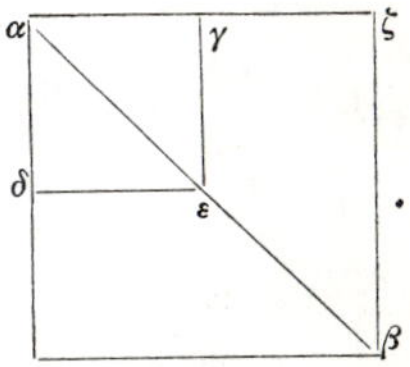

Ἔστω γὰρ μοναδιαῖον χωρίον τὸ ΑΒ ἐκ πλευρᾶς τῆς ΑΖ τετράγωνον δίχα διῃρημένης κατὰ τὸ Γ, καὶ ἀπὸ τῆς ΑΓ ἀναγεγράφθω χωρίον τετράγωνον τὸ ΑΔΕΓ· τοῦτο δὴ τέταρτον μέρος ἐστὶ τοῦ ΑΒ μοναδιαίου χωρίου, καὶ ἔστιν ἥμισυ ἐπὶ ἥμισυ· ἡ ΑΓ γὰρ ἐπὶ τὴν ΑΔ γέγονεν. ὁμοίως οὖν δείξεις ὅτι καὶ γ' ἐπὶ γ', ϑ' γίνεται, καὶ δ' ἐπὶ δ', ιϛ'· οὕτως οὖν δεῖ νοεῖν καὶ ἐπὶ τῶν λεπτῶν μορίων ὄντων.

Ὁμοίως δὲ καὶ πρῶτα ἐπὶ δεύτερα, τρίτα ποιεῖ, καὶ

---

4 $\bar{ε}$ addidi. $\bar{ϛ}$] $\bar{β}$ A. 5 πρώτου om. A. 14 μονάσι B. 21—22 δίχα .... τετράγωνον om A. 24 ἐπὶ ἥμισυ om. A. 26 καὶ δ' .... νοεῖν om. A.

πρῶτα ἐπὶ τρίτα, τέταρτα καὶ ἑξῆς· καὶ ἀνάπαλιν δὲ δεύτερα ἐπὶ πρῶτα, τρίτα, καὶ τρίτα ἐπὶ πρῶτα, τέταρτα καὶ ἑξῆς. πάλιν ὁμοίως δεύτερα μὲν ἐπὶ δεύτερα, τέταρτα· ἐπὶ δὲ τρίτα, πέμπτα· καὶ τέταρτα ἐπὶ δεύτερα, ἕκτα καὶ ἑξῆς καὶ τὸ ἀνάπαλιν. καθόλου δὲ εἰπεῖν, δύο τῶν πολλαπλασιαζομένων συντιθέντων [ἤτοι συντιθεμένων], εἶναι συμβαίνει τὸν πολλαπλασιασμὸν παρώνυμον ἀπὸ τῶν συντιθεμένων.

Ὁριστέον οὖν τὸν τῶν λεπτῶν πολλαπλασιασμὸν οὕτως· πολλαπλασιασμός ἐστιν ὁ παρώνυμος ἀριθμὸς ἐκ τῶν μελλόντων πολλαπλασιάζεσθαι τῆς συνθέσεως λαμβανόμενος. οἷον $\beta^{ον}$ ἐπὶ $\gamma^{ον}$, $\varepsilon^{ον}$ γίνεται, καὶ ἔστι

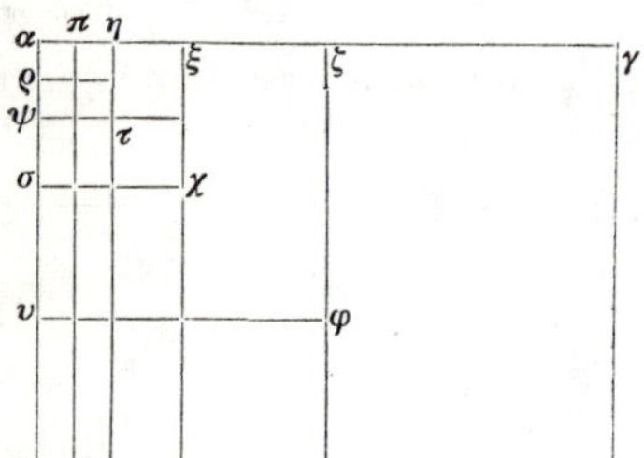

κατὰ σύνθεσιν τὴν τῶν $\bar{\beta}$ καὶ $\bar{\gamma}$, ὁ $\bar{\varepsilon}$ [ὁμοίως β′ ἐπὶ β′, δ′] ὁ παρώνυμος τῶν εἰρημένων ἐκ τῆς συνθέσεως· τούτῳ οὖν τῷ κανόνι δεῖ προσέχειν ἀεὶ ἐπὶ τῶν πολλαπλασιασμῶν.

Σαφηνείας δ' οὖν ἕνεκα μείζονος, δεικτέον καὶ ἐπὶ πλατυτέρας καταγραφῆς ἀληθῆ τὰ λεγόμενα. ἔστω γὰρ χωρίον τετράγωνον τὸ ΑΒ ἀπὸ πλευρᾶς τῆς ΑΓ διῃρημένης εἰς $\xi\xi^{\alpha}$· ὑποκείσθω δὴ τοῦτο ἤτοι ποδιαῖον ἢ μοναδιαῖον ἢ μοιριαῖον, καὶ διὰ τῶν τομῶν παραλλήλων ἀχθεισῶν τῶν ΞΟ, ΖΘ, ἔσται ἡ πρώτη διαίρεσις τῶν $\xi\xi^{ων}$ τῶν πρώτων. ἐὰν οὖν πολλα-

6—7 ἤτοι συντιθεμένων delevi. 11 legendum ἐκ τῆς τῶν μ. π. συνθέσεως. 12 καὶ ἔστι om. B. 14—15 ὁμοίως . . . δ′ delevi. 15 δ′] β′ AB. 26 μοριαῖον AB.

πλασιάζωμεν [εἰς] τὴν *ΑΔ* οὖσαν μοῖραν $\overline{α}$, ἐπὶ τὸ ἓν $ξ^{ον}$, λέγω δὴ τὴν *ΑΞ*, ἔσται τὸ πρῶτον χωρίον τὸ *ΑΟ* $ξ^{ου}$ ἑνός· εἰ δὲ ἐπὶ τὰ $\overline{β}$ λεπτὰ τὰ *ΑΞ*, *ΞΖ*, ἔσται λεπτὰ ἤτοι $ξξ^{α}$ $\overline{β}$ καὶ τὰ ἑξῆς· ὁμοίως οὖν καὶ μοῖρα ἐπὶ ἓν πρῶτον λεπτὸν ἢ δύο, ποιοῦσι πρῶτα, τῆς *ΑΔ* ὑποτεθείσης μοίρας, ⟨ἓν ἢ⟩ δύο καὶ ἑξῆς.

Φανερὸν ὅτι μοῖρα ἤτοι μοῖραι ἐπὶ λεπτὸν ἢ καὶ λεπτὰ πρῶτα, πρῶτα λεπτὰ ποιεῖ· ἀλλὰ δὴ πάλιν τὸ πρῶτον $ξ^{ον}$, τὸ *ΑΞ*, διῃρήσθω εἰς $\overline{ξ}$ καὶ ὁμοίως αἱ παράλληλοι ἐπινοείσθωσαν διὰ τῶν *Π*, *Η*· ἔσται ἄρα τὸ ὑπὸ τῶν *ΔΑΠ* ὑπό τε μοίρας καὶ λεπτοῦ δευτέρου ἑνός, καὶ γίνεται διὰ τὰ αὐτὰ μοῖρα ἐπὶ δεύτερον λεπτὸν ἕν, δεύτερον λεπτὸν ἕν· καὶ ὁμοίως ἐπὶ δύο δεύτερα, δεύτερα δύο. διαιρεθέντος δὲ τοῦ πρώτου $ξ^{ου}$ τῶν δευτέρων $ξξ^{ων}$ τοῦ *ΑΠ* εἰς $\overline{ξ}$, τὰ αὐτὰ φήσομεν καὶ τοῦτο ἀεί· ὥστε μοῖρα ἢ καὶ μοῖραι ἐφ' ὃ ἂν εἶδος πολλαπλασιασθῶσι ποιήσουσι τὸ αὐτὸ ἐξ ἀνάγκης εἶδος.

Πάλιν δὴ ἔστω ἡ *ΑΔ* διῃρημένη εἰς $\overline{ξ}$, ὧν δύο ἔστω τὰ *ΑΣ*, *ΣΥ* $ξξ^{α}$ πρῶτα· ἐὰν δὴ πολλαπλασιάσω τὸ πρῶτον $ξ^{ον}$ τὸ *ΑΞ* ἐπὶ τὸ πρῶτον τὸ *ΑΣ*, ἔσται τὸ γενόμενον τὸ *ΑΧ* δεύτερον γενόμενον· γίνεται γὰρ τοῦ *ΑΒ* ͵$γχ^{ον}$ μέρος. ὁμοίως κἂν δύο πρῶτα λεπτὰ τὰ *ΥΑ* ἐπὶ δύο ὁμοίως πρῶτα τὰ *ΑΖ* πολλαπλασιάζοις, ἕξεις χωρίον γινόμενον τὸ *ΑΦ*, τοιούτων γὰρ ὂν τεσσάρων οἵων τὸ *ΑΒ* ͵$\overline{γχ}$, ὥστε τὰ γινόμενα ἔσται δεύτερα καὶ τοῦτο ἑξῆς· ὥστε πρῶτα ἐπὶ πρῶτα ποιεῖ δεύτερα.

---

1 εἰς delevi. 2 δὴ] δὲ AB. 2—3 τὸ *ΑΟ*] τῆς $\overline{αο}$ A. 6 ἓν ἢ addidi. 19 *ΑΣ*, *ΣΥ*] $\overline{ασυ}$ AB. 23 πολλαπλάσιας A, πολλαπλασίαζ B, cum marginali coniectura πολλαπλασιάζοις. 24 τοιοῦτον AB. 26 πρῶτον ἐπὶ πρῶτον AB.

Πάλιν δὴ ἔστω· τοῦ ΑΣ διαιρεθέντος πρώτου ξ^{ου} εἰς δεύτερα ξξ^{α}, ὧν δύο τὰ ΑΡ, ΡΨ, ἐὰν μὲν πρῶτα ἐπὶ δεύτερα, οἷον τὸ ΞΑ ἐπὶ τὴν ΨΑ τουτέστι πρῶτον λεπτὸν ἓν ἐπὶ δεύτερα δύο, γίνονται τρίτα λεπτὰ δύο· τὰ δὲ τρίτα λεπτὰ δύο γίνεται δευτέρου ἑξηκοστὰ δύο, ὅπερ δὴ καὶ ὁρᾶται· ἔστι γὰρ τοῦ ΑΧ ὄντος δευτέρου ξ^{ου} [,γχ^{ου}] δύο ἑξηκοστά. ἀλλὰ δὴ κἂν δύο πρῶτα ἐπὶ δύο δεύτερα πολλαπλασιάζοις ἑξῆς, γίνεται τρίτα διὰ τὰ εἰρημένα· εἰ δὲ δεύτερα ἐπὶ δεύτερα, τέταρτα· ἐὰν γὰρ τὰ ΑΡ, ΡΨ δεύτερα δύο ἐπὶ τὰ ΑΠ, ΠΗ ὁμοίως δύο δεύτερα ποιῶν πολλαπλασιάσῃς, ἕξεις τὸ ΑΤ χωρίον γινόμενον λεπτῶν $\overline{\delta}$ τετάρτων· γίνεται γὰρ ὁμοίως τοιούτων τὸ ΑΤ τεσσάρων οἵων τὸ ΑΧ $\overline{,γχ}$.

Σαφηνισθέντων δὴ τῶν πολλαπλασιασμῶν, δεικτέον ἑξῆς πῶς τε δεῖ πολλαπλασιάζειν καὶ ἔτι πῶς μερίζειν, πρῶτον ὁρισαμένους τί ἐστι μερισμός· μερισμὸς γάρ ἐστιν ἀριθμοῦ τινος κατὰ ἕτερον ἀριθμὸν διαίρεσις εἰς ἴσα τε καὶ ἰσοπλήθη ταῖς τοῦ ἀριθμοῦ μονάσι διαιρουμένου, εἴτε μονάδας ἐπὶ μονάδας μερίζειν δέοι, εἴτε λεπτὰ ἐπὶ λεπτά, εἴτε λεπτὰ καὶ μονάδας ἐπὶ λεπτὰ καὶ μονάδας.

Λέγεται δὲ καὶ ἄλλως μερίζεσθαι ἀριθμός, ὁπόταν διαιρῆται εἰς ἄνισα ὁποσαοῦν, ἁπλῶς γὰρ παρὰ τὸ διαμερίζεσθαι τὴν τοῦ ἀριθμοῦ σύνθεσιν· ἀλλ' ἐπιστῆσαί ἐστιν ὅτι ἄλλο τι ποιεῖ ὁ μερισμὸς οὗτος· διὸ καὶ οἱ πολλοὶ μᾶλλον τὸ τοιοῦτο διαίρεσιν ἀριθμοῦ καλοῦσιν, οὐκέτι δὲ μερισμόν· ὁ γὰρ κυρίως μερισμὸς τεταγμένος ἐστί· κατὰ γὰρ τὴν αὐτὴν τάξιν τῷ πολλα-

---

7 ,γχ^{ου} glossam delevi. 9 δεύτερα alt.] β'β' B, β'β' δύο A. 11 ΑΤ] $\overline{αΓ}$ AB. 13 τοιούτων τὸ] τοῖς AB. οἵων] ὁμοίων AB. 23 διαιρεῖται AB. 25 ὅτι] ὅταν B.

πλασιασμῷ τέτακται, κἂν δοκῇ ἐναντίως αὐτῷ ἔχειν, ὅτι ὁ μὲν σύνθεσις, οὗτος δὲ διαίρεσίς ἐστι· τάξιν δὲ ὁμοίαν ἔχουσιν ὅτι, ὥσπερ ἐκεῖνος ἰσάκις συνετέθη, οὕτως καὶ οὗτος ἰσάκις μερίζεται. ὁ γὰρ μερίζων κατὰ ἕτερον ἀριθμὸν μερίζει δοθέντα· τοῦτο γὰρ τέλος τοῦ μερισμοῦ, τὸ εὑρεῖν ἀριθμόν τινα ὃς πολλαπλασιαζόμενος ἤτοι συντιθέμενος ἐπὶ τὸν παρ' ὃν γίνεται ὁ μερισμός, ποιήσει τὸ τοῦ μεριζομένου πλῆθος.

Καλεῖται δὲ παρὰ τοῖς γεωμέτραις παραβολὴ χωρίου· τὸ γὰρ δοθὲν χωρίον παραβάλλεται, οἷον, εἰ τύχοι, τὸ τῶν $\bar{\rho}$ μ^{o} παρά τινα, ὑπόθου τὸν $\bar{\varepsilon}$ ἀριθμόν, καὶ ποίει τὸν $\bar{\kappa}$ ἀριθμὸν πλάτος γινόμενον τοῦ χωρίου· ἦν δὲ ὁ $\bar{\kappa}$ ὁ ἐπιζητούμενος ὃς καὶ εὕρηται ἤδη· διὰ γὰρ τούτου ὁ μερισμὸς παντελῶς ἀνεφάνθη· τοῦτο δὲ ἦν τὸ λεγόμενον ὅτι οὐδὲν ἕτερόν ἐστι τὸ μερίσαι ἢ τὸ εὑρεῖν τινα ἀριθμὸν ὃς συντεθεὶς ἐπὶ τὸν παρ' ὃν γίνεται ὁ μερισμός, οἷον ὁ $\bar{\kappa}$ ὃς εὕρηται, ἐπὶ τὸν $\bar{\varepsilon}$ ποιῆσαι ὀφείλει τὸ τοῦ μεριζομένου πλῆθος· ὃ καὶ ἔστιν· ὁ γὰρ εἰρημένος $\bar{\kappa}$ παρὰ τὸν $\bar{\varepsilon}$ ποιεῖ τὸν $\bar{\rho}$. ὥστε δεῖ ἐπιστῆσαι ὅτι ὁ μέλλων μερίζειν τι, πρότερον ἀποβλέπει εἰς τὸ βάθος τῆς γενέσεως τοῦ μέλλοντος μερίζεσθαι· ἦν γὰρ ὁ πολλαπλασιάσας τὸν μέλλοντα μερίζεσθαι ἡ γένεσις αὐτοῦ· ἰδοὺ γὰρ ὅτι καὶ ὁ μερισμὸς γέγονεν ἡμῖν ⟨ἐκ⟩ τῆς θεωρίας τοῦ πολλαπλασιάζοντος τὸν μερίζοντα.

Σαφῶς τούτων εἰρημένων, εἴπωμεν τί τε παρά τι μεριζόμενον ποιεῖ τί, δήλου ὄντος τοῦ ὅτι μοῖραι παρὰ

---

1 ἐναντίους B. 4 οὕτω A. 7 τὸν παρ' ὃν] τὸ παρὸν AB. 10 παραβάλλοι A, παραβάλλει? B. εἰ om. A. 16 τὸν A, τὸ B. 17 μερισμός B, ἀριθμός A. 22 πολλαπλασιασασμὸς A. 24 ἐκ addidi. 24—25 πλασιάζοντος AB. 26 εἴπομεν AB.

μοίρας μεριζόμεναι μοίρας ποιοῦσιν, ζητουμένου δὲ τοῦ περὶ τῶν ξξ^{ων} λόγου, περὶ τούτου ῥητέον· ἰστέον τοίνυν, ὁποιονοῦν εἶδος λεπτῶν ἐπὶ τὸ πρὸ ἑαυτοῦ προσεχὲς μεριζόμενον, ἓν ὁποιονοῦν τῶν πρὸ αὐτοῦ εἶδος ποιεῖ, χωρὶς τῶν πρώτων λεπτῶν μόνων· ι̅ γὰρ τυχὸν λεπτὰ πρῶτα παρὰ β̅ μοίρας μεριζόμενα, πρῶτα λεπτὰ ποιεῖ ε̅· καὶ φανερὸν ὅτι τὰ πρῶτα λεπτὰ παρὰ τὸ πρὸ αὐτῶν εἶδος μερισθέντα, τουτέστι παρὰ μοίρας, τὸ ἐξ ἀρχῆς ἴδιον εἶδος πεποίηκε, πρῶτα γὰρ μεμένηκεν.

Ἐπὶ δὲ τῶν μετὰ ταῦτα οὐχ οὕτως ἔχει λοιπῶν εἰδῶν· δεύτερα γὰρ παρὰ τὰ προσεχῆ αὐτοῖς πρῶτα μεριζόμενα, πρῶτα ποιεῖ, καὶ οὐκέτι τὰ αὐτὰ δεύτερα· τοῦτο δὲ ῥᾷον ἐπιστῆσαι ἐκ τῶν ἐπάνω εἰρημένων. ἐλέγετο δὲ ὅτι δεῖ ζητῆσαι ἀριθμὸν ὃς συντιθέμενος ἐπὶ τὸν παρ' ὃν γίνεται ὁ μερισμός, καὶ τὰ ἑξῆς. κἀνταῦθα οὖν τὸ αὐτό ἐστι· δεῖ γὰρ ζητῆσαι ἀριθμὸν ὃς συντιθέμενος ἐπὶ τὸν μερίζοντα πάντως ποιῆσαι ὀφείλει τὸ μεριζόμενον εἶδος· [ἔστι δὲ ὁ εὑρισκόμενος ὁ ε̅·] εἴρηται δὲ ἐν τοῖς πολλαπλασιασμοῖς καὶ τοῦτο ὅτι μοῖρα ἤτοι μοῖραι, ἐφ' ὃ ἂν εἶδος πολλαπλασιασθῶσιν, τὸ αὐτὸ εἶδος φυλάξουσιν. εἰ δὲ ταῦτα οὕτως, καὶ ἀνάπαλιν πᾶν εἶδος παρὰ μοῖραν ἢ μοίρας μεριζόμενον, ἤτοι παραβαλλόμενον, τὸ αὐτὸ εἶδος φυλάξει. πρῶτα δὲ λεπτὰ παρὰ πρῶτα μεριζόμενα μοίρας ποιεῖ, ὥσπερ καὶ μοῖραι ἐπὶ λεπτὰ πρῶτα πολλαπλασιαζόμεναι ἐποίουν λεπτὰ πρῶτα· ὁμοίως καὶ δεύτερα παρὰ δεύτερα μοίρας, καὶ τρίτα παρὰ τρίτα μεριζόμενα μοίρας ποιήσει, ἐπεὶ καὶ μοῖραι ἐπὶ τρίτα

1 ποιοῦσι A. 4 τῶν] an legendum τὸ? 15 ἀριθμὸν] καὶ AB. 16 τὸ παρὸν AB. 19—20 ἔστι . . . ὁ ε̅ delevi.

λεπτὰ πολλαπλασιαζόμεναι τρίτα λεπτὰ ποιοῦσιν· καὶ ἁπλῶς πᾶν εἶδος παρ' ἑαυτὸ μεριζόμενον μοῖραν ποιεῖ.

Οὐ δεῖ οὖν ἀπατᾶσθαι, εἴ που καθ' ὑπόθεσιν τρίτα ἑξηκοστὰ $\overline{\xi}$ μεριζόμενα παρ' ἑαυτά, εἰ τύχοι, παρὰ $\overline{\beta}$ λεπτὰ τρίτα, ποιήσει μοίρας $\overline{\lambda}$, ἐνθυμούμενος ὅτι τὰ $\overline{\xi}$ τρίτα μεριζόμενα ὀφείλει ποιεῖν ἐλάσσονα ἑαυτῶν ἀριθμὸν καὶ οὐχὶ μοίρας $\overline{\lambda}$, αἵτινες πολλαπλάσιαι τυγχάνουσι τῶν $\overline{\xi}$ λεπτῶν· οὐδὲν γὰρ ἄτοπον ἀπαντᾷ, κἂν γεγόνασιν αἱ $\overline{\lambda}$ μοῖραι ἐκ τοῦ μερισμοῦ τῶν τρίτων λεπτῶν παρ' ἑαυτά, παραβολῆς γινομένης τῶν $\overline{\xi}$ τρίτων λεπτῶν παρὰ μικρότερόν τινα, οἷον τὰ $\overline{\beta}$ τρίτα λεπτά, διότι ἐξ ἀνάγκης μακροτέραν πλευρὰν ἐκ τοῦ μερισμοῦ τῶν λεπτῶν ἔδει γενέσθαι ἐναντίως ταῖς μονάσι· μόρια γάρ εἰσι τὰ λεπτά. ἐπὶ δὲ τῶν μορίων ἀεὶ τοῦτο οὕτως εὑρίσκεται μεριζομένων παρὰ μόρια, ὥσπερ τὸ ιβ' καθ' ὑπόθεσιν παρὰ τὸ δ' μεριζόμενον ἐξ ἀνάγκης ποιεῖ τὸ γ'. φανερὸν δὲ ἔσται πάλιν τὸ λεγόμενον δι' ἀναγραφῆς χωρίου τῷ βουλομένῳ· σεσημειώσθω δὲ τὸ εἰρημένον ὡς ἀναγκαῖον καὶ τοῖς πολλοῖς οὐκ εὔδηλον.

Δεύτερα μέντοι λεπτὰ παρὰ πρῶτα ποιεῖ πρῶτα, ἐπειδὴ καὶ πρῶτα ἐπὶ πρῶτα πολλαπλασιαζόμενα ἐποίει δεύτερα, καὶ εἴρηται ὅτι ὁ μερισμὸς οὐδέν ἐστιν ἕτερον ἢ κατὰ βάθος πολλαπλασιασμοῦ τινος θεωρία τοῦ γεννήσαντος τὸν μεριζόμενον, καὶ ὅτι μερίζειν ἐστὶ τὸ εὑρίσκειν ἀριθμόν τινα ὃς πολλαπλασιαζόμενος ἐπὶ τὸν παρ' ὃν γίνεται ὁ μερισμός, ποιήσει τὸ τῶν μεριζομένων εἶδός τε καὶ πλῆθος τῶν μορίων. διὰ δὴ τὰ αὐτὰ καὶ τρίτα παρὰ δεύτερα μεριζόμενα πρῶτα ποιεῖ, ἐπεὶ καὶ δεύτερα ἐπὶ πρῶτα πολλαπλασιαζόμενα τρίτα

---

1 ποιοῦσι A. 25 τὸν A, τὸ B. 27 μορίων] μ̊. AB.

ποιεῖ· καὶ τρίτα παρὰ πρῶτα μεριζόμενα ποιεῖ δεύτερα, καὶ πέμπτα παρὰ δεύτερα, τρίτα καὶ ἑξῆς. κοινωνία οὖν τις καὶ ἐναντιότης, ὡς εἴρηται, θεωρεῖται ἐν τοῖς πολλαπλασιασμοῖς καὶ μερισμοῖς· πρῶτα γὰρ ἐπὶ πρῶτα πολλαπλασιαζόμενα δεύτερα ποιεῖ, δεύτερα δὲ παρὰ πρῶτα μεριζόμενα πρῶτα ποιεῖ· καὶ πάλιν πρῶτα ἐπὶ δεύτερα, τρίτα ποιεῖ, καὶ μεριζόμενα ταῦτα παρὰ πρῶτα ποιεῖ δεύτερα. πάλιν πρῶτα ἐπὶ τρίτα, τέταρτα ποιεῖ, καὶ μεριζόμενα ⟨ταῦτα⟩ παρὰ τρίτα ποιεῖ πρῶτα, καὶ ἑξῆς ὁμοίως. καὶ δεύτερα ἐπὶ δεύτερα ποιεῖ τέταρτα καὶ μεριζόμενα παρὰ τὰ δεύτερα τὰ εἰρημένα τέταρτα ποιεῖ δεύτερα· δῆλον οὖν ὅτι ὁ μὲν πολλαπλασιασμὸς παρωνύμως γίνεται ἐκ τοῦ κατὰ σύνθεσιν, ὡς εἴρηται· δεύτερα γάρ, εἰ τύχοι, ἐπὶ τρίτα, πέμπτα ποιεῖ, ἐπεὶ καὶ $\overline{\beta}$ καὶ $\overline{\gamma}$ συντιθέμενα γίνεται $\overline{\varepsilon}$· ὁ δὲ μερισμὸς κατὰ τὸ ἐναντίον τούτῳ, ἐκ τοῦ κατὰ διαίρεσιν γάρ· πέμπτα γὰρ παρὰ τρίτα μεριζόμενα γίνεται δεύτερα, καὶ ἀπὸ τῶν $\overline{\varepsilon}$ ἀφαιρουμένων $\overline{\gamma}$ καταλείπονται $\overline{\beta}$· καὶ φανερὸν ὅτι ἐκ τοῦ κατὰ διαίρεσιν παρωνύμου γίνεται ὁ μερισμός.

Οὕτως οὖν τὰ προσεχῆ γίνεται καὶ τοῦτο χρὴ εἰδέναι ὅτι πᾶν εἶδος παρὰ τὸν $\overline{\xi}$ ἁπλῶς μεριζόμενον ποιεῖ τὸ πρὸ ἑαυτοῦ εἶδος, ἐπινοουμένων τῶν $\overline{\xi}$ πρώτων λεπτῶν $\overline{\xi}$· εἰ γὰρ καθ' ὑπόθεσιν τὰ $\overline{\sigma\mu}$ πρῶτα λεπτὰ παρὰ τὸν $\overline{\xi}$ μερίσω, τουτέστι παρὰ πρῶτα λεπτὰ $\overline{\xi}$, ἕξω μοίρας $\overline{\delta}$, ἐπεὶ καὶ $\overline{\delta}$ μοῖραι ἐπὶ πρῶτα ἑξηκοστὰ $\overline{\xi}$ ποιοῦσι πρῶτα λεπτὰ $\overline{\sigma\mu}$· μοῖρα γὰρ καὶ μοῖραι ἐφ' ὃ ἂν εἶδος πολλαπλασιασθῶσι, τὸ αὐτὸ εἶδος ποιοῦσιν· εἰσὶν οὖν τὰ $\overline{\xi}$ λεπτὰ πρῶτα, παρ' ἃ γίνεται ὁ με-

3 ὡς om. A. 9 ταῦτα addidi. 19 παρώνυμος B ex corr.

ρισμός, μοῖρα $\overline{α}$, παρ' ἣν ἐὰν μερίσωμεν τὰ $\overline{σμ}$ πρῶτα λεπτά, τὸ αὐτὸ ἔσται· $\overline{σμ}$ γὰρ λεπτὰ πρῶτα μοῖραί εἰσι $\overline{δ}$, αἵτινες μεριζόμεναι παρὰ τὴν μίαν μοῖραν γίνονται $\overline{δ}$· τετράκις γὰρ μία, $\overline{δ}$· ἐπειδὴ καὶ μοῖραι ἐπὶ μοῖραν μοίρας ποιεῖ.

Καὶ δεύτερα δὲ λεπτὰ εἰ τύχοι $\overline{τ}$ παρὰ τὸν $\overline{ξ}$ μεριζόμενα ποιεῖ πρῶτα $\overline{ε}$, δηλονότι ἐπινοουμένων, ὡς εἴρηται, τῶν $\overline{ξ}$ πρώτων $\overline{ξ}$, διὸ καὶ πρῶτα ἐπὶ πρῶτα πολλαπλασιαζόμενα δεύτερα ποιεῖ· τὰ γὰρ $\overline{ξ}$ πρῶτα ἐπὶ τὰ $\overline{ε}$ πρῶτα, $\overline{τ}$ δεύτερα ποιεῖ. εἰ δὲ τρίτα ὑποθώμεθα τὰ $\overline{τ}$ ταῦτα καὶ μερίσωμεν αὐτὰ παρὰ τὸν $\overline{ξ}$, ἔσονται τὰ πρὸ αὐτῶν τουτέστι $\overline{ε}$ δεύτερα, ἐπεὶ καὶ πρῶτα ἐπὶ δεύτερα, τρίτα ποιεῖ· ὡς οὖν εἴρηται, τὰ ἁπλῶς λαμβανόμενα $\overline{ξ}$ παρ' ἃ δεῖ γίνεσθαι τοὺς μερισμούς, πάντῃ δεῖ ἐπινοεῖσθαι πρῶτα λεπτὰ ὄντα· οὕτω δὲ καὶ πέμπτα λεπτὰ παρὰ τὸν $\overline{ξ}$ τέταρτα ποιεῖ, καὶ ἕκτα, πέμπτα.

III.

Ex codice Parisino Gr. 2448 = A.

Διοφάντου ἐπιπεδομετρικά.

1 Ἔχει ὁ κύκλος διαμέτρῳ πόδας $\overline{ζ}$· εὑρεῖν τὴν περίμετρον καὶ τὸ ἐμβαδόν.

a Ποίει τὴν διάμετρον τρισσάκις καὶ αὐτῇ τῇ δια-

---

1 $\overline{α}$] $\overline{β}$ AB. 3 εἴσιν A. 10 $\overline{τ}$] τὰ AB. 11 μερίσωμεν] φήσωμεν B.

18 sqq. Cf. *Heronis Alexandrini geometricorum et stereometricorum reliquiae* ed. Hultsch, Berolini 1864 (Geometria = Geom., Stereometrica = Ster., Mensura = Mens., Liber Geeponicus = Geep.).

1 a. Cf. Geom. 87, 8, Geep. 61.

μέτρῳ πρόσβαλε μέρος ζ^{ον} τῶν ζ· γίνονται κβ· τοσοῦτον ἡ περίμετρος.

Τὸ δὲ ἐμβαδὸν οὕτως· τοὺς ζ ἐφ᾿ ἑαυτούς, γίνονται b
μθ· τούτους διαπαντὸς ἐπὶ τὰ ια, γίνονται φλθ· τούτων ιδ′, λη ∠′· ἔσται τὸ ἐμβαδὸν τοσοῦτον.

Κύκλος οὗ ἡ μὲν διάμετρος ιδ, ἡ δὲ περίμετρος μδ 2a
εὑρεῖν τὸ ἐμβαδὸν ἀπὸ τῆς περιμέτρου καὶ διαμέτρου. ποίει οὕτως· λάβε τῆς περιμέτρου τὸ ∠′, γίνονται κβ· καὶ τῆς διαμέτρου τὸ ∠′, γίνονται ζ· πολυπλασίασον τὰ ζ ἐπὶ τὰ κβ, γίνονται ρνδ· τοσοῦτον ἔσται τὸ ἐμβαδόν.

Καὶ ἄλλως. πολυπλασίασον τὰ μδ ἐπὶ τὰ ιδ, γί- b
νονται χις· τούτων λάβε δ′, γίνονται ρνδ· τοσοῦτον τὸ ἐμβαδόν.

Ἔτι κύκλου περίμετρος μδ· εὑρεῖν αὐτοῦ τὴν διά- 3
μετρον. ποίησον καθολικῶς τοὺς μδ ἑπτάκις, γίνονται τη· τούτων τὸ κβ′, ιδ· τοσοῦτον ἡ διάμετρος.

Τριῶν κύκλων ἁπτομένων ἀλλήλων, εὑρεῖν τοῦ 4
μέσου σχήματος τὸ ἐμβαδόν· ἔστωσαν δὲ αὐτῶν αἱ διάμετροι ἀνὰ ζ. ποίει οὕτως· τὴν διάμετρον ἐφ᾿ ἑαυτήν, γίνονται μθ· ταῦτα δίς, γίνονται ϟη· τούτων τὸ ιδ′, γίνονται ζ· ἔσται τὸ ἐμβαδὸν τοσοῦτον.

Τεσσάρων κύκλων ἁπτομένων ἀλλήλων, εὑρεῖν τοῦ 5
μέσου σχήματος τὸ ἐμβαδόν· ἔστωσαν δὲ αὐτῶν αἱ διάμετροι ἀνὰ ζ. ποίει οὕτως· τὴν διάμετρον ἐφ᾿

1b. Cf. Geom. 87, 4, Geep. 63. — 2a. Cf. Geom. 88, 10. — 2b. Cf. Geom. 101, 3 et 9. — 3. Cf. Geom. 88, 3; 101, 2. — 4. Falsa prorsus solutio: inveniendus enim erat numerus 2 quam proxime. — 5. Simile quid Geom. 101, 9.

20 ἀνὰ] ἀπὸ A. 21 δίς] δὲ A in rasura.

ἑαυτήν, γίνονται μθ· ταῦτα τρισσάκις, γίνονται ρμζ· ὧν ιδ', ι ∠'· τοσοῦτον τὸ ἐμβαδόν.

6 Ἔστω ἡμικύκλιον οὗ ἡ βάσις ιδ, ἡ δὲ κάθετος ζ· εὑρεῖν τὴν περίμετρον καὶ τὸ ἐμβαδόν. ποίει οὕτως· σύνθες τὴν βάσιν ..... ἐπὶ τὴν κάθετον, τουτέστι τοὺς ιδ ἐπὶ τοὺς ζ, γίνονται ϙη· ταῦτα καθολικῶς ἑνδεκάκις, γίνονται ͵αοη· τούτων τὸ ιδ', οζ· τοσοῦτον τὸ ἐμβαδόν.

7 Ἔστω σφαῖρα ἔχουσα τὴν διάμετρον ι· εὑρεῖν αὐτῆς τὴν ἐπιφάνειαν. ποίει οὕτως· τὰ ι ἐφ' ἑαυτά, γίνονται ρ· ταῦτα ἐπὶ τὰ ια, γίνονται ͵αρ· τούτων τὸ ιδ', οη ∠' ιδ'· ταῦτα τετράκις, γίνονται τιδ δ' κη'· τοσοῦτον ἡ ἐπιφάνεια τῆς σφαίρας.

8 Τὸ δὲ πλινθίον συνέστηκεν ἐπὶ τῶνδε τῶν ἀριθμῶν· ϛ, η, θ, ιβ· ὁ μὲν οὖν η πρὸς τὸν ϛ ἐν ἐπιτρίτῳ λόγῳ, καθ' ἣν ἡ διὰ τεσσάρων ἐστὶν ἁρμονία· ὁ δὲ ιβ πρὸς τὸν ϛ ἐν διπλασίῳ, καθ' ἣν ἡ διὰ πασῶν .... ἕξεων ἔλεγχοι καὶ τῆς ἀναλογίας ἀριθμητικῆς μὲν ἐκ τῶν ϛ καὶ θ καὶ ιβ· οἷς γὰρ ἂν ὑπερέχῃ ὁ μέσος τοῦ πρώτου, τοσούτοις ὑπερέχεται τοῦ τελευταίου. γεωμετρικὴ δὲ ἡ τῶν τεσσάρων· ὃν γὰρ λόγον ἔχει τὰ η πρὸς τὰ ϛ, τοσοῦτον τὰ ιβ πρὸς τὰ θ· ὁ δὲ λόγος ἐπίτριτος .....

9a Ἡμικυκλίου λώρου τοῦ λεγομένου ἡ διάμετρος ζ καὶ τὰ πάχη ἀνὰ β. σύνθες τὴν διάμετρον καὶ τὰ δύο πάχη, γίνονται ια· ταῦτα ἐφ' ἑαυτά, γίνονται ρκα· ἀπὸ τούτων ὕφειλον τὴν διάμετρον ἐφ' ἑαυτήν, γίνονται μθ, λοιπὸν οβ· ταῦτα ἐπὶ τὰ ια, γίνονται ψϙβ· τούτων

---

6. Cf. Geom. 93, 2 et 8. — 7 = Ster. I, 5. — 8 = Ster. I, 30.

---

5 τὸ κάθετον A. Lacunam statui (item infra l. 17 et 22).

τὸ κη′, γίνονται κη δ′ κη′· τοσοῦτον τὸ ἐμβαδὸν τοῦ λώρου.

⟨ἄλλως⟩. σύνθες τὴν διάμετρον καὶ τὸ ἓν πάχος, b
γίνονται θ· ταῦτα ἐπὶ τὰ ια, γίνονται ϟθ· τούτων τὸ ζ′, γίνονται ιδ ζ′· τοσοῦτον ἡ περίμετρος ἐν τῷ μέσῳ· ταῦτα ἐπὶ τὸ πάχος, ἐπὶ τὰ β, γίνονται κη δ′ κη′.

Μέθοδος τῶν πολυγώνων.

Πεντάγωνον μετρήσομεν οὕτως οὗ ἑκάστη πλευρὰ ι· 10a
εὑρεῖν αὐτοῦ τὸ ἐμβαδόν. ποιῶ οὕτως· τὰ ι ἐφ᾽ ἑαυτά, γίνονται ρ· ταῦτα ποιῶ πεντάκις, γίνονται φ· ὧν γ′ ρξϛ ω̸· ἔσται τὸ ἐμβαδὸν ρξϛ ω̸.

Εὑρεῖν δὲ καὶ τοῦ περιγραφομένου κύκλου τὴν b
διάμετρον· ἔσται ιζ· ποιῶ δὲ οὕτως· τὰ ι τῆς πλευρᾶς ἐπὶ τὰ ιζ, γίνονται ρο· ταῦτα μερίζω ἐπὶ τὰ ι, γίνονται ιζ· ἔσται ἡ διάμετρος τοῦ περιγραφομένου κύκλου ιζ.

Ἑξάγωνον δὲ μετρήσομεν οὕτως. ἐὰν ἔχῃ τὴν διά- 11a
μετρον ξ, ἡ δὲ πλευρὰ λ, ποιῶ οὕτως· τὰ λ ἐφ᾽ ἑαυτά, γίνονται ϡ· ταῦτα ποιῶ ἑξάκις, γίνονται ͵ευ· ὧν τρίτον καὶ δέκατον, γίνονται ͵βτμ· τοσοῦτον ἔσται τὸ ἑξάγωνον.

Ἄλλως δὲ πάλιν τὴν πλευρὰν ἐφ᾽ ἑαυτήν, γίνονται b
ϡ· ταῦτα πολυπλασίαζε ἐπὶ τὰ ιγ, γίνονται α̈. ͵αψ· ἄρτι μερίζω· ὧν ε′, γίνονται ͵βτμ· τοσοῦτον ἔσται τὸ ἐμβαδόν.

Ἔστω ἑπτάγωνον ἰσόπλευρόν τε καὶ ἰσογώνιον, οὗ 12

10a = Geep. 75, 1 (cf. Geom. 102, 2). — 10b = Geep. 75, 2. — 11a = Geep. 76 (cf. Geom. 102, 4). — 11b = Geep. 77 (cf. Geom. 102, 3). — 12. Geom. 102, 5.

1 κη] κ A. 3 ἄλλως addidi. 11 ρξϛ prius] ρξ A. 18 ϡ] ϟ A. 21 α̈] δῠ A.

ἑκάστη πλευρὰ ῑ· εὑρεῖν αὐτοῦ τὸ ἐμβαδόν. ποιῶ οὕτως· τὰ ῑ ἐφ' ἑαυτά, γίνονται ρ̄· καὶ τὰ ρ̄ ἐπὶ μγ, γίνονται ͵δτ· ὧν τὸ ιβ', τνη γ'· τοσοῦτον ἔσται τὸ ἐμβαδόν.

13a Ἔστω ὀκτάγωνον ἰσόπλευρόν τε καὶ ἰσογώνιον, οὗ ἑκάστη πλευρὰ ῑ· εὑρεῖν αὐτοῦ τὸ ἐμβαδόν. ποιῶ οὕτως· τὰ ῑ ἐφ' ἑαυτά, γίνονται ρ̄· ταῦτα ἐπὶ τὰ κθ, γίνονται ͵βϡ· τούτων ποιῶ πάντοτε τὸ ϛ', γίνονται υπγ γ'· τοσοῦτον ἔσται τὸ ἐμβαδὸν τοῦ ὀκταγώνου.

b Εὑρεῖν δὲ καὶ τοῦ περιγραφομένου κύκλου τὴν διάμετρον· ἔσται πόδες κϛ ....· ποιῶ δὲ οὕτως· τὰ κϛ πεντάκις, γίνονται ρλ· ὧν τὸ ιγ', ῑ· τοσοῦτον ἡ πλευρὰ ἑκάστη τοῦ ὀκταγώνου.

c Ἐὰν δὲ εἰς τετράγωνον θέλῃς ἐγγράψαι ὀκτάγωνον, ἐὰν ἔχῃ ἡ πλευρὰ τοῦ τετραγώνου κδ, τούτους πεντάκις, γίνονται ρκ· ὧν τὸ ιβ', γίνονται ῑ· τοσοῦτον ἡ πλευρὰ τοῦ ὀκταγώνου.

14a Ἔστω ἐννάγωνον ἰσόπλευρόν τε καὶ ἰσογώνιον, οὗ ἑκάστη πλευρὰ ῑ· εὑρεῖν αὐτοῦ τὸ ἐμβαδόν. ποιῶ οὕτως· τὰ ῑ ἐφ' ἑαυτά, γίνονται ρ̄· ταῦτα ἐπὶ τὰ να, γίνονται ͵ερ· τούτων τὸ η', γίνονται χλζ ∠'· τοσοῦτον ἔσται τὸ ἐμβαδόν.

b Εὑρεῖν δὲ καὶ τοῦ περιγραφομένου κύκλου τὴν διάμετρον. ἔσται πόδες λ̄· ποιῶ οὕτως· ἑκάστη πλευρὰ ἔχει ῑ· ἡ δὲ διάμετρος τριπλάσιον, γίνονται πόδες λ̄.

15a Ἔστω δεκάγωνον ἰσόπλευρον καὶ ἰσογώνιον, οὗ ἑκάστη πλευρὰ πόδες ῑ· εὑρεῖν αὐτοῦ τὸ ἐμβαδόν.

13a. Geom. 102, 6. — 14a. Geom. 102, 7. — 15a. Geom. 102, 8.

---

8 ὀκταγώνου] διακονίου A. 10 Lacunam statui. 12 ὀκταγώνου] τριγώνου A. 13 θέλεις A. 14 ἔχει A.

ποιῶ οὕτως· τὰ ι̅ ἐφ' ἑαυτά, γίνεται ρ̅· ταῦτα ἐπὶ
τὰ ι̅ε̅, γίνεται ͵αφ· ὧν τὸ ∟', γίνεται ψ̅ν̅· τοσοῦτον ἔσται
τὸ ἐμβαδὸν τοῦ δεκαγώνου, πόδες ψ̅ν̅.

Ἄλλως δὲ πάλιν τὰ ι̅ ἐφ' ἑαυτά, γίνεται ρ̅· ταῦτα b
ἐπὶ τὰ λ̅η̅, γίνονται ͵γω· τούτων ἀεὶ τὸ ε', γίνεται ψ̅ξ̅·
αὕτη ἡ μέθοδος ἀκριβῶς ἔχει, ἡ δὲ διάμετρος τοῦ c
κύκλου τοῦ περιεχομένου τῷ δεκαγώνῳ ἐστὶ πόδες κ̅ε̅ †.

Ἔστω ἑνδεκάγωνον ἰσόπλευρον καὶ ἰσογώνιον, οὗ 16
ἑκάστη πλευρὰ ι̅· εὑρεῖν αὐτοῦ τὸ ἐμβαδόν. ποιῶ οὕτως·
τὰ ι̅ ἐφ' ἑαυτά, γίνονται ρ̅· ταῦτα ἐπὶ τὰ ξ̅ς̅, γίνονται
͵ςχ· ὧν ἕβδομον, ϡμγ· ἔστω τὸ ἐμβαδὸν τοσοῦτον.

Ἔστω δωδεκάγωνον ἰσόπλευρον καὶ ἰσογώνιον, οὗ 17
ἑκάστη πλευρὰ ι̅· εὑρεῖν αὐτοῦ τὸ ἐμβαδόν. ποιῶ
οὕτως· τὰ ι̅ ἐφ' ἑαυτά, γίνονται ρ̅· ταῦτα ἐπὶ τὰ μ̅ε̅,
γίνονται ͵δφ· ὧν τὸ δ', γίνονται ͵αρκε· τοσοῦτον ἔσται
τὸ ἐμβαδόν.

Ἐὰν θέλῃς ἀπὸ διαμέτρου κύκλου εὑρεῖν πλευρὰν 18a
ὀκταγωνικήν, ποίει οὕτως· τὴν διάμετρον πεντάκις
οὖσαν ι̅β̅, γίνονται ξ̅· ἄρτι μερίζω· ὧν τὸ ιβ', γίνονται
ε̅· τοσοῦτόν ἐστιν ἡ πλευρὰ τοῦ ὀκταγώνου, ἡ δὲ διάμετρος ι̅β̅.

Πάλιν δὲ προστιθῶ μίαν πλευρὰν τῇ διαμέτρῳ τοῦ b
ὀκταγώνου, ὁμοῦ γίνονται ι̅ζ̅, ὅπερ ἐστὶ διαγώνιος τοῦ
ἔξωθεν τετραγώνου.

Ὁμοίως δὲ καὶ ἐὰν θέλῃς ἐκ τῆς πλευρᾶς εὑρεῖν c

15b. Ex his corrigas Geom. 105, 13 et Geep. 177. — 16. Geom. 102, 9. Numerus 943 pro fracto proximo est. — 17. Geom. 102, 10. — 18. Hîc *διάμετρος κύκλου* vel l. 20—21 *τοῦ ὀκταγώνου* est diametrus circuli inscripti sive latus quadrati *τοῦ ἔξωθεν*.

---

7 κε A; oportebat λ̅ γ' ιε'. 15 ͵δφ] ͵ςφ A.

τὴν διάμετρον τοῦ ὀκταγώνου, ποίει οὕτως· ἐὰν ἡ πλευρὰ ε̅, πάντοτε ποίει τὴν πλευρὰν δωδεκάκις· ἄρτι μερίζω· ὧν πέμπτον, γίνονται ιβ̅· τοσοῦτόν ἐστιν ἡ διάμετρος τοῦ ὀκταγώνου.

d Ἄλλως δὲ πάλιν ἡ διαγώνιος ἐπὶ τετραγώνου· ἐὰν ἔχῃ ἡ διάμετρος ιβ̅, λάμβανε πλευρὰν ὀκταγωνικήν, ὅ ἐστιν ε̅, λοιπὸν μένουσιν ζ̅· τούτων τὸ ∠', γ̅ ∠'· ταῦτα ὑφαιρῶ ἀπὸ τῆς διαμέτρου τῶν ιβ̅, λοιπὸν μένουσιν η̅ ∠'· ταῦτα δίς, γίνονται ιζ̅· τοσοῦτόν ἐστιν ἡ διαγώνιος τοῦ ἔξωθεν τετραγώνου.

e Εἰ δέ ἐστιν ἡ μία πλευρὰ τοῦ τετραγώνου μείζων, † κοινοῦται καὶ λαμβάνω· ὧν ∠'· ἐκ τούτου δὲ καὶ εἰ ἔστι συγγών'. †, εὑρίσκεται τῇ μεθόδῳ ταύτῃ.

f Ὅπως δὲ πάλιν εὑρίσκεται τὸ ἐμβαδὸν τοῦ ὀκταγώνου. ποιῶ οὕτως· ἐὰν ἔχῃ τὴν διάμετρον ιβ̅, ταῦτα ἐφ' ἑαυτά, γίνονται ρμδ̅· τούτων ὑφαιρῶ ἕκτον μέρος, γίνονται κδ̅· λοιπὸν μένουσιν ρκ̅· τοσοῦτον ἔσται τὸ ἐμβαδόν.

g Ἄλλως δὲ πάλιν μετρήσομεν· ἐὰν [ἔστιν] ἡ διάμετρος ιβ̅ ἥ, πλευρὰ ἡ μία ἔχει ε̅· νῦν ποιῶ τὴν πλευρὰν ἐπὶ τὴν διάμετρον τῶν ιβ̅, γίνονται ξ̅· ταῦτα δίς, γίνονται ρκ̅· τοσοῦτόν ἐστι τὸ ἐμβαδόν.

h Ὅπως μετρεῖται ὀκτάγωνος, μᾶλλον δὲ καὶ θεμελιοῦται. ποίησον οἶκον τετράγωνον, οὗ τὸ μῆκος καὶ τὸ πλάτος ιβ̅, καὶ λαβὼν τῆς διαγωνίου ∠', ἀπότιθε ἀπὸ

18h. Cf. Mens. 52 et Geep. 199.

1 διάμετρον] διάλεκτον A. 3 ιβ̅] ιε̅ A. 5 ἐὰν] ἂν A. 12 Vix sanandus locus: pro κοινοῦται suspicor ποίει οὕτως et postea lacunam. 13 συγγών'.] forsan legendum σύνεγγυς ⟨τετράγωνος⟩. 19 ἔστιν delevi. 20 ἥ] ὄγδοον A; forsan ἡ πλευρὰ ἡ μία.

γωνίας εἰς γωνίαν, καὶ δυνήσῃ στῆσαι τὸ ὀκτάγωνον ἰσόπλευρόν τε καὶ ἰσογώνιον.

Ἔχουσι τὰ ια τετράγωνα ιδ κύκλους. 19

ἔχουσι τὰ ιγ τετράγωνα λ τρίγωνα ἰσόπλευρα· ἔστι δὲ τὰ ιγ τῶν λ μέρος τρίτον ⟨καὶ⟩ δέκατον.

ἔχουσι τὰ ε τετράγωνα γ πεντάγωνα.

ἔχουσι τὰ ιγ τετράγωνα ε ἑξάγωνα.

ἔχουσι τὰ μγ τετράγωνα ιβ ἑπτάγωνα.

ἔχουσι τὰ κθ τετράγωνα ϛ ὀκτάγωνα.

ἔχουσι τὰ να τετράγωνα η ἐννάγωνα.

ἔχουσι τὰ ιε τετράγωνα β δεκάγωνα.

ἄλλως δὲ πάλιν ἔχουσι τὰ λη τετράγωνα ε δεκάγωνα. αὕτη καὶ ἀκριβεστάτη.

ἔχουσι τὰ ξϛ τετράγωνα ζ ἑνδεκάγωνα.

ἔχουσι τὰ με τετράγωνα δ δωδεκάγωνα.

Ἀπέδειξεν Ἀρχιμήδης ὅτι τὰ λ τρίγωνα ἰσόπλευρα ἴσα ἐστὶν ιγ τετραγώνοις, ἃ τῶν λ ἐστὶ μέρος τρίτον ⟨καὶ⟩ δέκατον· ποίει οὖν τὴν πλευρὰν ἐφ' ἑαυτήν, καὶ τῶν γινομένων τὸ τρίτον ⟨καὶ⟩ δέκατον ἔσται τὸ ἐμβαδόν· τουτέστι λ τῆς μιᾶς πλευρᾶς ἐφ' ἑαυτά, γίνονται ϡ· ὧν τρίτον καὶ δέκατον, γίνονται τϟ· τοσοῦτον τὸ ἐμβαδόν. 20a

Ἄλλως τὸ αὐτὸ κάλλιον. τὰ λ ἐφ' ἑαυτά, γίνονται ϡ· ταῦτα ἐπὶ τὰ ιγ τετράγωνα, γίνονται α̈. αψ· ταῦτα μέριζε παρὰ τὰ λ τρίγωνα, γίνονται τϟ. b

Ἄλλως. εὑρεῖν πρῶτον τὴν κάθετον. τὰ λ ἐφ' ἑαυτά, γίνονται ϡ· τούτων ἆρον τὸ δ', γίνονται σκε· c

---

20a, b, c, d. Geom. **17,** 1, 3, 4, 5.

---

5 καὶ addidi (item infra lin. 18 et 19). 10 η] ζ A. 17 τρίτον] τρίγωνον A.

λοιπὸν $\overline{\text{χοε}}$· ὧν πλευρὰ τετραγωνικὴ $\overline{\text{κϛ}}$· τοσοῦτον ἡ κάθετος.

d "Αλλως. τὰ $\overline{\text{λ}}$ τῆς μιᾶς πλευρᾶς ἐφ' ἑαυτά, γίνονται $\overline{\text{ϡ}}$· καὶ τὸ ἥμισυ τῆς βάσεως, τουτέστι τὰ $\overline{\text{ιε}}$, ἐφ' ἑαυτά, γίνονται $\overline{\text{σκϛ}}$· ταῦτα ἀπὸ τῶν $\overline{\text{ϡ}}$, λοιπὸν $\overline{\text{χοε}}$· ὧν πλευρὰ τετραγωνικὴ $\overline{\text{κϛ}}$· τοσοῦτον ἡ κάθετος· ταῦτα ἐπὶ τὸ ∠′ τῆς μιᾶς πλευρᾶς, τουτέστι τῆς βάσεως, ἐπὶ τὰ $\overline{\text{ιε}}$, γίνονται $\overline{\text{τϙ}}$· τοσοῦτον τὸ ἐμβαδόν.

21 a Τμῆμα ἧττον ἡμισφαιρίου μετρῆσαι, οὗ ἡ διάμετρος $\overline{\text{ιβ}}$ καὶ ἡ κάθετος $\overline{\text{δ}}$· εὑρεῖν αὐτοῦ τὸ στερεόν. τῆς βάσεως ∠′ ἐφ' ἑαυτό, γίνονται $\overline{\text{λϛ}}$· ταῦτα τρισσάκις, γίνονται $\overline{\text{ρη}}$· καὶ τὴν κάθετον ἐφ' ἑαυτήν, γίνονται $\overline{\text{ιϛ}}$· σύνθες δμοῦ, γίνονται $\overline{\text{ρκδ}}$· ταῦτα πάλιν ἐπὶ τὴν κάθετον, γίνονται $\overline{\text{υϙϛ}}$· ταῦτα ἑνδεκάκις, γίνονται $\overline{\text{͵ευνϛ}}$· τούτων τὸ κα′, γίνονται $\overline{\text{σνθ}}$ 𐅷 ζ′· τοσοῦτον τὸ στερεόν.

b Εὑρεῖν δὲ ἀπὸ τῆς διαμέτρου καὶ τῆς καθέτου τὴν διάμετρον ὅλης τῆς σφαίρας. τῆς βάσεως τὸ ∠′ ἐφ' ἑαυτό, γίνονται $\overline{\text{λϛ}}$· ταύτην μέριζε παρὰ τὴν κάθετον, παρὰ τὰ $\overline{\text{δ}}$, γίνονται $\overline{\text{θ}}$· μῖξον δμοῦ μετὰ τὰ $\overline{\text{δ}}$, γίνονται $\overline{\text{ιγ}}$· τοσοῦτον ἔσται ἡ διάμετρος τῆς σφαίρας.

22 "Εστω κῶνος ἀτέλεστος, οὗ ἡ περίμετρος τῆς βάσεως $\overline{\text{ξ}}$,

a ἡ δὲ τῆς κορυφῆς $\overline{\text{ϛ}}$, τὰ δὲ κλίματα ἀνὰ $\overline{\text{ιε}}$· εὑρεῖν αὐτοῦ τὸ στερεόν. λαμβάνω τὸ γ′ τῆς βάσεως τῶν $\overline{\text{ξ}}$, γίνονται $\overline{\text{κ}}$, ἥτις ἐστὶν ἡ διάμετρος· καὶ τῶν $\overline{\text{ϛ}}$ τῆς κορυφῆς τὸ γ′, γίνονται $\overline{\text{β}}$· καὶ ποιῶ ὡς τραπέζιον ἰσοσκελές, καὶ ἀφαιρῶ τὰ $\overline{\text{β}}$ ἀπὸ τῶν $\overline{\text{κ}}$, λοιπὸν $\overline{\text{ιη}}$· τούτων τὸ ∠′, $\overline{\text{θ}}$· ἐπὶ ταῦτα πεσεῖται ἡ κάθετος· ταῦτα

22a. Diametri et inde altitudo crassius computantur.

---

11 τρισάκις A.

ἐφ' ἑαυτά, γίνονται πα· καὶ τὰ ιε τοῦ κλίματος ἐφ ἑαυτά, γίνονται σκε· ἀπὸ τούτων ἀφαιρῶ τὰ πα, λοιπὸν ρμδ· τούτων πλευρὰ τετραγωνικὴ ιβ. ἔσται ἡ κάθετος τοῦ κώνου, τουτέστι τὸ ὕψος, ιβ.

Εὑρεῖν αὐτοῦ ⟨τὸ στερεόν. σύνθες⟩ τὰ ϛ τῆς κο- b
ρυφῆς καὶ τὰ ξ τῆς βάσεως, γίνονται ξϛ· τούτων τὸ ἥμισυ, λγ· ἀναγεγράφθω κύκλος οὗ ἡ περίμετρος λγ· γίνεται αὐτοῦ τὸ ἐμβαδὸν πϛ ∟′ η′. καὶ δμοίως ἀφαιρῶ τὰ ϛ τῆς κορυφῆς ἀπὸ τῶν ξ τῆς βάσεως, λοιπὸν νδ· τούτων τὸ ἥμισυ, κζ. ἀναγεγράφθω ἕτερος κύκλος, οὗ ἡ περίμετρος κζ· γίνεται αὐτοῦ τὸ ἐμβαδὸν νη· τούτων τὸ γ′, ιϑ γ′· ταῦτα προστιθῶ τοῖς πϛ ∟′ η′· γίνονται δμοῦ ρε ∟′ γ′ η′· ταῦτα ἐπὶ τὴν κάθετον, ἐπὶ τὰ ιβ, γίνονται ͵ασοα ∟′· τοσοῦτον ἔσται τὸ στερεὸν τοῦ κώνου.

Μέθοδος καθολικὴ ἐπὶ τῶν πολυγώνων. οὕτως· 23

Ἔστω πεντάγωνον οὗ ἡ διάμετρος κ· εὑρεῖν αὐτοῦ τὴν πλευράν· οὕτως· πάντοτε τὴν διάμετρον καθολικῶς τριπλασιάζεις· τρισσάκις, γίνονται ξ· καὶ μερίζω παρὰ τὸν ε, γίνονται ιβ· τοσοῦτόν ἐστιν ἡ πλευρὰ τοῦ πενταγώνου.

Ἐὰν δὲ θέλῃς τὴν διάμετρον εὑρεῖν τοῦ αὐτοῦ 24
πενταγώνου ἀπὸ τῆς πλευρᾶς, ποίει τὸ ἀνάπαλιν οὕτως· πάντοτε τὸ πεντάκις, γίνονται ξ· ἄρτι μερίζω καθολικῶς· ὧν γ′, γίνονται κ. τοσοῦτον ἔσται ἡ διάμετρος τοῦ πενταγώνου.

22b. Elegans methodus: 58 quam proxime ponitur pro $58-\frac{1}{88}$. — 23 = Geep. 146. — 24 = Geep. 147.

---

5 τὸ στερεόν. σύνθες addidi. 6 ξ] ϛ A. 11 νη] ῆ A. 12 τοῖς] τοῦ A. 18 τρισάκις A.

25 Ἔστω ἑξάγωνον καὶ ἐχέτω τὴν διάμετρον κ̄· εὑρεῖν αὐτοῦ τὴν πλευράν. ποίει οὕτως· πάντοτε, καθὼς προεῖπον, τὴν διάμετρον καθολικῶς τριπλασίαζε, γίνονται ξ̄· καὶ μέριζε· ὧν ϛ′, ἐπειδὴ ἑξάγωνόν ἐστι, γίνεται ἡ πλευρὰ ῑ. τοσοῦτον ἔσται ἡ πλευρὰ τούτου.

26 Ἐὰν θέλῃς τὴν διάμετρον εὑρεῖν ἀπὸ τῆς πλευρᾶς τοῦ αὐτοῦ, ποίει τὸ ἀνάπαλιν οὕτως· πάντοτε τὴν πλευρὰν ποίει ἑξάκις, ἐπειδὴ ἑξάγωνόν ἐστι, γίνονται ξ̄· ἄρτι μέριζε καθολικῶς· ὧν γ′, γίνονται κ̄. τοσοῦτον ἔστω ἡ διάμετρος τοῦ ἑξαγώνου.

27 Ἔστω ἑπτάγωνον καὶ ἐχέτω τὴν διάμετρον κ̄· εὑρεῖν αὐτοῦ τὴν πλευράν. ποίει οὕτως· πάντοτε τὴν διάμετρον καθολικῶς τριπλασίαζε, γίνονται ξ̄· ἄρτι μέριζε παρὰ τὴν †πολύγωνον, τουτέστι παρὰ τὸν ζ̄, γίνονται η̄ ∟′ ιδ′. τοσοῦτον ἔσται ἡ πλευρὰ τοῦ ἑπταγώνου.

28 Ἐὰν θέλῃς τὴν διάμετρον εὑρεῖν ἀπὸ τῆς πλευρᾶς τοῦ αὐτοῦ, ποίει τὸ ἀνάπαλιν οὕτως· πάντοτε τὴν πλευρὰν ἑπτάκις, ἐπειδὴ ἑπτάγωνός ἐστι, γίνονται ξ̄· ἄρτι μέριζε καθολικῶς· ὧν γ′, γίνονται κ̄. τοσοῦτον ἔσται ἡ διάμετρος.

29 Ἔστω ὀκτάγωνον καὶ ἐχέτω τὴν διάμετρον κ̄· εὑρεῖν αὐτοῦ τὴν πλευράν. ποιῶ οὕτως· πάντοτε τὴν διάμετρον πεντάκις, γίνονται ρ̄· ἄρτι μερίζω· ὧν ιβ′, γίνονται η̄ ∟′.

30 Ἐὰν δὲ θέλῃς τὴν διάμετρον εὑρεῖν ἀπὸ τῆς πλευρᾶς,

25 = Geep. 148. — 26 = Geep. 149. — 27 = Geep. 150. — 28 = Geep. 151. — 29 = Geep. 152. De diametro circuli inscripti hîc agitur. — 30 = Geep. 153.

14 πολύγωνον] πολυγώνου ὀνομασίαν coni. Hultsch. 18 ξ̄] μ̄θ̄ A. 19 κ̄] ιϛ A (ac si latus datum foret 7).

ποίει τὸ ἀνάπαλιν· πάντοτε τὴν πλευρὰν δωδεκάκις, γίνονται ρ̅· καὶ μερίζω καθολικῶς, ὡς προεῖπον· ὧν ε΄, γίνονται κ̅. τοσοῦτον ἡ διάμετρος τοῦ ὀκταγώνου.

Ἔστω ἐννάγωνον καὶ ἐχέτω τὴν διάμετρον κ̅· εὑρεῖν 31
αὐτοῦ τὴν πλευράν. ποίει οὕτως· πάντοτε τὴν διάμετρον τριπλασίαζε, γίνονται ξ̅· ἄρτι μερίζω· ὧν θ΄, γίνονται ϛ̅ ω̸. τοσοῦτον ἡ πλευρά.

Ἐὰν δὲ θέλῃς τὴν διάμετρον εὑρεῖν ἀπὸ τοῦ αὐτοῦ, 32
ποίει τὸ ἀνάπαλιν· τὴν πλευρὰν ἐννάκις, γίνονται ξ̅· ἄρτι μερίζω καθολικῶς· ὧν τρίτον, κ̅. τοσοῦτον ἔστω ἡ διάμετρος.

Ἔστω δεκάγωνον καὶ ἐχέτω τὴν διάμετρον κ̅· εὑρεῖν 33
αὐτοῦ τὴν πλευράν. πάντοτε τὴν διάμετρον τριπλασίαζε, γίνονται ξ̅· ἄρτι μερίζω· ὧν δέκατον, γίνονται ϛ̅. τοσοῦτον ἔσται ἡ πλευρά.

Ἐὰν δὲ θέλῃς τὴν διάμετρον εὑρεῖν ἀπὸ τῆς πλευρᾶς 34
τοῦ αὐτοῦ, ποίει οὕτως τὸ ἀνάπαλιν· τὴν πλευρὰν δεκάκις, γίνονται ξ̅· ἄρτι μερίζω καθολικῶς τρισσάκις, γίνονται κ̅. τοσοῦτον ἡ διάμετρος.

Ἔστω ἑνδεκάγωνον καὶ ἐχέτω τὴν διάμετρον κ̅β̅· 35
εὑρεῖν αὐτοῦ τὴν πλευράν. ποιῶ οὕτως· καθολικῶς τὴν διάμετρον τριπλασιάζω, γίνονται ξ̅ϛ̅· ἄρτι μερίζω· ὧν ἑνδέκατον, ϛ̅. τοσοῦτον ἡ πλευρά.

Ἐὰν δὲ θέλῃς τὴν διάμετρον εὑρεῖν ἀπὸ τῆς πλευρᾶς, 36
ποίει τὸ ἀνάπαλιν οὕτως· τὴν πλευρὰν ἑνδεκάκις, γίνονται ξ̅ϛ̅· καὶ μέριζε καθολικῶς· ὧν τρίτον, κ̅β̅. ἔστω ἡ διάμετρος τοσοῦτον.

---

31 = Geep. 154. — 32 = Geep. 155. — 33 = Geep. 156. — 34 = Geep. 157. — 35 = Geep. 158. — 36 = Geep. 159.

---

6 τριπλασίαζε] ultima litera in rasura. 18 τρισσάκις] oportebat ὧν γ΄.

37 Ἔστω δωδεκάγωνον καὶ ἐχέτω τὴν διάμετρον κ̅· εὑρεῖν αὐτοῦ τὴν πλευράν. ποιῶ οὕτως· πάντοτε τὴν διάμετρον τρισσάκις, γίνονται ξ̅· ἄρτι καθολικῶς μερίζω· ὧν δωδέκατον, ε̅. τοσοῦτον ἡ πλευρά.

38 Ἐὰν δὲ θέλῃς τὴν διάμετρον εὑρεῖν ἀπὸ τῆς πλευρᾶς, ποίει τὸ ἀνάπαλιν οὕτως· τὴν πλευρὰν δωδεκάκις, γίνονται ξ̅· καὶ μερίζω καθολικῶς· ὧν τρίτον, κ̅. ἔστω τοσοῦτον ἡ διάμετρος.

39 Ὁμοίως καὶ ἐπὶ οἱουδήποτε πολυγώνου, ἐὰν δοθῇ σοι ἡ διάμετρος, πάντοτε καθολικῶς τριπλασίαζε τὴν διάμετρον, καὶ τὰ συναχθέντα μέριζε παρὰ τὴν ὀνομασίαν τῶν πολυγώνων, καὶ ἕξεις τὴν πλευρὰν τοσοῦτον ἀποφήνασθαι.

40 Ἐὰν δὲ ἀπὸ τῆς πλευρᾶς εὑρεῖν τὴν διάμετρον, ποίει τὸ ἀνάπαλιν οὕτως· πάντοτε τὴν πλευρὰν πολυπλασίαζε ἐπὶ τὴν ὀνομασίαν τῶν πολυγώνων· οἷον ἐὰν ᾖ ⟨τρισκαιδεκάγωνον, ποίει⟩ τρισκαιδεκάκις τὴν πλευράν, καὶ τὰ συναχθέντα μέριζε καθολικῶς, ὧν γ΄, καὶ ἕξεις τὴν διάμετρον.

41 Ὁμοίως δὲ καὶ ἐπὶ τῶν ἄλλων τῇ αὐτῇ μεθόδῳ χρῶ.

42 *Περὶ κυλίνδρου.*

a Ἀπέδειξε καὶ ἐνταῦθα Ἀρχιμήδης ὅτι ὅνπερ ἔχει λόγον ὁ κύκλος πρὸς τὸ τετράγωνον τὸ περὶ αὐτὸν περιγραφόμενον, τὸν αὐτὸν λόγον ἔχει καὶ ὁ κύλινδρος πρὸς τὸν κύβον τὸν περιέχοντα αὐτὸν καὶ ἴσας πλευ-

---

37 = Geep. 160. — 38 = Geep. 161. — 39 = Geep. 162. — 40 = Geep. 163. — 41. Cf. Geep. 163.

---

17 τρισκαιδεκάγωνον, ποίει supplevi ex Geep. 17—18 τὴν πλευρὰν . . . ὧν γ΄ om. Geep.

ρὰς ἔχοντα τῇ διαμέτρῳ τοῦ κυλίνδρου καὶ τὸ ὕψος ἴσον, καὶ ὡς ἐπὶ τῶν κύκλων εἰπεῖν ὅτι τὰ ἕνδεκα τετράγωνα, τὰ ἐκτὸς περιγραφόμενα τοῦ κύκλου, ἴσα ἐστὶ δεκατέτρασι κύκλοις τοῖς τὴν αὐτὴν διάμετρον ἔχουσιν, οὕτως καὶ οἱ ἕνδεκα κύβοι ἴσοι εἰσὶ δεκατέτρασι κυλίνδροις, ὧν αἱ πλευραὶ ἴσαι εἰσὶ τῇ διαμέτρῳ καὶ τῷ ὕψει, καὶ ὥσπερ ἐπὶ τῶν κύκλων λαμβάνομεν τὸ ἐμβαδὸν τοῦ τετραγώνου καὶ ποιοῦμεν ἑνδεκάκις καὶ μερίζομεν παρὰ ι̅δ̅, καὶ ἔσται τὸ στερεὸν τοῦ κυλίνδρου.

Ἔστω κύλινδρος οὗ ἡ διάμετρος ξ̅ καὶ τὸ ὕψος ξ̅· b
εὑρεῖν αὐτοῦ τὸ στερεόν. τὰ ξ̅ κύβισον, γίνονται τ̅ ̅γ̅· ταῦτα πολυπλασίασον ἐπὶ τὰ ι̅α̅, γίνονται ͵γ̅ψ̅ο̅γ̅· ταῦτα μέριζε παρὰ τὰ ι̅δ̅, γίνονται σ̅ξ̅ϑ̅ ∠′.

Τινὲς δὲ πρῶτον τὸ ἐμβαδὸν λαμβάνουσιν ὡς ἐπὶ c
τοῦ κύκλου, καὶ τότε ποιοῦσιν ἐπὶ τὸ ὕψος.

Περὶ δὲ τῆς σφαίρας καὶ κυλίνδρου ὁ αὐτὸς Ἀρχι- 43
μήδης ἀπέδειξεν ὅτι ἡ σφαῖρα δίμοιρον μέρος ἐστὶ a
τοῦ περιλαμβάνοντος αὐτὴν κυλίνδρου, καὶ πᾶς κῶνος τρίτον μέρος ἐστὶ κυλίνδρου τοῦ τὴν αὐτὴν βάσιν ἔχοντος αὐτῷ καὶ ὕψος ἴσον.

Ἐὰν οὖν ἀπὸ τοῦ κυλίνδρου θέλῃς εὑρεῖν τὸ στε- b
ρεὸν τῆς σφαίρας, ὅσον ἂν εὑρέθῃ ὁ κύλινδρος, λαμβάνεις αὐτοῦ τὸ ιϛ. καὶ ἔσται τὸ στερεόν· καὶ ὡς ἐπὶ τῶν ξ̅, ὅτι ἐστὶ σ̅ξ̅ϑ̅ ∠′, τὸ γ′, γίνονται π̅ϑ̅ ∠′ γ′.

Κάλλιον ἀπὸ τοῦ κύβου, ὡς ἐπὶ τοῦ κυλίνδρου, c

43c. Cf. Ster. I, 4.

6 κυλίνδροι A. 9 παρὰ ιδ] quaedam excidisse videntur. 25 Coni, non sphaerae, solidum computatur. Lacunam suspicor.

τὰ πολυπλασιασθέντα μερίζειν παρὰ τὸ ιδ [ὧν γ′]· ἔστι δὲ ἡ σφαῖρα δίμοιρον μέρος τοῦ κυλίνδρου· τὰ οὖν ιδ τίνος ἐστὶ δίμοιρον; τῶν κα· μέρισον τὰ γινόμενα παρὰ τὰ κα· οὕτως ἐδόθη σφαῖρα [ϛ τῶν κα] ... ταῦτα κύβισον, γίνονται τμγ· ταῦτα πολυπλασίασον ἑνδεκάκις, γίνονται ͵γψογ· ταῦτα μέριζε παρὰ τὰ κα, γίνονται ροθ ϛ. οὕτω μέτρει πᾶσαν σφαῖραν.

d Καὶ ἐπὶ τοῦ κώνου, ἐπειδὴ τρίτον μέρος ἐστὶ τοῦ κυλίνδρου, μέριζε παρὰ τὰ ιδ· τὰ ιδ τίνος ἐστὶ γ′; τῶν μβ. μέτρει ἐπὶ τοῦ κώνου οὕτως· τὰ ζ κύβισον, γίνονται τμγ· ταῦτα ἐπὶ τὰ ια, γίνονται ͵γψογ· μέριζε παρὰ τὰ μβ, γίνονται πθ ∟′ γ′.

e Τινὲς δὲ μετρήσαντες τὸν κύλινδρον, λαμβάνουσι τὸ γ′, καὶ ἔσται τὸ στερεὸν τοῦ κώνου.

44 Σφαίρας ἡ διάμετρος ιγ· εὑρεῖν αὐτῆς τὸ στερεόν. ποιῶ οὕτως· ιγ κύβισον, γίνονται ͵βρϟζ· ταῦτα ἑνδεκάκις, β̈. ͵δρξζ γίνονται· τούτων τὸ κα′, ͵αρν ∟′ δ′ κα′ πδ′. τοσοῦτον τὸ στερεόν.

45 Εὑρεῖν δὲ αὐτῆς καὶ τὴν ἐπιφάνειαν. ποίει οὕτως· τα ιγ ἐφ' ἑαυτά, γίνονται ρξθ· ταῦτα καθολικῶς τετράκις, γίνονται χοϛ· ταῦτα ἑνδεκάκις, γίνονται ͵ζυλϛ· τούτων τὸ ιδ′, φλα ζ′. τοσοῦτον ἔσται ἡ ἐπιφάνεια.

46 Ἡμισφαίριον μετρῆσαι οὗ ἡ διάμετρος ιγ· εὑρεῖν αὐτοῦ τὸ στερεόν. ποίει οὕτως· τὰ ιγ κύβισον, γίνονται ͵βρϟζ· ταῦτα ἑνδεκάκις, γίνονται β̈. ͵δρξζ· τοῦ αὐτοῦ μβ′, γίνονται φοε δ′ η′. τοσοῦτον τὸ στερεόν.

47 Εὑρεῖν αὐτοῦ καὶ τὴν ἐπιφάνειαν· τὰ ιγ ἐφ' ἑαυτά ...

---

1 ὧν γ′ delevi, sed nondum locus sanatus est. 4 ϛ τῶν κα delevi et lacunam statui. 5 ταῦτα] nempe τὰ ζ diametri. 17 ͵αρν ∟′ δ′] ͵αρλ A. 26 φοε δ′ η′] Neglecta videntur πδ′ τλϛ′. 27 Lacunam indicavi.

⟨Μεῖζον τμῆμα ἡμισφαιρίου οὗ ἡ βάσις ιβ, ἡ δὲ 48
κάθετος θ· εὑρεῖν αὐτοῦ τὸ στερεόν. λαμβάνω τὸ ἥμισυ τῆς βάσεως· ἐφ᾽ ἑαυτά⟩, γίνονται λϛ· ταῦτα τρισσάκις, γίνονται ρη· καὶ τὴν κάθετον ἐφ᾽ ἑαυτήν, γίνονται πα· σύνθες ὁμοῦ, γίνονται ρπθ· ταῦτα ἐπὶ κάθετον, ἐπὶ τὰ θ, γίνονται ͵αψα· ταῦτα ἑνδεκάκις, γίνονται α̈. ͵ηψια· τούτων τὸ κα´, γίνονται ωϞα. τοσοῦτον ἔσται τὸ στερεόν.

Εὑρεῖν αὐτοῦ καὶ τὴν ἐπιφάνειαν· τῆς βάσεως τὸ 49
ἥμισυ ἐφ᾽ ἑαυτό, γίνονται λϛ· καὶ τὴν κάθετον, ἐφ᾽ ἑαυτά, γίνονται πα· ὁμοῦ γίνονται ριζ· ταῦτα τετράκις, γίνονται υξη· ταῦτα ἑνδεκάκις, γίνονται ͵ερμη· τούτων τὸ ιδ´, τξξ ∠´. τοσοῦτον ἡ ἐπιφάνεια τοῦ μείζονος τμήματος τοῦ ἡμισφαιρίου.

Σφαίρας ἔσται ἡ διάμετρος δ· εὑρεῖν αὐτῆς τὸ 50
στερεὸν ⟨ἀπὸ⟩ τοῦ κυλίνδρου. ποιῶ οὕτως· ἐν τῇ βάσει μέτρει κύκλον ἀπὸ τῆς διαμέτρου. τὸ ἐμβαδὸν εὑρήσομεν οὕτως· ποιοῦμεν τὴν διάμετρον, τὰ δ, ἐφ᾽ ἑαυτά, γίνονται ιϛ· ταῦτα ἑνδεκάκις, γίνονται ροϛ· τούτων τὸ ιδ´, γίνονται ιβ ∠´ ιδ´· τοσοῦτον τὸ ἐμβαδόν. ταῦτα ποίει ἐπὶ τὴν διάμετρον, ἐπὶ τὰ δ· τὰ γὰρ δ ἐστὶ τὸ ὕψος τοῦ περιλαμβάνοντος κυλίνδρου τὴν σφαῖραν, δύο ὄντων διαμέτρων τῆς σφαίρας ⟨καὶ⟩ τοῦ κυλίνδρου· ἐποίησα οὖν τὰ δ ἐπὶ τὸ ἐμβαδόν, ἐπὶ τὰ ιβ ∠´ ιδ´, γίνονται ν καὶ δύο ἕβδομα. τοσοῦτον ὁ

---

48 Cf. Mens. 47 unde initium supplevi. — 50. Cf. Ster. I, 9.

---

4 ρη om. A. 7 ωϞ A. 13 τξξ ∠´] Addendum erat ζ´ κη´. 16 ἀπὸ addidi. 17 μέτρει scripsi, μείζονα A. τῆς διαμέτρου scripsi, τοῦ ἐμβαδοῦ A. 21 τὰ δ] τὰ ιδ A. 23 καὶ addidi. 25 ἕβδομον A.

κύλινδρος, ὅσον ἡ ἐπιφάνεια τῆς σφαίρας. δέδειχε δὲ Ἀρχιμήδης ὅτι κύλινδρος ὁ περιλαμβάνων τὴν σφαῖραν ἡμιόλιός ἐστι τῆς σφαίρας· εἰ οὖν ∟′ πρόσθεμα, γ′ ἀφαίρεμα. ἀφαιρῶ οὖν τοῦ κυλίνδρου, ὅ ἐστιν ἐπιφάνεια τῆς σφαίρας, τῶν $\overline{ν}$ καὶ $\overline{β}$ ἑβδόμων τὸ γ′, καταλείπεται $\overline{λγ}$ γ′ ζ′ κα′. τοσοῦτον τὸ στερεὸν τῆς σφαίρας. ἐὰν δὲ τὸ ω̸ λάβωμεν τῶν $\overline{ν}$ καὶ δύο ἑβδόμων, γίνονται ὁμοίως $\overline{λγ}$ γ′ ζ′ κα′· ἔσται ἄρα ἡ μὲν ἐπιφάνεια τῆς σφαίρας $\overline{ν}$ καὶ δύο ἑβδόμων, τὸ δὲ στερεὸν $\overline{λγ}$ ⟨γ′ ζ′ κα′⟩.

51 Καὶ ἔστω σφαίρας ἡ περίμετρος $\overline{ιη}$, εὑρεῖν αὐτοῦ τὸ στερεόν. ποιῶ οὕτως· ὡς ἐπὶ τῶν κύκλων, τὰ $\overline{ιη}$ ἐπὶ τὰ $\overline{ζ}$, γίνονται $\overline{ρκϛ}$· καὶ τούτων τὸ κβ′, $\overline{ε}$ καὶ ἑνδέκατα $\overline{η}$· ταῦτα ἑνδεκάκις, γίνονται $\overline{ξγ}$ ταῦτα κύβισον, γίνονται κ̇ὲ καὶ $\overline{μζ}$· ταῦτα μέριζε παρὰ τὰ ͵βφμα, γίνονται Ϟη δ′ ια′ λγ′ μδ′ ρκα′ τξγ′.

52 Ἔτεμον σφαῖραν εἰς μέρη τέσσαρα καὶ εὑρέθη τὸ ἓν τμῆμα ἐξ ἀμφοτέρων τῶν μερῶν ἀνὰ $\overline{ζ}$· εὑρεῖν τὸ στερεόν. ποιῶ οὕτως· κυβίζω τὰ $\overline{ζ}$, γίνονται $\overline{τμγ}$· ταῦτα δίς, γίνονται $\overline{χπϛ}$· ταῦτα ἑνδεκάκις, γίνονται ͵ζφμϛ· τούτων τὸ κα′, γίνονται $\overline{τνθ}$ γ′. τοσοῦτον τὸ στερεὸν τοῦ τμήματος.

---

5 τῶν] τὸν A. 6 τὸ bis repetit. A. 8 $\overline{λ}$ | ζ $\overline{κα}$ A. 10 Fractiones addidi. 13 $\overline{ρκϛ}$] $\overline{ρκ}$ A. 15 κ̇ὲ καὶ $\overline{μζ}$] $\overline{κε}$ ϛ″ μζ′ A. 16 ͵βφμα] ͵αφμδ A. τξγ′] λξγ′ A.

DE DIOPHANTO TESTIMONIA VETERUM.

Theo Alexandrinus in primum librum Ptolemaei Mathematicae Compositionis[1]) (ad cap. IX): Ἡ μὲν οὖν μοῖρα, ἐν τῇ κατ' εἶδος δηλώσει, καθάπερ μονάδος τάξιν ἐπέχουσα, ἀμετάθετός ἐστιν ἐν τοῖς πολλαπλασιασμοῖς. ὅνπερ γὰρ τρόπον ἡ μονὰς ἐπὶ τὸν γ̄ ἀριθμὸν πολλαπλασιασθεῖσα αὐτὸν τὸν γ̄ ἀριθμὸν φυλάττει, καὶ ἐπὶ τὸν δ̄ τετράγωνον, αὐτὸν τὸν δ̄ τετράγωνον, καὶ ἐπὶ τὸν η̄ κύβον αὐτὸν τὸν η̄ κύβον· καθ' ἃ καὶ Διόφαντός φησι· τῆς γὰρ μονάδος ἀμεταθέτου οὔσης καὶ ἑστώσης πάντοτε, τὸ πολλαπλασιαζόμενον εἶδος ἐπ' αὐτὴν αὐτὸ τὸ εἶδος ἔσται· τὸν αὐτὸν τρόπον καὶ ἡ μοῖρα, ἐφ' ὃ δ' ἂν εἶδος πολλαπλασιασθῇ, αὐτὸ τὸ εἶδος φυλάττει· ὥστε μοῖρα μὲν ἐπὶ μοίρας πολλαπλασιασθεῖσα μοίρας ποιήσει· ἐπὶ δὲ πρῶτα ἑξηκοστά, ἑξηκοστὰ πρῶτα· ἐπὶ δὲ δεύτερα, δεύτερα· ἐπὶ δὲ τρίτα, τρίτα· καὶ ἑξῆς ἀκολούθως. ἐπὶ δὲ τῶν μερῶν τῆς μοίρας οὐκέτι τὸ τοιοῦτον εὑρίσκομεν, ὡς ἑξῆς ἀποδείξομεν· ὅνπερ γὰρ πάλιν τρόπον κατὰ Διόφαντον ἐν τοῖς πολλαπλασιασμοῖς τῶν μερῶν τῆς μονάδος ἑτεροιοῦται τὰ εἴδη· ἀριθμοστὸν γὰρ τὸ $γ^{ον}$ ἐφ' ἑαυτὸ πολλαπλασιαζόμενον δυναμοστὸν τὸ $θ^{ον}$ ποιεῖ καὶ τὸ εἶδος ἀλλοιοῖ· τὸν αὐτὸν τρόπον καὶ

1) Parisinos codices 2392 et 2396 descripsi: deterioris notae no. 2398 vulgatum (Basil., Halma) neglexi.

ἐνταῦθα τὰ μέρη τῆς μοίρας ἑτεροιοῖ τὰ εἴδη ὡς καὶ ἐντεῦθεν δῆλον γίνεσθαι ὅτι ἡ μοῖρα τὴν οἰκειότητα τὴν πρὸς τὴν μονάδα καὶ κατὰ μέρη συντηρεῖ ...

Ioannes Hierosolymitanus patriarcha in Vita Ioannis Damasceni[1]): XI.

Καὶ ὡς ἀετὸς δὲ βλέπων ὀξύ, οὕτως ἦσαν ἐκεῖνοι [Ἰωάννης καὶ Κοσμᾶς] πρὸς τοὺς τῶν φύσεων λόγους ἀσκαρδαμυκτὶ ἀτενίζοντες. ἀναλογίας δὲ ἀριθμητικὰς οὕτως ἐξησκήκασιν εὐφυῶς ὡς Πυθαγόραι ἢ Διόφανται[2]). γεωμετρίας δὲ τὴν ἀπόδειξιν οὕτως ἐξεπαιδεύθησαν, ὡς Εὐκλείδας τινὰς τούτους δοκεῖν καὶ εἴ τινες ἄλλοι παρόμοιοι. περὶ δὲ τὴν ἁρμονικὴν τοιοῦτοι γεγόνασιν ὁποῖοι ἄρα ἐξ ὧν ἐμουσούργησαν θείων μελισμάτων τοῖς συνετοῖς καταφαίνονται. περὶ δὲ ἀστρονομίαν ὅσον ἐν διαστήμασι καὶ σχηματισμοῖς καὶ ἀναλογίαις τῶν ἀποστάσεων, κἂν μικρὰ διέξελθε περὶ αὐτῶν εἰς βραχεῖαν τῶν ἰδιωτῶν εἴδησιν, οἷος ὁ Ἰωάννης ἐξ ὧν γέγραφε καταφαίνεται, τοιοῦτος δὴ πάντως καὶ ὁ Κοσμᾶς.

Suidas:[3]) Ὑπατία· ἡ Θέωνος τοῦ γεωμέτρου θυγάτηρ τοῦ Ἀλεξανδρέως φιλοσόφου, καὶ αὐτὴ φιλόσοφος καὶ πολλοῖς γνώριμος· [γυνὴ Ἰσιδώρου τοῦ φιλοσόφου][4]). ἤκμασεν ἐπὶ τῆς βασιλείας Ἀρκαδίου· ἔγραψεν ὑπόμνημα εἰς Διόφαντον, <εἰς>[5]) τὸν ἀστρονομικὸν κανόνα, εἰς τὰ κωνικὰ Ἀπολλωνίου ὑπόμνημα.

---

1) Lectionem codicis Parisini 1559 exhibeo.
2) Oportebat: Διόφαντοι.
3) Editionem Bekkeri et Parisinum codicem 2622, s. XIII, descripsi.
4) Mentionem ex errore ortam seclusi.
5) εἰς addidi; de astronomica Ptolemaei quadam tabula agitur.

Michaelis Pselli epistola inedita.

(L = Laurentianus LVIII, 29; S = Scorialensis Υ — III — 12).

Γλαφυρωτάτην παρέχεται χρείαν τῇ κατὰ τοὺς ἀριθμοὺς οἰκονομίᾳ καὶ ἡ κατ' Αἰγυπτίους τῶν ἀριθμῶν μέθοδος, δι' ἧς οἰκονομεῖται τὰ κατὰ τὴν ἀναλυτικὴν προβλήματα. δεῖ δέ σε πρῶτον κατανοῆσαι τὰ τῶν παρ' αὐτοῖς ἀριθμῶν ὀνόματα καὶ τίνα δύναμιν ἕκαστον κέκτηται. ἔστι γὰρ παρ' αὐτοῖς, ὡς δὲ καὶ παρ' ἡμῖν, μονὰς καθ' ἣν ἕκαστον τῶν ὄντων ἓν λέγεται. ἀριθμὸς δὲ παρ' αὐτοῖς ἰδικώτερον λέγεται ὁ μηδὲν μὲν ἰδίωμα κτησάμενος, ἔχων δὲ ἐν ἑαυτῷ πλῆθος μονάδων ἀόριστον· καλεῖται δὲ αὐτοῖς οὗτος ὁ ἀριθμὸς καὶ πλευρά. δύναμις δέ ἐστιν ὅταν ἀριθμὸς ἐφ' ἑαυτὸν πολλαπλασιασθῇ· τοῦτο δὲ καλεῖται καὶ τετράγωνος ἀριθμός· εἰ οὖν ὑποθοίμεθα τὸν ἀριθμὸν μονάδων β̅, ἡ δύναμις ἔσται μονάδων δ̅. κύβος δέ ἐστιν ὅταν ἀριθμὸς ἐπὶ τὴν δύναμιν πολλαπλασιασθῇ· οἷον εἰ ὑποθοίμεθα τὸν ἀριθμὸν μονάδων β̅, ἡ δύναμις αὐτοῦ τὰ δ̅· ἐὰν ἐπὶ τὴν πλευρὰν τὰ β̅ πολλαπλασιασθῇ, γενήσεται ὁ η̅ ἀριθμὸς ὃς δὴ κύβος ἐστί. δυναμοδύναμις δέ ἐστιν ὅταν ἡ δύναμις ἐφ' ἑαυτὴν πολλαπλασιασθῇ· οἷον ὁ δ̅ ἐφ' ἑαυτὸν καὶ γίνεται ὁ ις̅. δυναμόκυβος δέ ἐστιν ὅταν ἡ δύναμις ἐπὶ κύβον

1 Titulum *Προλαμβανόμενα τῆς κατ' ἀριθμητικὴν αἰγυπτιακῆς μεθόδου τοῦ Ψελλοῦ* prof. L. *Ἀπὸ τῆς Διοφάντου ἀριθμητικῆς* S. 4 *κατ' Αἰγυπτίους* L, *αἰγυπτιακὴ* S. 5 *ἀναλυτικὴν* S, *ἀνάλυσιν* L. 6 *πρῶτον* L, *πρώτως* S. 8 *καὶ* L, *ἔστι* S. 9 *ἕκαστον* Eucl. S, *ἕκαστα* L. *ἓν* om. L. 11 *μὲν* om L. 12 *αὐτοῖς οὗτος ὁ ἀριθμὸς* L, *αὐτὸς ὁ ἀριθμὸς οὗτος* S. 15 *ὑποθέμεθα* S. 16 *ἔστι* L. 17 *ὁπότ' ἂν* L. 18 *εἰ* om. L. *ὑποθώμεθα* S. 20 *ἀριθμὸς* om. S. 22 *ὁ δ̅ ἐφ' ἑαυτὸν* S, *ἡ δ̅ ἑαυτὴν* L. *ὁ* (alt.) om. L. 23 *ἔστιν* om. S.

πολλαπλασιασθῇ, ὥσπερ ὁ δ̄ ἐπὶ τὸν η̄ καὶ γίνεται λβ̄· ὃς καλεῖται ἄλογος πρῶτος (οὔτε γὰρ τετράγωνός ἐστιν οὔτε κύβος) καὶ ἀριθμὸς πέμπτος· πρῶτος γὰρ ἁπλῶς ἀριθμός, δεύτερος δύναμις, τρίτος κύβος, τέταρτος δυναμοδύναμις, καὶ πέμπτος οὗτος ὁ δυναμόκυβος. κυβόκυβος δέ ἐστιν ὅταν κύβος ἐφ' ἑαυτὸν πολλαπλασιασθεὶς ἀριθμὸν ποιήσῃ. ἄλογος δὲ δεύτερος ἀριθμός ἐστιν ὅταν δύναμις ἐπὶ ἄλογον πρῶτον πολλαπλασιασθῇ· τῆς γὰρ δυνάμεως οὔσης μονάδων δ̄, ὡς εἴρηται, τοῦ δὲ πρώτου ἀλόγου μονάδων λβ̄, τὸ ὑπ' αὐτῶν ἔσται μονάδων ρκη̄, ὅπερ καλεῖται ἄλογος δεύτερος· καλεῖται δὲ ὁ αὐτὸς καὶ ἀριθμὸς ἕβδομος. τετραπλῆ δὲ δύναμίς ἐστιν ὅταν δύναμις ἐπὶ κυβόκυβον πολλαπλασιασθῇ· κύβος δὲ ἐξελικτός ἐστιν ὅταν δύναμις ἐπὶ ἄλογον δεύτερον πολλαπλασιασθῇ. τῶν δὲ τοιούτων ἀριθμῶν καὶ τὰ ὁμώνυμα μόρια ὁμοίως τούτοις κληθήσεται· τοῦ μὲν ἀριθμοῦ, ἀριθμοστόν· τῆς δὲ δυνάμεως, δυναμοστόν· τοῦ δὲ κύβου, κυβοστόν· τῆς δὲ δυναμοδυνάμεως, δυναμοδυναμοστόν· τοῦ δὲ δυναμοκύβου, δυναμοκυβοστόν· τοῦ δὲ κυβοκύβου, κυβοκυβοστόν.

Περὶ δὲ τῆς αἰγυπτιακῆς μεθόδου ταύτης Διόφαντος μὲν διέλαβεν ἀκριβέστερον, ὁ δὲ λογιώτατος Ἀνατόλιος τὰ συνεκτικώτατα μέρη τῆς κατ' ἐκεῖνον ἐπιστήμης ἀπολεξάμενος ἑτέρως Διοφάντῳ συνοπτικώ-

---

1 ὃς S, καὶ L. 2 ἄλογος] in mg. ἀναίτιος L. 3 πρῶτον L. 4 δεύτερον . . τρίτον . . τέταρτον L. 5 καὶ om. L. πέμπτον L. 7 ποιήσει S. 12 ὁ om. S. 13 δὲ om. S 16 τὸν δὲ τοιοῦτον ἀριθμὸν L, τῶν δὲ κατὰ τῶν ἀριθμῶν S. 18—19 τοῦ δὲ κύβου . . . δυναμοδυναμοστόν om. S. 22 δὲ om. S. ταύτης μεθόδου L. 23 περιέλαβεν L. 24 ἐκείνου S. 25 ἑτέρως scripsi, ἑτέρῳ LS. συνεκτικώτατα S.

τατα προσεφώνησε. καὶ εἴ τις τὰς ἐντεῦθεν μεθόδους εἰδείη, τὰ προβαλλόμενα ἐνίοις ἐν τοῖς ἐμμέτροις ἐπιγράμμασιν ἀριθμητικὰ προβλήματα σαφέστατα διαλύσειε. τὰ μὲν γὰρ τούτων διαλύεται διὰ τοῦδε τοῦ θεωρήματος τῆς αἰγυπτιακῆς ἀναλύσεως, τὰ δὲ δι' ἑτέρου· δεῖ γὰρ τὸν προβεβλημένον ἀριθμὸν διελεῖν ἢ ἐν ἐπιτρίτῳ λόγῳ ἢ ἐν ἐπιτετάρτῳ ἢ ἐν ἑτέρῳ τοιούτῳ· καὶ ἀπὸ τῆς τοιαύτης διαιρέσεως εὐσύνοπτον τὸ προβεβλημένον γενήσεται. καὶ ταῦτα μὲν ἐπὶ τοσοῦτόν σοι.

Ἐπεὶ δὲ θαυμάζειν εἴωθας τοὺς καταμετροῦντας λίθον τετράγωνον ἢ στρογγύλον ἢ ξύλον τοιοῦτον ἢ μείουρον ἢ ἰσόπλευρον ἢ σχεδίαν ἢ κίονα ἢ ἄλλο τι τῶν τοιούτων, βούλομαί σοι καὶ τῆς τούτων καταμετρήσεως εὐκρινεῖς μεθόδους παρασχεῖν ὡς ἂν μηκέτι αὐτὸς θαυμάζῃς ἑτέρους, ἀλλά σε θαυμάζωσιν ἕτεροι.

Ἔστι δὲ τῶν στερεῶν[1]) εἴδη τρία· εὐθυμετρικόν, ἐπίπεδον, καὶ στερεόν. εὐθυμετρικὸν μέν ἐστι πᾶν τὸ κατὰ μῆκος μετρούμενον, ἐπίπεδον δὲ τὸ ἐν μήκει καὶ πλάτει, στερεὸν δὲ αὐτὸ τὸ συνάγον τὴν τῶν ποδῶν συναγωγήν.

καὶ εἰ βούλει πρότερον ἐπὶ βόθυνον ἄσβεστον ἔχοντα τὴν ἐμμέθοδον ποιησόμεθα καταμέτρησιν· προβεβλήσθω γοῦν ἡμῖν εὑρεῖν ὁπόσων ποδῶν ὁ βόθυνος

---

1) Cf. *Heronis Alexandrini geometricorum et stereometricorum reliquias* (ed. Hultsch, Berolini 1864), p. 188, nempe Heronis mensuras, 1.

---

2 εἰδέναι S. 6 διελεῖν om. S. 10 σοι om. S. 11 εἴωθας S, μοι ἔοικας L. 13 μύουρον S. 16 θαυμάζοις L. 20 ποδῶν L, πασῶν S. 22—23 βοθύνου . . ἔχοντος L. 24 γοῦν S, οὖν L.

εἴη.[1]) ἔστω δὲ τούτου τὸ μὲν μῆκος ποδῶν $\overline{\iota}$, τὸ δὲ πλάτος ποδῶν $\overline{\eta}$, τὸ δὲ βάθος ποδῶν $\overline{\gamma}$· πολλαπλασίασον οὖν τὸ βάθος ἐπὶ τὸ πλάτος ἤτοι τὰ $\overline{\gamma}$ ἐπὶ τὰ $\overline{\eta}$, καὶ γίνεται $\overline{\kappa\delta}$· ταῦτα ἐπὶ τὸ μῆκος τουτέστι τὰ $\overline{\iota}$, καὶ γίνεται $\overline{\sigma\mu}$· τοσούτων οὖν ποδῶν τοῦ βοθύνου τὸ στερεόν.

Πάλιν ὑποκείσθω λίθος τετράγωνος[2]), οὗ τὸ μῆκος ποδῶν $\overline{\varepsilon}$, τὸ δὲ πλάτος ποδῶν $\overline{\gamma}$, τὸ δὲ πάχος ποδῶν $\overline{\beta}$. πολλαπλασίασον οὖν τοὺς $\overline{\beta}$ τοῦ πάχους πόδας ἐπὶ τοὺς $\overline{\gamma}$ τοῦ πλάτους, καὶ γίνεται $\overline{\varsigma}$· καὶ τοὺς $\overline{\varsigma}$ ἐπὶ τοὺς $\overline{\varepsilon}$ τοῦ μήκους, καὶ γίνεται πόδες $\overline{\lambda}$. τοσούτων γοῦν ἐστιν ὁ ὑποκείμενος λίθος τετράγωνος.

Εἰ δὲ στρογγύλος[3]) ὁ λίθος εἴη καὶ ὑπάρχῃ τὸ μὲν μῆκος αὐτοῦ ποδῶν $\overline{\iota\varepsilon}$, ἡ δὲ περίμετρος ποδῶν $\overline{\delta}$, οὕτω σοι μετρητέον αὐτόν· πολλαπλασιάσον τὴν περίμετρον ἐφ' ἑαυτὴν ἤτοι τὰ $\overline{\delta}$ ἐπὶ τὰ $\overline{\delta}$, καὶ γίνονται $\overline{\iota\varsigma}$· εἶτα ὕφελε τούτων τὸ δ' καὶ πολλαπλασίασον αὐτὸ ἐπὶ τὸ μῆκος ἤτοι τοὺς $\overline{\iota\varepsilon}$ πόδας, καὶ γίνονται πόδες $\overline{\xi}$· τοσούτων γοῦν ποδῶν ἐστιν ἡ μέτρησις τοῦ στρογγύλου λίθου.

Εἰ δὲ μείουρόν[4]) ἐστι τὸ ὑποκείμενον, εἴτε ξύλον, εἴτε λίθος, ἔστι δὲ αὐτοῦ τὸ μὲν μῆκος ποδῶν $\overline{\iota\beta}$, τὸ δὲ πλάτος δακτύλων $\overline{\iota\alpha}$, τὸ δὲ μέσον δακτύλων $\overline{\vartheta}$, τὸ δὲ πάχος δακτύλων $\overline{\eta}$, ποίει οὕτως· τὸ ἥμισυ τῶν $\overline{\eta}$

1) Heronis mensurae, 2. 2) Heronis mensurae, 4.
3) Heronis mensurae, 5. 4) Heronis mensurae, 8.

8 δὲ bis om. L. 9 πολυπλασίασον L. 11 πόδες om. L. 12 γοῦν ἐστιν S, οὖν ἐστι ποδῶν L. 13 ὑπάρχει L. 14 περίμετρος] sic Her.; legendum διάμετρος. 16 γίνεται S. 17 τούτου L. 18 ἐπὶ τοὺς $\overline{\iota\varepsilon}$ πόδας ἤτοι τὸ μῆκος L. γίνεται S. 19 οὖν ἐστι ποδῶν L. 21 μύουρον S (et L ex corr.). 23 δακτύλων $\overline{\iota\alpha}$ τὸ δὲ μέσον om. L. 23—24 τό τε πάχος S.

ἤγουν τοῦ πάχους τετραγώνισον ἐπὶ τὰ θ̅, καὶ γίνονται λϛ̅· ταῦτα ἐπὶ τὸ μῆκος τὰ ιβ̅, καὶ γίνονται δάκτυλοι υλβ̅· οὗτοι δέ εἰσι πόδες λ̅· τοσούτων οὖν ποδῶν ἐστιν ἡ μέτρησις τοῦ μειούρου σώματος.

Φρέατος[1]) δὲ μέτρον οὕτως εὑρήσεις· ἔστω τὸ βάθος αὐτοῦ ποδῶν η̅, τὸ δὲ διάμετρον τοῦ κενώματος ποδῶν δ̅, τὸ δὲ πάχος ποδὸς ἑνός· διπλασίασον δὴ τὸ πάχος, καὶ γίνονται πόδες β̅· πρόσθες τούτους ἐπὶ τοὺς δ̅ τοῦ κενώματος, καὶ γίνονται ϛ̅· πολλαπλασίασον ταῦτα ἐφ' ἑαυτά, καὶ γίνονται λϛ̅· ἐξ ὧν ὕφελε τὸ τέταρτον, καὶ λοιπὸν μένουσιν κζ̅· πολλαπλασίασον τοῦ κενώματος τοὺς δ̅ ἐφ' ἑαυτούς, καὶ γίνονται πόδες ιϛ̅· ἐξ αὐτῶν ὕφελε δ̅, καὶ μένουσι ιβ̅· ταῦτα πολλαπλασίασον ἐπὶ τὸ βάθος τουτέστιν ἐπὶ τοὺς η̅, καὶ γίνονται πόδες ϟϛ̅· τοσούτων οὖν ποδῶν εὑρήσεις τὸ φρέαρ.

Ἐντεῦθεν οὖν καὶ πλοῖα εὑρήσεις, καὶ κολυμβήθρας, καὶ οὐγγιασμοὺς ὕδατος, καὶ ἱππηλάσια, καὶ τμήματα κύκλων, καὶ κύκλον, καὶ σφαῖραν, καὶ πυραμίδα καὶ ὑγιῆ καὶ τεθραυσμένην καὶ ἡμιτελῆ, καὶ κῶνον ἰσοσκελῆ καὶ κῶνον κόλουρον, καὶ πολύγωνα, καὶ ὁπόσα βούλει σχήματά τε καὶ σώματα.

Ὁπόσα δὲ τῷ Πετοσίρει πρὸς Νεχεψὼ πεφλυάρηται περὶ ζωῆς καὶ θανάτου, οὔ μοι ἔδοξε ταῖς ἐμαῖς ἐγκαταμῖξαι ἐπιστολαῖς, οὐδὲ εἰς ὑγιαίνουσαν ἐμβαλεῖν

1) Cf. Heronis mensuras, 3.

1 ἤγουν S, ἤτοι L. γίνεται S. 2 ταῦτα] δὲ add. L. μῆκος] ἤτοι add. L. γίνεται S. 3 πόδες λ̅] Falsus numerus, qui legitur item in Herone. 4 μυούρου S (et L ex corr.). 7 δίπλασον L. 13 δ̅] leg. τὸ τέταρτον (Her.). 17 οὐγγυιασμοὺς L. 20 κόλλουρον L. 22 Νεψεχὼ L.

ἀκοήν· λῆρος γὰρ νὴ τὴν ἱεράν σου ψυχὴν τὸ ἐκείνου περὶ ὧν προείλετο συγγραμμάτιον· καὶ τὸ Πυθαγορικὸν δὲ πλινθίδιον[1] περί τε συμβιώσεων καὶ ἀπολωλότων καὶ ἠρρωστηκότων καὶ ἀποδημούντων οὐ κενόσπουδον μόνον, ἀλλὰ καὶ ἐψευσμένον παντάπασιν, κἂν οἱ πολλοὶ περιέπωσι ταῦτα καὶ δοκῶσι τιμὴν ἐντεῦθεν κομίζεσθαι τῷ πολλῷ τῶν ἀκροατῶν συρφετῷ. ἐμοὶ οὖν καὶ τὰ κατὰ τέχνην ἐμμέθοδον διαλυόμενα ἀσπούδαστα ἡγοῦνται καὶ παίγνια, μόνοις δὲ προσέχω τὸν νοῦν τοῖς ἀναβιβάζουσί με πρὸς θεωρίαν τῶν ὄντων, καὶ ἵνα σοι τὸ ἐμὸν πάθος ἀνακαλύψω, καὶ αὐτὴν τὴν ῥητορικὴν τέχνην καὶ τὴν νομικὴν ἐπιστήμην ἄνωθεν προῄρημαι θεωρεῖν, ἀλλ' οὐ θιγγάνειν αὐτῶν.

---

1) Vide quae edidi sub titulo „*Fragments d'onomatomancie arithmétique*" in collectione: Notices et extraits des Manuscrits, XXXI 2, 1885.

---

4 ἀποδημάτων S. 5 παντάπασι L.

Ad epigrammata arithmetica Scholia Palatini codicis Anthologiae.[1]

Γυμνασίας χάριν καὶ ταῦτα τοῖς φιλοπόνοις προτίθημι, ἵνα γνῷς τί μὲν παλαιῶν παῖδες, τί δὲ νέων.

Σωκράτους.

α.

Ὄλβιε Πυθαγόρη, Μουσέων Ἑλικώνιον ἔρνος,
εἰπέ μοι εἰρομένῳ ὁπόσοι σοφίης κατ' ἀγῶνα
σοῖσι δόμοισιν ἔασιν ἀεθλεύοντες ἄριστα.
Τοιγὰρ ἐγὼν εἴποιμι, Πολύκρατες· ἡμίσεες μὲν ∟′ $\overline{\iota\delta}$
ἀμφὶ καλὰ σπεύδουσι μαθήματα· τέτρατοι [δ'] αὖτε δ′ $\overline{\xi}$
ἀθανάτου φυσέως πεπονήαται· ἑβδομάτοις δὲ ζ′ $\overline{\delta}$
σιγὴ πᾶσα μέμηλε καὶ ἄφθιτοι ἔνδοθι μῦθοι·
τρεῖς δὲ γυναῖκες ἔασι, Θεανὼ δ' ἔξοχος ἄλλων· $\lambda o\iota^{\pi.}$ $\overline{\gamma}$
τόσσους Πιερίδων ὑποφήτορας αὐτὸς ἀγινῶ. ·/·/. $\overline{\kappa\eta}$

---

1) Celeberrimi codicis (nunc Parisini suppl. gr. 384 = P) scripturam vel mendosam in versibus servandam duxi, nisi quando certissima medela allata mihi videbatur; emendationes illas tantum adnotavi quas recepit Fred. Duebner in vulgata editione (vol. II apud Didot, Parisiis 1872 = ed.), cuius librum XIV criticumque apparatum videsis

---

11 δ' del. ed.

β. εἰς ἄγαλμα Παλλάδος.

Παλλὰς ἐγὼ χρυσῆ σφυρήλατος, αὐτὰρ ὁ χρυσὸς ∟′ κ̄
αἰζηῶν πέλεται δῶρον ἀοιδοπόλων· η′ ε̄
ἥμισυ μὲν χρυσοῖο Χαρίσιος, ὀγδοάτην δὲ ι′ δ̄
Θέσπις καὶ δεκάτην μοῖραν ἔδωκε Σόλων· ⟨κ′ β̄⟩
αὐτὰρ ἐεικοστὴν Θεμίσων, τὰ δὲ λοιπὰ τάλαντα λοι^π. θ̄
ἐννέα καὶ τέχνη δῶρον Ἀριστοδίκου. ·//. μ̄

Σχόλιον[1]. — Παλλὰς ἐγὼ· εὑρεῖν ἀριθμὸν ὃς λείψας ∟′ η′ ι′ κ′ ἕξει λοιπὰς μονάδας θ̄. τοῦτο δὲ γίνεται ἐὰν εὕρωμεν ἀριθμὸν ὃς ἐλάχιστος ὢν ἕξει τὰ προκείμενα μέρη, τουτέστι κατὰ τὸ λθ^ον τοῦ ἑβδόμου βιβλίου τῶν Στοιχείων Εὐκλείδου. εὑρίσκεται οὖν κατὰ τὰς τοῦ Εὐκλείδου μεθόδους ἐλάχιστος ἀριθμὸς ὁ μ̄ ἔχων ∟′ η′ ι′ κ′, ὧν ἀφαιρεθέντων ἀπὸ τοῦ μ̄, λοιπὰ θ̄ καὶ λύεται τὸ πρόβλημα. εἰ δὲ ἐδόθησαν ἀπ' ἀρχῆς ἀντὶ τῶν θ̄ μονάδων τυχὸν ϛ̄, τὸν λόγον ὃν ἔχει ὁ ϛ̄ πρὸς τὰς θ̄ μονάδας λαβόντες καὶ εὑρόντες ἀριθμόν τινα ἐν τῷ αὐτῷ λόγῳ πρὸς τὸν μ̄ ὄντα, οἷον τὸν κϛ̄ 𐅷, εὕρομεν ἂν τοὺς ζητουμένους ἀριθμοὺς καὶ τὸ πρόβλημα ἐλύετο. τὸ δ' αὐτὸ ἐπὶ παντὸς ἀριθμοῦ δεῖ ποιεῖν.

γ.

Ἁ Κύπρις τὸν Ἔρωτα κατηφιόωντα προσηύδα· δ′ ω̄μ̄
Τίπτε τοι, ὦ τέκος, ἄλγος ἐπέχραεν; ὃς δ' ἀπάμειπτο· ε′ χ̄ο̄β̄

1) Scholium in margine scriptum: ergo (sicut sequentia de quibus idem notatum erit) depromptum ex vetusta collectione Metrodorea (videsis infra pag. 53, not. 1), in qua hoc problema locum primum obtinebat.

18 ἀριθμόν] καί P. 19 εὕρωμεν P.

Πιερίδες μοι μῆλα διήρπασαν ἄλλυδις ἄλλη ζ' $\overline{υπ}$
αἰνύμεναι κόλποιο, τὰ δὴ φέρον ἐξ Ἑλικῶνος. η' $\overline{υκ}$
Κλειὼ μὲν μήλων πέμπτον λάβε, δωδέκατον δὲ ιβ' $\overline{σπ}$
Εὐτέρπῃ· ἀτὰρ ὀγδοάτην λάχε δῖα Θάλεια· κ' $\overline{ρξη}$
Μελπομένη δ' εἰκοστὸν ἀπαίνυτο, Τερψιχόρη δὲ
τέτρατον· ἑβδομάτην δ' Ἐρατὼ μετεκίαθε μοίρην·
ἡ δὲ τριηκόντων με Πολύμνια νόσφισε μήλων,
Οὐρανίη δ' ἑκατόν τε καὶ εἴκοσι· Καλλιόπη δὲ
βριθομένη μήλοισι τριηκοσίοισι βέβηκε·
σοὶ δ' ἄρα κουφοτέρῃσιν ἐγὼ σὺν χερσὶν ἱκάνω,
ϛ° μονάδων $\overline{φ}$.
πεντήκοντα φέρων τάδε λείψανα μῆλα θεάων.
ὁ πᾶς οὖν $\overline{͵γτξ}$.

Σχόλιον[1]. — Ἁ Κύπρις· εὑρεῖν ἀριθμὸν ὃς λείψας μέρος ἑαυτοῦ ε' ιβ' η' κ' δ' ζ' ἕξει λοιπὰς μονάδας $\overline{φ}$. καὶ τοῦτο δὲ ὅμοιόν ἐστι τοῖς πρὸ αὐτοῦ καὶ διὰ τῆς αὐτῆς ἐφόδου περαίνεται. καὶ γὰρ εὑρίσκομεν ἀριθμὸν ὃς ἐλάχιστος ὢν ἕξει τὰ προκείμενα μέρη καὶ ἔστιν ὁ $\overline{ωμ}$· καὶ ἐὰν λείψῃ οὗτος μέρος ἑαυτοῦ ε' ιβ' η' κ' δ' ζ', λοιπὰ μένουσιν $\overline{ρκε}$. καὶ ἐπειδὴ ὁ $\overline{φ}$ τοῦ $\overline{ρκε}$ ἐστὶ τετραπλάσιος, ἐὰν τετραπλασιασθῇ ὁ $\overline{ωμ}$, ποιήσει τὸν ͵γτξ καὶ λύεται τὸ πρόβλημα. ἕνεκα δὲ τούτου γίνεται ὡς ἄρτι ὁ $\overline{φ}$ πρὸς τὸν $\overline{ρκε}$, οὕτως ὁ ͵γτξ πρὸς τὸν $\overline{ωμ}$, διότι τὰ μέρη τοῖς ὡσαύτως πολλαπλασίοις τὸν αὐτὸν ἔχει λόγον ληφθέντα κατάλληλα, κατὰ τὸ $ιε^{ον}$ τοῦ $ε^{ου}$ τῶν Εὐκλείδου Στοιχείων.

1) Scholium in margine scriptum; hoc problema quintum erat Metrodoreae collectionis.

3 λάβεν P. 4 αὐτὰρ P. 10 κουφοτέροισιν P.

δ. *εἰς τὴν Αὐγείαν κόπρον.*

Αὐγείην ἐρέεινε μέγα σθένος Ἀλκείδαο
πληθὺν βουκολίων διζήμενος· ὃς δ' ἀπάμειπτο·
Ἀμφὶ μὲν Ἀλφειοῖο ῥοάς, φίλος, ἥμισυ τῶνδε·
μοίρῃ δ' ὀγδοάτῃ ὄχθον Κρόνου ἀμφινέμονται,
δωδεκάτῃ δ' ἀπάνευθε Ταραξίπποιο παρ' ἱρόν·
ἀμφὶ δ' ἄρ' Ἦλιδα δῖαν ἐεικοστὴ νεμέθονται·
αὐτὰρ ἐν Ἀρκαδίῃ τριηκοστὴν προλέλοιπα·
λοιπὰς δ' αὖ λεύσσεις ἀγέλας τόδε πεντήκοντα.

. . . . . .

ϛ (κη).[1] *ἄλλο.*

Ὡρονόμων ὄχ' ἄριστε, πόσον παρελήλυθεν ἠοῦς;
Ὅσσον ἀποιχομένοιο δύο τρίτα, δὶς τόσα λείπει.

Ὡρονόμων· καὶ τοῦτο ἐφόδευεται, ὥσπερ τὸ κζ^{ον}[2]*), διὰ τοῦ $\underline{\beta^{ου}}$ τοῦ $α^{ου}$ βιβλίου τῶν Διοφάντου. δεῖ γὰρ τὸν $\overline{ιβ}$ διελεῖν ἐν λόγῳ ἐπιτρίτῳ, καὶ γίνεται δ $\stackrel{\zeta}{\varsigma}$ ιβ· ἔσται οὖν τὸ μὲν παρελθὸν τῆς ἡμέρας λ$\stackrel{\zeta}{\varsigma}$, τὸ δὲ ὑπολειπόμενον μ$\stackrel{\zeta}{η}$.*

ζ (ιθ).[3]

Χάλκεός εἰμι λέων, κρουνοὶ δέ μοι ὄμματα δοιά,
καὶ στόμα καὶ θέναρ δεξιτεροῖο ποδός·

---

1) Secundus numerus $\overline{κη}$, quem codex exhibet, ordinem in collectione Metrodorea indicat. Scholium in margine scriptum est.
2) Nempe collectionis Metrodoreae (videsis infra p. 69).
3) Problema XIX collectionis Metrodoreae. Scholia priora in textu scripta sunt, ultimum tantum in margine.

---

8 *Ἀρκαδίῃ γε* ed. 12 *πόσος* P. 13 *δύω* scribendum videtur. *τόσσα* P. 21 *καὶ δὲ θέναρ* ed.

πλήθει δὲ κρητῆρα δυ' ἤμασι δεξιὸν ὄμμα,
καὶ λαιὸν τρισσοῖς, καὶ πισύροισι θέναρ·
ἄρκιον ἓξ ὥραις πλῆσαι στόμα· ἓν δ' ἅμα πάντα,
καὶ στόμα καὶ γλῆναι καὶ θέναρ, εἰπὲ πόσον.

Σχόλιον. — Κρουνῶν τεσσάρων ῥεόντων εἰς μίαν δεξαμενήν, καὶ τοῦ μὲν πρώτου πληροῦντος αὐτὴν εἰς ὥρας ς, τοῦ δὲ δευτέρου εἰς ἡμέρας β, ἤγουν εἰς ὥρας κδ[1]), τοῦ δὲ τρίτου εἰς ἡμέρας γ, ἤγουν εἰς ὥρας λς, τοῦ δὲ τετάρτου εἰς ἡμέρας δ, ἤγουν ⟨εἰς⟩ ὥρας μη, ἀφεθέντων ἅμα τῶν τεσσάρων κρουνῶν, εἰς πόσον διάστημα χρόνου πληροῦσι τὴν δεξαμενήν;

Λύσις. Ἰστέον ὅτι ὁ μὲν α^{ος} κρουνός, ὁ ἐν ς ὥραις πληρῶν τὴν δεξαμενήν, τετραπλάσιον μὲν τοῦ β^{ου} κρουνοῦ ἀφίησιν ὕδωρ, ἑξαπλάσιον δὲ τοῦ ⟨γ^{ου}, ὀκταπλάσιον δὲ τοῦ⟩ δ^{ου}.

Ἡ μέθοδος· Δέον εὑρεῖν τὸν ἀριθμὸν τὸν ἐλάχιστον ἔχοντα δ' καὶ ς' καὶ η', ἔστι δὲ ὁ κδ, ποιοῦμεν οὖν οὕτως· ἅπαξ κδ· καὶ τὸ δ' τῶν κδ, ς· καὶ τὸ ς' τῶν κδ, δ· ⟨καὶ⟩ τὸ η' τῶν κδ, γ· ὁμοῦ συνήξαμεν λζ· ταῦτα τὰ λζ λύομεν ἐπὶ τὰ κδ οὕτως· τὸ ἥμισυ τῶν λζ γίνεται ιη ∟'· καὶ τὸ η' τῶν λζ γίνεται δ ∟' η'· καὶ τὸ οδ' τῶν λζ γίνεται ∟'· καὶ τὸ ρμη' τῶν λζ γίνεται δ'· ⟨καὶ⟩ τὸ σϟς' τῶν λζ γίνεται η'· ἅτινα συνήξαμεν τῶν λζ τὸ ∟' καὶ τὸ η' καὶ τὸ οδ' καὶ τὸ ρμη' καὶ τὸ σϟς' καὶ ἐστήσαμεν τὸν κδ ἀριθμόν· ἐπληρώθη οὖν ἡ δεξαμενὴ διὰ τῶν τεσσάρων κρουνῶν εἰς τὸ ἥμισυ τῶν ς ὡρῶν ⟨καὶ εἰς τὸ η' τῶν ς ὡρῶν

1) Notandum est diem ut 12 horas, non 24, computari.

1 δὲ] δὴ coniicio. 3 ἓν] σὺν ed. 16—17 ἐλάχιστον ἔχοντα scripsi, ἀναλύοντα P.

καὶ εἰς τὸ οδʹ τῶν ϛ̄ ὡρῶν⟩ καὶ εἰς τὸ ρμηʹ τῶν ϛ̄ ὡρῶν καὶ εἰς τὸ σϞϛʹ τῶν ϛ̄ ὡρῶν.

β. *Ἑτέρα λύσις σαφεστέρα καὶ συντομωτέρα.* Ἐπειδὴ ὁ $α^{ος}$ κρουνὸς εἰς ϛ̄ ὥρας ἐπλήρου τὴν δεξαμενήν, πρόδηλον ὅτι καθ' ἑκάστην ὥραν τὸ $ϛ^{ον}$ μέρος τῆς δεξαμενῆς ἐπλήρου· ὁ δὲ $β^{ος}$, ἐπειδὴ ἐν δυσὶν ἡμέραις ἤγουν ἐν ὥραις κ̄δ̄ ἐπλήρου τὴν δεξαμενήν, δῆλον ὅτι καὶ αὐτὸς καθ' ἑκάστην ὥραν τὸ $κδ^{ον}$ μέρος τῆς δεξαμενῆς ἐπλήρου, ὅπερ γίνεται δʹ τοῦ $α^{ου}$ κρουνοῦ. ἐπειδὴ δὲ καὶ ὁ $γ^{ος}$ ἐν τρισὶν ἡμέραις ἤγουν ἐν ὥραις λ̄ϛ̄ ἐπλήρου τὴν δεξαμενήν, δῆλον ὅτι καὶ αὐτὸς καθ' ἑκάστην ὥραν τὸ $λϛ^{ον}$ τῆς δεξαμενῆς ἐπλήρου, ὅπερ γίνεται $ϛ^{ον}$ μέρος τοῦ $α^{ου}$ κρουνοῦ. ἀλλ' ἐπειδὴ καὶ ὁ $δ^{ος}$ ἐν τέσσαρσιν ἡμέραις ἤγουν ἐν ὥραις μ̄η̄ ἐπλήρου τὴν δεξαμενήν, πρόδηλον ὅτι καὶ αὐτὸς καθ' ἑκάστην ὥραν τὸ $μη^{ον}$ μέρος τῆς δεξαμενῆς ἐπλήρου, ὅπερ γίνεται μέρος $η^{ον}$ τοῦ $α^{ου}$ κρουνοῦ. τούτων οὕτω τεθέντων, εὔδηλον ὅτι εἰς δ̄ ὥρας ὁ μὲν $α^{ος}$ κρουνὸς ἐπλήρωσεν τὸ δίμοιρον τῆς δεξαμενῆς· αἱ γὰρ δ̄ ὧραι δίμοιρόν εἰσι τῶν ϛ̄ ὡρῶν· ὁ δὲ $β^{ος}$ τὸ ϛʹ μέρος αὐτῆς, ὅπερ ἐστὶ δʹ τοῦ $α^{ου}$· ὁ δὲ $γ^{ος}$ τὸ ϑʹ αὐτῆς, ὅπερ ἐστὶ ϛʹ τοῦ $α^{ου}$· ὁ δὲ $δ^{ος}$ τὸ ιβʹ αὐτῆς, ὅπερ ἐστὶ ηʹ τοῦ $α^{ου}$· ὥστε τῶν δ̄ κρουνῶν ἀφεθέντων ἐπλήρωσαν τὴν δεξαμενὴν εἰς ὥρας δ̄.[1])

γ. *Λύσις ἑτέρα τοῦ αὐτοῦ ζητήματος διὰ λογαρικοῦ ψήφου.* Ἔστωσαν τῆς δεξαμενῆς N^o ᾱ[2])

1) Haec solutio longius iusto tempus exhibet, neglecto $\frac{1}{36}$ receptaculi.

2) 1 N^o (*νόμισμα*, solidus aureus) = 288 $φ^o$ (*φόλλεις*, folles).

21 δʹ] ϛʹ P.

τὸ ὀφεῖλον πληρωθῆναι καὶ ἔστωσαν ἀντὶ τῶν δ κρουνῶν ἄνδρες δ, καὶ ὁ μὲν $α^{ος}$ ἐξ αὐτῶν καταβαλέσθω εἰς ἀναπλήρωσιν τοῦ $Ν^{ο}$ λογάριν τοῦ $Ν^{ο}$ τὸ ∟′ μέρος $φ^{ο}$ ρμδ, καὶ τὸ η′ μέρος τοῦ $Ν^{ο}$ $φ^{ο}$ λϛ, καὶ τὸ οδ′ μέρος τοῦ $Ν^{ο}$ $φ^{ο}$ δ, καὶ τὸ ρμη′ μέρος τοῦ $Ν^{ο}$ $φ^{ο}$ β, καὶ τὸ σϟϛ′ μέρος τοῦ $Ν^{ο}$ $φ^{ο}$ α· εἰσὶ τὰ τοῦ $α^{ου}$ ἀνδρὸς $φ^{ο}$ ρπζ. κατατιθέσθω δὲ καὶ ὁ $β^{ος}$ τὸ δ′ μέρος τοῦ $α^{ου}$ $φ^{ο}$ μζ, καὶ ὁ $γ^{ος}$ τὸ ϛ′ τοῦ $α^{ου}$ $φ^{ο}$ λα, καὶ ὁ $δ^{ος}$ τὸ η′ τοῦ $α^{ου}$ $φ^{ο}$ κγ· ἅτινα συνάγονται διὰ τῶν δ ἀνδρῶν $φ^{ο}$ σπη ἤγουν $Ν^{ο}$ α ἀντὶ τῆς δεξαμενῆς.

δ. *Λύσις ἑτέρα λογαρικὴ σύντομος.*[1]) Ὁ μὲν $α^{ος}$ ἀνὴρ κατέθετο τὸ δίμοιρον τοῦ $Ν^{ο}$, ὁ δὲ $β^{ος}$ τὸ ϛ′ ἤγουν $μ^{ι}$ β, ὅπερ γίνεται δ′ τοῦ διμοίρου· ὁ δὲ $γ^{ος}$ τὸ θ′ $φ^{ο}$ λβ, ὅπερ γίνεται ϛ′ τοῦ διμοίρου· ὁ δὲ $δ^{ος}$ τὸ ιβ′ τοῦ $Ν^{ο}$, ὅπερ γίνεται η′ τοῦ διμοίρου.

ε. *Λύσις ἑτέρα λογαρική.* Ἐπειδὴ ὁ λζ καὶ ὁ κδ λύουσι τὸ ζήτημα, διαιροῦμεν τὸ α $Ν^{ο}$ εἰς λζ μοίρας ἤγουν τριακοστοέβδομα, καὶ διδοῦμεν τῷ μὲν $α^{ῳ}$ προσώπῳ μοίρας κδ, τῷ δὲ $β^{ῳ}$ ϛ, τῷ δὲ $γ^{ῳ}$ δ, τῷ δὲ $δ^{ῳ}$ γ, ὁμοῦ λζ· ἔχει δὲ ἕκαστον λζ′ ἤγουν ἑκάστη μοῖρα $φ^{ο}$ ζ καὶ γ $δ^{α}$.

ϛ. *Λύσις ἑτέρα τοῦ αὐτοῦ ζητήματος διὰ τῆς μονάδος τῶν ϛ λεπτῶν.*[2]) Διαιροῦμεν τὴν

1) Hîc 1 $Ν^{ο}$ = 12 $μ^{ι}$ (*μιλιαρήσια*, miliarensia) et 1 $μ^{ι}$ (miliarense) = 24 $φ^{ο}$ (folles). Vide Hultsch, *Griechische und roemische Metrologie* (Berlin 1882) p. 345.

2) 1 $Ν^{ο}$ = 6000 *λεπτά* (denaria). Crassior hîc est follium calculus, nempe partium solidi quas Byzantini adhibuisse videntur, sicut Romani librae scripula.

21 $δ^{α}$] η̄ P.

μονάδα εἰς λζ μοίρας· ἔχει δὲ ἑκάστη μοῖρα ψῆφον ρξβ ϛ΄, φ° δὲ η· ἅπερ συναγόμενα, οἱ μὲν ψῆφοι τῶν λζ μοιρῶν γίνονται ,ϛ, αἱ δὲ φόλλεις τῶν αὐτῶν λζ μοιρῶν ⟨N°⟩ α. διδοῦμεν οὖν τῷ $α^{ῳ}$ μοίρας κδ ἐχούσας ψῆφον ,γωλβ, φ° ρϞβ· τῷ δὲ $β^{ῳ}$ μοίρας ϛ ἐχούσας ψῆφον μὲν Ϡογ, φ° δὲ μη, ἅπερ γίνεται δ΄ μέρος τοῦ $α^{ου}$· τῷ δὲ $γ^{ῳ}$ μοίρας δ ἐχούσας ψῆφον μὲν χμη ϣ, φ° δὲ λβ, ἅπερ γίνεται ϛ΄ τοῦ $α^{ου}$· τῷ δὲ $δ^{ῳ}$ μοίρας γ ἐχούσας ψῆφον υπϛ L΄, φ° δὲ κδ, ἅπερ γίνεται η΄ τοῦ $α^{ου}$· ὥστε διαιροῦντες τὴν μονάδα τῶν ,ϛ εἰς μοίρας λζ, πάλιν ἀναλύσαντες αὐτὰς εἰς πρόσωπα δ, εὕρομεν πεπληρωμένα καὶ τὰ ,ϛ λεπτὰ τῆς μονάδος καὶ τὸ τέλειον.

ζ. *Λύσις ἑτέρα συντομωτέρα πάντων.* Ἐπειδὴ ὁ ἀπαρτισμὸς τοῦ κδ ἀριθμοῦ πρὸς τὸν λζ συνίστησι τὸ ζητούμενον, ἰστέον ὅτι ὁ κδ τοῦ λϛ γίνεται μέρος δίμοιρον· οὐδὲν δὲ διαφέρει πρὸς ἀριθμητικὰς καὶ λογαρικὰς ψηφοφορίας ὁ λζ τοῦ λϛ, διότι οὐ τέμνουσιν οἱ ἀριθμητικοὶ τὰς μονάδας, οὔτε οἱ λογαρικοὶ τὰς φόλλεις. ἐπεὶ οὖν ὁ κδ δίμοιρόν ἐστι τοῦ λζ, ὡσαύτως δὲ καὶ αἱ δ ὧραι δίμοιρόν εἰσι τῶν ϛ ὡρῶν, πρόδηλον ὅτι οἱ δ κρουνοὶ εἰς δ ὥρας ἤγουν εἰς τὸ δίμοιρον τῶν ϛ ὡρῶν ἅμα ῥέοντες ἐπλήρωσαν τὴν δεξαμενήν. οὐκ ἔστιν ἑτέρα λύσις οὔτε παρὰ τῆς φύσεως, οὔτε παρὰ τῆς τέχνης.

Σχόλιον.[1]) — *Χάλκεος*· καὶ τοῦτο ὅμοιον τοῖς προσέχουσι πρὸ αὐτοῦ[2]) καὶ ὁμοίως λύεται. εὑρίσκονται γὰρ οἱ δ κρουνοὶ μεγέθει πρὸς ἀλλήλους ἔχοντες λόγον

1) Scholium Metrodoreum in margine scriptum.
2) Vide infra Metrodorea epigrammata XVII et XVIII, p. 63.

ὃν τὰ ιβ.[1]) ϛ. γ. β, ὁμοῦ κγ· ἐὰν οὖν ποιήσωμεν ὡς τὰ ιβ πρὸς τὸν κγ, οὕτως ἕτερόν τινα χρόνον πρὸς ὥρας ϛ, εὑρήσομεν τῶν ϛ ὡρῶν ἐλάσσονα χρόνον ἐν λόγῳ ὑποενδεκαδωδεκάτῳ· [ἐὰν οὖν πάντα $\kappa\gamma^{\kappa\iota\varsigma}$ γένηται, ὡς ρλη πρὸς οβ·] ἐν ἄρα χρόνῳ τῶν ϛ ὡρῶν ὑποενδεκαδωδεκάτῳ πληρωθήσεται ὁ κρατήρ.

. . . . . .

ια.

Τοὺς χιλίους στατῆρας οὓς ἐκτησάμην
λαβεῖν κελεύω τοὺς ἐμοὺς παῖδας δύο·
πλὴν γνησίου τὸ πέμπτον ηὐξήσθω δέκα
μέτρου τετάρτου τῶν λαχόντων τῷ νόθῳ.

ιβ.

Ἓξ μνῶν ἓξ φιάλας Κροῖσος βασιλεὺς ἀνέθηκεν
δραχμῇ τὴν ἑτέρην μείζονα τῆς ἑτέρης.

ιγ. εἰς ἀνδριάντας
τρεῖς, Ζήθου καὶ Ἀμφίονος καὶ τῆς μητρὸς αὐτῶν.

Ἄμφω μὲν ἡμεῖς εἴκοσι μνᾶς ἕλκομεν
Ζῆθός τε χὠ ξύναιμος· ἢν δέ μου λάβῃς

1) Errore numerus 12 pro 24 positus est, ac si horae sex diem totam complerent. Solutionis sensus: tempus quaesitum est $\frac{6}{1+\frac{11}{12}}$ horae. Pro ὑποενδεκαδωδεκάτῳ (l. 4 et 6) oporteret ὑποεπιενδεκαδωδεκάτῳ.

4—5 ἐὰν οὖν . . . πρὸς οβ seclusi; oporteret ἐὰν οὖν πάντα $\varsigma^{\kappa\iota\varsigma}$ γένηται, ὡς οβ πρὸς ρλη· sed haec nihil ad rem. 5 ἐν] ἐὰν P. 15 ἑτέρης] ἑτέρ$^{\eta}$ας (sic) P.

τρίτον, τὸ τέτρατόν τε τοῦδ' Ἀμφίονος,
ἓξ [ἂν τὰ] πάντ' ἀνευρών, μητρὸς εὑρήσεις σταθμόν.

. . . . . .

⟨μη⟩.

Αἱ Χάριτες μήλων καλάθους φέρον, ἐν δὲ ἑκάστῃ
ἶσον ἔην πλῆθος. Μοῦσαι σφίσιν ἀντεβόλησαν
ἐννέα καὶ μήλων σφέας ᾔτεον· αἳ δ' ἄρ' ἔδωκαν
ἶσον ἑκάστῃ πλῆθος, ἔχον δ' ἴσα ἐννέα καὶ τρεῖς.
εἰπὲ πόσον ⟨μὲν⟩ δῶκαν, ὅπως δ' ἴσα πᾶσαι ἔχεσκον.

⟨μθ⟩.

Τεῦξόν μοι στέφανον, χρυσὸν χαλκόν τε κεράσσας
κασσίτερόν θ' ἅμα τοῖσι πολύκμητόν τε σίδηρον,
μνῶν ἑξήκοντα· χρυσὸς δ' ἐχέτω μετὰ χαλκοῦ
δοιὰ μέρη τρισσῶν· χρυσὸς δ' ἅμα κασσίτερός τε
τρισσὰ μέρη τετόρων· χρυσὸς δ' ἅμ' ἠδὲ σίδηρος
τόσσα μέρη τῶν πέντε· πόσον δ' ἄρα δεῖ σε κερᾶσαι
λέξον τοῦ χρυσοῦ, χαλκοῦ πόσον, ἀλλ' ἔτι λέξον
κασσιτέροιο πόσον, λοιποῦ πόσον εἰπὲ σιδήρου
ὥστε σε τὸν στέφανον τεῦξαι μνῶν ἑξήκοντα.

ν. ἄλλο.

Τὸ τρίτον, ἀργυροποιέ, προσέμβαλε καὶ τὸ τέταρτον
  τῆς φιάλης εἰς ἓν καὶ τὸ δυωδέκατον·
εἰς δὲ κάμινον ἔλαυνε βαλὼν καὶ πάντα κυκήσας
  ἔξελέ μοι βῶλον, μνᾶν δέ μοι ἑλκυσάτω.

---

1 τέταρτον P. 2 ἂν τὰ del. ed. 8 ἔσχον P. 9 μὲν suppl. ed. 12 τ' ἅμα P. 15 δ' ἅμ'] δ' αὖτ' ed. 16 κεράσσαι ed.

να. ἄλλο.

Ἔχω τὸν ἑξῆς καὶ τὸ τοῦ τρίτου τρίτον. εἰσὶ μ̅ε̅
Κἀγὼ τὸν ἑξῆς καὶ τὸ τοῦ πρώτου τρίτον. λ̅ξ̅ ∟′
Κἀγὼ δέκα μνᾶς καὶ τὸ τοῦ μέσου τρίτον. κ̅β̅ ∟′

. . . . . .

Μητροδώρου ἐπιγράμματα ἀριθμητικά.

⟨β⟩.[1])

Τίπτε με τῶν καρύων ἕνεκεν πληγῆσι πιέζεις,
ὦ μῆτερ; τάδε πάντα καλαὶ διεμοιρήσαντο
παρθένοι· ἡ γὰρ ἐμεῖο Μελίσσιον ἕβδομα δοιά,
ἡ δὲ δυωδέκατον Τιτάνη λάβεν· ἕκτον ἔχουσιν
καὶ τρίτον Ἀστυόχη φιλοπαίγμονες ἠδὲ Φίλιννα·
εἴκοσι δ' ἁρπάξασα Θέτις λάβε, δώδεκα Θίσβη·
ἣν ὅρα καὶ δ' ἐγέλα Γλαύκη παλάμῃσιν ἔχουσα
ἕνδεκα· τοῦτο δέ μοι καρύων περιλείπεται οἶον.

Σχόλιον. Εὑρεῖν ἀριθμὸν ὃς λείψας ζ′ ζ′ ιβ′ ϛ′ γ′ ἕξει λοιπὰς μονάδας μ̅δ̅· τάδε τοιαῦτα προβλήματα καλεῖ ἐν τοῖς Δεδομένοις ὁ Εὐκλείδης δοθέντι ἀριθμῷ ἢ ἐν λόγῳ· ἔστιν δὲ ὅμοιον τοῦτο τὸ πρόβλημα τῷ πρὸ αὐτοῦ καὶ ὁμοίως λύεται διὰ τῶν αὐτῶν ἐφόδων. εὑρίσκεται οὖν ἐλάχιστος ἀριθμὸς ἔχων τὰ προκείμενα μέρη ὁ π̅δ̅, ἐξ οὗ ἀφαιρεθέντων ζ′ ζ′ ιβ′ ϛ′ γ′, λοιπὰ ι̅α̅·

---

1) Ep. XIV, 116. Primum problema Metrodoreum (XIV, 2: vide supra p. 44, not. 1) in alia collectione inventum haud repetivit Constantinus Cephalas.

---

2 εἰσὶ] λξ P (errore ex compendio orto?). 11 ἔχουσαν P. 14 ἡ δ', ὅρα, ἠδὺ γελᾷ ed. 15 κάρυον ed. frustra. 16 ἀριθμὸν] καὶ P.

καὶ ἐπειδὴ τετραπλάσιός ἐστιν ὁ ἐξ ἀρχῆς δοθεὶς ἀριθμὸς ὁ $\overline{\mu\delta}$ τοῦ $\overline{\iota\alpha}$, ποιῶ τετραπλάσιον τοῦ $\overline{\pi\delta}$ τὸν $\overline{\tau\lambda\varsigma}$ καὶ λύω τὸ πρόβλημα.

γ. ἄλλο.

Ποῦ σοι μῆλα βέβηκεν, ἐμὸν τέκος; Ἕκτα μὲν Ἰνὼ
  δοιὰ καὶ ὀγδοάτην μοῖραν ἔχει Σεμέλη·
Αὐτονόη δὲ τέταρτον ἀφήρπασεν, αὐτὰρ Ἀγαυὴ
  πέμπτον ἐμῶν κόλπων οἴχετ' ἀπαινυμένη.
σοὶ δ' αὐτῇ δέκα μῆλα φυλάσσεται, αὐτὰρ ἔγωγε,
  ναὶ μὰ φίλην Κύπριν, ἓν τόδε μοῦνον ἔχω.

Σχόλιον. Εὑρεῖν ⟨ἀριθμὸν⟩ ὃς λείψας γ' η' δ' ε' ἕξει λοιπὰς μ^o $\overline{\iota\alpha}$. καὶ τοῦτο ὅμοιον τοῖς πρὸ αὐτοῦ καὶ ὁμοίως ἐφοδευόμενον· εὑρίσκεται γὰρ ἐλάχιστος ἀριθμὸς ἔχων τὰ προκείμενα μέρη ὁ $\overline{\rho\kappa}$· ἐὰν δὲ ἀφέλῃς ἐξ αὐτοῦ γ' η' δ' ε', λοιπὸν μένουσιν $\overline{\iota\alpha}$.

δ. ἄλλο.

Δρεψαμένη ποτὲ μῆλα φίλαις διεδάσσατο Μυρτώ·
Χρυσίδι μὲν μήλων πέμπτον πόρε, τέτρατον Ἡροῖ,
ἐννεακαιδέκατον Ψαμάθῃ, δέκατον Κλεοπάτρῃ·
αὐτὰρ ἐεικοστὸν δωρήσατο Παρθενοπείῃ,
δώδεκα δ' Εὐάδνῃ μοῦνον πόρεν· αὐτὰρ ἐς αὐτὴν
ἤλυθον ἐκ πάντων ἑκατὸν καὶ εἴκοσι μῆλα.

Σχόλιον. Εὑρεῖν ἀριθμὸν ὃς λείψας ε' δ' ιθ' ι' κ' ἕξει λοιπὰς μ^o $\overline{\rho\lambda\beta}$. καὶ τοῦτο ὅμοιον τοῖς πρὸ αὐτοῦ καὶ ὁμοίως λυόμενον· εὑρίσκομεν γὰρ ἐλάχιστον ἀριθμὸν ὃς ἕξει τὰ προκείμενα μέρη τὸν $\overline{\tau\pi}$, καὶ ἐὰν ἀφαιρεθῇ ἐξ αὐτοῦ μέρη ε' δ' ιθ' ι' κ', λοιπὸν μένουσιν $\overline{\rho\lambda\beta}$.

---

3 πρόβλημα] πρᾶγμα P. 4 Ep. XIV, 117. 16 Ep. 118.

ϛ. ἄλλο.[1])

Ἀντομέναις ποτὲ μῆλα φίλαις διεμοιρήσαντο
Ἰνὼ καὶ Σεμέλη δώδεκα παρθενικαῖς·
καὶ ταῖς μὲν Σεμέλη πόρεν ἄρτια, ταῖς δὲ περισσὰ
δῶκε κασιγνήτη, μῆλα δ' ἔχεν πλέονα.
ἡ μὲν γὰρ τρισσῆσι τρί' ἕβδομα δῶκεν ἑταίραις,
ταῖς δὲ δύω πάντων πέμπτον ἔδωκε λάχος·
ἕνδεκα δ' Ἀστυνόμη μιν ἀφείλατο καί οἱ ἔλειπεν
μοῦνα κασιγνήταις μῆλα δύω φερέμεν.
ἡ δ' ἑτέρη πισύρεσσι πόρεν δύο τέτρατα μήλων,
πέμπτη δ' ἑκταίην μοῖραν ἔδωκεν ἔχειν·
τέσσαρα δ' Εὐρυκόρῃ δῶρον πόρε· τέτρασι δ' ἄλλοις
μήλοισιν Σεμέλη μίμνεν ἀγαλλομένη.

Σχόλιον.[2]) Τοῦτο τὸ πρόβλημα ὅμοιον μέν ἐστι τοῖς πρὸ αὐτοῦ καὶ ὡσαύτως ἐφοδεύεται, πλὴν διαφέρει τοσοῦτον μόνον ὅτι διπλοῦν ἐστι καὶ δύο ἀριθμοί εἰσιν οἱ ζητούμενοι καὶ μεριζόμενοι, ὅ τε τᾶς Ἰνοῦς περιττὸς καὶ περιττάκις εἰς περιττὰ διαιρούμενος κατὰ τὴν τοῦ περιττοῦ ἀριθμοῦ φύσιν, καὶ ὁ τῆς Σεμέλης ἄρτιος καὶ ἀρτιάκις ...[3]) καὶ οὗτος λείψας ζ' ζ' ζ' ε', τουτέστι $\overline{\kappa\beta}$, λοιπὰ $\overline{\iota\gamma}$, καὶ λύεται τὸ πρόβλημα. ἐπὶ δὲ τῆς Σεμέλης ἀριθμὸν ἔστω εὑρεῖν ὃς ἐλάχιστος ὢν ἕξει μέρη ∟' ϛ', καὶ ἔστιν ὁ ϛ̅· ἐὰν οὖν λείψῃ ∟' ϛ', λοιπὰ μένουσι $\overline{\beta}$, καὶ ἔστιν ὁ $\overline{\eta}$ τούτου τετραπλάσιος· οὐκοῦν τετράκις ὁ ϛ̅ γίνεται $\overline{\kappa\delta}$, καὶ περαίνεται ἡ λύσις.

1) Quintum problema Metrodoreum habes supra p. 45, not. 1.
2) Scholium mutilum in margine scriptum.
3) Lacunam statui. Inous numerus, cuius calculus excidit, est 35.

1 Ep. XIV, 119. 8 Ἀστυνόμῃ P.

⟨ζ⟩.

Ἡ καρύη πολλοῖσιν ἐβεβρίθει καρύοισιν·
νῦν δέ τις ἐξαπίνης μιν ἀπέθρισεν, ἀλλὰ τί φησιν;
Ἐκ μὲν ἐμεῦ καρύων πέμπτον λάβε Παρθενόπεια·
ὀγδόατον δὲ Φίλιννα φέρει λάχος, ἡ δ' Ἀγανίππη
τέτρατον, ἑβδομάτῳ δ' ἐπιτέρπεται Ὠρείθυια·
ἕκτην δ' Εὐρυνόμη καρύων ἐδρέψατο μοίρην,
τρισσαὶ δ' ἓξ ἑκατὸν Χάριτες διεμοιρήσαντο,
ἐννάκι δ' ἐννέα Μοῦσαι ἐμεῦ λάβον· ἑπτὰ δὲ λοιπὰ
δήεις ἀκρεμόνεσσιν ἐφήμενα τηλοτέροισιν.

Σχόλιον. Εὑρεῖν ἀριθμὸν ὃς λείψας μέρος ἑαυτοῦ ε΄η΄δ΄ζ΄ϛ΄ ἕξει λοιπὰς μ° $\overline{τπη}$. καὶ τοῦτο ὅμοιον τοῖς πρὸ αὐτοῦ καὶ ὡσαύτως ἐφοδεύεται. καὶ γὰρ εὑρίσκομεν ἀριθμὸν ὃς ἐλάχιστος ὢν ἕξει τὰ προκείμενα μέρη, καὶ ἔστιν ὁ $\overline{ωμ}$· καὶ ἐὰν λείψῃ οὗτος ἑαυτοῦ ε΄η΄δ΄ζ΄ϛ΄, λοιπὰ ἔσονται τὰ μένοντα $\overline{ϟζ}$. καὶ ἐπεὶ ὁ $\overline{τπη}$ τετραπλάσιος αὐτοῦ ἐστιν, δεῖ καὶ τὸν $\overline{ωμ}$ τετραπλασιάσαι, καὶ γίνεται ͵γτξ καὶ ποιεῖ τὸ πρόβλημα.

η. ἄλλο.

Ἑπτάλοφον ποτὶ ἄστυ Γαδειρόθεν ἕκτον ὁδοῖο
τὴν Ῥώμην λέγει
Βαίτιος εὐμύκους ἄχρις ἐν ἠιόνας· Βαῖτις ποταμός
κεῖθεν δ' αὖ πέμπτον Πυλάδου μετὰ Φώκιον οὖδας
Ταύρη χθὼν βοέης οὔνομ' ἀπ' εὐεπίης·
Πυρήνην δέ τοι ἔνθεν ἐπ' ὀρθόκραιρον ἰόντι
ὄγδοον ἠδὲ μιῆς δωδέκατον δεκάδος·

---

1 Ep. XIV, 120. 6 Ὠρίθυια P. 7 Εὐρυνομείη P. 19 Ep. XIV, 121. 24 εὐετίης ed. 26 δεκάτης ed.

Πυρήνης δὲ μεσηγὺ καὶ Ἄλπιος ὑψικαρήνου
τέτρατον· Αὐσονίης αἶψα δυωδέκατον
ἀρχομένους ἤλεκτρα φαείνεται Ἠριδανοῖο.
ὤ μάκαρ, ὃς διϲϲὰς ἤνυϲα χιλιάδας
πρὸς δ' ἔτι πέντ' ἐπὶ ταῖς ἑκατοντάδας ἔνθεν ἐλαύνων·
ἡ γὰρ Ταρπαίη μέμβλετ' ἀνακτορίη.

	Γάδειρα
,β⟨φ⟩	ϛ'
	Βαῖτις ποταμός
,γ	ε'
	Ταῦρος
,β	η' ρκ'
	Πυρήνη ὄρος
,γψν	δ'
	Ἄλπις ὄρος
,ασν	ιβ'
	Ἠριδανὸς ποταμός
,βφ	
	Ῥώμη.

Σχόλιον. Εὑρεῖν ἀριθμὸν ὃς λείψας μέρος ἑαυτοῦ ϛ' ε' η' ρκ' δ' ιβ' ἕξει λοιπὰς μ° ,βφ. καὶ τοῦτο δὲ ὅμοιόν ἐστι τοῖς πρὸ αὐτοῦ καὶ ὡσαύτως ἐφοδευόμενον καὶ λυόμενον. εὑρίσκεται γὰρ ἀριθμὸς ἐλάχιστος ἔχων τὰ προκείμενα μέρη ὁ ρκ̄. ἐὰν λείψῃ οὗτος μέρος ἑαυτοῦ ϛ' ε' η' ρκ' δ' ιβ', λοιπὰ μένουσιν μ° κ̄· καὶ ἐπεὶ ὁ ,βφ τοῦ κ̄ ἐστὶν ἑκατονεικοσιπενταπλάσιος, δεῖ καὶ τὸν ρκ̄ πολλαπλασιάσαι παρὰ τὸν ρκε̄, καὶ γίνονται χιλιάδες ιε̄ ὁ ς καὶ ποιεῖ τὸ πρόβλημα.

ϑ.

Εὐβλεφάροιο Δίκης ἱερὰ κρηδεμνὰ μιήνας
ὄφρα σε, πανδαμάτωρ χρυσέ, βλέποιμι τόσον,
οὐδὲν ἔχω· πίσυρας γὰρ ἐπ' οὐκ ἀγαθοῖσι ταλάντων
οἰωνοῖσι μάτην δῶκα φίλοις δεκάδας·

---

3 ἀρχομένης ed. 6 Ταρπείη ed. 7 ἀριθμὸν] καὶ P.
23 Ep. XIV, 122. 27 δεκάδος P.

ἥμισυ δ' αὖ τρίτατόν τε καὶ ὄγδοον, ὦ πολύμορφοι
ἀνθρώπων Κῆρες, ἐχθρὸν ἔχοντα βλέπω.

Σχόλιον. Ὑπόκειταί τις κλέψας χρυσόν, καὶ τὸ μὲν αὐτοῦ διανείμας τοῖς φίλοις, τὸ δὲ πάλιν ἀφαιρεθεὶς ὑπὸ ἐχθροῦ, καὶ μηδὲν ἑαυτῷ ὑπολειπόμενος καὶ διὰ τοῦτο σχετλιάζων. ἔστιν οὖν καὶ τοῦτο ὅμοιον καὶ ὁμοίως τοῖς πρὸ αὐτοῦ ἐφοδευόμενον. δεῖ γὰρ εὑρεῖν ἀριθμὸν ὃς ἐλάχιστος ὢν ἕξει μέρη ∟' γ' η', καὶ ἔστιν ὁ $\overline{κδ}$· ἐὰν οὖν λείψῃ οὗτος τὸ ∟' γ' η', καταλείπει $μ^{o}$ ᾱ τουτέστιν τὸ κδ' μέρος· ἀλλ' ἐξ ἀρχῆς ὑπέκειτο ἵνα λείψῃ $μ^{o}$ $\overline{μ}$· οὐκοῦν τὸν $\overline{κδ}$ πολλαπλασιάσας ἐπὶ τὸν $\overline{μ}$ ποιήσει τὸν ἀριθμὸν $\overline{ϡξ}$, ὅστις ποιήσει τὸ πρόβλημα.

ι. ἄλλο.

Πέμπτον μοι κλήρου, παῖ, λάμβανε· δωδέκατον δὲ
δέξο, δάμαρ· πίσυρες δ' υἱέος οἰχομένου
παῖδες, ἀδελφειοί τε δύω καὶ ἀγάστονε μῆτερ,
ἑνδεκάτην κλήρου μοῖραν ἕκαστος ἔχε.
αὐτάρ, ἀνεψιοί, δύο καὶ δέκα δέχθε τάλαντα,
Εὔβουλος δ' ἐχέτω πέντε τάλαντα φίλος.
πιστοτάτοις δμώεσσιν ἐλευθερίην καὶ ἄποινα
μισθὸν ὑπηρεσίης τοῖσδε δίδωμι τάδε·
ὧδε λαμβανέτωσαν· Ὀνήσιμος εἰκοσίπεντε
μνᾶς ἐχέτω· Δοὸς δ' εἴκοσι μνᾶς ἐχέτω·
πεντήκοντα Σύρος, Συνετὴ δέκα, Τίμιος ὀκτώ·
ἑπτὰ δὲ μνᾶς Συνετῷ παιδὶ δίδωμι Σύρου.
ἐκ δὲ τριηκόντων κοσμήσατε σῆμα ταλάντων,
ῥέξετε δ' Οὐδαίῳ Ζανὶ θυηπολίην.

---

5 ὑπολιπόμενος P. 14 Ep. XIV, 123. 18 ἕκαστος] ἕκτος P. 19 ἀνεψιαδοῖ ed. 20 Εὔβολος P. 23 ὧδε δὲ ed. 24 Δάος ed. 25 Τίβιος ed.

διссῶν ἐς δὲ πυρὴν καὶ ἄλφιτα καὶ τελαμῶνας·
εἰκαίην δοιῶν σῶμα χάριν λαβέτω.

Σχόλιον. *Εὑρεῖν ἀριθμὸν ὃς λείψας μέρος ἑαυτοῦ ε′ ιβ′ ια′ ια′ ια′ ια′ ια′ ια′ ⟨ια′⟩ ἕξει [λοιπὰς μ° $\overline{\nu\gamma}$. καὶ τοῦτο δὲ ὅμοιόν ἐστι τοῖς πρὸ αὐτοῦ καὶ ὡσαύτως ἐκείνοις ἐφοδεύεται. καὶ γὰρ εὑρίσκομεν ἀριθμὸν ὃς ἐλάχιστος ὢν ἕξει τὰ προκείμενα μέρη, καὶ ἔστιν ὁ $\overline{\chi\xi}$· ἐὰν οὖν ἀφέλῃς ἐξ αὐτοῦ μέρη ε′ ιβ′ ια′ ια′ ια′ ια′ ια′ ια′ ια′, τουτέστιν μ° $\overline{\chi\zeta}$, λοιπὰ μένουσιν $\overline{\nu\gamma}$ καὶ λύεται τὸ πρόβλημα.*

[Καὶ γέγονεν φανερὸν ἐκ τούτου ὅτι τὴν μνᾶν ὑποτίθεται τεταρτημόριον τοῦ ταλάντου· τὰς γὰρ $\overline{\rho\mu\vartheta}$ μνᾶς ὡς $\overline{\lambda\varsigma}$ τάλαντα ἐκτίθεται.]

ια. ἄλλο.

Ἠέλιος μήνη τε καὶ ἀμφιθέοντος ἀλῆται
ζωοφόρου τοίην τοι ἐπεκλώσαντο γενέθλην·
ἕκτην μὲν βιότοιο φίλῃ παρὰ μητέρι μεῖναι
ὀρφανόν, ὀγδοάτην δὲ μετ' ἀντιβίοισιν ἀνάγκῃ
θητεύειν· νόστον δὲ γυναῖκά τε παῖδα τ' ἐπ' αὐτῇ
τηλύγετον δώσουσι θεοὶ τριτάτῃ ἐπὶ μοίρῃ·
δὴ τότε σοι Σκυθικοῖσιν ὑπ' ἔγχεσι παῖς τε δάμαρ τε
ὄλλυνται· σοὶ δὲ τοῖσιν ἐπάλλιστα † δάκρυα χεύσας,
ἑπτὰ καὶ εἴκοσ' ἔτεσσι βίου ποτὶ τέρμα περήσεις.

Σχόλιον. *Εὑρεῖν ἀριθμὸν ὃς λείψας μέρος ἑαυτοῦ ϛ′ η′ γ′ ἕξει λοιπὰς μ° κζ. καὶ τοῦτο δὲ ὅμοιόν ἐστι τοῖς πρὸ αὐτοῦ καὶ ὁμοίως ἐφοδεύεται. εὑρίσκο-*

---

1 *ἔς τε* ed. 5 *τοῖς*] *τοῦ* P. 11—13 *καὶ . . . ἐκτίθεται* delevi: etenim minarum summa est 120 et pro 2 talentis computatur. 14 Ep. XIV, 124. 16 *ζωόφορον* P 18 *ὀγδοάτ' ἠδὲ* P. *ἀνάγκη* P. 21 *ἔγχεϊ* P. 22 *ἐπάλλιστα*] *ἐπ' ἄλγεσι* ed.

μεν γὰρ ἀριθμὸν ὃς ἐλάχιστος ὢν ἕξει τὰ δοθέντα μέρη ϛ′ η′ γ′, ἔστι δὲ ὁ κδ· ἐὰν οὖν ἀφέλῃς ἐξ αὐτοῦ μέρη ϛ′ η′ γ′ τουτέστιν μ° ιε, λοιπὰ μένουσιν θ· ἀλλ' ὤφειλον εἶναι κζ· οὐκοῦν τρὶς τὰ κδ γίνονται οβ, ἀφ' ὧν τὸ ϛ′ η′ γ′, λοιπὰ κζ.

ιβ. ἄλλο.

Τύμβος ἐγώ, κεύθω δὲ πολύστονα τέκνα Φιλίννης,
τοῖον μαψιτόκων καρπὸν ἔχων λαγόνων.
πέμπτον ἐν ἠιθέοις, τρίτατον δ' ἐνὶ παρθενικῇσιν,
τρεῖς δέ μοι ἀρτιγάμους δῶκε Φιλίννα κόρας.
λοιποὶ δ' ἠελίοιο πανάμμοροι ἠδὲ καὶ αὐδῆς
τέσσαρες ἐκ λαγόνων εἰς Ἀχέροντα πέσον.

Σχόλιον. Εὑρεῖν ἀριθμὸν ὃς λείψας μέρος ἑαυτοῦ ε′ γ′ ἕξει λοιπὰς μ° ζ. καὶ τοῦτο ὅμοιόν ἐστι τοῖς πρὸ αὐτοῦ πᾶσιν. εὑρίσκομεν γὰρ ἀριθμὸν [ὃς] ἐλάχιστον ἔχοντα τὰ εἰρημένα μέρη, τὸν ιε· ἀναφελόντες μέρος ε′ γ′, λοιπὰ ζ.

ιγ. ἄλλο.

Οὗτός τοι Διόφαντον ἔχει τάφος· ἆ μέγα θαῦμα,
καὶ τάφος ἐκ τέχνης μέτρα βίοιο λέγει.
ἕκτην κουρίζειν βιότου θεὸς ὤπασε μοίρην,
δωδεκάτην δ' ἐπιθεὶς μῆλα πόρεν χλοάειν·
τῇ δ' ἄρ' ἐφ' ἑβδομάτῃ τὸ γαμήλιον ἥψατο φέγγος,
ἐκ δὲ γάμων πέμπτῳ παῖδ' ἐπένευσεν ἔτει·
αἲ αἲ τηλύγετον δειλὸν τέκος, ἥμισυ πατρὸς
τοῦδε καὶ ἧ κρυερὸς μέτρον ἑλὼν βιότου.

---

6 Ep. XIV, 125. 10 τρὶς P. 18 Ep. XIV, 126. 21 ἕκτη P. 22 δωδεκάτη P χνοάειν ed. 26 σοῦ γ' ἐκάης δυεροῦ ed.

πένθος δ' αὖ πισύρεσσι παρηγορέων ἐνιαυτοῖς,
τῆδε πόσου σοφίῃ τέρμ' ἐπέρησε βίου.

Σχόλιον. Εὑρεῖν ἀριθμὸν ὃς λείψας μέρος ἑαυτοῦ ϛ' ιβ' ζ' ∠' ἕξει λοιπὰς μ° θ̅. ἔστι δὲ καὶ τοῦτο ὅμοιον τοῖς προκειμένοις ἅπασι καὶ ὁμοίως λύεται. εὑρίσκεται γὰρ ἀριθμὸς ἐλάχιστος ἔχων τὰ εἰρημένα μέρη ὁ π̅δ̅· ὧν ἄφελε τὸ ϛ' ιβ' ζ' ∠', τουτέστι μ° ο̅ε̅, λοιπὰ θ̅ καὶ γίνεται τὸ πρόβλημα.

ιδ. ἄλλο.

Παντὸς ὅσου βεβίωκε χρόνου, παῖς μὲν τὸ τέταρτον
Δημοχάρης βεβίωκε, νεηνίσκος δὲ τὸ πέμπτον,
τὸ τρίτον εἰς ἄνδρας· πολιὸν δ' ὅτ' ἀφίκετο γῆρας,
ἔζησεν λοιπὰ τρισκαίδεκα γήραος οὐδῷ.

Σχόλιον. Εὑρεῖν ἀριθμὸν ὃς λείψας δ' ε' γ' ἕξει λοιπὰς μ° ι̅γ̅. καὶ τοῦτο δὲ ὅμοιον τοῖς πρὸ αὐτοῦ ἅπασι καὶ ὡσαύτως λύεται. ἐὰν γὰρ εὕρῃς ἀριθμὸν ὃς ἐλάχιστος ὢν ἕξει τὰ δοθέντα μέρη δ' ε' γ', λύεις τὸ πρόβλημα· ἔστι δὲ ὁ ξ̅, ἐξ οὗ ἀφελὼν τὰ προκείμενα μέρη, τουτέστι μ° μ̅ζ̅, λοιπὰ μένουσι μ° ι̅γ̅ καὶ εὗρες τὴν λύσιν.

ιε. ἄλλο.

Οἷον ἀδελφειός με βιήσατο, πέντε τάλαντα
οὐχ ὁσίῃ μοίρῃ πατρικὰ δασσάμενος·
ἑπτὰ κασιγνήτοιο τόδ' ἑνδεκάτων πολύδακρυς
πέμπτον ἔχω μοίρης· Ζεῦ, βαθὺν ὕπνον ἔχεις.

Σχόλιον. Ὑπόκειταί τις σχετλιάζων ὡς ἀδικηθεὶς ὑπὸ τοῦ ἀδελφοῦ ἐπὶ τῷ τοῦ πατρικοῦ κλήρου μερισμῷ·

---

2 an ποσοῦ? ἐπέρησα P. 9 Ep. XIV, 127. 18 ὁ repet. P. 21 Ep. XIV, 128. 22 μ' ἐβιήσατο ed.

ἦσαν γὰρ ἀδελφοὶ δύο οἱ πάντες, ὧν ὁ εἷς ἰσχυρότερος· ἦν δὲ ἡ πᾶσα οὐσία ἡ πατρικὴ τάλαντα ε̅. διαλύεται τὸ πρόβλημα κατὰ τὸ δεύτερον τῶν Διοφάντου βιβλίου α̅, τὸν ἐπιταχθέντα ἀριθμόν, ὡς ἄρτι τὸν ε̅, διελεῖν εἰς δύο ἀριθμοὺς ὥστε τῶν ζ̅ ια^{ων} τοῦ ἑτέρου πέμπτον μέρος εἶναι τὸν ἕτερον. ἔστω οὖν ὁ ἐλάχιστος ϛϛ ζ̅· τὰ ἄρα ζ̅ ια^{α} τοῦ ἑτέρου ἔσται ϛϛ λε̅· τὸ ἄρα α̅ ια^{ον} ἔσται ϛϛ ε̅· ὁ ὅλος ἄρα ὁ μείζων ϛϛ νε̅· ἦν δὲ καὶ ὁ ἐλάχιστος ϛϛ ζ̅· συναμφότεροι ἄρα ἔσονται ϛϛ ξβ̅, ἀλλὰ καὶ τάλαντα ε̅. καὶ γίνεται τὸ τάλαντον ϛϛ ιβ γ′ ιε′. ἐὰν τοὺς ϛϛ^{οὺς} πενταπλασιάσωμεν διὰ τὸν ἀπαρτισμόν, ἔσονται ϛϛ ξβ̅ ἴσοι ταλάντῳ α̅ καὶ γίνεται ὁ ϛ $\overset{\xi\beta}{\alpha}$· ἔσται ὁ ἐλάχιστος $\overset{\xi\beta}{\lambda\varepsilon}$, ὁ δὲ μείζων $\overset{\xi\beta}{\sigma o\varepsilon}$. τούτου δὲ τοῦ μείζονος τὰ ζ̅ ια$^{α'}$ εἰσι $\overset{\xi\beta}{\varrho o\varepsilon}$, καὶ λύεται τὸ πρόβλημα.

ιϛ. ἄλλο.

Εἶπε κυβερνητῆρι πλατὺν πόρον Ἀδριακοῖο
τέμνων νηΐ· ἁλὸς πόσα λείπεται εἴσετι μέτρα;
τόνδ' ἀπαμείβετο· ναῦτα, μέσον Κριοῖο μετώπου
Κρηταίου Σικελῆς τε Πελωρίδος ἑξάκι μέτρα
χίλια· δοιῶν δ' αὖτε παροιχομένοιο δρόμοιο
πέμπτων διπλάσιον Σικελὴν ἐπὶ πορθμίδα λείπει.

Σχόλιον. Καὶ τοῦτο ὅμοιόν ἐστι τῷ ιε^{ῳ} καὶ διὰ τοῦ δευτέρου προβλήματος τοῦ πρώτου τῶν Διοφάντου Στοιχείων λύεται· τὰ ͵ϛ διελεῖν εἰς δύο ἀριθμοὺς ἵνα τὸ ἓν μέρος ᾖ ἐπιτέταρτον τοῦ ἑτέρου· γίνεται

---

4 ἀριθμὸν] καὶ P. 16 Ep. XIV, 129. 25 τὰ] τῶν P.

οὖν ὁ ϛ μ° χξς ω, καὶ γίνεται ὁ μείζων ἀριθμὸς μ° ,γτλγ γʹ, γίνεται δὲ ὁ ἐλάσσων ,βχξς ω.

⟨ιζ⟩.

Τῶν πισύρων κρουνῶν ὁ μὲν ἤματι πλῆσεν ἅπασαν
δεξαμενήν, δύο δ' οὗτος, ὁ δ' ἐν τρίσιν ἤμασιν οὗτος,
τέτρατος ἐν τετόρεσσι· πόσῳ πλήσουσιν ἅπαντες;

Σχόλιον. Τοῦτο τὸ πρόβλημα λύεται κατὰ τὸ ιθ^ον θεώρημα τοῦ ζ^ου τῶν Στοιχείων Εὐκλείδου· τὸ γὰρ ὑπὸ τοῦ χρόνου καὶ μεγέθους ἑκάστου τῷ ὑπὸ ἴσον ποιοῦντες ἐπὶ τῶν τεσσάρων, εὑρήσομεν τὸ μέγεθος τοῦ μὲν πρώτου ιβ ϛϛ, τοῦ δὲ δευτέρου ς ϛϛ, τοῦ δὲ τρίτου δ ϛϛ, τοῦ δὲ τετάρτου γ ϛϛ, ὁμοῦ ϛϛ κε· ἀλλ' ὁ τῶν ιβ ϛϛ ἐν μιᾷ ἡμέρᾳ ἐπλήρου· οὐκοῦν κατὰ τὸ ιθ^ον τοῦ ζ^ου τῶν Στοιχείων Εὐκλείδου ὁ τῶν κε πληρώσει ἐν μορίῳ τῆς ἡμέρας ὑποδιπλασιοδωδεκάτῳ· ἀπῆκται ἄρα εἰς τὸ διελεῖν τὰς ιβ ὥρας τῆς ἡμέρας εἰς δύο μόρια ἵνα τὸ ἓν τοῦ ἑνὸς ᾖ ἐπιδωδέκατον, καὶ λύεται τὸ πρόβλημα.[1])

ιη. ἄλλο.

Οἶγέ με, καὶ πισύρεσσιν ἐνιπλήσω παρεοῦσαν
 δεξαμενὴν ὥραις κρουνὸς ἅλις προρέων·
δεξιτερὸς δ' ἄρ' ἐμεῖο τόσαις ἀπολείπεται ὥραις
 ὄφρα μιν ἐμπλήσει, δὶς δὲ τόσαις ὁ τρίτος·

1 Quum quaesitum tempus sit $\frac{12}{25}$ unius diei (sive 12 horarum), idem est problema ac si postuletur partiri diem in duas partes quae sint inter se ut numeri 12 et 13, vel aliter 1 et $1 + \frac{1}{12}$.

2 δὲ ὁ] ὁ δὲ P. 3 Ep. XIV, 130. 5 δύο] δυσὶ ed. 19 Ep. XIV, 131.

εἰ δ' ἄμφω σὺν ἐμοὶ προχέειν ῥόου ἑσμὸν ἀνώγοις,
εἶν ὀλίγῃ μοίρῃ πλήσομεν ἠματίῃ.

Σχόλιον. Καὶ τοῦτο ὁμοίως ἐφοδεύεται τῷ $ιζ^{ῳ}$ διὰ τοῦ $ιθ^{ου}$ τῶν Στοιχείων τοῦ $ζ^{ου}$ βιβλίου Εὐκλείδου. ἔστι γὰρ ὁμοῦ τῶν τριῶν ἡ ἄφεσις ςς $\overline{ια}$ καὶ πληρώσουσιν ἐν ὥρας μέρεσιν $\overset{ια}{κδ}$· βασιλεύει γὰρ ὁ μὲν $α^{ος}$ καὶ μέγιστος καὶ πληρώσει τὰ τῆς δεξαμενῆς $\overset{ια}{κδ}$, ὁ δὲ $β^{ος}$ $\overset{ια}{ιβ}$, ὁ δὲ $γ^{ος}$ $\overset{ια}{η}$, ὁμοῦ $\overset{ια}{μδ}$. οἱ γὰρ τρεῖς ὁμοῦ πρὸς τὸν μέγιστον λόγον ἔχουσιν ὃν τὰ $\overline{ια}$ πρὸς τὰ $\overline{ϛ}$, τουτέστι τὰ $\overline{μδ}$ πρὸς τὰ $\overline{κδ}$· τὸ ἄρα ὑπὸ τῶν τριῶν καὶ $\overline{κδ}$ ἴσον τῷ ὑπὸ τοῦ μεγίστου καὶ $\overline{μδ}$.

κ. ἄλλο.[1])

Κύκλωψ ἐγὼ †Πολύφημος ὁ χάλκεος· οἷα δ' ἐπ' αὐτῷ
τεῦξέ τις ὀφθαλμὸν καὶ στόμα καὶ παλάμην
κρουνοῖς συζεύξας, στάζοντι δὲ πάμπαν ἔοικεν
ἠδ' ἔτι καὶ βλύζων φαίνετ' ἀπὸ στόματος·
κρουνῶν δ' οὔ τις ἄτακτος· ὁ μὲν παλάμης τρισὶ μούνοις
ἤμασιν ἐμπλήσει δεξαμενὴν προρέων,
ἠμάτιος γλήνης, στόμα δ' ἤματος ἐν δύο πέμπτοις·
τίς κ' ἐνέποι τρισσοῖς ἶσα θέοντα χρόνον;

Σχόλιον. Καὶ τοῦτο ὅμοιον τῷ $ιθ^{ῳ}$. εὑρίσκονται γὰρ τρεῖς ἀριθμοὶ ἐν λόγῳ ἀριθμῶν ἐλαχίστων $\overline{ιε}$. $\overline{ϛ}$. $\overline{β}$, ὁμοῦ $\overline{κγ}$· καὶ γίνεται ὁμοῦ τῶν τριῶν τὰ μεγέθη ςς $\overline{κγ}$. ἐὰν οὖν ποιήσωμεν ὡς τὸν $\overline{κγ}$ πρὸς τὸν $\overline{ϛ}$, οὕτως ὥρας

1) Ep. XIV, 132. Vide supra p. 46 problema 19 Metrodoreum = Ep. XIV, 7.

1 *ῥόον* P. 6 *βασιλεῖ* P, dubitanter correxi.

$\overline{\iota\beta}$ πρὸς ὥρας $o\beta^{\kappa\gamma}$, εὑρήσομεν ὅτι ἅμα οἱ τρεῖς κρουνοὶ ἀφεθέντες πληρώσουσι τὴν δεξαμενὴν ἐν ὥρας $o\beta^{\kappa\gamma}$. εἰ γὰρ ὑποθώμεθα λόγου χάριν τὴν δεξαμενὴν χωροῦσαν μέτρα $\overline{\chi ϟ}$, τὸ μὲν στόμα τοῦ Κύκλωπος πληρώσει μέτρα $\overline{\upsilon\nu}$, ὁ δὲ ὀφθαλμὸς $\overline{\rho\pi}$, ἡ δὲ χεὶρ $\overline{\xi}$, καὶ ἔσται κατὰ τὰς ἐξ ἀρχῆς θέσεις ὁ μὲν ὀφθαλμὸς τῆς χειρὸς τριπλάσιος, τὸ δὲ στόμα τοῦ ὀφθαλμοῦ μεγέθει διπλάσιον ἥμισυ.

κα. ἄλλο.

Ὡς ἀγαθὸν κρητῆρι θεοὶ κερόωσι ῥέεθρον
  οἶδε δύω ποταμοὶ καὶ Βρομίοιο χάρις·
ἶσος δ' οὐ πάντεσσι ῥόου δρόμος, ἀλλά μιν οἶος
  Νεῖλος μὲν προρέων ἠμάτιος κορέσει,
τόσσον ὕδωρ μαζῶν ἀπερεύγεται· ἐκ δ' ἄρα Βάκχου
  θυρσὸς ἐνὶ τρισσοῖς ἤμασιν οἶνον ἱείς·
σὸν δὲ κέρας, Ἀχελῷε, δύ' ἤμασιν· ἢν δ' ἅμα πάντες
  ῥεῖτε καὶ εἰν ὥραις πλήσετε μὴν ὀλίγαις.

Σχόλιον. Οἱ τρεῖς ὅροι εἰσὶν πρὸς ἀλλήλους μεγέθει λόγον ἔχοντες $\overline{ϛ}$. $\overline{\gamma}$. $\overline{\beta}$, ὁμοῦ $\overline{\iota\alpha}$· εἰ οὖν γένηται ὡς ὁ $\overline{\iota\alpha}$ ⟨πρὸς⟩ τὸν $\overline{ϛ}$, οὕτως ἡ μία ἡμέρα πρὸς μιᾶς ἡμέρας ἑνδέκατα $\overline{ϛ}$, εὕρηται ὁ χρόνος. χρὴ οὖν διελεῖν τὴν ἡμέραν εἰς $\overline{\iota\alpha}^{\alpha}$, καὶ τούτων τὰ $\overline{ϛ}$ ἀποφαίνεσθαι εἶναι τὸν ζητούμενον χρόνον. εἰ οὖν ὑποθοίμεθα τὸν κρατῆρα μέτρων λόγου χάριν $\overline{\tau\lambda}$, ἐπιμετρήσει ὁ μὲν Νεῖλος μέτρα $\overline{\rho\pi}$, ὁ δὲ Διόνυσος $\overline{\xi}$, ὁ δὲ Ἀχελῷος $\overline{ϟ}$, καὶ κατὰ τὰς ὑποθέσεις προβαίνει.

---

9 Ep. XIV, 133. 14 ἀπερεύεται P. 16 ἤμασι· νῦν δ' ἅμα ed. 17 μιν ed.

κβ. ἄλλο.

Ὦ γύναι, ὡς πενίης ἐπελήσαο, ἥδ' ἐπίκειται
  αἰὲν ἀναγκαίη κέντρα φέρουσα πόνων.
μνᾶν ἐρίων νήθεσκες ἐν ἤματι, πρεσβυτέρη δὲ
  θυγατέρων καὶ μνᾶν καὶ τρίτον εἷλκε κρόκης·
ὁπλοτέρη δὲ μιῆς φέρεν ἥμισυ. νῦν δ' ἅμα πάσαις
  δόρπον ἐφοπλίζεις μνᾶν ἐρύσασα μόνον.

Σχόλιον. Κατὰ τὰς θέσεις ἐπεὶ ἡ ᾱ καὶ ᾱ γ' καὶ ∟' λόγον ἔχουσιν ὃν ϛ̄. η̄. γ̄, ὁμοῦ γίνεται ὁ ι̅ζ̅· τοσοῦτον αἱ τρεῖς εἰργάζοντο. εἰ οὖν ἐν ὑποθέσει διέλωμεν τὸ νυχθήμερον εἰς σ̅π̅θ̅ μόρια, ἐπιβαλεῖ δηλονότι τῇ μιᾷ μνᾷ $\overset{\sigma\pi\vartheta}{\rho\beta}$ μόρια τῆς ἡμέρας. εἰ οὖν τούτων λάβωμεν τὸ ιζ^{ον}, γίνεται ϛ̄· τὰ αὐτὰ εἰς τὸν ἐξ ἀρχῆς τῶν τριῶν ὅρων πολλαπλάσια ϛ̄. η̄. γ̄, γίνεται λ̅ϛ̅. μ̅η̅. ι̅η̅, ὁμοῦ ρ̅β̅. εἴργασται οὖν ἐν χρόνῳ τῆς ἡμέρας $\overset{\sigma\pi\vartheta}{\rho\beta}$, ἡ μὲν μήτηρ $\overset{\rho\beta}{\lambda\varsigma}$ μνᾶς, ἡ δὲ μείζων θυγάτηρ $\overset{\rho\beta}{\mu\eta}$, ἡ δὲ ἐλάσσων $\overset{\rho\beta}{\iota\eta}$, καὶ προβαίνει.

⟨κγ⟩.

Οἵδε λοετροχόοι τρεῖς ἕσταμεν ἐνθάδ' Ἔρωτες
καλλιρόου πέμποντες ἐπ' εὐρίποιο λοετρά.
δεξιτερὸς μὲν ἔγωγε τανυπτερύγων ἀπὸ ταρσῶν
ἤματος ἑκταίῃ μοίρῃ ἔνι τόνδε κορέσσω·
λαιὸς δ' αὖ πισύρεσσιν ἀπ' ἀμφιφορῆος ἐν ὥραις,
ἐκ δ' ὁ μέσος τόξοιο κατ' ἤματος αὐτὸ τὸ μέσσον.
φράζεο δ' ὡς ὀλίγῃ κεν ἐνιπλήσαιμεν ἐν ὥρῃ
ἐκ πτερύγων τόξου τε καὶ ἀμφιφορῆος ἱέντες.

---

1 Ep. XIV, 134. 3 ἀναγκαίῃ ed. 18 Ep. XIV, 135.

Σχόλιον. Οἱ τρεῖς ὅροι τῷ μεγέθει πρὸς ἀλλήλους εἰσὶν ὡς ς̅. γ̅. β̅, ὁμοῦ γίνεται ι̅α̅. εἰ οὖν ὁ μεγέθει ς̅ ἐν ὥραις β̅ πληροῖ, ὁ ι̅α̅ μεγέθει, ἐὰν ἀνάλογον γένηται, πληρώσει τὸν κρατῆρα ἐν ὥρᾳ α̅ ια΄. ὁ γὰρ ὑπὸ β̅ καὶ ς̅ ἴσος ἐστὶ τῷ ὑπὸ ι̅α̅ ⟨καὶ⟩ α̅ ια΄, ὥστε καὶ ἀνάλογον. εἰ οὖν διαιρεθῇ ἡ δεξαμενὴ εἰς μέρη λόγου χάριν ρ̅ι̅, πληρώσει ὁ μὲν δεξιὸς μέρη ξ̅, ὁ δὲ εὐώνυμος λ̅, ὁ δὲ μέσος κ̅.

⟨κδ⟩.

Πλινθουργοί, μάλα τοῦτον ἐπείγομαι οἶκον ἐγεῖραι,
ἦμαρ δ' ἀννέφελον τόδε σήμερον· οὐδ' ἔτι πολλῶν
χρηίζω, πᾶσαν δὲ τριηκοσίῃσι δέουσαν
πλίνθον ἔχω· σὺ δὲ μοῦνος ἐν ἤματι τόσσον ἔτευχες,
παῖς δέ τοι ἐκ καμάτοιο διηκοσίαις ἀπέληγεν,
γαμβρὸς δ' αὖ τόσσῃσι καὶ εἰσέτι πεντήκοντα.
τρισσαῖς συζυγίαις πόσσαις τόδε τεύχεται ὥραις;

Σχόλιον. Ἐπεὶ οἱ τρεῖς ὅροι ἐν ἐλαχίστοις ἀριθμοῖς εὑρίσκονται πρὸς ἀλλήλους λόγον ἔχοντες ὡς ς̅. ε̅. δ̅, ὁμοῦ γίνεται ι̅ε̅, ὥστε τῶν τριῶν ἅμα τὸ ἔργον ἐστὶν ι̅ε̅, καὶ δηλονότι τριπλάσιόν ἐστι τοῦ δευτέρου ὅρου.

[Ἄλλο. βον.] . . . σ̅ν̅ εἰργάζετο διὰ τῶν ι̅β̅ ὡρῶν· †ἄρα ἐκ τῶν τριῶν ἅμα ἐπὶ τὸ αὐτὸ ἐργάζεται ταῖς ι̅β̅ ὥραις πλίνθους ψ̅ν̅· ἐὰν οὖν ποιήσωμεν ὡς τὸν ψ̅ν̅ πρὸς τὸν τ̅, οὕτως ὥρας ι̅β̅ πρὸς ὥρας δ̅ ∟΄ ε΄ ι΄, λύεται τὸ πρόβλημα. ἐργάσεται γὰρ ὁ μὲν πατὴρ ρ̅κ̅ κατὰ τὸ ἀνάλογον δηλονότι· ὁ δὲ υἱὸς π̅, ὑφημιόλιος ὢν τοῦ πατρός· ὁ δὲ γαμβρὸς ρ̅, ἐπιτέταρτος ὢν τοῦ υἱοῦ καὶ ὑπεπίπεμπτος τοῦ πατρός.

---

7 μέρη] μέτρα P. 9 Ep. XIV, 136. 11 ἀννέφελλον P. 16 πόσαις P. 21 Ἄλλο. βον lacunam falso implere videtur. 28 ἐπίπεμπτος P.

κε. ἄλλο.

Δάκρυ παραστάξαντες ἀμείβετε. Οἵδε γὰρ ἡμεῖς,
οὓς τόδε δῶμα πεσὸν ὤλεσεν Ἀντιόχου
δαιτυμόνας, οἷσιν θεὸς δαιτός τε τάφου τε
τόνδ' ἔπορεν χῶρον, τέσσαρες ἐκ Τεγέης
κείμεθα, Μεσσήνης δὲ δυώδεκα, ἐκ δέ τε πέντε
Ἄργεος, ἐκ Σπάρτης δ' ἥμισυ δαιτυμόνων·
αὐτός τ' Ἀντίοχος, πέμπτου δέ τε πέμπτον ὄλοντο
Κεκροπίδαι· σὺ δ' Ὕλαν κλαῖε, Κόρινθε, μόνον.

Σχόλιον. Τοῦτο ὅμοιόν ἐστι τῷ αῳ καὶ τῷ βῳ καὶ τοῖς παραπλησίοις καὶ ὡσαύτως ἐκείνοις ἐφοδεύεται. δεῖ γὰρ εὑρεῖν ἀριθμὸν ὃς ἐλάχιστος ὢν ἕξει μέρη ∠′ κε′, καὶ ἔστιν ὁ ν̄ καὶ λύεται τὸ πρόβλημα.

κϛ. ἄλλο.

Νικαρέτη παίζουσα σὺν ἡλικιώτισι πέντε,
ὧν εἶχεν καρύων Κλεῖτ' ἔπορεν τὸ τρίτον,
καὶ Σαπφοῖ τὸ τέταρτον, Ἀριστοδίκῃ δὲ τὸ πέμπτον,
εἰκοστὸν Θεανοῖ καὶ πάλι δωδέκατον,
εἰκοστὸν τέτρατον δὲ Φιλιννίδι, καὶ περιῆν δὲ
πεντήκοντ' αὐτῇ Νικαρέτῃ κάρυα.

Σχόλιον. Καὶ τοῦτο ὅμοιόν ἐστι τῷ κεῳ καὶ ὁμοίως ἐκείνῳ λύεται. εὑρίσκομεν γὰρ ἀριθμὸν ὃς ἐλάχιστος ὢν ἕξει μέρη γ′ δ′ ε′ κ′ ιβ′ κδ′· ἔστι δὲ ὁ ρ̄κ̄, ἀφ' οὗ τὰ μέρη ἀρθέντα, λείπει ε̄. καὶ ἐπειδὴ ν̄ τῇ Νικαρέτῃ κάρυα ὑπελείπετο καί εἰσι ταῦτα δεκαπλάσια τοῦ ε̄· πέντε δεκάκις ⟨ν̄⟩· καὶ γίνεται ὁ ζητούμενος ἀριθμὸς

1 Ep. XIV, 137. 2 παρὰ στάξαντες ed. 3 πεσὼν P. 4 οἰσίν γε ed. 5 ἔπορε P. 14 Ep. XIV, 138. 16 Κλεὶδ' ed. 26 ν̄ addidi.

$\overline{͵ασ}$ καὶ λύει τὸ πρόβλημα, καθὼς ἐν τῷ πρώτῳ καὶ δευτέρῳ ἐδιδάξαμεν.

⟨κζ.⟩

Γνωμονικῶν Διόδωρε μέγα κλέος, εἰπέ μοι ὥρην.
Ἡνίκ' ἀπ' ἀντολίης πόλον ἥλατο χρύσεα κύκλα
ἠελίου, τοῦδ' ἤτοι ὅσον τρία πέμπτα δρόμοιο
τετράκι τόσσον ἔπειτα μεθ' ἑσπερίην ἅλα λείπει.

Σχόλιον. Τοῦτο ἐφοδεύεται κατὰ τὸ β^ον τοῦ πρώτου βιβλίου τῶν στοιχείων *Διοφάντου*. δεῖ γὰρ τὸν $\overline{\iota\beta}$ ἀριθμὸν διελεῖν εἰς δύο ἀριθμοὺς ἐν λόγῳ ὃν ἔχει τὰ $\overline{\varepsilon}$ πρὸς τὰ $\overline{\iota\beta}$. καὶ γίνεται ὁ ꞔ $\overset{\iota\zeta}{\iota\beta}$. ἔσται ἄρα τὰ μὲν παρελθόντα τῆς ἡμέρας μόρια $\overset{\iota\zeta}{\xi}$, τὰ δὲ ὑπολειπόμενα $\overset{\iota\zeta}{\rho\mu\delta}$, καὶ λύεται τὸ πρόβλημα.

⟨κθ.⟩ 1)

Ζεῦ μάκαρ, ἦ ῥά τοι ἦ ῥα τάδ' εὔαδεν, οἷα γυναῖκες
Θεσσαλικαὶ παίζουσι; μαραίνεται ὄμμα σελήνης[2]
ἐκ μερόπων, ἴδον αὐτός· ἔην δ' ἔτι νυκτὸς ἐπ' ἠῶ
δὶς τόσον ὅσσα δύ' ἕκτα καὶ ἕβδομον οἰχομένοιο.

Σχόλιον. Καὶ τοῦτο ὅμοιόν ἐστι τῷ κη^ῳ καὶ ⟨τῷ⟩ κζ^ῳ. δεῖ γὰρ τὸν $\overline{\iota\beta}$ διελεῖν ἐν λόγῳ ἐπιεικοστῷ, τουτέστιν ὃν ἔχει ὁ $\overline{\kappa\alpha}$ πρὸς τὸν $\overline{\kappa}$, καὶ γίνεται ὁ ꞔ $\overset{\mu\alpha}{\iota\beta}$. ἔσται οὖν τὸ μὲν παρελθὸν τῆς νυκτὸς $\overset{\mu\alpha}{\sigma\nu\beta}$, τὸ δὲ μέλλον $\overset{\mu\alpha}{\sigma\mu}$.

1) Problema Metrodoreum 28 = Ep. XIV, 6 vide supra p. 46.
2) In margine: Ἀντὶ: ἐκλείπει ἡ σελήνη.

3 Ep. XIV, 139. 5 πόλιν P. 6 τοῦ δῆτα ed. 14 Ep. XIV, 140. 15 τοι ἦ ῥα] τοι ἔργα ed.

λ. ἄλλο.

Ἀπλανέων ἄστρων παρόδους τ' ἐπὶ τοῖσιν ἀλητῶν
εἰπέ μοι, ἡνίκ' ἐμὴ χθιζὸν ἔτικτε δάμαρ·
ἦμαρ ἔην ὅσσον τε δὶς ἕβδομον ἀντολίηθεν
ἑξάκι τόσσον ἔην ἑσπερίην ἐς ἅλα.

Σχόλιον. Καὶ τοῦτο ὅμοιον τῷ κθ$^{\omega}$. δεῖ γὰρ τὸν $\overline{\iota\beta}$ ἀριθμὸν διελεῖν εἰς δύο ἀριθμοὺς ἐν λόγῳ ἐπιπενταεβδόμῳ, καὶ γίνεται ὁ ς $\overset{\iota\vartheta}{\iota\beta}$. ἔσται οὖν τὸ μὲν παρελθὸν τῆς ἡμέρας $\overset{\iota\vartheta}{\pi\delta}$, τὸ δὲ μέλλον $\overset{\iota\vartheta}{\rho\mu\delta}$.

λβ. ἄλλο.

Ἔγρεσθ', ἠριγένεια παρέδραμε· πέμπτον, ἔριθοι,
λειπομένης τρισσῶν οἴχεται ὀγδοάτων.

Σχόλιον. Καὶ τοῦτο ὅμοιόν ἐστι τῷ πρὸ αὐτοῦ. δεῖ γὰρ τὸν $\overline{\iota\beta}$ ἀριθμὸν διελεῖν εἰς δύο ἀριθμοὺς ἵνα τὸ $\overline{\gamma}$ ὀγδόων τοῦ ἑνὸς ε^{ον} μέρος ᾖ ὁ ἕτερος, τουτέστιν ἵνα λόγον ἔχωσι πρὸς ἀλλήλους τρισκαιδεκαπλασιεπίτριτον. γίνεται οὖν ὁ ς $\overset{\mu\gamma}{\iota\beta}$. γίνεται οὖν τὸ μὲν παρελθὸν τῆς ἡμέρας $\overset{\mu\gamma}{\lambda\varsigma}$, τὸ δὲ ὑπολειπόμενον $\overset{\mu\gamma}{\upsilon\pi}$.

λγ. ἄλλο.

Σύρτιος ἐν τενάγεσσι πατὴρ θάνεν, ἐκ δ' ἄρ' ἐκείνης
πέντε τάλαντα φέρων ἤλυθε ναυτιλίης
οὗτος ἀδελφειῶν προφερέστατος· ἦ γὰρ ἔμοιγε
δῶκεν ἑῆς μοίρης διπλάσιον τριτάτων
δοιῶν, ἡμετέρης δὲ δύ' ὄγδοα μητέρι μοίρης
ὤπασεν, οὐδὲ δίκης ἤμβροτεν ἀθανάτων.

1 Ep. XIV, 141. 7 ἀριθμὸν] καὶ P. 10 Ep. XIV, 142. 14 ἀριθμὸν] καὶ P. 19 Ep. XIV, 143.

Σχόλιον. Καὶ τοῦτο ὅμοιόν ἐστι τῷ λβ$^{\omega}$. δεῖ γὰρ τὸν ε̄ ἀριθμὸν διελεῖν εἰς δύο ἀριθμοὺς ἐν λόγῳ ἐπιτρίτῳ, καὶ πάλιν τὸ μεῖζον μόριον διελεῖν ἐν λόγῳ τετραπλασίῳ. ἔσται οὖν ἡ μὲν πρώτη διαίρεσις ἔχουσα τὸν ϛ $\overset{\zeta}{\varepsilon}$, τουτέστιν ὁ μὲν γίνεται $\overset{\zeta}{\iota\varepsilon}$, ὁ δὲ $\overset{\zeta}{\kappa}$. ἐὰν δὲ πάλιν τὰ $\overset{\zeta}{\kappa}$ διέλωμεν εἰς τὸν τετραπλάσιον λόγον, γίνεται ὁ ϛ $\overset{\zeta}{\varepsilon}$. καὶ ἔσται τὸ μὲν μεῖζον αὐτοῦ τμῆμα ⟨$\overset{\zeta}{\iota\varepsilon}$⟩, τὸ δὲ ἔλαττον ⟨$\overset{\zeta}{\varepsilon}$⟩, ὁ δὲ ἕτερος ὁ ἐλάσσων τῆς πρώτης διαιρέσεως $\overset{\zeta}{\iota\varepsilon}$.[1])

λϛ. ἄλλο.[2])

Ἁ βάσις ἂν πατέω σὺν ἐμοὶ βάρος ἁλίκον ἕλκει. —
Χ' ἁ κρηπὶς σὺν ἐμοὶ τόσσα τάλαντα φέρει. —
Ἀλλ' ἐγὼ οἷος ἅπαξ τὰν σὰν βάσιν ἐς δὶς ἀνέλκω. —
Κἠγὼ μοῦνος ἐὼν σὰν βάσιν ἐς τρὶς ἄγω.

λη. ἄλλο.[3])

Δός μοι δέκα μνᾶς, καὶ τριπλοῦς σοι γίνομαι. —
Κἀγὼ λαβών σου τὰς ἴσας, σοῦ πενταπλοῦς.

λθ. ἄλλο.[4])

Δός μοι δύο μνᾶς, καὶ διπλοῦς σοι γίνομαι.
Κἀγὼ λαβών σου τὰς ἴσας, σοῦ τετραπλοῦς.

Ὅμηρος Ἡσιόδῳ ἐρωτήσαντι πόσων τὸ τῶν Ἑλλήνων πλῆθος τὸ κατὰ τῆς Ἰλίου στρατεῦσαν·[5])

---

1) In margine inveniuntur numeri $\overset{\iota\zeta}{\iota\varepsilon}$ φ $\overset{\iota\zeta}{\iota\varepsilon}$ Δ $\overset{\iota\zeta}{\iota\varepsilon}$, forsan legendi ⟨Γ⟩ $\overset{\zeta}{\varepsilon}$ Β $\overset{\zeta}{\iota\varepsilon}$ Α $\overset{\zeta}{\iota\varepsilon}$.

2) Ep. XIV, 144. Problemata 34 et 35 Metrodorea desiderantur, etiam problema 37, sive omissa fuerint sive alibi collocata a Constantino Cephala.

3) Ep. XIV, 145. 4) Ep. XIV, 146. 5) Ep. XIV, 147.

Επτὰ ἔσαν μαλεροῦ πυρὸς ἐσχάραι· ἐν δὲ ἑκάστῃ
πεντήκοντ' ὀβελοί, περὶ δὲ κρέα πεντήκοντα·
τρὶς δὲ τριηκόσιοι περὶ ἓν κρέας ἦσαν Ἀχαιοί.

Μυριάδες ͵αφοε.[1]) *ἤγουν χιλιάδες μύριαι πεντακισχίλιαι ἑπτακόσιαι πεντήκοντα.*

. . . . . .

Ex scholiis codicis Florentini in quartum Iamblichi librum.

(Iamblichi in Nicomachi Arithmeticam Introductionem liber. Edidit Pistelli. Lipsiae, Teubner, 1894.)

P. 11, 9—11: *οὕτως ὁ Διόφαντος ἐν τοῖς Μοριαστικοῖς·*[2]) *μόρια γὰρ τὴν εἰς ἔλαττον τῶν μονάδων πρόοδον εἰς τὸ ἄπειρον.*

P. 98, 3: *τοῦτο δυναμοδύναμιν ὁ Διόφαντος καλεῖ.*[3])

P. 98, 4: *τοῦτον κυβόκυβον καλεῖ ὁ Διόφαντος.*[4])

P. 110, 7: *τὰ ἴδια τῆς ἁρμονικῆς μεσότητος τελεώτερον μαθησόμεθα ἐν τῷ τελευταίῳ θεωρήματι τοῦ πρώτου βιβλίου τῆς Διοφάντου ἀριθμητικῆς στοιχειώσεως, καὶ ἐκεῖθεν δεῖ τὸν φιλόπονον ἀναλέγεσθαι ταῦτα.*[5])

---

1) Scholium in margine scriptum satisque ineptum.

2) Hoc nomine antiqua scholia indicari videntur, quae, nunc deperdita, ad Diophanti Def. III, etc., scripta fuerunt.

3) Def. I (I p. 4, 1 sq.).

4) Def. I (I p. 4, 6 sq.).

5) In scholiis antiquis deperditis ad Probl. I, XXXIX satis amplus de medietatibus commentarius exstitisse videtur.

---

1 *Ἑπτ' ἔσαν* P.

Anonymi prolegomena in Introductionem arithmeticam Nicomachi

(ex Parisino codice 2372, fo. 54—56).

Περὶ ἀριθμητικῆς.

Ἀριθμητική ἐστιν ἐπιστήμη θεωρητικὴ τῶν περὶ ἀριθμοὺς συμβαινόντων κατά τε τὰ πλήθη καὶ τὰ εἴδη καὶ τοὺς λόγους αὐτῶν, ἔτι δὲ διαιρέσεις καὶ συνθέσεις.

Ὕλη δὲ ἀριθμητικῆς, τὸ διωρισμένον ποσόν· περὶ αὐτῷ γὰρ καταγίνεται, σύγκειται δὲ ἐξ ἀμερῶν καὶ ἐλαχίστων τὴν τομὴν ὡρισμένην ἐχόντων· λαμβάνει δὲ ταύτην, οὐχ ὡς ὑποκειμένην τινὰ καὶ πάντως ὑπάρχουσάν που, ἀλλ' ὡς πρὸς ὑπόνοιάν τε οὖσαν καὶ τὴν νόησιν μὴ ὑποφεύγουσαν.

Διαιρεῖται δὲ ἡ ἀριθμητικὴ πρῶτον μὲν εἰς τὴν τῶν ἐπιπέδων καὶ στερεῶν θεωρίαν· εἰσὶ δὲ ἐπίπεδοι μὲν οἱ ὑπὸ δύο ἀριθμῶν πολλαπλασιαζόμενοι, στερεοὶ δὲ οἱ κατὰ τοὺς πολλαπλασιασμοὺς τὰς τρεῖς αὐξήσεις ἔχοντες· εἶτα ποιησαμένη πλείους διαφορὰς ἐπιτερπῶς περὶ ταύτας ποικίλλεται· διττοῦ δὲ ὄντος τοῦ ἀριθμοῦ, τοῦ μὲν τοῦ μετροῦντος, τοῦ δὲ τοῦ μετρουμένου, (οἷον ὁ ῑ, εἰ μὲν δέκα μονάδες ἦν, μετρεῖ, εἰ δὲ δέκα, εἰ τύχοι, ξύλα ἢ δέκα πυρά, μετρεῖται), σκοπὸς δέ ἐστι τῇ προκειμένῃ πραγματείᾳ περὶ τοῦ μετροῦντος διαλαβεῖν ἀριθμοῦ· τὸν γὰρ μετρούμενον ἀριθμὸν Διόφαντος ἐν τοῖς δέκα καὶ τρισὶν αὐτοῦ βιβλίοις τῆς ἀριθμητικῆς παραδίδωσιν· ὁ μὲν οὖν σκοπὸς τῷ Νικομάχῳ τὸν μετροῦντα ἀριθμὸν παραδοῦναι, καὶ δὴ ἐν προοιμίοις εὐθὺς τοῦ βιβλίου τὸν σκοπὸν πρότερον καὶ τὸ χρήσιμον προανακρουσάμενος, ζητεῖ τὰ πέντε ταῦτα περὶ ἀριθμῶν.

Καὶ πρῶτον τὴν διαίρεσιν αὐτῶν ἀνιχνεύει· ὅτι πᾶς ἀριθμὸς ἢ περιττὸς ἢ ἄρτιος· εἶτα τὸν ἄρτιον ἐπιδιαιρεῖ εἰς ἀρτιάκις ἄρτιον, εἰς ἀρτιοπέριττον, καὶ εἰς περισσάρτιον· εἶτα τούτων ἕκαστον ὁρίζεται καὶ περὶ τῶν ἑκάστῳ τούτων παρακολουθούντων διδάσκει.

εἶτα ἐπιδιαιρεῖ πάλιν τὸν ἄρτιον εἰς τέλειόν τε καὶ ὑπερτελῆ καὶ ἐλλιπῆ ἀριθμόν, τὸν ὁρισμὸν καὶ τὴν γένεσιν τούτων παραδιδούς· καὶ τὸν περιττὸν πρὸ αὐτῶν εἰς σύνθετόν τε καὶ ἀσύνθετον διαιρεῖ καὶ τούτους ὁρίζεται.

εἶτα μετὰ τούτων ζητεῖ ἑκάστου ἀριθμοῦ τὸ σχῆμα καί φησι τὴν μὲν μονάδα σημείῳ ἀναλογεῖν καὶ οἷον κέντρῳ, τὴν δὲ δυάδα γραμμῇ, τὴν δὲ τριάδα ἐπιφανείᾳ, τὴν δὲ τετράδα στερεῷ.

τέταρτον τοὺς λόγους καὶ τὰς πρὸς ἀλλήλους σχέσεις τῶν ἀριθμῶν ζητεῖ· εἰσὶ δὲ οἱ λόγοι ἕνδεκα οἵδε· ἴσος, ἐπιμόριος, ἐπιμερής, πολλαπλάσιος, πολλαπλασιεπιμόριος, πολλαπλασιεπιμερής, ὑποεπιμόριος, ὑποεπιμερής, ὑποπολλαπλάσιος, ὑποπολλαπλασιεπιμόριος, ὑποπολλαπλασιεπιμερής.

μετὰ δὲ ταῦτα τὰς ἀναλογίας λέγει τῶν ἀριθμῶν ἐν τῷ βῳ βιβλίῳ· περὶ γὰρ τῶν ῥηθέντων πάντων ἐν τῷ αῳ διδάσκει.

περὶ τούτων μὲν οὖν σκοπὸς τῷ Νικομάχῳ ὡς ἐν εἰσαγωγῇ παραδοῦναι.

Χρησιμεύει δὲ ἡμῖν εἴς τε τὴν Πυθαγορικὴν φιλοσοφίαν, ὅτι ὁ Πυθαγόρας ἐκ τῶν ἀριθμῶν ἐκάλει τὰ πράγματα· καὶ γοῦν τὸν $\overline{\zeta}$ ἀριθμὸν χρόνον ἐκάλει, διότι καὶ ἐν ἑβδομάσι καὶ μησὶ καὶ ἡμέραις καὶ χρόνοις τὸ τέλειον ἔχει· ἐν μὲν ἡμέραις ὅτι τὴν ἑβδόμην οἱ ἰατροί φασι κρίσιμον· ἐν δὲ μησὶν ὅτι τὰ ἑπταμηνιαῖα τῶν ἐμβρύων γόνιμά εἰσι, τῶν ὀκταμήνων ὄντων ἀγόνων· ἐν δ' ἐνιαυτοῖς ὅτι ἡ πρώτη ἑβδομὰς τῶν ἐνιαυτῶν ὀδόντας ἀμείβει· ἐν δὲ ἑβδομάσιν ὅτι ἀνακυκλοῦσιν εἰς τὴν ἑβδόμην· τὸν δὲ αὐτὸν τοῦτον ἀριθμὸν τὸν ζ̅ Παρθένον καὶ Ἀθηνᾶν λέγουσιν, ὅτι οὔτε τίκτεται ὑπ' ἄλλου ἀριθμοῦ ἐντὸς τῶν δέκα, οὔτε τίκτει ἄλλον τῶν τῆς δεκάδος ἔνδον· ὁ μὲν γὰρ ϛ̅ ὑπὸ τῶν β̅ τίκτεται, (τρὶς γὰρ β̅, ϛ̅), καὶ η̅ ὑπὸ τοῦ δ̅, (δὶς γὰρ δ̅, η̅)· τὸν δέ γε ζ̅ οὐδεὶς γεννᾷ πολλαπλασιαζόμενος· ἀλλ' οὐδ' αὐτὸς ἄλλον, ὡς ἔφαμεν, γεννῶν, καθάπερ ὁ ε̅ τὸν ι̅, καὶ τὰ β̅ τὸν ϛ̅, καὶ τὸν η̅ τὰ δ̅.

Καὶ ὁ μὲν ζ̅ διὰ ταῦτα Ἀθηνᾶ καὶ Παρθένος καλεῖται· ὁ δὲ ε̅ Γάμος· σύγκειται γὰρ ἐκ γ̅ καὶ β̅, ὅ ἐστιν ἐξ ἀρτίου καὶ περιττοῦ, καὶ ἀναλογεῖ τὸ μὲν περιττὸν ἄρρενι, τὸ δὲ ἄρτιον θήλει διὰ τὸ γεννᾶν.

Διὰ ταῦτα μὲν οὖν τῇ Πυθαγορικῇ φιλοσοφίᾳ χρήσιμον τὸ βιβλίον, ὅτι ἐκεῖνοι τοῖς πράγμασι τοὺς ἀριθμοὺς ἐπιβιβάζουσιν· ἀλλὰ δὴ καὶ τῇ Πλατωνικῇ, ὅτι τὸν δημιουργὸν ὁ Πλάτων ἓν ἔλεγε· ναὶ μὴν καὶ φυσιολογίᾳ συμβάλλεται· πολλὰ γὰρ ἀμβλώσκεται, πολλὰ δὲ τέρατα τίκτεται παρὰ τὸν διάφορον τοῦ χρόνου ἀριθμόν· τὰ γὰρ ὀκτάμηνα ἔμβρυα ἄγονά εἰσι, διὰ ἄρτιον τοῦ ἀριθμοῦ.

Χρὴ δὲ πασῶν τῶν ἐπιστημῶν τῶν μαθηματικῶν προαναλέγεσθαι τοὺς ἀριθμούς, ὅτι πάντων οἱ ἀριθμοὶ ἀρχαιότεροι ὡς καὶ αὐτὸς ὁ Νικόμαχος προϊὼν ἀποδείξει· καὶ ὅτι ὁ μὲν ἀριθμὸς ἀσώματος, τὸ δὲ μέγεθος περὶ ὃ τὰ ἄλλα μαθηματικὰ καταγίνονται, σῶμα·

δεῖ δὲ πανταχοῦ προηγεῖσθαι τοῦ σώματος τὸ ἀσώματον· ὅτι δὲ ἀσώματος ὁ ἀριθμὸς δῆλον· ἐπειδὴ ἓν μέγεθος ὅ ἐστι σῶμα, τὸ αὐτὸ τετράγωνον καὶ κύκλος εἶναι οὐ δύναται· ὁ δὲ ἀριθμός, ὅτι ἀσώματος ὢν δύναται· καὶ γὰρ ὁ $\overline{\varkappa\varepsilon}$ ἀριθμὸς καὶ τετράγωνός ἐστιν, ὅτι ἀπὸ τοῦ $\overline{\varepsilon}$ πολλαπλασιασθέντος ἐφ' ἑαυτὸν ἀπετελέσθη, κύκλος δέ, ὅτι ἀπὸ τοῦ αὐτοῦ τοῦ $\overline{\varepsilon}$ ἤρξατο καὶ εἰς τὸ αὐτὸ ἔληξεν· ὥστε ἀσώματος ὁ ἀριθμός, εἴ γε ὁ αὐτὸς καὶ κύκλος γίνεται καὶ τετράγωνος.

Τὴν μὲν οὖν ἀριθμητικὴν προτέραν δεῖ διὰ ταῦτα τετάχθαι, τὴν δὲ μουσικὴν προηγεῖσθαι δεῖ τῆς ἀστρονομίας· ὅτι δειχθήσεται τῷ Μεγάλῳ Ἀστρονόμῳ τὰ ἄστρα ἀποκαθιστάμενα περιόδοις τισὶ χρόνων τεταγμέναις μετὰ ῥυθμοῦ τινος καὶ ἁρμονίας.

Ἄλλως τε εἰ ὁ ἄσχετος ἀριθμός, ὅ ἐστιν ἡ ἀριθμητική, προηγεῖται τοῦ ἀσχέτου μεγέθους, οἷον τῆς γεωμετρίας, δῆλον ὅτι καὶ ὁ ἐν σχέσει ἀριθμός, ὅ ἐστιν ἡ μουσική, προηγεῖτ' ἂν τοῦ ἐν σχέσει μεγέθους, ὅ ἐστι τῆς ἀστρονομίας αὕτη ἡ τάξις.

Δεῖ δὲ τὸ βιβλίον τοῦτο προαναγνῶναι ἅτε εἰσαγωγικὸν ὄν, πεποίηται γὰρ τῷ Νικομάχῳ ἑτέρα ἀριθμητική, ἣν Μεγάλην Ἀριθμητικὴν ἤτοι Θεολογούμενα ἐπιγράφει, ἐν ᾗ μέμνηται τούτου τοῦ βιβλίου· ὅθεν καὶ τὸ γνήσιον τῇ τάξει συναποδέδεικται.

Διῄρηται δὲ τὸ παρὸν σύγγραμμα εἰς $\overline{\beta}$ βιβλία· καὶ ἐν μὲν τῷ α$^{\omega}$ τὴν διαίρεσιν τῶν ἀριθμῶν καὶ τὴν οὐσίαν αὐτῶν καὶ τὰς σχέσεις, ἐν δὲ τῷ β$^{\omega}$ τὰ σχήματα καὶ τὰς ἀναλογίας παραδίδωσιν· εὐθὺς δὲ τῆς πραγματείας ἀρχόμενος ὁ Νικόμαχος δείκνυσιν ὡς ἄνευ τῆς μαθηματικῆς ἐπιστήμης οὐκ ἔστι φιλοσοφεῖν, οὐδὲ εὐδαιμονεῖν, καὶ συλλογιζόμενος οἷον, φησί· τὸ εὐδαιμονεῖν οὐκ ἄνευ φιλοσοφίας· ἡ φιλοσοφία οὐκ ἄνευ μαθημάτων· τὸ εὐδαιμονεῖν ἄρα οὐκ ἄνευ μαθημάτων. διὰ τοῦ β^{ου} λέγει συλλογισμοῦ· ἡ φιλοσοφία γνῶσις τῶν ὄντων· τὰ ὄντα ἢ συνεχῆ ἢ διωρισμένα· περὶ ταῦτα τὰ μαθήματα καταγίνεται· τὸ φιλοσοφεῖν ἄρα διὰ τῶν μαθημάτων.

Γέρων ἐρασθείς, ἐσχάτη κακὴ τύχη·
Βίος βίου δεόμενος οὐκ ἔστι βίος.

GEORGII PACHYMERAE ARITHMETICES CAPITULA VIGINTI.

(Ex Veneto codice Naniano 255.)

. . . κε. *Πάλιν ἄνωθεν ἀρχόμενοι λέγομεν· πᾶς ἀριθμὸς σύγκειται ἐκ μονάδων πλήθους τινός, σωρεία γὰρ μονάδων ὁ ἀριθμός ἐστιν, ἔχει δὲ καὶ εἰς ἄπειρον τὴν ὕπαρξιν.*

Ἐν γοῦν τοῖς τοιούτοις ἀριθμοῖς οἵ μέν εἰσι τετράγωνοι, οἵ εἰσιν ἐκ ἀριθμοῦ τινος ἐφ' ἑαυτὸν πολλαπλασιασθέντος· οἷον δὶς β̅, δ̅· τρὶς γ̅, θ̅· ἑξάκις ϛ̅, λ̅ϛ̅· ἑπτάκις ζ̅, μ̅θ̅· ὀκτάκις η̅, ξ̅δ̅· ἐννάκις θ̅, π̅α̅· δεκάκις ι̅, ρ̅· εἰκοσάκις κ̅, υ̅· καὶ ἑκατοντάκις ρ̅ καὶ ἕως ἀπείρου· οἷς συμβέβηκε καὶ ἕνα παρ' ἕνα εἶναι περιττὸν ἢ ἄρτιον, καὶ ἡ διαφορὰ πρὸς ἀλλήλους κατὰ τοὺς ἀπὸ μονάδος περιττούς· α̅ γὰρ τετράγωνος, ἅπαξ γὰρ α̅, α̅· καὶ μετὰ γ̅ ὁ δ̅· καὶ μετὰ ε̅ ἀπ' αὐτοῦ ὁ θ̅· καὶ μετὰ ζ̅ ἀπ' αὐτοῦ ὁ ι̅ϛ̅· καὶ μετὰ θ̅ ἀπ' αὐτοῦ ὁ κ̅ε̅· καὶ ἐφεξῆς, καὶ δηλοῦσι καὶ ἐκ τούτου τὴν ἑαυτῶν ταυτότητα. ὁ γοῦν ῥητὸς ἐκεῖνος ἀριθμός, ὁ ἐφ' ἑαυτὸν πολλαπλασιαζόμενος καὶ ἀποτελῶν τὸν τετράγωνον, καλεῖται πλευρὰ τετραγώνου.

***Οἵ** δέ εἰσι κύβοι, οἵ εἰσιν ἐκ τετραγώνων ἐπὶ τὰς ἑαυτῶν πλευρὰς πολλαπλασιασθέντων· οἷον τρὶς γ̅, θ̅·*

---

4 sq. Cf. Diophantum, vol. I p. 2, 1, 14—16. 8 sq. Cf. I, 2, 18–20. 22 sq. Cf. I, 2, 21–22.

ὁ ϑ̅ τετράγωνος πάντως, οὗ πλευρὰ τὰ γ̅· πολλαπλασιανϑέντος οὖν τοῦ ϑ̅ τετραγώνου ἐπὶ τὴν πλευρὰν αὐτοῦ τὸν γ̅, γίνεται ὁ κ̅ζ̅ κύβος· ἣν γὰρ εἶχε πλευρὰν ὁ ἐπίπεδος τετράγωνος κατά τε μῆκος καὶ πλάτος, ταύτην καὶ κατὰ τὴν τρίτην διάστασιν, ἣν λέγομεν πάχος ἢ βάϑος ἢ ὕψος, προσλαμβάνει καὶ ποιεῖ τὸν κύβον, ὃν καὶ κυρίως ἁρμονίαν ἐλέγομεν καὶ ἰσάκις ἶσον ἰσάκις.

Οἱ δὲ δυνάμεις, οἵ εἰσιν ἐκ τετραγώνων ἐφ᾽ ἑαυτοὺς πολλαπλασιασϑέντων· οἷον τετράκις δ δ̅, ι̅ϛ̅· οὗτος τετράγωνος ἀπὸ πλευρᾶς τοῦ δ̅, ἀλλὰ καὶ δύναμις, γίνεται γὰρ ἀπὸ τετραγώνου τοῦ δ̅ πολλαπλασιασϑέντος ἐφ᾽ ἑαυτόν· τετράκις γὰρ ὁ δ̅, ι̅ϛ̅· ἀλλὰ καὶ τὸν ι̅ϛ̅, τετράγωνον ὄντα ἐκ πλευρᾶς τοῦ δ̅, εἴ τις πολλαπλασιάσει ἐφ᾽ ἑαυτὸν ὡς γενέσϑαι σ̅ν̅ϛ̅, καὶ οὗτος ὁ ἀριϑμὸς δύναμις λέγεται.

Οἱ δὲ δυναμόκυβοι, οἵ εἰσιν ἐκ τετραγώνων ἐπὶ τοὺς ἀπὸ τῆς αὐτῆς αὐτοῖς πλευρᾶς κύβους πολλαπλασιασϑέντων· οὐ γὰρ πολλαπλασιάζονται ἐπὶ τούτοις ἐφ᾽ ἑαυτοὺς οἱ τετράγωνοι, ἵνα δύναμις γένηται, ἀλλ᾽ ἐπὶ τοὺς κύβους τοὺς ἀπὸ τῶν αὐτῶν γεγονότας πλευρῶν· οἷον δὶς β̅, δ̅· οὗτος ὁ δ̅ τετράγωνος· τοῦτον πολλαπλασιάζω ἐπὶ τὸν η̅ ὅς ἐστι κύβος ἐκ τῆς τοῦ δ̅ πλευρᾶς δυάδος συνεστώς, καὶ διὰ τοῦτο δυναμόκυβος λέγεται ὁ λ̅β̅.

Οἱ δέ εἰσι κυβόκυβοι, οἵ εἰσιν ἐκ κύβων ἐφ᾽ ἑαυτοὺς πολλαπλασιασϑέντων· οἷον ὁ η̅ κύβος ἐστὶν ἐκ πλευρᾶς τοῦ β̅· τοῦτον πολλαπλασιάζω ἐπ᾽ αὐτὸν τὸν η̅, καὶ γίνεταί μοι ὁ ξ̅δ̅ κυβόκυβος.

---

9 sq. Cf. I, 4, 1—2. 17 sq. Cf. I, 4, 3—5. 26 sq. Cf. I, 4, 6—7.

Ἕτεροι δὲ τὸν μὲν τετράγωνον δύναμίν φασιν, ἵνα ἔχοι καὶ οὗτος ἴδιον ὄνομα, τὸν δὲ ἐπὶ τὸν τετράγωνον πολλαπλασιασμὸν οὐ δύναμιν ὡς ἐλέγομεν, ἀλλὰ δυναμοδύναμιν λέγουσιν, ὥστε ὁ μὲν δύναμις, ὁ δὲ δυναμοδύναμις, ὁ δὲ κύβος, ὁ δὲ δυναμόκυβος, ὁ δὲ κυβόκυβος.

Ὁ δὲ μηδὲν τούτων τῶν ἰδιωμάτων κτησάμενος, ἔχων δὲ ἐν ἑαυτῷ πλῆθος μονάδων, ἄλογος ἀριθμὸς καλεῖται.

Ὥσπερ δὲ ὁμωνύμως καὶ παρωνύμως ἐκ τοῦ $\overline{γ}$ τρίτον λέγεται καὶ ἐκ τοῦ $\overline{δ}$ τέταρτον, οὕτω καὶ ἐπὶ τούτων αἱ παρώνυμοι ὀνομασίαι ἔχουσι, τοῦ μὲν ἁπλῶς ἀριθμοῦ τὸ ἀριθμοστόν, τῆς δὲ δυνάμεως τὸ δυναμοστόν, τοῦ δὲ κύβου τὸ κυβοστόν, τῆς δὲ δυναμοδυνάμεως τὸ δυναμοδυναμοστόν, τοῦ δὲ κυβοκύβου τὸ κυβοκυβοστόν.

Ὥστε ἀριθμὸς ἐπὶ μὲν ἀριθμὸν πολλαπλασιασθεὶς ποιεῖ δύναμιν, κἂν αὐτὸς ἐφ' ἑαυτόν, κἂν ἐφ' ἕτερον· τρὶς γὰρ $\overline{γ}$, $\overline{θ}$, καὶ τρὶς $\overline{δ}$, $\overline{ιβ}$· ἀριθμὸς γὰρ ἁπλῶς ὁ $\overline{γ}$ καὶ ἐπ' ἀριθμὸν πολλαπλασιάζεται ἢ τὸν $\overline{γ}$ ἢ τὸν $\overline{δ}$. πάλιν ἀριθμὸς ἐπὶ δύναμιν πολλαπλασιασθεὶς ποιεῖ κύβον· ὁ $\overline{δ}$ γὰρ ἐπὶ τὸν $\overline{ιϛ}$ τὸν τετράγωνον πολλαπλασιασθεὶς ὡς πλευρὰ τοῦ τετραγώνου $\overline{ιϛ}$, τὸν $\overline{ξδ}$ ποιεῖ κύβον. πάλιν ἀριθμὸς ἐπὶ κύβον πολλαπλασιασθεὶς δυναμοδύναμιν ἀπεργάζεται· ἐλέγομεν γὰρ τὸν τοῦ τετραγώνου ἐφ' ἑαυτὸν πολλαπλασιασμὸν δυναμοδύναμιν, ὡς τὸν $\overline{ιϛ}$ ἀπὸ τοῦ πολλαπλασιασμοῦ τοῦ $\overline{δ}$ ἐφ' ἑαυτὸν τετραγώνου· τοῦτον τὸν $\overline{ιϛ}$ καὶ ἀριθμὸς ἐπὶ

7 sq. Cf. I, 6, 2—4. 10 sq. Cf. I, 6, 9—19. 17 sq. Cf. I, 8, 1—10.

τὸν κύβον τὸν η̄, ὁ β̄ δηλονότι, ὅς ἐστιν αὐτοῦ πλευρά, ποιήσει· ὡς γὰρ ἡ πλευρὰ ἐπὶ τὸν τετράγωνον πολλαπλασιασθεῖσα τὸν κύβον ἐποίει καὶ ἦν ὁ πολλαπλασιασμὸς ἀριθμοῦ ἐπὶ δύναμιν τὸν τετράγωνον, οὕτως καὶ πλευρὰ τοῦ κύβου ὡς ἀριθμὸς ἐπὶ κύβον πολλαπλασιασθεῖσα ποιεῖ δυναμοδύναμιν τὸν ι̅ϛ̅· δὶς γὰρ τὰ η̄, ι̅ϛ̅· ὥστε ὁ ι̅ϛ̅, ὡς μὲν ἀπὸ τοῦ τετράκις τὰ δ̄ τετραγώνου ἐφ' ἑαυτόν, οὕτω δὲ καὶ ἀπὸ τοῦ δὶς η̄ ἀριθμοῦ ἐπὶ κύβον. πάλιν ἀριθμὸς ἐπὶ δυναμοδύναμιν πολλαπλασιασθεὶς δυναμόκυβον ποιεῖ· ἐλέγομεν γὰρ δυναμόκυβον τὸν ἐκ πολλαπλασιασμοῦ τετραγώνου ἐπὶ τὸν ἀπὸ τῆς αὐτῆς αὐτῷ πλευρᾶς κύβον γινόμενον· οἷον τετράκις ὁ η̄ κύβος, λ̅β̅· τοῦτον ποιεῖ καὶ ἀριθμὸς ἐπὶ δυναμοδύναμιν πολλαπλασιασθείς· ὁ γὰρ ι̅ϛ̅, ὡς γεγονὼς ἀπὸ πολλαπλασιασμοῦ ἐφ' ἑαυτὸν τοῦ τετραγώνου δ̄, δυναμοδύναμίς ἐστι· τοῦτον ὁ β̄ ἀριθμὸς ὃς ἦν πλευρὰ τοῦ δ̄, πολλαπλασιάζει καὶ γεννᾷ τὸν δυναμόκυβον. ἀριθμὸς δ' αὖθις πολλαπλασιασθεὶς ἐπὶ δυναμόκυβον, κυβόκυβον ἀπεργάζεται· κυβόκυβον γὰρ ἐλέγομεν τὸν ἐκ κύβου ἐφ' ἑαυτὸν πολλαπλασιασθέντα, ὥσπερ τὸν η̄ κύβον ἐπὶ τὸν η̄ καὶ τὸν ξ̅δ̅ ποιοῦντα· τοῦτον τὸν ξ̅δ̅ κυβόκυβον καὶ ὁ πολλαπλασιασμὸς τοῦ ἀριθμοῦ ἐπὶ τὸν δυναμόκυβον ἀπεργάζεται· δυναμόκυβος γὰρ ἦν ὁ λ̅β̅· τοῦτον καὶ ὁ β̄ πολλαπλασιάζων ⟨τὸν ξ̅δ̅⟩ ἀπεργάζεται· ὁ δὲ β̄ πλευρὰ ἦν τοῦ ἐξ ἀρχῆς τετραγώνου δ̄, ἐξ ἧς ὁ η̄ κύβος ἐγεννᾶτο, ὡσαύτως δὲ καὶ ἡ τοῦ η̄ κύβου πλευρά. δύναμις δὲ ἐπὶ δύναμιν πολλαπλασιασθεῖσα δυναμοδύναμιν ποιεῖ, κἂν ἑαυτὸν πολλαπλασιάζῃ ὁ τετράγωνος, ὡς τὰ τετράκις δ̄, κἂν ἄλλον τετράγωνον δύναμιν ὄντα καὶ αὐτόν, ὡς τὰ τετράκις ι̅ϛ̅. δύναμις δὲ ἐπὶ κύβον πολλαπλασιασθεῖσα δυναμόκυβον ποιεῖ· ἔστω γὰρ κύβος ὁ η καὶ τετράγωνος ὁ δ̅ ὅ ἐστι δύναμις, ἐξ ὧν γίνεται ὁ λ̅β̅ δυναμόκυβος. δύναμις δὲ ἐπὶ δυναμοδύναμιν πολλαπλασιασθεῖσα κυβόκυβον ἀπεργάζεται· ὁ γὰρ ἐφ' ἑαυτὸν πολλαπλασιασμὸς τοῦ κύβου κυβόκυβος, ὡς ὁ ξ̅δ̅ ἐκ τοῦ ὀκτάκις η̅· τοῦτον τὸν ξ̅δ̅ ποιεῖ καὶ δύναμις ὁ δ̅ ἐπὶ δυναμοδύναμιν τὸν ι̅ϛ̅ πολλαπλασιασθεῖσα. κύβος δὲ ἐπὶ κύβον, κἂν ἐφ' ἑαυτόν, κἂν ἐφ' ἕτερον κύβον, πολλαπλασιασθεὶς κυβόκυβον ποιεῖ.

Πᾶς δὲ ἀριθμὸς ἐπὶ τὸ ὁμώνυμον αὐτοῦ μόριον πολλαπλασιασθεὶς μονάδα ποιεῖ· οἷον ἐπὶ τοῦ ι̅ τυχόν· δεκάκις γὰρ τὸ δέκατον, ἕν.

Τῆς οὖν μονάδος ἀμεταθέτου οὔσης καὶ ἑστώσης ἀεί, τὸ πολλαπλασιαζόμενον ἐπ' αὐτὴν αὐτὸ τὸ εἶδος ἔσται· δεκάκις γὰρ τὸ α̅, ι̅, καὶ ἅπαξ τὰ ι̅, ι̅.

Τὰ δὲ ὁμώνυμα μόρια ἐφ' ἑαυτὰ πολλαπλασιαζόμενα ποιήσει ὁμώνυμα μόρια τοῖς ἀριθμοῖς· οἷον τὸ ἀριθμοστὸν ἐπὶ τὸ ἀριθμοστὸν πολλαπλασιαζόμενον δυναμοστὸν ποιήσει, ἐπείτοιγε καὶ ἀριθμὸς ἐφ' ἑαυτὸν πολλαπλασιαζόμενος δύναμιν ποιεῖ· οἷον β̅ ἐπὶ β̅ τὸν δ̅ τετράγωνον, ὅς ἐστι δύναμις· τὰ δὲ β̅ ἀριθμός, καὶ τὰ β̅ δυοστὸν μόριον τοῦ δ̅, οἷον ἥμισυ. τὸ δ' αὖ ἀριθμοστὸν πολλαπλασιαζόμενον ἐπὶ τὸ δυναμοστόν, κυβοστὸν ποιεῖ, ἐπείτοιγε καὶ ἀριθμὸς ἐπὶ δύναμιν πολλαπλασιαζόμενος κύβον ποιεῖ ... ἐπὶ δὲ δυναμοκυβοστόν, κυβοκυβοστόν, ἐπείτοιγε ἀριθμὸς ἐπὶ δυναμόκυβον πολλαπλασιασθεὶς κυβόκυβον ποιεῖ.

Δυναμοστὸν δὲ ἐπὶ ἀριθμοστόν, κυβοστὸν ποιήσει,

---

10 sq. Cf. I, 8, 11—12. 12 ἕν scripsi; ι̅ καὶ ἅπαξ τὰ ι̅, ι̅ codices. 13 sq. Cf. I, 8, 13—15. 16 sq. Cf. I, 8, 16—24. 25 Lacunam significavi.

ἐπείτοιγε καὶ ἀριθμὸς ἐπὶ δύναμιν πολλαπλασιαζόμενος κύβον ἀποτελεῖ, καὶ τὸ ἀνάπαλιν δύναμις ἐπὶ ἀριθμὸν τὸν αὐτὸν κύβον ποιήσει· ἶσον γὰρ εἰπεῖν δὶς δ̅ καὶ τετράκις τὰ β̅ εἰς τὸ ἀπαρτισθῆναι τὸν κύβον. δυναμοστὸν δὲ ἐπὶ δυναμοστὸν πολλαπλασιαζόμενον δυναμοδυναμοστὸν ποιήσει, ἐπείτοιγε καὶ δύναμις ἐπὶ δύναμιν πολλαπλασιασθεῖσα, ἢ ἐφ' ἑαυτὴν ἢ ἐφ' ἑτέραν δύναμιν ἤγουν ὁ τετράγωνος ἢ ἐφ' ἑαυτὸν ἢ ἐφ' ἕτερον, δυναμοδύναμιν ποιήσει. τοῦτο δὲ τὸ δυναμοστὸν εἰ πολλαπλασιασθείη ἐπὶ κυβοστόν, δυναμοκυβοστὸν ποιήσει, ἐπείτοιγε καὶ δύναμις ἐπὶ κύβον πολλαπλασιασθεῖσα δυναμόκυβον ἐποίει. καὶ αὖθις τὸ δυναμοστὸν τοῦτο εἰ πολλαπλασιασθείη ἐπὶ δυναμοδυναμοστόν, κυβοκυβοστὸν ποιήσει, ἐπείτοιγε καὶ δύναμις εἰ πολλαπλασιασθείη ἐπὶ δυναμοδύναμιν, κυβόκυβον ποιήσει· ὡς ἐλέγομεν τὸν δ̅, δύναμιν ὡς τετράγωνον, πολλαπλασιαζόμενον ἐπὶ τὴν δυναμοδύναμιν ιϛ̅ τὸν ἀπὸ τοῦ πολλαπλασιασμοῦ τοῦ τετραγώνου δ̅, ποιεῖν τὸν ξδ̅ κυβόκυβον, ὃς καὶ ἀπὸ πολλαπλασιασμοῦ τοῦ η̅ κύβου γίνεται.

Τὸ δὲ κυβοστὸν ἐπὶ μὲν ἀριθμοστὸν ποιεῖ δυναμοδυναμοστόν, ὅτι καὶ ἀριθμὸς ἐπὶ κύβον πολλαπλασιαζόμενος δυναμοδύναμιν ἐποίει· ἐπὶ δὲ δυναμοστόν, ποιεῖ δυναμοκυβοστόν, ὅτι καὶ δύναμις ἐπὶ κύβον δυναμόκυβον ἐποίει· ἐπὶ δὲ κυβοστόν, κυβοκυβοστόν, ὅτι καὶ κύβος ἐπὶ κύβον κυβόκυβον ἐποίει.

Τὸ δὲ δυναμοδυναμοστὸν ἐπὶ μὲν ἀριθμοστὸν δυναμοκυβοστὸν ποιεῖ, ὅτι καὶ ἀριθμὸς ἐπὶ δυναμοδύναμιν πολλαπλασιαζόμενος δυναμόκυβον ἐποίει· ἐπὶ

17 τὴν scripsi, τὸν cod.

δὲ δυναμοστόν, κυβοκυβοστόν, ὅτι καὶ δύναμις ἐπὶ δυναμοδύναμιν κυβόκυβον ἐποίει.

Τὸ δὲ δυναμοκυβοστὸν ἐπὶ ἀριθμοστόν, κυβοκυβοστόν, ὅτι καὶ ἀριθμὸς ἐπὶ δυναμόκυβον κυβόκυβον ἐποίει.

Πάλιν τὸ μὲν ἀριθμοστὸν ἐπὶ μὲν δύναμιν, ἀριθμὸν ποιεῖ· ἐπὶ δὲ κύβον, δύναμιν· ἐπὶ δὲ δυναμοδύναμιν, κύβον· ἐπὶ δὲ δυναμόκυβον, δυναμοδύναμιν· ἐπὶ δὲ κυβόκυβον, δυναμόκυβον.

Δυναμοστὸν δὲ ἐπὶ μὲν ἀριθμόν, ἀριθμοστόν· ἐπὶ κύβον, ἀριθμόν· ἐπὶ δὲ δυναμοδύναμιν, δύναμιν· ἐπὶ δὲ δυναμόκυβον, κύβον· ἐπὶ δὲ κυβόκυβον, δυναμοδυναμοστόν.

Κυβοστὸν δὲ ἐπὶ μὲν ἀριθμόν, δυναμοστόν· ἐπὶ δὲ δύναμιν, ἀριθμοστόν· ἐπὶ δὲ δυναμοδύναμιν, ἀριθμόν· ἐπὶ δὲ κυβόκυβον, κύβον.

⟨Δυναμο⟩δυναμοστόν δὲ ἐπὶ μὲν ἀριθμόν, κυβοστόν· ἐπὶ δὲ δύναμιν, δυναμοστόν· ἐπὶ δὲ κύβον, ἀριθμοστόν· ἐπὶ δὲ δυναμόκυβον, ἀριθμόν· ἐπὶ δὲ κυβόκυβον, δύναμιν.

Δυναμοκυβοστὸν δὲ ἐπὶ μὲν ἀριθμόν, δυναμοδυναμοστόν· ἐπὶ δὲ δύναμιν, κυβοστόν· ἐπὶ δὲ κύβον, δυναμοστόν· ἐπὶ δὲ δυναμοδύναμιν, ἀριθμοστόν· ἐπὶ δὲ κυβόκυβον, ἀριθμόν.

Τὸ δὲ κυβοκυβοστὸν ἐπὶ μὲν ἀριθμόν, δυναμοκυβοστόν· ἐπὶ δὲ δύναμιν, δυναμοδυναμοστόν· ἐπὶ δὲ κύβον, κυβοστόν· ἐπὶ δὲ δυναμοδύναμιν, δυναμοστόν· ἐπὶ δὲ δυναμόκυβον, ἀριθμοστόν. καὶ οὕτω μὲν τὰ τῶν πολλαπλασιασμῶν ἔχουσι.

---

2 δυναμοδύναμιν κυβόκυβον scripsi; κύβον δυναμόκυβον cod. 5 sq. Cf. I, 10, 1—6. 5—6 ἀριθμὸν scripsi; ἀριθμοστὸν cod. 9 sq. Cf. I, 10, 7—12. 13 sq. Cf. I, 10, 13—18. 16 sq. Cf. I, 12, 1—6. 19 sq. Cf. I, 12, 7—12. 23 sq. Cf. I, 12, 13—18.

κϛ. Ἐπεὶ δὲ πλεῖστα συμβαίνει γίνεσθαι προβλήματα ἀριθμητικά, ἢ ἐξ ὑπεροχῆς τῆς πρὸς ἀλλήλους τοὺς ἀριθμούς, ἢ ἐκ πολλαπλασιασμοῦ ἢ ἑτέρου λόγου τοῦ πρὸς ἀλλήλους, ἢ καὶ ἑκάστου ἰδίᾳ ἢ καὶ μίγδην ἀμφοτέρων, δηλονότι ἐξ ὑπεροχῆς καὶ λόγου, ἢ λόγου καὶ λείψεως, ἢ ὑπεροχῆς καὶ πολλαπλασιασμοῦ, φέρε καὶ περὶ τούτων ὡς ἐν τύπῳ διαλάβωμεν καὶ πρῶτον περὶ τῶν ἐξ ὑπεροχῆς· οἷον τὸν ἐπιταχθέντα ἀριθμὸν διελεῖν ἐν ὑπεροχῇ τῇδε, ἵνα δηλονότι τῶν μερῶν θάτερον θατέρου ὑπερέχοι τῷδε τῷ ἀριθμῷ.

Ὅτε γοῦν τις ἀριθμὸς δοθῇ καὶ ἐπιταχθῶμεν διελεῖν αὐτὸν εἰς δύο ἀριθμοὺς ἐν ὑπεροχῇ τῇ δοθείσῃ, οἷον φέρε τὸν $\bar{\rho}$ ἐν ὑπεροχῇ τῷ $\bar{\kappa}$, ὀφείλομεν ὑπεξαιρεῖν ἐκ τῶν $\bar{\rho}$ τὴν δοθεῖσαν ὑπεροχήν, δηλονότι τὸν $\bar{\kappa}$, καὶ τὸν καταλειφθέντα ἀριθμὸν διαιρεῖν δίχα, ὡς ἐνταῦθα τὸν $\bar{\pi}$ εἰς $\bar{\mu}$ καὶ $\bar{\mu}$, καὶ ἔπειτα ἑνὶ μέρει προστιθέναι τὴν ὑπεροχήν, ὡς ἐνταῦθα τῷ $\bar{\mu}$ τὸν $\bar{\kappa}$, ὁμοῦ $\bar{\xi}$· διῃρέθη τοίνυν ὁ $\bar{\rho}$ εἰς $\bar{\xi}$ καὶ $\bar{\mu}$ καὶ ἔστιν ἡ ὑπεροχὴ τοῦ $\bar{\xi}$ πρὸς τὸν $\bar{\mu}$, $\bar{\kappa}$, καὶ τὸ ἐπιταχθὲν ἐγένετο.

Τοῦτο ἐπὶ πάντων καὶ ἐπ' αὐτῶν δὴ τούτων μὴ δεχομένων τομήν, εἴπερ μόνον μονὰς διαιρεθῇ· οἷον ἐπιταττόμεθα τὸν $\overline{\kappa\beta}$ διελεῖν ἐν ὑπεροχῇ θατέρου πρὸς θάτερον τῷ $\bar{\gamma}$· ἀφαιρῶ τὴν ὑπεροχὴν τὸν $\bar{\gamma}$, ἐναπελείφθησαν $\overline{\iota\vartheta}$· ταῦτα διαιρῶ εἰς $\bar{\vartheta}$ ∟' καὶ $\bar{\vartheta}$ ∟'· προστίθημι τῷ $\bar{\vartheta}$ ∟' τὸν $\bar{\gamma}$, ὁμοῦ $\overline{\iota\beta}$ ∟'· ἐτμήθη τοίνυν ὁ $\overline{\kappa\beta}$ εἰς $\overline{\iota\beta}$ ∟' καὶ $\bar{\vartheta}$ ∟', ὑπερέχει δὲ ὁ $\overline{\iota\beta}$ ∟' τοῦ $\bar{\vartheta}$ ∟', τρισί· καὶ ἀεὶ ἐπὶ πάντων οὕτω γενήσεται ἀπαραβάτως.

κζ. Τὰ δὲ ἐπὶ πολλαπλασιασμοῖς ἀριθμητικὰ προβλήματα ἔχουσιν οὕτως, εἰ ἐπιταττοίμεθα τὸν δοθέντα

---

1 sq. Cf. I, 4, 7—10. 11 sq. Dioph. probl. I, 1. 28 sq. Dioph. probl. I, 2.

ἀριθμὸν διαιρεῖν ἐν λόγῳ ἢ διπλασίῳ ἢ τριπλασίῳ ἢ ὁποσαπλασίῳ, ἵνα ἔχοι τὸ μέρος τοῦ μέρους τὸν τοιοῦτον λόγον. δεῖ οὖν, εἰ ἐν διπλασίῳ λόγῳ ἐπιταττοίμεθα διαιρεῖν, λαμβάνειν τὸν τοῦ ὅλου ὑποτριπλάσιον καὶ τὸν τοιοῦτον τιθέναι ἐλάσσω ὅρον, οὗ τὸν διπλάσιον λαμβάνομεν, τὸν λοιπὸν δηλονότι μείζω ὅρον, καὶ τὸ πρόβλημα γίνεται. οἷον εἰ ἐπιταχθῶμεν διελεῖν ἐν διπλασίονι λόγῳ τὸν $\overline{\text{κδ}}$ ἀριθμόν, ζητοῦμεν τὸν ὑποτριπλάσιον αὐτοῦ καὶ ἔστιν ὁ $\overline{\text{η}}$· τούτου ὁ διπλάσιος, δηλονότι ὁ λοιπὸς ὁ $\overline{\text{ιϛ}}$, μείζων ὅρος γίνεται, καὶ ἀναπληροῦται τὸ πρόβλημα· ὁ γὰρ $\overline{\text{ιϛ}}$ τοῦ $\overline{\text{η}}$ διπλάσιος, καὶ $\overline{\text{ιϛ}}$ καὶ $\overline{\text{η}}$, $\overline{\text{κδ}}$.

Εἰ δὲ ἐν τριπλασίονι λόγῳ ἐπιταττοίμεθα διελεῖν τὸν δοθέντα ἀριθμόν, δεῖ λαβεῖν τὸν τοῦ ὅλου ὑποτετραπλάσιον καὶ ποιῆσαι τοῦτον ἐλάσσω ὅρον καὶ τὸν λοιπὸν μείζω, καὶ γίνεται τὸ προβληθέν. οἷον ἔστω ὁ $\overline{\text{ξ}}$ ὃν δεῖ διελεῖν, λαμβάνω τούτου τὸν ὑποτετραπλασίονα καὶ ἔστιν ὁ $\overline{\text{ιε}}$· τοῦτον τιθῶ ὅρον ἐλάττω, τὸν δὲ λοιπὸν $\overline{\text{με}}$ μείζω, καὶ γίνεταί μοι τὸ πρόβλημα· $\overline{\text{με}}$ γὰρ καὶ $\overline{\text{ιε}}$, $\overline{\text{ξ}}$, καὶ ἔστιν ὁ $\overline{\text{με}}$ τοῦ $\overline{\text{ιε}}$ τριπλάσιος.

Εἰ δὲ ἐν τετραπλασίονι λόγῳ ἐπιταττοίμεθα διαιρεῖν τὸν δοθέντα ἀριθμόν, δεῖ λαβεῖν τὸν τοῦ ὅλου ὑποπενταπλασίονα καὶ τοῦτον τιθέναι ὅρον ἐλάσσω, τὸν δὲ λοιπὸν μείζω, τὸν λεγόμενον καὶ ἀποτομήν, καὶ γίνεταί μοι τὸ προβληθέν. οἷον ἔστω ὁ δοθεὶς ἀριθμὸς $\overline{\text{λ}}$ ὃν δεῖ διελεῖν κατὰ λόγον τετραπλασίονα· τούτου λαμβάνω τὸν ὑποπενταπλασίονα τὸν $\overline{\text{ϛ}}$ καὶ τίθημι τοῦτον ἐλάσσω ὅρον, τὸν δὲ λοιπὸν τὸν $\overline{\text{κδ}}$ μείζω, καὶ γίνεταί μοι τὸ πρόβλημα· $\overline{\text{κδ}}$ γὰρ καὶ $\overline{\text{ϛ}}$, $\overline{\text{λ}}$· ὁ $\overline{\text{κδ}}$ δὲ τοῦ $\overline{\text{ϛ}}$ τετραπλάσιος.

Καὶ ἐπὶ πάντων ὁ αὐτὸς λόγος, λαμβανόντων ἡμῶν

τὸν τοῦ ὅλου ⟨ὑπο⟩πολλαπλάσιον τὸν συνεχῆ τοῦ ἐπιταχθέντος ἐκ τῆς διαιρέσεως τοῦ ἀριθμοῦ γίνεσθαι.

κη. Εἰ δὲ ὑποταττοίμεθα διελεῖν ἀριθμὸν ἐν λόγῳ ἐπιμορίῳ, καὶ πρῶτος τῶν ἐπιμορίων ὁ ἡμιόλιος, εἰ γοῦν ἐπιταττοίμεθα τὸν δοθέντα ἀριθμὸν διελεῖν ἐν λόγῳ ἡμιολίῳ, δεῖ λαβεῖν τὸν τοῦ ὅλου ὑποδιπλασιεφήμισυν καὶ τούτου αὖθις τὸν ἡμιόλιον καὶ τοῦτον τιθέναι μείζω ὅρον, τὸν δὲ λοιπὸν τὴν ἀποτομὴν ἐλάσσω, καὶ γίνεται τὸ πρόβλημα. οἷον ἔστω ὁ δοθεὶς ἀριθμὸς κ̅· τούτου ζητῶ τὸν ὑποδιπλασιεφήμισυν καὶ ἔστιν ὁ η̅, τούτου ἡμιόλως ὁ ι̅β̅· τοῦτον τίθημι μείζω ὅρον, τὴν δὲ ἀποτομὴν τὸν η̅ ἐλάσσω, καὶ γίνεταί μοι τὸ προβληθέν· ι̅β̅ γὰρ καὶ η̅, κ̅, καὶ ὁ ι̅β̅ τοῦ κ̅ ἡμιόλιος. πάλιν δεδόσθω ὁ λ̅· τούτου ὁ ὑποδιπλασιεφήμισυς ὁ ι̅β̅, τούτου ὁ ἡμιόλιος ὁ ι̅η̅· τοῦτον τίθημι μείζω ὅρον, τὸν δὲ λοιπὸν τὸν ι̅β̅ ἐλάσσω, καὶ γίνεταί μοι τὸ προβληθέν· καὶ ἐπὶ πάντων ὁ αὐτὸς λόγος.

Εἰ δὲ ἐπιταττοίμεθα διαιρεῖν ἐν ἐπιτρίτῳ λόγῳ, δεῖ λαμβάνειν τὸν τοῦ ὅλου ὑποδιπλασιεπίτριτον καὶ τούτου αὖθις τὸν ἐπίτριτον, καὶ τοῦτον μείζω ὅρον τιθέναι καὶ τὴν ἀποτομὴν ἐλάττω, καὶ γίνεται τὸ πρόβλημα. οἷον ἔστω ὁ κ̅η̅· τοῦτον ἐπιταττόμεθα διαιρεῖν εἰς δύο ἀριθμοὺς ἐν ἐπιτρίτῳ λόγῳ· λαμβάνω τούτου τὸν ὑποδιπλασιεπίτριτον καὶ ἔστιν ὁ ι̅β̅, καὶ τούτου αὖθις τὸν ἐπίτριτον καὶ ἔστιν ὁ ι̅ϛ̅· τοῦτον τίθημι μείζω ὅρον, τὴν δὲ ἀποτομήν, δηλονότι τὸν ι̅β̅, ἐλάττω· καὶ γίνεταί μοι τὸ προβληθέν.

Εἰ δὲ ὑποταττοίμεθα διαιρεῖν ἐν ἐπιτετάρτῳ λόγῳ, δεῖ λαμβάνειν τὸν τοῦ ὅλου ὑποδιπλασιεπιτέταρτον καὶ τούτου αὖθις τὸν ἐπιτέταρτον, καὶ τοῦτον τιθέναι ὅρον μείζονα, τὸν δὲ λοιπὸν ἐλάττω, καὶ γίνεται τὸ *πρόβλημα. οἷον ἔστω ὁ λϛ ὃν διαιρεῖν ἐν ἐπιτετάρτῳ λόγῳ ἐπιταττόμεθα· τούτου ὁ ὑποδιπλασιεπιτέταρτος ιϛ· τούτου πάλιν ζητῶ τὸν ἐπιτέταρτον καὶ ἔστιν ὁ κ· τοῦτον τίθημι μείζω ὅρον, τὸν δὲ λοιπὸν τὸν ιϛ ἐλάσσω· καὶ ἔστιν ὁ κ πρὸς τὸν ιϛ ἐπιτέταρτος, κ δὲ καὶ ιϛ, λϛ.*

Εἰ δὲ ἐπιταττοίμεθα διαιρεῖν ἐν ἐπιπέμπτῳ λόγῳ, δεῖ λαμβάνειν τὸν τοῦ ὅλου ὑποδιπλασιεπίπεμπτον καὶ τούτου αὖθις τὸν ἐπίπεμπτον, καὶ τοῦτον ποιεῖν μείζω ὅρον, τὸν δὲ λοιπὸν ἐλάσσω, καὶ γίνεται τὴ πρόβλημα. οἷον ἔστω ὃν ἐπιταττόμεθα διαιρεῖν ἐν λόγῳ ἐπιπέμπτῳ ὁ κβ· τούτου ὑποδιπλασιεπίπεμπτός ἐστιν ὁ ι, τούτου ἐπίπεμπτος ὁ ιβ· τοῦτον τίθημι μείζω ὅρον, τὸν δὲ λοιπὸν ι ἐλάσσω, καὶ ποιῶ τὸ ἐπιταχθέν· ιβ γὰρ καὶ ι, κβ· ὁ δὲ ιβ τοῦ ι ἐπίπεμπτος.

Εἰ δὲ ἐν ἐπιέκτῳ λόγῳ διαιρεῖν ἐπιταττοίμεθα τὸν δοθέντα ἀριθμόν, δεῖ λαβεῖν τὸν τούτου ὑποδιπλασιεπίεκτον καὶ τούτου πάλιν τὸν ἐπίεκτον, καὶ τοῦτον τιθέναι ὅρον μείζω, τὸν δὲ λοιπὸν ἐλάσσω, καὶ ποιοῦμεν τὸ πρόβλημα. οἷον ἔστω ὁ κϛ ὃν διαιρεῖν ἐπιταττόμεθα ἐν ἐπιέκτῳ λόγῳ· λαμβάνω τούτου τὸν ὑποδιπλασίεκτον, ὅς ἐστιν ὁ ιβ, τούτου πάλιν τὸν ἐπίεκτον, ὅς ἐστιν ὁ ιδ· τοῦτον τίθημι μείζω ὅρον, τὸν δὲ λοιπὸν τὸν ιβ ἐλάττω, καὶ γίνεταί μοι τὸ προβληθέν.

Καὶ ἐφεξῆς ὁμοίως, ὥστε τὸν λόγον τοῦτον σώζεσθαι καὶ ἐὰν ἐπὶ ἀλόγων ἀριθμῶν ἐπιταττοίμεθα εἰς τοιούτους λόγους διαιρεῖν, μόνον εἰ καὶ μονάδα διαιροῖμεν.

κθ. Εἰ δὲ καὶ ἐν ἐπιμερεῖ λόγῳ ἐπιταττοίμεθα διαιρεῖν, οὕτω λυθήσονται τὰ προβλήματα.

Ἐπιτετάχθω διαιρεῖν τὸν δοθέντα ἀριθμὸν ἐν λόγῳ

ἐπιδιτρίτῳ, οἷον τὸν λ̅β̅· δεῖ δὴ λαβεῖν τὸν τούτου ὑποδιπλασιεπιδίτριτον, ὅς ἐστιν ὁ ι̅β̅· τούτου αὖθις ἐπιδίτριτος ὁ κ̅· τοῦτον τίθημι μείζω ὅρον, τὴν δὲ ἀποτομὴν τὸν ι̅β̅ ἐλάσσω, καὶ διαιρεῖταί μοι ὁ λ̅β̅ εἰς κ̅ καὶ ι̅β̅, καὶ ἔστιν ὁ κ̅ τοῦ ι̅β̅ ἐπιδίτριτος.

Εἰ δὲ διαιρεῖν ἀριθμὸν ἐν ἐπιτριτετάρτῳ λόγῳ ἐπιταττοίμεθα, δεῖ λαβεῖν τὸν τοῦ ὅλου ὑποδιπλασιεπιτριτέταρτον, καὶ τούτου αὖθις ζητῆσαι τὸν ἐπιτριτέταρτον, καὶ τοῦτον τιθέναι μείζω ὅρον, τὴν δὲ ἀποτομὴν ἐλάσσω, καὶ τὸ προβληθὲν λύεται. οἷον ἔστω ὁ κ̅β̅ ὃν ἐπιταττόμεθα διαιρεῖν ἐν ἐπιτριτετάρτῳ λόγῳ· τούτου λαμβάνω τὸν ὑποδιπλασιεπιτριτέταρτον τὸν η̅· τούτου πάλιν λαμβάνω τὸν ἐπιτριτέταρτον καὶ ἔστιν ὁ ι̅δ̅· τοῦτον τίθημι μείζω ὅρον, τὸν δὲ λοιπὸν τὸν η̅ ἐλάσσω, καὶ γίνεταί μοι τὸ πρόβλημα.

Εἰ δὲ ἐν ἐπιτετραπέμπτῳ λόγῳ ἐπιταττοίμεθα τὸν δοθέντα ἀριθμὸν διαιρεῖν, δεῖ τοῦ ὅλου λαμβάνειν τὸν ὑποδιπλασιεπιτετράπεμπτον καὶ τούτου πάλιν τὸν ἐπιτετράπεμπτον, καὶ τοῦτον ὅρον μείζω ποιεῖν καὶ τὸν λειπόμενον ἐλάσσω, καὶ γίνεται τὸ ἐπιταχθέν· οἷον ἔστω ὁ ⟨ο̅⟩ ἀριθμὸς ὃν ἐπιταττόμεθα διαιρεῖν ἐν ἐπιτετραπέμπτῳ λόγῳ· τούτου λαμβάνω τὸν ὑποδιπλασιεπιτετράπεμπτον καὶ ἔστιν ὁ κ̅ε̅· τούτου ζητῶ τὸν ἐπιτετράπεμπτον καὶ ἔστιν ὁ μ̅ε̅· τοῦτον τίθημι μείζω ὅρον, καὶ τὸν λειπόμενον τὸν κ̅ε̅ ἐλάσσω, καὶ γίνεταί μοι τὸ πρόβλημα.

Καὶ ἐφεξῆς, ἐὰν δὴ διαιρεῖν ἐπιταττοίμεθα ἐν λόγῳ ἐπιπενταέκτῳ· ζητήσομεν γὰρ τὸν τοῦ δοθέντος ἀριθμοῦ ὑποδιπλασιεπιπεντάεκτον, οὗ τὸν ⟨ἐπι⟩πεντάεκτον

27 δὴ scripsi, δὲ cod.

εὑρόντες, μείζω ὅρον ποιήσομεν καὶ τὸν λειπόμενον ἐλάσσω, καὶ τὸ πρόβλημα λύεται. καὶ αὖθις ἐὰν ἐπιταττοίμεθα διαιρεῖν ἐν λόγῳ ἐπιεξεβδόμῳ καὶ εἰ ἐν ἐπτογδόῳ καὶ εἰ ἐν ὀκτωεννάτῳ καὶ ἀεὶ οὕτως· τὰ γὰρ μέρη ταῦτα κατὰ ἐναλλαγὴν τίθενται, δύο τρίτα καὶ τρία τέταρτα καὶ τέσσαρα πέμπτα καὶ πέντε ἕκτα καὶ ἑξῆς οὕτως.

λ. Πάλιν εἰ ἐν λόγῳ πολλαπλασιεπιμορίῳ ἐπιταττοίμεθα διαιρεῖν τὸν δοθέντα ἀριθμόν, καὶ πρῶτον ἐν τῷ διπλασιεφημίσει, λάβωμεν τοῦ ὅλου τὸν ὑποτριπλασιεφήμισυν· καὶ τίθεται ὁ τοιοῦτος ἐλάττων ὅρος, καὶ ὁ λοιπὸς μείζων, καὶ τὸ ἐπιταχθὲν γίνεται. οἷον εἰ ι̅δ̅ ἐστὶν ὁ δοθεὶς ἀριθμός, λάβωμεν τούτου τὸν ὑποτριπλασιεφήμισυν τὸν δ̅, καὶ τοῦτον θήσομεν ἐλάσσω, καὶ ὁ λοιπὸς ὁ ι̅ μείζων τιθέσθω, καὶ τὸ πρόβλημα γίνεται· ὁ γὰρ ι̅ τοῦ δ̅ διπλασιεφήμισυς. ὁμοίως καὶ εἰ δοθείη ὁ κ̅η̅· ληφθήσεται γὰρ ὁ τούτου ὑποτριπλασιεφήμισυς καὶ τεθήσεται ἐλάσσων καὶ ὁ λοιπὸς μείζων, καὶ τὸ πρόβλημα γίνεται. ὡσαύτως καὶ εἰ ὁ ν̅ς̅· τούτου ὑποτριπλασιεφήμισυς ὁ ι̅ς̅· τοῦτον τιθῶ ἐλάσσω καὶ τὸν μ̅ μείζω, καὶ γίνεται τὸ ἐπιταχθέν. ἐπειδὴ γὰρ τὸ ἐπιταττόμενον διπλασιεφήμισυς λόγος ἦν, καὶ ὁ διπλάσιος ἐξ ὑποτριπλασίου ὡς ἐλέγομεν ἐκανονίζετο, ὁ δὲ ἡμιόλιος σώζεται καθ' αὑτόν, διὰ τοῦτο ἡ λύσις τῶν τοιούτων οὕτω γίνεται.

Εἰ δὲ ἐπιταττοίμεθα διαιρεῖν ἐν λόγῳ διπλασιεπιτρίτῳ, τὸν ὑποτριπλασιεπίτριτον τοῦ ὅλου ζητήσομεν, ὃς ἐλάττων τεθήσεται, καὶ ὁ ἀπὸ τῆς διαιρέσεως λοιπὸς μείζων, καὶ γίνεται τὸ προβληθέν. οἷον ἔστω ὁ

4 Oportebat ἐπιεπτογδόῳ . . . ἐπιοκτωεννάτῳ.

λ· λαμβάνω τὸν ὑποτριπλασιεπίτριτον τὸν θ καὶ τίθημι τοῦτον ἐλάσσω, καὶ τὸν λοιπὸν τὸν κα μείζω, καὶ τὸ ἐπιταχθὲν γίνεται.

Ἐὰν δὲ ἐν διπλασιεπιτετάρτῳ διαιρεῖν τὸν δοθέντα ἀριθμὸν ἐπιταττώμεθα, τοῦ ὅλου τούτου λάβωμεν τὸν ὑποτριπλασιεπιτέταρτον, καὶ τοῦτον ἐλάσσω ποιήσωμεν καὶ τὸν λοιπὸν μείζω, καὶ τὸ ἐπιταχθὲν γίνεται. οἷον ἔστω ὁ κϛ ὃν ἐπιταττόμεθα διαιρεῖν ἐν διπλασιεπιτετάρτῳ λόγῳ· τούτου λαμβάνω τὸν ὑποτριπλασιεπιτέταρτον η καὶ τίθημι ἐλάσσω, καὶ τὸν λοιπὸν τὸν ιη μείζονα ποιῶ, καὶ γίνεται τὸ ἐπιταχθέν. καὶ ἐπὶ τῶν λοιπῶν ὁμοίως, ἀλλασσομένων τῶν μορίων.

λα. Εἰ δὲ ἐν τριπλασιεφημίσει λόγῳ διαιρεῖν ἐπιταττόμεθα, λαμβάνειν δεῖ τοῦ ὅλου τὸν ὑποτετραπλασιεφήμισυν καὶ ἐλάσσω τιθέναι, καὶ τὸν λοιπὸν μείζονα, καὶ γίνεται τὸ ἐπιταχθέν. οἷον ἔστω ὁ ιη· τούτου λαμβάνω τὸν ὑποτετραπλασιεφήμισυν τὸν δ καὶ τίθημι ἐλάσσω, τὸν δὲ ιδ μείζω, καὶ γίνεταί μοι τὸ πρόβλημα.

Εἰ δὲ κατὰ τὸν τριπλασιεπίτριτον λόγον ζητοῦμεν διαιρεῖν, λαμβάνομεν τὸν ὑποτετραπλασιεπίτριτον τοῦ ὅλου καὶ τίθεμεν ἐλάσσω, καὶ τὸν λοιπὸν μείζω, καὶ ποιοῦμεν τὸ πρόβλημα. οἷον ἔστω ὁ λθ· τούτου τὸν ὑποτετραπλασιεπίτριτον λαμβάνω τὸν θ καὶ τιθῶ ἐλάττονα ὅρον καὶ τὸν λ μείζονα, καὶ ἔστιν ὁ λ πρὸς τὸν θ ἐν λόγῳ τριπλασιεπιτρίτῳ.

Εἰ δὲ διαιρεῖν ἐπιταττοίμεθα καὶ ἐν λόγῳ τριπλασιεπιτετάρτῳ, λαμβάνομεν τούτου τὸν ὑποτετραπλασιεπιτέταρτον καὶ τίθεμεν ἐλάσσω, καὶ τὸν λοιπὸν μείζω, καὶ γίνεται τὸ πρόβλημα. οἷον ἔστω ὁ ἀριθμὸς ὃν ἐπιταττόμεθα διαιρεῖν ἐν τῷ τοιούτῳ λόγῳ ὁ ιζ· τούτου λαμβάνω τὸν ὑποτετραπλασιεπιτέταρτον τὸν δ̅ καὶ τίθημι ἐλάσσω ὅρον, τὸν δὲ λοιπὸν τὸν ιγ̅ μείζω ὅρον ποιῶ, καὶ γίνεται τὸ ἐπιταχθέν· ὁ γὰρ ιγ̅ τοῦ δ̅ τριπλασιεπιτέταρτος. καὶ ἀεὶ οὕτως· αἰεὶ γὰρ κατὰ τὸν ἑξῆς πολλαπλασιασμόν, τοῦ ἐπιμορίου μένοντος ἐν τοῖς τοιούτοις, τὸ πρόβλημα λύεται.

λβ. Εἰ δ' αὖθις κατὰ πολλαπλασιεπιμερῆ λόγον διαιρεῖν τὸν ἀριθμὸν ἐπιταττόμεθα, καὶ πρῶτον κατὰ τὸν διπλασιεπιδίτριτον, λαμβάνομεν τὸν τοῦ ὅλου ὑποτριπλασιεπιδίτριτον, καὶ οὕτω λύεται τὸ πρόβλημα. ἔστω γὰρ ὁ λγ̅ ὃν διαιρεῖν ἐν τῷ τοιούτῳ λόγῳ ἐπιταττόμεθα· καὶ λαμβάνομεν τὸν τούτου ὑποτριπλασιεπι<δί>τριτον τὸν θ̅ καὶ ποιοῦμεν ἐλάσσω, τὸν δὲ λοιπὸν τὸν κδ̅ μείζω ποιοῦμεν, καὶ λύεται τὸ πρόβλημα· ὁ γὰρ κδ̅ τοῦ θ̅ διπλασιεπιδίτριτος.

Εἰ δὲ ἐν λόγῳ τριπλασιεπιδιτρίτῳ ἐπιταττοίμεθα διαιρεῖν τὸν δοθέντα ἀριθμόν, λαμβάνομεν τούτου τὸν ὑποτετραπλασιεπιδίτριτον καὶ τιθῶμεν ἐλάσσω, τὸν δὲ λοιπὸν μείζω, καὶ ποιοῦμεν τὸ πρόβλημα. οἷον ἔστω ὁ ἀριθμὸς ὃν ἐπιταττόμεθα διαιρεῖν ἐν λόγῳ τριπλασιεπιδιτρίτῳ ὁ μβ̅· τούτου λαμβάνομεν τὸν ὑποτετραπλασιεπιδίτριτον τὸν θ̅ καὶ τίθεμεν ἐλάσσονα, τὸν δὲ λοιπὸν λγ̅ μείζω, καὶ γίνεται τὸ ἐπιταχθέν.

Καὶ οὕτως ἐφεξῆς κατὰ τὸ συνεχὲς εἶδος τῶν πολλαπλασίων, τῶν μερῶν τῶν αὐτῶν μενόντων· εἰ δέ γε τῶν πολλαπλασιασμῶν ἑστώτων ἐπαλλάσσονται τὰ μέρη, δίτριτα καὶ τριτέταρτα καὶ τετράπεμπτα καὶ πεντάεκτα καὶ ἑξῆς, οὕτως λύονται τὰ προβλήματα. ἐπειδὴ γὰρ ὁ διπλασιεπιδίτριτος ἐκ τοῦ ὑποτριπλασι-

18 *τιθῶμεν* sic cod.; similiter interdum *τιθῶ* pro *τίθημι*.

επιδιτρίτου ἐλέγετο γίνεσθαι, καὶ ὁ τριπλασιεπιδίτριτος ἐκ τοῦ ὑποτετραπλασιεπιδιτρίτου, καὶ ἐφεξῆς, εἰ ἐπιταττοίμεθα διαιρεῖν ἐν λόγῳ διπλασιεπιτριτετάρτῳ, λάβωμεν τὸν τοῦ ὅλου ὑποτριπλασιεπιτριτέταρτον, καὶ λύεται τὸ πρόβλημα. οἷον ἔστω ὁ ι̅ε̅ ὃν διαιρεῖν ἐπιταττόμεθα· τούτου λαμβάνομεν τὸν ὑποτριπλασιεπι⟨τρι⟩τέταρτον τὸν δ̅ καὶ τιθῶμεν ἐλάττω, καὶ τὸν λοιπὸν τὸν ι̅α̅ μείζω ποιοῦμεν, καὶ λύεται τὸ πρόβλημα.

Εἰ δὲ ἐν διπλασιεπιτετραπέμπτῳ λόγῳ διαιροῦμεν τὸν ἀριθμόν, λάβωμεν τούτου τὸν ὑποτριπλασιεπιτετράπεμπτον, καὶ γίνεται τὸ ἐπιταχθέν. οἷον εἰ δοθῇ ὁ ι̅θ̅ ἵνα διαιρεθῇ ἐν λόγῳ διπλασιεπιτετραπέμπτῳ, λαμβάνω τὸν ε̅ ὅς ἐστι τοῦ ὅλου ὑποτριπλασιεπιτετράπεμπτος καὶ τιθῶ ἐλάσσω, καὶ τὸν λοιπὸν τὸν ι̅δ̅ τίθημι μείζω, καὶ γίνεταί μοι τὸ πρόβλημα.

Εἰ δὲ διαιρεῖν τὸν ἀριθμὸν κελευόμεθα ἐν λόγῳ διπλασιεπιπενταέκτῳ, λαμβάνομεν τὸν τοῦ ὅλου ὑποτριπλασιεπιπένθεκτον καὶ ποιοῦμεν ἐλάσσω, τὸν δὲ λοιπὸν μείζω, καὶ λύεται τὸ πρόβλημα. οἷον ἔστω ὁ ἀριθμὸς ὃν διαιρεῖν κελευόμεθα ἐν διπλασιεπιπενθέκτῳ λόγῳ ὁ κ̅γ̅· τούτου τὸν ὑποτριπλασιεπιπένθεκτον λαμβάνομεν τὸν ϛ̅ καὶ τίθεμεν ἐλάσσω ὅρον, τὸν δὲ λοιπὸν τὸν ι̅ζ̅ μείζω, καὶ λύομεν τὸ προβληθέν. καὶ οὕτως εὐοδοῦνται τὰ προβλήματα κατὰ τὰ πέντε τῆς ἀνισότητος μέρη, ἅ εἰσι πολλαπλάσιον, ἐπιμόριον, ἐπιμερές, πολλαπλασιεπιμόριον καὶ πολλαπλασιεπιμερές, ἅπερ ἦσαν τοῦ πρός τι ποσοῦ ὡς ἐλέγομεν.

λγ. Φέρε συνθῶμεν τὰ προβλήματα, καὶ ἔστω ἡ ἐπίταξις ὥστε διαιρεθῆναι τὸν δοθέντα ἀριθμὸν εἴς τε

27 ὡς ἐλέγομεν] In commentatione de Nicomacho quam excerpendam esse haud duximus. 28 sq. Cf. Dioph. probl. I, 3.

ὑπεροχὴν ὁποιανοῦν καὶ λόγον τὸν ἐπιταχθέντα, καὶ ἐπιτετάχθω τὸν προκείμενον ἀριθμὸν διελεῖν εἰς δύο ἀριθμοὺς ἵνα ὁ μείζων τοῦ ἐλάττονος ἔχοι διπλάσιον καὶ μονάδας ἀριθμοῦ δ̄. ἀφαιρείσθω οὖν ἐκ τοῦ ὅλου ἡ ὑπεροχὴ καὶ τὸ λειπόμενον τετμήσθω ἐν τριπλασίονι λόγῳ, καὶ ὁ μὲν ὑπόλογος τοῦ τριπλασίου ἔστω ἐλάσσων ὅρος, ὁ δὲ λοιπὸς σὺν τῇ ὑπεροχῇ μείζων, καὶ γίνεταί μοι τὸ πρόβλημα. οἷον ἔστω ὁ ἐπιταχθεὶς ἀριθμὸς κ̄η̄ καὶ ἡ ἐπιταχθεῖσα ἐπὶ τούτῳ ὑπεροχὴ δ̄· ἀφαιρῶ τὸν δ̄, ὁ λειπόμενος κ̄δ̄ διαιρεῖται ἐν τριπλασίῳ λόγῳ· τούτου ὁ ὑπόλογος η̄ ἐλάσσων τεθήσεται, καὶ ὁ λοιπὸς ι̅ϛ̅ παρὰ τὸν ὑπόλογον, προσλαβὼν τὴν ὑπεροχὴν τὸν δ̄, μείζων γενήσεται· ὁ γὰρ κ̄ τοῦ η̄ διπλασίων μεθ' ὑπεροχῆς τοῦ δ̄ ἐστίν.

Εἰ δὲ ἐπιταχθῶ διελεῖν ἐν λόγῳ τριπλασίῳ καὶ ἐν ὑπεροχῇ μονάδων δ̄, ἔστω ὁ π̄· ἀφαιρῶ τὴν ὑπεροχὴν τὸν δ̄, λείπονται ο̅ϛ̅· τοῦτον διαιρῶ ἐν λόγῳ τετραπλασίονι, καὶ ὁ ὑπόλογος τούτου ι̅θ̅· ὁ δὲ παρὰ τὸν ὑπόλογον, ὅς ἐστιν ὁ ν̅ζ̅, προσλαβὼν τὴν ὑπεροχὴν τὸν δ̄, ξ̅α̅ γέγονε· καὶ ἔστιν ὁ ξ̅α̅ τοῦ ι̅θ̅ τριπλάσιος καὶ ἡ ἐπέκεινα ὑπεροχὴ μονάδες δ̄. ὁμοίως καὶ ἐὰν ἐπιταχθῶ διελεῖν τὸν μ̅ϛ̅ ἐν λόγῳ τριπλασίῳ καὶ ὑπεροχῇ ἀριθμοῦ μονάδων ϛ̄, ἀφαιρῶ τὴν ὑπεροχὴν τὰς ϛ̄ μονάδας καὶ τὸν λειπόμενον μ̄ διαιρῶ ἐν λόγῳ τετραπλασίῳ, καὶ τὸν μὲν ὑπόλογον τούτου τὸν ῑ ἐλάσσω ὅρον τάττω, τὸν δὲ παρὰ τὸν ὑπόλογον, ὅς ἐστιν ὁ λ̄, προσθεὶς καὶ τὴν ὑπεροχὴν τὸν ϛ̄, ποιῶ μείζονα λ̅ϛ̅, καὶ λύεταί μοι τὸ πρόβλημα· ὁ γὰρ λ̅ϛ̅ τοῦ ῑ τριπλάσιος ἐν ὑπεροχῇ ἐπέκεινα μονάδων ϛ̄· λ̅ϛ̅ δὲ καὶ ῑ, μ̅ϛ̅.

Εἰ δὲ ἐπιταχθῶ διελεῖν τὸν δοθέντα ἀριθμὸν ἐν λόγῳ τετραπλασίῳ καὶ ὑπεροχῇ μονάδων η̄, ἀφαιρῶ τὴν ὑπεροχὴν τὸν η̅ καὶ τὸν λειπόμενον διαιρῶ ἐν πενταπλασίῳ λόγῳ, καὶ τὸν ὑπόλογον τούτων τίθημι ἐλάσσω ὅρον, τὸν δὲ παρὰ τὸν ὑπόλογον ἐκ τοῦ παντὸς ἀριθμόν, προσθεὶς τούτῳ καὶ τὴν ὑπεροχήν, τίθημι μείζονα, καὶ ποιῶ τὸ ἐπιταχθέν. οἷον ἔστω ὁ δοθεὶς ἀριθμὸς ὃν διελεῖν κελευόμεθα ἐν λόγῳ τετραπλασίῳ καὶ ἐν ὑπεροχῇ τῶν η̅ μονάδων ὁ ν̅η̅· ἐκβεβλήσθω ἡ ὑπεροχὴ ὁ η̅, τὸν δὲ λειπόμενον ν̅ ἐν πενταπλασίῳ διαιρῶ λόγῳ, καὶ τὸν ὑπόλογον τὸν ι̅ ποιῶ ἐλάσσονα, τὸν δὲ παρὰ τοῦτον λοιπόν, ὅς ἐστιν ὁ μ̅, προστιθεὶς καὶ τὴν ὑπεροχήν, ποιῶ μείζονα, καὶ λύεταί μοι τὸ πρόβλημα· μ̅η̅ γὰρ καὶ ι̅, ν̅η̅, καὶ ἔστιν ὁ μ̅η̅ τοῦ ι̅ τετραπλάσιος σὺν ὑπεροχῇ τῶν η̅ μονάδων.

Ὁμοίως ἐὰν ἐπιταχθῶ διελεῖν τὸν δοθέντα ἀριθμὸν ἐν λόγῳ πενταπλασίονι καὶ ἐν ὑπεροχῇ ταῖς ϛ̅ μονάσιν, ἔστω ὁ ξ̅ϛ̅· ἀφαιρῶ τὴν ὑπεροχὴν τὸν ϛ̅, τὸν λειπόμενον ξ̅ διαιρῶ ἑξαπλασίως, καὶ ἔστιν αὐτοῦ ὁ ὑπόλογος ι̅· τοῦτον τίθημι ἐλάσσω ὅρον, τὸν δὲ παρὰ τοῦτον δὴ τὸν ὑπόλογον τὸν ι̅, ὃς ἐκ τοῦ προλόγου ἀφῃρέθη, τὸν ν̅, προστιθεὶς καὶ τὴν ὑπεροχὴν τὸν ϛ̅, ποιῶ μείζονα, καὶ γίνεται τὸ ἐπιταχθέν· ν̅ϛ̅ γὰρ καὶ ι̅, ξ̅ϛ̅, καὶ ὁ ξ̅ϛ̅ τοῦ ι̅ πενταπλάσιος καὶ ἐπέκεινα ἡ ὑπεροχὴ αὐτοῦ μονάδες ϛ̅. οὕτω καὶ ἐπὶ πάντων ληψόμεθα τὸν συνεχῆ πολλαπλάσιον, ἀφαιρουμένης τῆς ὑπεροχῆς καὶ προστιθεμένης τῷ προλόγῳ· ἀφαιρουμένου ἐκ τούτου τοῦ ὑπολόγου, καὶ τὰ προβλήματα λύσομεν. καὶ οὕτω γίνονται τὰ ἐπὶ τοῖς πολλαπλασιασμοῖς μετὰ τῆς ὑπεροχῆς προβλήματα.

λδ. Εἰ δὲ ἐπιταχθῶμεν ἐν ἐπιμορίῳ λόγῳ διαιρεῖν τὸν ἀριθμὸν καὶ ὑπεροχῇ τῇ τυχούσῃ, οὕτω λυθήσονται τὰ προβλήματα. καὶ πρῶτον ἐπιτετάχθω διαιρεῖν ἐν λόγῳ ἡμιολίῳ καὶ ὑπεροχῇ φέρε μονάδων β, καὶ ἔστω ὁ ιζ· δεῖ γοῦν ἀφαιρεῖν τοῦ ιζ τὴν ὑπεροχὴν τὸν β, τοῦ δὲ λειπομένου ιε ζητεῖν τὸν ὑποδιπλασιεφήμισυν, καὶ ἔστιν ὁ ϛ· τοῦτον τίθημι ἐλάσσω καὶ ὑπόλογον, καὶ τὸν λοιπὸν μείζω καὶ πρόλογον τὸν ϑ σὺν τῇ ὑπεροχῇ τῷ β· ὁ γὰρ ια τοῦ ϛ ἡμιόλιος σὺν ὑπεροχῇ μονάδων β. ὡσαύτως καὶ ἐὰν ἐπιταττώμεθα τὸν κγ διαιρεῖν ἐν τοιούτῳ λόγῳ καὶ ὑπεροχῇ γ μονάδων· ἀφαιροῦμεν τὴν ὑπεροχὴν τὸν γ, καὶ τοῦ κ ζητοῦμεν τὸν ὑποδιπλασιεφήμισυν, καὶ ἔστιν ὁ η· τούτου ὁ ιε ἐν ἡμιολίῳ καὶ ὑπεροχῇ γ μονάδων. ὡσαύτως καὶ ἐὰν ἐπιταττώμεθα τὸν κθ διαιρεῖν ἐν τοιούτῳ λόγῳ καὶ ὑπεροχῇ μονάδων δ, ἀφαιροῦμεν τὴν ὑπεροχήν, καὶ τοῦ κε ζητοῦμεν τὸν ὑποδιπλασιεφήμισυν, καὶ ἔστιν ὁ ι· καὶ τίθεμεν τοῦτον ὑπόλογον, καὶ πρόλογον τάττομεν τὸν ιε μετὰ τῆς ὑπεροχῆς, καὶ ἔστιν ὁ ιϑ· καὶ ὁ ιϑ τοῦ ι ἐν ὑπεροχῇ δ μονάδων ἡμιόλιός ἐστιν.

Ἐὰν δὲ ἐπιταττώμεθα διαιρεῖν ἐν λόγῳ ἐπιτρίτῳ καὶ ὑπεροχῇ μονάδων τόσων, ἀφαιροῦμεν τὴν ὑπεροχὴν καὶ τοῦ λειπομένου τὸν ὑποδιπλασιεπίτριτον ζητοῦμεν, καὶ τίθεμεν τοῦτον ὑπόλογον τοῦ ἐπιτρίτου, τὸν δὲ λοιπὸν σὺν τῇ ὑπεροχῇ πρόλογον τοῦ ἐπιτρίτου ποιοῦμεν, καὶ λύεται τὸ πρόβλημα. ἔστω γὰρ ὁ κϛ ὃν διαιρεῖν ἐπιταττόμεθα ἐν λόγῳ ἐπιτρίτῳ καὶ ὑπεροχῇ μονάδων ε, ἀφαιρῶ τὸν ε καὶ τοῦ κα τὸν ὑποδιπλασιεπίτριτον ζητῶ καὶ ἔστιν ὁ ϑ, καὶ τάττω τοῦτον τὸν τοῦ ἐπιτρίτου ὑπόλογον, τὸν δὲ λοιπόν, δηλονότι τὸν ιβ σὺν ἅμα τῇ ὑπεροχῇ τῷ ε, τάττω πρόλογον τοῦ ἐπιτρίτου, καὶ λύεται τὸ πρόβλημα· ὁ γὰρ ιζ ἐπίτριτός ἐστι τοῦ ϑ μεθ' ὑπεροχῆς ε μονάδων.

Εἰ δὲ ἐν λόγῳ ἐπιτετάρτῳ ἐπιταττοίμεθα διαιρεῖν ἐν ὑπεροχῇ φέρε δ, ἔστω ὁ κβ· ἀφαιρῶ τὸν δ, καὶ τοῦ λειπομένου ιη τὸν ὑποδιπλασιεπιτέταρτον λαμβάνω τὸν η· τοῦτον τίθημι ὑπόλογον, τὸν δὲ πρόλογον τούτου τὸν ιδ συνιστῶ· ἔστι δὲ ὁ ιδ τοῦ η ἐν ὑπεροχῇ δ μονάδων καὶ ἐπιτέταρτος. ὁμοίως καὶ ἐπὶ τῶν λοιπῶν ἐπιμορίων.

λε. Εἰ δὲ πάλιν ὑποταττοίμεθα διαιρεῖν ἐν λόγῳ ἐπιμερεῖ καὶ ὑπεροχῇ τόσων μονάδων, οὕτω λύσομεν τὰ προβλήματα. ἔστω γοῦν πρῶτος ὁ ἐπιδίτριτος καὶ κείσθω ὁ ιη ὃν διαιρεῖν ἐπιταττόμεθα ἐν λόγῳ ἐπιδιτρίτῳ καὶ ὑπεροχῇ μονάδων β· ἀφαιρῶ τὴν ὑπεροχὴν καὶ τοῦ λειπομένου ις ζητῶ τὸν ὑποδιπλασιεπιδίτριτον καὶ ἔστιν ὁ ς· τοῦτον τίθημι ἐλάσσω, καὶ τὸν λοιπὸν σὺν τῇ ὑπεροχῇ μείζω τὸν ιβ, καὶ γίνεται τὸ πρόβλημα· ὁ γὰρ ιβ πρὸς τὸν ς ὑπεροχὴν ἔχει τὰς β μονάδας καὶ ὁ λοιπὸς ἐπιδίτριτός ἐστιν.

Ὁμοίως καὶ ἐπὶ τῶν λοιπῶν· ἐπὶ πάντων γὰρ ἀφαιρεῖν δεῖ τὴν δοθεῖσαν ὑπεροχὴν καὶ τοῦ λειπομένου ζητεῖν τὸν ὑποδιπλασιεπιμερῆ καθ' ὃν τὸν τέως ἐπιμερῆ ζητοῦμεν, καὶ εὐοδοῦται τὸ πρόβλημα, ὥσπερ ἐν τοῖς ἐπιμορίοις τὸν ὑποδιπλασιεπιμόριον ἀφαιρουμένης τῆς ὑπεροχῆς ἐζητοῦμεν.

Οὕτω δὴ ποιήσομεν καὶ ὅτε ἐπιταττόμεθα διαιρεῖν εἰς ὑπεροχὴν μονάδων καὶ λόγον ἢ πολλαπλασιεπιμόριον ἢ πολλαπλασιεπιμερῆ. ἔστω γὰρ ὁ κ ὃν διαιρεῖν ἐπιταττόμεθα ἐν ὑπεροχῇ μονάδων ς καὶ λόγῳ διπλασιεφημίσει· ἀφαιρῶ τὴν ὑπεροχὴν καὶ τοῦ λειπομένου ιδ τὸν ὑποτριπλασιεφήμισυν ζητῶ καὶ ἔστιν ὁ δ, οὗ ὁ ις, ὑπεροχὴν ἔχων τὸν ς, ἔστι διπλασιεφήμισυς. καὶ ἀεὶ οὕτως, τοῦ μὲν μορίου σωζομένου, τῶν δὲ πολλα-

πλασιασμῶν ἀλλασσομένων, ὥσπερ δῆτα καὶ ἐπὶ τῶν ἁπλῶν πολλαπλασιασμῶν ἐγίνετο.

Εἰ δὲ ἐπιταττοίμεθα διαιρεῖν μεθ' ὑπεροχῆς ἐν λόγῳ πολλαπλασιεπιμερεῖ, ἔστω ἀριθμὸς ὁ $\overline{\kappa\zeta}$ *ὃν ἐπιταττόμεθα διαιρεῖν ἐν λόγῳ ἐπιδιτρίτῳ καὶ ὑπεροχῇ* $\overline{\gamma}$ *μονάδων· ἀφαιρῶ τὴν ὑπεροχὴν καὶ τοῦ* $\overline{\kappa\delta}$ *τὸν ὑποδιπλασιεπιδίτριτον ζητῶ καὶ ἔστιν ὁ* $\overline{\vartheta}$*· τοῦτον τίθημι ἐλάσσω καὶ τὸν λοιπὸν τὸν* $\overline{\iota\eta}$ *μείζω, καὶ γίνεται τὸ προβληθέν. καὶ ἀεὶ οὕτως καὶ γὰρ καὶ ἐπὶ τούτοις σώζεται μὲν ὁ πολλαπλασιασμός, τὰ δὲ μέρη ἀλλασσόμενα τὰ αὐτὰ τοῖς ἁπλῶς καὶ δίχα τοῦ πολλαπλασιασμοῦ ζητουμένοις σώζονται. οἷον ἔστω ζητεῖν ἡμᾶς διαιρεῖν ἐν ὑπεροχῇ φέρε* $\overline{\delta}$ *μονάδων καὶ λόγῳ ἐπιτριτετάρτῳ, καὶ ἔστω ὁ* $\overline{\iota\varepsilon}$ *ἀριθμὸς ὃν διαιρεῖν ἐπιταττόμεθα ἐν ὑπεροχῇ μονάδων* $\overline{\delta}$ *καὶ λόγῳ ἐπιτριτετάρτῳ· ἀφαιρῶ τὴν ὑπεροχὴν καὶ τοῦ λειπομένου* $\overline{\iota\alpha}$ *τὸν ὑποδιπλασιεπιτριτέταρτον ζητῶ, ὅς ἐστιν ὁ* $\overline{\delta}$*· τοῦτον τίθημι ὑπόλογον καὶ τὸν* $\overline{\iota\alpha}$ *συνιστῶ πρόλογον· καὶ ἔστιν ὁ* $\overline{\iota\alpha}$ *ἐν ὑπεροχῇ μὲν μονάδων* $\overline{\delta}$*, ἐν λόγῳ δὲ ἐπιτριτετάρτῳ πρὸς τὸν* $\overline{\delta}$*· ὁ γὰρ* $\overline{\zeta}$ *τοῦ* $\overline{\delta}$ *ἐπιτριτέταρτος. τοῦτο καὶ ἐπὶ τῶν ἄλλων λόγων γίνεται.*

λϛ. Εἰ δὲ εἰς λόγους καὶ λείψεις τὰς διαιρέσεις τῶν ἀριθμῶν ἐπιταττοίμεθα, οὕτω πως τὰ προβλήματα λύονται.

Ζητείσθω πρῶτον διαίρεσις ἀριθμοῦ εἰς λεῖψιν καὶ λόγον διπλάσιον, καὶ ἔστω ὁ ἀριθμὸς $\overline{\kappa\zeta}$ *ὃν διαιρεῖν ἐπιταττόμεθα ἐν λείψει* $\overline{\gamma}$ *μονάδων· προστιθέσθω ἡ λεῖψις καὶ τοῦ γινομένου τὸν ὑποτριπλασίονα ζητήσομεν*

---

5 *ἐπιδιτρίτῳ.* Rationes haud *πολλαπλασιεπιμερεῖς*, sed *ἐπιμερεῖς*, de quibus iam antea locutus est, oscitanter repetit Pachymere. 22 Quaestio a Diophanto praeterita.

καὶ τοῦτον τάξομεν ἐλάσσω καὶ τὸν λοιπὸν ἄνευ τῆς λείψεως, ὅς ἐστιν ὁ $\overline{ιζ}$, μείζω, καὶ τὸ πρόβλημα λύεται· ὁ γὰρ $\overline{ιζ}$ τοῦ $\overline{ι}$ λείπεται $\overline{γ}$ μονάσι τοῦ εἶναι τοῦ $\overline{ι}$ διπλάσιος. εἰ δὲ ὁ αὐτὸς ἀριθμὸς $\overline{κζ}$ ἐν λείψει $\overline{δ}$ μονάδων, διαιρεῖται ἡ μονὰς καὶ τὸ αὐτὸ γίνεται· προστιθέσθω γὰρ ἡ λεῖψις, γίνονται $\overline{λα}$· τούτου ὑποτριπλάσιος ὁ $\overline{ι}$ καὶ $γ^{ον}$· τοῦτον τάττομεν ὑπόλογον, καὶ τὸν λοιπὸν δίχα τῆς λείψεως, $\overline{ιϛ}$ καὶ $\overline{β}$ $γγ^{α}$, μείζω, καὶ γίνεται τὸ πρόβλημα· ὁ γὰρ $\overline{ιϛ}$ καὶ $\overline{β}$ $γγ^{α}$ λείπεται $\overline{δ}$ μονάσιν εἰς τὸ εἶναι διπλάσιος τοῦ $\overline{ι}$ $γ^{ου}$.

Εἰ δὲ διαιρεῖν εἰς τριπλάσιον ἐπιταττόμεθα καὶ λεῖψις τίθεται ὁ $\overline{δ}$ φέρε, ἔστω ὁ ἀριθμὸς ὁ $\overline{κη}$· προστιθέσθω ἡ λεῖψις ὁ $\overline{δ}$ καὶ τοῦ γινομένου ζητήσωμεν τὸν ὑποτετραπλάσιον καὶ ἔστιν ὁ $\overline{η}$· τούτου ὁ $\overline{κ}$ λείπεται $\overline{δ}$ μονάσι τοῦ εἶναι τριπλάσιος.

Εἰ δὲ διαιρεῖν εἰς τετραπλάσιον ἐπιταττόμεθα ἐν λείψει μονάδων τόσων, τὸν μετὰ τῆς προσθήκης τῆς λείψεως ὑποπενταπλάσιον ληψόμεθα καὶ θήσομεν ὑπόλογον καὶ τὸ πρόβλημα λύεται. οἷον ἔστω ἀριθμὸς ὃν διαιρεῖν ἐπιταττόμεθα μετὰ λείψεως μονάδων $\overline{δ}$ εἰς λόγον τετραπλάσιον ὁ $\overline{μϛ}$· τούτῳ τὴν λεῖψιν προσθήσομεν καὶ τοῦ γινομένου $\overline{ν}$ τὸν ὑποπενταπλάσιον εὕρωμεν καὶ ἔστιν ὁ $\overline{ι}$· τοῦτον θήσομεν ὑπόλογον καὶ τὸν λοιπὸν τὸν $\overline{λϛ}$ πρόλογον, καὶ λυθήσεται τὸ πρόβλημα· λείπεται γὰρ ὁ $\overline{λϛ}$ μονάσι $\overline{δ}$ εἰς τὸ εἶναι τετραπλάσιος τοῦ $\overline{ι}$· καὶ ἀεὶ οὕτως, ἕως οὗ βούλει.

λζ. Εἰ δὲ ἐπιταττοίμεθα διαιρεῖν ἐν λείψει εἰς λόγον ἐπιμόριον καὶ πρῶτον τὸν ἡμιόλιον, ἔστω ὁ ἀριθμὸς ὁ $\overline{ιη}$ καὶ ἡ λεῖψις μονάδων $\overline{β}$· προστίθεται τῷ $\overline{ιη}$ ἡ λεῖψις καὶ τοῦ γινομένου $\overline{κ}$ τὸν ὑποδιπλασιεφήμισυν ζητήσομεν καὶ ἔστιν ὁ $\overline{η}$· τοῦτον ὑπόλογον ποιήσομεν καὶ τὸν λοιπὸν δίχα τῆς λείψεως εἰς ἀναπλήρωσιν τοῦ ιη τὸν ι μείζω, καὶ τὸ πρόβλημα λύσομεν· λείπεται γὰρ ὁ ι τοῦ εἶναι ἡμιόλιος τοῦ η μονάσι β.

Εἰ δὲ ἐπιταττοίμεθα διαιρεῖν εἰς ἐπίτριτον ἐπὶ λείψει τοσῇδε, ἔστω ὁ ἀριθμὸς κε καὶ ἡ λεῖψις γ μονάδων· προστιθέσθω ἡ λεῖψις τῷ κε καὶ τοῦ γινομένου κη τὸν ὑποδιπλασιεπίτριτον ζητήσομεν καὶ ἔστιν ὁ ιβ· τοῦτον τίθεμεν ὑπόλογον καὶ τὸν λοιπὸν δίχα τῆς λείψεως τὸν ιγ πρόλογον, καὶ λύεται τὸ πρόβλημα· ὁ γὰρ ιγ λείπεται γ τοῦ εἶναι ἐπίτριτος τοῦ ιβ. καὶ ἀεὶ οὕτως καὶ τούτους γὰρ διευθετήσει ὁ διπλάσιος ἀλλασσομένων τῶν μορίων πρὸς τὰς ζητήσεις.

λη. Πάλιν εἰ μετὰ λείψεως ἐν λόγῳ ἐπιμερεῖ διαιρεῖν ἐπιταττοίμεθα καὶ πρῶτον ἐν ἐπιδιτρίτῳ, ἔστω ὁ δοθεὶς ἀριθμὸς ὁ κβ καὶ ἡ λεῖψις μονάδων β· προστίθημι τούτῳ τὴν λεῖψιν καὶ τοῦ γινομένου κδ ζητῶ τὸν ὑποδιπλασιεπιδίτριτον καὶ ἔστιν ὁ θ· τοῦτον τίθημι ὑπόλογον καὶ τὸν λοιπὸν δίχα τῆς λείψεως τὸν ιγ πρόλογον, καὶ λύεταί μοι τὸ πρόβλημα· ὁ γὰρ ιγ λείπεται β εἰς τὸ εἶναι ἐπιδίτριτος τοῦ θ.

Εἰ δὲ διαιρεῖν εἰς ἐπιτριτέταρτον κελευόμεθα μετὰ λείψεως, ἔστω ὁ ἀριθμὸς λα, ἡ δὲ λεῖψις μονάδων β· προστίθημι τὴν λεῖψιν καὶ τοῦ γινομένου ζητῶ τὸν ὑποδιπλασιεπιτριτέταρτον καὶ ἔστιν ὁ ιβ· τοῦτον ὑπόλογον τίθημι καὶ τὸν λοιπὸν εἰς ἀναπλήρωσιν τοῦ λα τὸν ιθ πρόλογον, καὶ λύεταί μοι τὸ πρόβλημα· ὁ γὰρ ιθ δυσὶ λείπεται τοῦ εἶναι πρὸς τὸν ιβ ἐπιτριτέταρτος. καὶ ἀεὶ ἐφεξῆς οὕτως καὶ ἐνταῦθα γὰρ ὁ ὑποδιπλάσιος εὐοδώσει τὰς λύσεις.

Τὰ αὐτὰ γενήσονται καὶ εἰ συντίθενται οἱ λόγοι, οἷον ἐπὶ τοῖς πολλαπλασιεπιμορίοις καὶ τοῖς πολλαπλασιεπιμερέσιν. οἷον ἔστω κελευόμεθα διαιρεῖν ἀριθμὸν ἐπὶ λείψει μονάδων β τὸν ιβ ἐν λόγῳ διπλασιεφημίσει· τούτῳ προστίθημι τὴν λεῖψιν καὶ τοῦ γινομένου ιδ τὸν ὑποτριπλασιεφήμισυν ζητῶ καὶ ἔστιν ὁ δ· τοῦτον ποιῶ ὑπόλογον καὶ τὸν η πρόλογον δίχα τῆς λείψεως, καὶ γίνεταί μοι τὸ ἐπιταχθέν· ὁ γὰρ η δυσὶ λείπεται τοῦ εἶναι πρὸς τὸν δ διπλασιεφήμισυς.

Εἰ δὲ ⟨εἰς⟩ τριπλασιεφήμισυν διαιρεῖν κελευόμεθα, ἔστω ὁ ἀριθμὸς ὁ κε, ἡ δὲ λεῖψις μονάδων β· προστίθημι τῷ κε τὴν λεῖψιν καὶ τοῦ γινομένου κζ τὸν ὑποτετραπλασιεφήμισυν ζητῶ καὶ ἔστιν ὁ ϛ· τοῦτον τίθημι ὑπόλογον καὶ τὸν λοιπὸν ιθ πρόλογον, καὶ γίνεται τὸ ἐπιταχθέν· ὁ γὰρ ιθ δυσὶ λείπεται τοῦ εἶναι τοῦ ϛ τριπλασιεφήμισυς.

Εἰ δὲ κατὰ λόγον τριπλασιεπίτριτον διαιρεῖν κελευόμεθα, σωζομένου τοῦ πολλαπλασιασμοῦ καὶ ἀλλασσομένου τοῦ μορίου, ἔστω ὁ ἀριθμὸς ὁ κα, ἡ δὲ λεῖψις μονάδων ε· προστίθημι τὸν ε τῷ κα καὶ τοῦ γινομένου κϛ ζητῶ τὸν ὑποτετραπλασιεπίτριτον ὅς ἐστιν ὁ ϛ· τοῦτον ὑπόλογον ποιῶ, τὸν δὲ λοιπὸν τὸν ιε πρόλογον, καὶ τὸ ἐπιταχθὲν γίνεται· ὁ γὰρ ιε πέντε μονάσι λείπεται τοῦ εἶναι τοῦ ϛ τριπλασιεπίτριτος. καὶ ἀεὶ οὕτως.

Εἰ δὲ ἐπιταττοίμεθα διαιρεῖν ἐπὶ λείψει ἐν λόγῳ πολλαπλασιεπιμερεῖ καὶ πρῶτον διπλασιεπιδιτρίτῳ, ἔστω ὁ ἀριθμὸς ὁ κα, ἡ δὲ λεῖψις μονάς· προστίθημι τὴν μονάδα τῷ κα καὶ τοῦ γινομένου ζητῶ τὸν ὑποτριπλασιεπιδίτριτον καὶ ἔστιν ὁ ϛ· τοῦτον τίθημι ὑπόλογον καὶ τὸν λοιπὸν τὸν ιε πρόλογον, καὶ γίνεται τὸ ἐπιταχθέν· μονάδι γὰρ λείπει ὁ ιε τοῦ εἶναι τοῦ ϛ διπλασιεπιδίτριτος. καὶ ἀεὶ ὁ πολλαπλασιασμὸς ἀλλασσόμενος εὐοδώσει τὰς λύσεις, σωζομένων τῶν αὐτῶν μορίων.

λθ. Ἐπειδήπερ τῶν μὲν ἀπὸ μονάδος διπλασίων αἱ τῶν προλόγων πρὸς τοὺς ὑπολόγους αὐτῶν ὑπεροχαὶ κατὰ τὸ φυσικὸν χῦμα τοῦ ἀριθμοῦ εἰσιν· οἷον ὑπεροχὴ τοῦ β̅ πρὸς τὸν α̅, α̅· ὑπεροχὴ τοῦ δ̅ πρὸς τὸν β̅, β̅· ὑπεροχὴ τοῦ ϛ̅ πρὸς τὸν γ̅, γ̅· καὶ ὑπεροχὴ τοῦ η̅ πρὸς τὸν δ̅, δ̅, ὡς εἶναι τὸν αὐτὸν ἀριθμὸν καὶ ὑπεροχὴν τοῦ προλόγου καὶ ὑπόλογον· τῶν δὲ ἀπὸ μονάδος τριπλασίων μέσον τῶν ὑπολόγων καὶ τῶν προλόγων οἱ ἄρτιοι μόνοι ὑπεροχαί· οἷον μέσον τοῦ α̅ καὶ γ̅, β̅, καὶ τοῦ ϛ̅ καὶ τοῦ β̅, δ̅, καὶ τοῦ θ̅ καὶ τοῦ γ̅, ϛ̅, καὶ τοῦ ι̅β̅ καὶ δ̅, η̅, καὶ τοῦ ι̅ε̅ καὶ ε̅, ι̅ ὡς εἶναι τούς τε προλόγους καὶ τοὺς ὑπολόγους ἕνα παρ' ἕνα καὶ ἄρτιον καὶ περιττόν, ὡς τὸν γ̅ πρὸς τὸν α̅, καὶ τὸν ϛ̅ πρὸς τὸν β̅, καὶ αὖθις τὸν θ̅ πρὸς τὸν γ̅· τῶν δὲ ἀπὸ μονάδος τετραπλασίων αἱ ὑπεροχαὶ τῶν προλόγων πρὸς τοὺς ὑπολόγους αὐτῶν οἱ ἀπὸ τριάδος τριπλάσιοί εἰσιν· καὶ τῶν πενταπλασίων οἱ ἀπὸ τετράδος τετραπλάσιοι· τῶν δὲ ἑξαπλασίων οἱ ἀπὸ πεντάδος πενταπλάσιοι· καὶ τῶν ἑπταπλασίων οἱ ἀπὸ ἑξάδος ἑξαπλάσιοι· καὶ τῶν ὀκταπλασίων οἱ ἀπὸ ἑπτάδος ἑπταπλάσιοι· καὶ ἐφεξῆς· εἴ τις ἐπιτάξειε δύο ἀριθμοὺς εὑρεῖν ἐν λόγῳ τινὶ καὶ ὑπεροχῇ τῇ δοθείσῃ, ῥᾷστα ἂν ἔχοιμεν ἐντεῦθεν λύειν τὸ προβληθέν.

Εἰ γοῦν τις ἐπιτάξειε εὑρεῖν δύο ἀριθμοὺς ἔχοντας πρὸς ἀλλήλους πενταπλάσιον λόγον ἐν ὑπεροχῇ τόσων μονάδων, δεῖ λαβεῖν τὴν ὑπεροχὴν καὶ ὅσων μονάδων ἐστὶν αὕτη, φέρε γὰρ ἐὰν κ̅ μονάδων, ζητεῖν κατὰ τὸ ὑποτετραπλάσιον τῆς ὑπεροχῆς τὸν πέμπτον πενταπλάσιον, ὅς ἐστιν ὁ κ̅ε̅ πρὸς τὸν ε̅, καὶ εὐθὺς ἡ ὑπεροχὴ τοῦ μείζονος πρὸς τὸν ἐλάσσω ἐμφαίνεται

24 Cf. Dioph. probl. I, 4.

κατά τινα φυσικὴν ἀκολουθίαν, κ̄ γάρ· ὑπερέχει γὰρ ὁ κ̄ε̄ τοῦ ε̄, κ̄.

Καὶ γὰρ οὕτως ἔχει· εἰ μὲν ἐπὶ διπλασίων ἡ ἐπιταγὴ γίνεται, ὡς φέρε ἵνα ἐπιταττώμεθα δύο ἀριθμοὺς εὑρεῖν ἐν λόγῳ τῷ πρὸς ἀλλήλους διπλασίῳ, ἐν ὑπεροχῇ μονάδων, εἰ μὲν μιᾶς, εὐθύς ἐστιν ὁ πρῶτος διπλάσιος, ὁ β̄ πρὸς τὸν ᾱ· εἰ δὲ δυοῖν μονάδων, ὁ εὐθὺς δεύτερος πρὸς αὐτόν, ὁ δ̄ πρὸς τὸν β̄· εἰ δὲ τριῶν, ὁ εὐθὺς τρίτος μετ' αὐτόν, ὁ ϛ̄ καὶ ὁ γ̄· καὶ ἐφεξῆς. εἰ δὲ ἐπὶ τριπλασίων καὶ ἐν ὑπεροχῇ μονάδων, ἡ μὲν μονὰς ἐνταῦθα χώραν οὐκ ἔχει, ἀλλ' εἰ μὲν δυοῖν μονάδων, δεῖ λαμβάνειν τὸν πρῶτον τριπλάσιον τὸν γ̄ πρὸς τὸν ᾱ, ὧν ἡ ὑπεροχὴ μονάδες β̄· εἰ δὲ τριῶν, οὐκ ἔστιν ὥσπερ οὐδὲ τῆς μιᾶς καὶ ἁπλῶς ἁπάντων τῶν περιττῶν· εἴπομεν γὰρ ὅτι ἐπὶ τοῖς τριπλασίοις οἱ ἄρτιοι μόνοι εἰσὶν αἱ ὑπεροχαί· ὅθεν εἰ τεσσάρων μονάδων ὑπεροχὴ ζητεῖται κατὰ τὸν τριπλασίονα, τὸν δεύτερον λάβωμεν τριπλασίονα, ὅς ἐστιν ὁ ϛ̄ πρὸς τὸν β̄ καὶ ἡ ὑπεροχὴ μονάδες δ̄· εἰ δὲ ϛ̄ μονάδων ἡ ὑπεροχὴ ζητεῖται, τὸν τρίτον· εἰ δὲ η̄, τὸν τέταρτον ληψόμεθα τριπλάσιον, ὥστε κατὰ τὸν ὑποδιπλάσιον λόγον τῆς ζητουμένης ὑπεροχῆς εὑρεθήσεται.

Εἰ δὲ ἐπὶ τετραπλασίων εὑρεῖν ἀριθμοὺς ἐπιταττόμεθα ἐν ὑπεροχῇ μονάδων τοσῶνδε, δεῖ εἰδέναι προηγουμένως ὅτι ἐνταῦθα αἱ ὑπεροχαὶ ἀναμίξ εἰσιν ἕνα παρ' ἕνα ἀρτία καὶ περιττή. εἰ γοῦν τις ἐπιτάττοι εὑρεῖν δύο ἀριθμοὺς ἐν λόγῳ τετραπλασίῳ καὶ ὑπεροχῇ μονάδων φέρε δ̄, ἀμαθὲς τὸ ἐρώτημα· ἐκ γὰρ τοῦ γ̄ ἄρχονται ἐπὶ τούτοις αἱ ὑπεροχαὶ καὶ προκόπτουσι κατὰ λόγον τὸν τριπλάσιον· εἰ δὲ ἐν ὑπεροχῇ μονάδων θ̄, τὸν ὑποτριπλάσιον τῶν μονάδων ζητήσομεν καὶ ἔστιν ὁ τρίτος τετραπλάσιος, ὅς ἐστιν ὁ ιβ πρὸς τὸν γ, καὶ εὐθὺς ἡ ὑπεροχὴ τῶν θ μονάδων ἐμφαίνεται.

Ἐπὶ δὲ πενταπλασίων, ἐπεὶ ἀπὸ τοῦ δ κατὰ λόγον τετραπλάσιον αἱ ὑπεροχαὶ προκόπτουσιν, ἤν τις ἐπιτάξοι εὑρεῖν δύο ἀριθμοὺς ἐν λόγῳ πενταπλασίῳ καὶ ἐν ὑπεροχῇ τῷ κ, κατὰ τὸ ὑποτετραπλάσιον τῶν μονάδων τῆς ὑπεροχῆς ζητηθήσεται ὁ πενταπλάσιος, καὶ εὐθὺς ἐμφαίνεται καὶ ἡ ἐπιταχθεῖσα ὑπεροχὴ τοῦ προλόγου πρὸς τὸν ὑπόλογον.

Εἰ δὲ ἐπὶ ἑξαπλασίων, αἱ μὲν ὑπεροχαὶ ἀπὸ τοῦ ε κατὰ πενταπλάσιον προκόπτουσιν· ε, ι, ιε, κ, κε· εἰ γοῦν τις ἐπιτάξοι εὑρεῖν δύο ἀριθμοὺς ἐν λόγῳ ἑξαπλασίῳ κατὰ ὑπεροχὴν τοῦ κ, δεῖ κατὸ τὸ ὑποπενταπλάσιον τῶν μονάδων ζητεῖν τὸν ἑξαπλάσιον ὅς ἐστιν ὁ δος, ὡς ὁ κδ πρὸς τὸν δ, καὶ εὐθὺς ἐμφαίνεται καὶ ἡ τῶν κ μονάδων ὑπεροχή.

Ἐπὶ δὲ ἑπταπλασίων, ἡ μὲν ὑπεροχὴ τῶν τοιούτων ἀπὸ ἑξάδος κατὰ ἑξαπλάσιον· ϛ, ιβ, ιη, κδ· εἰ γοῦν τις ἐπιτάξοι εὑρεῖν δύο ἀριθμοὺς ἐν ἑπταπλασίῳ λόγῳ καθ' ὑπεροχὴν μονάδων ιη, κατὰ τὸ ὑποεξαπλάσιον τῶν μονάδων τῆς ὑπεροχῆς ὀφείλομεν ζητεῖν τὸν ἑπταπλάσιον καὶ τὸν τρίτον ληψόμεθα ἑπταπλάσιον, ὅς ἐστι τοῦ κα πρὸς τὸν γ.

Ἐπὶ δὲ ὀκταπλασίων, ἐπεὶ ἀπὸ τῶν ζ κατὰ ἑπταπλάσιον εἷς παρ' ἕνα ἄρτιος καὶ περιττὸς αἱ ὑπεροχαὶ γίνονται, ἤν τις ἐπιτάξοι εὑρεῖν δύο ἀριθμοὺς ἐν λόγῳ ὀκταπλασίῳ καὶ ὑπεροχῇ μονάδων ιδ, κατὰ τὸν ὑποεπταπλάσιον τῶν μονάδων ζητηθήσεται ὁ ὀκταπλάσιος, καὶ ἔστιν ὁ δεύτερος ὀκταπλάσιος, τὰ β γὰρ τῶν ιδ ὑποεπταπλάσιος· καὶ ἔστιν ὁ ιϛ πρὸς τὸν β καὶ ἡ ὑπεροχὴ ὁ ιδ.

Καὶ ἐφεξῆς οὕτως· ἐν οἷς φαίνεταί τι καὶ ἄλλο

γλαφυρὸν ἔκ τινος ἀρρήτου ἐπινοήσεως συμβαῖνον, ὅτι τῶν ἀπαιτουμένων μονάδων τῆς ὑπεροχῆς τὸ πλάτος καθ' ὃ καὶ τὸν πολλαπλάσιον ζητοῦμεν ἢ δεύτερον ἢ τρίτον ἢ τέταρτον καὶ ἐφεξῆς, αὐτὸν εἶναι συμβαίνει τὸν ὑπόλογον. εἰ μὲν $\overline{\kappa}$ εἰσὶν αἱ μονάδες τῆς ὑπεροχῆς καὶ ἐν τοῖς πενταπλασίοις κατὰ τὸν ὑποτετραπλάσιον τὸν $\overline{\varepsilon}$ ζητοῦμεν τὸν πέμπτον πενταπλάσιον, καὶ ἐστιν αὐτὸς ὁ $\overline{\varepsilon}$ ὑπόλογος τοῦ $\overline{\kappa\varepsilon}$· οὗτος γὰρ ἦν πέμπτος πενταπλάσιος πρὸς τὸν $\overline{\varepsilon}$. εἰ δὲ τῆς ὑπεροχῆς αἱ μονάδες $\overline{\beta}$ εἰσὶν ὡς ἐπὶ τοῦ δευτέρου διπλασίου τοῦ $\overline{\delta}$ πρὸς τὸν $\overline{\beta}$, αὐτὸς ὁ $\overline{\beta}$ ἐστὶν ὁ τοῦ διπλασίου πρὸς τὸν αὐτὸν $\overline{\delta}$ ὑπόλογος. καὶ ἐπὶ τῶν ἄλλων ὁμοίως, ἵνα μὴ καθ' ἕκαστον λέγωμεν· αὐτὸν γὰρ εὑρήσομεν τὸν ὑπόλογον εὐθὺς ἀπαντῶντα τοῦ πολλαπλασίου κατὰ τὰς μονάδας τῶν ὑπεροχῶν, κἂν αὐτὴν πᾶσαν τὴν ὑπεροχὴν λαμβάνωμεν, ὡς ἐπὶ τοῦ διπλασίου τοῦ πρώτου $\overline{\beta}$ πρὸς $\overline{\alpha}$ καὶ τοῦ δευτέρου $\overline{\delta}$ πρὸς $\overline{\beta}$ καὶ τοῦ τρίτου $\overline{ϛ}$ πρὸς $\overline{\gamma}$· ὁ αὐτὸς γάρ ἐστι καὶ ὑπεροχὴ καὶ ὑπόλογος· κἂν ὡς ἐπὶ τοῦ τριπλασίου, ὅτε ζητοῦμεν τὸν ἥμισυν τῶν μονάδων τῆς ὑπεροχῆς· ὁ αὐτὸς γάρ ἐστιν ὁ τὸ πλάτος ἔχων τῆς ὑπεροχῆς καὶ ὑπόλογος· οἷον ὁ $\overline{ϛ}$ τοῦ $\overline{\beta}$ δεύτερος τριπλάσιος, καὶ ἡ ὑπεροχὴ $\overline{\delta}$ οὗ τὸ ἥμισυ $\overline{\beta}$· δεύτερος γοῦν τριπλάσιος οὗτος κατὰ τὸ πλάτος τῶν $\overline{\beta}$ μονάδων τῆς ὑπεροχῆς κατὰ τὸν κανόνα ὃν ἐλέγομεν, καὶ ὁ ὑπόλογος τούτου $\overline{\beta}$ ἐστί· καὶ οὕτω δὴ ἐπὶ πάντων.

μ. Κείσθω κανὼν καθολικὸς ἐπὶ πᾶσι τοῖς προβλήμασιν ὁ τοιοῦτος, ὅταν ἐπιταττώμεθα τὸν δοθέντα ἀριθμὸν διαιρεῖν εἰς δύο ἀριθμοὺς ὅπως ἑκατέρων τῶν διηρημένων τὰ δοθέντα μὴ τὰ αὐτὰ μόνον μέρη

27 Dioph. probl. I, 5.

συντεθέντα ποιῇ τὸν δοθέντα ἀριθμόν. ἐπειδὴ γὰρ μέρη ἀριθμῶν εἰσιν ἥμισυ, τρίτον, τέταρτον, πέμπτον, ἕκτον, ἕβδομον καὶ ἑξῆς ἐπ' ἄπειρον, καὶ ἐπιταττόμεθα διελεῖν ἀριθμὸν εἰς ἀριθμοὺς δύο ὧν ἑκατέρων τὰ ἐπιταχθέντα μέρη μὴ τὰ αὐτὰ ἀλλ' οἷον φέρε ἥμισυ καὶ τρίτον, ἢ τρίτον καὶ τέταρτον, ἢ πέμπτον καὶ ἕβδομον, ἢ ἕκτον καὶ τέταρτον ἢ ὁπωσοῦν, ἵνα συντεθέντα ἐκεῖνα ποιῇ τὸν δοθέντα ἀριθμόν· καὶ ἔστι διδόμενος καὶ ὁ διαιρηθησόμενος ἀριθμὸς καὶ τὰ μέρη ἑκατέρων τῶν μερῶν, ὅτι τυχὸν τρίτον μὲν τοῦ ἑνὸς μέρους, ἕκτον δὲ θατέρου ἢ ὁπωσοῦν· δίδοται δὲ καὶ ὁ ἀριθμὸς ὃς μέλλει γίνεσθαι ἐκ τῆς συνθέσεως τῶν μὴ τῶν αὐτῶν μερῶν ἑκατέρων τῶν τμημάτων, οἷον $\overline{\kappa}$ τυχὸν ἢ $\overline{\eta}$ ἢ $\overline{\zeta}$ ἢ $\overline{\iota}$ ἢ $\overline{\iota\beta}$ ἢ ἄλλος τις.

Ὅτε γοῦν ταῦτα ἐπιταττοίμεθα, δεῖ δὴ προηγουμένως ἐκεῖνα ἐπιτάττεσθαι ὥστε χωρεῖν ἐν τῷ ἀριθμῷ ἐκείνῳ καὶ τὰ μέρη τῶν μερῶν καὶ τὸν ἐκ τῆς συνθέσεως τῶν μερῶν ἀμφοτέρων ἀριθμόν· ἀλλὰ τοῦτο μὲν μελήσει τοῖς ἐπιτάττουσιν ἵνα μὴ ἀμαθῶς ἐπιτάττοιεν, τέως δὲ καὶ τὸν λύοντα δεῖ ἐμφανίζειν τὸ ἀμαθές, εἰ πολλάκις ἀμαθῶς ἐπιτάττοιτο· δεῖ δὲ καὶ τῶν ἐπιταττομένων μερῶν τῶν ἑκατέρων τμημάτων τὸν ἐλάττω, οἷον τὸν δ^{ον} τοῦ γ^{ου} ἢ τὸν ε^{ον} τοῦ γ^{ου} ἢ ἄλλως πως, τοῦτον γοῦν τὸν ἐλάττονα τὸν πρῶτον ἀπὸ μονάδος ἐκλαμβάνειν, ὡς εἶναι φέρε τὸ α^{ον} τοῦ δ^{ου} $\overline{\delta}$ καὶ τὸ α^{ον} τοῦ ε^{ου} $\overline{\varepsilon}$, καὶ οὕτως ἀφαιρουμένων τῶν $\overline{\varepsilon}$ μο-

---

22—23 τὸν ἐλάττω] in margine additum est: ταῦτα καὶ ἀντιστρόφως λέγονται ὅταν κατὰ τὸν $\overline{\gamma}$ καὶ $\overline{\delta}$ ἀριθμὸν ἐννοῶμεν τὸν γ^{ον} καὶ τὸν δ^{ον}· μείζων γὰρ ὁ $\overline{\delta}$ τοῦ $\overline{\gamma}$· ἄλλως δὲ κατὰ τὰ μόρια τὸ δ^{ον} τοῦ γ^{ου} ἔλαττον. 25—26 φέρε τὸ $\overline{\alpha}$ τοῦ $\overline{\delta}$ δ^{ον} καὶ τὸ $\overline{\alpha}$ τοῦ $\overline{\varepsilon}$ ε^{ον} cod.

νάδων ἐκ τοῦ ὅλου δοθέντος ἀριθμοῦ, τὸν λοιπὸν ζητεῖν εἰ τὸ λοιπὸν μέρος ἐπιδέχεται ὃ καὶ μεῖζον ἐτίθεμεν. καὶ κατὰ τοῦτο εὐθὺς λύεται τὸ πρόβλημα· συντιθέμενον γὰρ ἐκεῖνο τὸ μέρος τῷ ε^{ῳ} μέρει ὅπερ εἴχομεν ἐκ τοῦ προτέρου πολλαπλασίου, ἀποτελέσει τὸν ἐπιταττόμενον ἀριθμόν. εἰ δ' οὐκ ἐπιδέχεται ἐκεῖνος τὸ τοιοῦτον μέρος, δεῖ προβιβάζειν τὸν δεύτερον πενταπλάσιον τὸν $\overline{ι}$ τοῦ $\overline{β}$ καὶ αὖθις ζητεῖν τὸν λοιπὸν εἰ ἐπιδεικτικός ἐστι θατέρου μέρους· εἰ δ' οὐκ ἔστι, δεῖ τὸν τρίτον πενταπλάσιον τὸν $\overline{ιε}$ τοῦ $\overline{γ}$ προβιβάζειν καὶ οὕτως ζητεῖν τὸν λοιπὸν εἰ ἐπιδέχεται θάτερον μέρος, καὶ εἰ ἐπιδέχεται, συντίθεται ἐκεῖνο μετὰ τούτου τοῦ μέρους καὶ γίνεται ὁ ἐπιταττόμενος ἀριθμός· καὶ ἀεὶ οὕτως, ἕως οὗ καταντήσομεν εἰς ἐκεῖνον ὃς ἔχει τὸ μέρος ὃ ζητοῦμεν, ἐπείτοιγε τὸ χωροῦν μέρος ἐν τῷ ἀριθμῷ τῷ δοθέντι ἐπιταττόμεθα.

Οἷον τὸν δοθέντα ἀριθμὸν τὸν $\overline{ν}$ διαιρετέον εἰς ἀριθμοὺς δύο ὧν ἑκατέρων τοῦ μὲν μέρος ε^{ον}, τοῦ δὲ μέρος ζ^{ον} ἄμφω συντεθέντα ἀριθμὸν τὸν $\overline{η}$ ποιήσουσιν· ἐπειδὴ γὰρ τοῦ μὲν ε^{ον}, τοῦ δὲ ζ^{ον} ἀπαιτούμεθα καὶ εἰς $\overline{η}$ ἡ σύνθεσις τούτων κεῖται, τὸ ζ^{ον} ἔλαττόν ἐστι τοῦ ε^{ου}· λαμβάνομεν τὸν πρῶτον ἑπταπλάσιον τὸν $\overline{ζ}$ πρὸς τὸν $\overline{α}$ καὶ ἔστιν ὁ ἀφαιρεθεὶς ἀριθμὸς ἐκ τοῦ ἀρχῆθεν δοθέντος ἀριθμοῦ ὁ $\overline{ζ}$ καὶ ὁ λοιπὸς $\overline{μγ}$· δεῖ δὴ ζητεῖν καὶ τοῦ λοιποῦ $\overline{μγ}$ τὸ ε^{ον}, ἀλλ' οὐκ ἔχει ε^{ον}· διὰ τοῦτο τὸν δεύτερον ἑπταπλάσιον τίθημι καὶ ἔστιν ὁ $\overline{ιδ}$ πρὸς τὸν $\overline{β}$· τούτου ἀφαιρεθέντος ἐκ τοῦ $\overline{ν}$, ἐναπελείφθησαν $\overline{λϛ}$, ἀλλ' οὐδ' οὗτος ἔχει ε^{ον} καὶ διὰ τοῦτο αὖθις τὸν τρίτον ἑπταπλάσιον τὸν $\overline{κα}$ πρὸς τὸν

---

5 πολλαπλασίου] fors. leg. πενταπλασίου. 14 ὃς] ὃν cod.

γ̅ τίθημι· καὶ ἀφαιρεθέντος αὐτοῦ ἐκ τοῦ ν̅, ἐναπελείφθη ὁ κθ̅· ἀλλ' οὐδ' οὗτος ἔχει ε^{ον} καὶ διὰ τοῦτο προσεπιβιβάζω τὸν τέταρτον ἑπταπλάσιον τὸν κη̅ πρὸς τὸν δ̅ καὶ ἐναπελείφθη ἐκ τοῦ δοθέντος ἀριθμοῦ ν̅, κβ̅· ἀλλ' οὐδ' οὗτος ἔχει ε^{ον}· προσβιβάζω τὸν πέμπτον ἑπταπλάσιον τὸν λε̅ πρὸς τὸν ε̅· ἐναπελείφθησαν καὶ ιε̅ ἐκ τοῦ ν̅· οὗτος ἔχει ε^{ον} τὸν γ̅ καὶ διαιρεῖταί μοι ὁ ν̅ εἰς λε̅ καὶ ιε̅, καὶ τὸ ζ^{ον} μέρος τοῦ λε̅, ὅ ἐστιν ὁ ε̅, προστεθὲν τῷ τοῦ ιε̅ ε^{ῳ}, ὅ ἐστιν ὁ γ̅, τὸν η̅ συντεθέντα ἀπετέλεσαν, ὃς ἀρχῆθεν ἐπετάχθη παρὰ τοῦ ἐπιτάττοντος.

Καὶ ἐπὶ πᾶσιν ὁ αὐτὸς τρόπος· οὐ μὴν δὲ πολλάκις λύεται καὶ τῷ κανόνι, εἰ καὶ ἀπὸ τοῦ μείζονος ἀρξόμεθα. ὑποκείσθω γὰρ ὁ δοθεὶς ἀριθμὸς ξ̅ καὶ ἐπιτετάχθω διαιρεῖσθαι τοῦτον εἰς δύο ἀριθμοὺς ὧν ἑκατέρων τοῦ μὲν τὸ ϛ^{ον}, τοῦ δὲ τὸ ϑ^{ον}, συντεθέντα ἄμφω τὸν ξ̅ ἀριθμὸν συμπληρούτωσαν. γενέσθω πρὸς τὴν μονάδα οὐχ ὁ ἐλάττων ἀριθμὸς κατὰ τὸ μόριον, ἀλλ' ὁ μείζων, ὅς ἐστι τὸ ϛ^{ον}. τῆς μονάδος τοιγαροῦν τὰ ϛ̅ ἑξαπλάσιον· ἀφαιρεθέντος τούτου ἐκ τῶν ξ̅, ἐναπολιμπάνονται νδ̅· ζητοῦμεν καὶ τούτου τὸ ϑ^{ον} καὶ εὐθὺς ἐμφαίνεται ὁ ϛ̅· α̅ δὲ καὶ ϛ̅, ζ̅ καὶ γίνεται τὸ ἐπιταχθέν· ὥστε καὶ οὕτως κἀκείνως πολλάκις ὁ κανὼν σώζεται, κἂν εὐθὺς εὑρίσκηται τὸ μέρος, κἂν μετὰ πολλά· καὶ ἔστι καθολικὸς ὁ κανὼν ἐπὶ πάντων τῶν τοιούτων προβλημάτων οὗτος ἀμεταποίητος.

Ἵνα δὲ καὶ ἐπὶ ἄλλων γυμνάσωμεν τὸν τοιοῦτον λόγον τῶν ἐπιδεχομένων πλείστας τομάς, ἔστω ὁ ἐπι-

---

3 προσεπιβάζω cod. 13 λύεται καὶ scripsi; λυμαίνεται cod. 19 ϛ^{ον}] In mg. additum est: τὸ ἕκτον μεῖζον τοῦ ἐνάτου κατὰ τὸ μόριον, ἀλλ' ὁ ϑ̅ τοῦ ϛ̅ μείζων.

ταχθεὶς ἀριθμὸς ρ̅· οὗτος διαιρείσθω εἰς δύο ἀριθμοὺς ὧν ἑκατέρων τοῦ μὲν μέρος ζ^{ον}, τοῦ δὲ μέρος θ^{ον}, ἄμφω συντεθέντα ποιείτωσαν ἀριθμὸν τὸν ι̅β̅. λαμβάνω τὸν πρῶτον ἑπταπλασίονα τὸν ζ̅ πρὸς τὸν α̅, ἐναπελείφθησαν ἐκ τῶν ρ̅, ϟ̅γ̅· ζητῶ τούτου τὸ θ^{ον}, ἀλλ' οὐκ ἔχει· προσβιβάζω τὸν δεύτερον ἑπταπλασίονα τὸν ι̅δ̅ πρὸς τὸν β̅· ἀφαιρεθέντος τοῦ ι̅δ̅ ἐκ τοῦ ρ̅, ἐναπελείφθη ὁ π̅ϛ̅· ζητῶ τούτου τὸ θ^{ον}, ἀλλ' οὐδ' οὗτος ἔχει· προσβιβάζω τὸν τρίτον ἑπταπλασίονα τὸν κ̅α̅ πρὸς τὸν γ̅· ἐναπελείφθη ἐκ τῶν ρ̅ ὁ ο̅θ̅· ζητῶ τούτου τὸ θ^{ον}, ἀλλ' οὐδ' οὗτος ἔχει· προσβιβάζω τὸν τέταρτον ἑπταπλάσιον, τὸν κ̅η̅ πρὸς τὸν δ̅, καὶ ἐναπολιμπάνονται τοῦ κ̅η̅ ἐκβληθέντος ἐκ τῶν ρ̅ ὁ ο̅β̅· οὗτος ἔχει θ^{ον} τὸν η̅· τοῦτον τὸν η̅ συντίθημι τῷ δ̅ καὶ ποιῶ τὸν ι̅β̅· καὶ διαιρεῖταί μοι ὁ ρ̅ ἀριθμὸς εἰς δύο ἀριθμοὺς τὸν κ̅η̅ καὶ τὸν ο̅β̅ οὗ τὸ ζ^{ον} μέρος τὰ δ̅ καὶ οὗ τὸ θ^{ον} μέρος τὰ η̅ συντεθέντα τὸν ἐπιταχθέντα ι̅β̅ ἀριθμὸν πεποιήκασιν.

Πλὴν ἐπί τισι τὸ τοιοῦτον διαφωνεῖ, ἐὰν ἀπὸ τοῦ μείζονος ἀρξώμεθα· ἐπιταττόμεθα γὰρ τεμεῖν τὸν ρ̅ καὶ τὰ δύο μέρη ἑκατέρων τῶν διαιρεθέντων τό τε δ^{ον} καὶ τὸ ϛ^{ον} συντεθέντα ποιῆσαι τὸν κ̅δ̅ ἀριθμόν. εἰ γοῦν ἀπὸ τοῦ ἐλάττονος ἀρχώμεθα τοῦ ϛ^{ου}, ζητοῦμεν τὸν ⟨πρῶτον⟩ ἀπὸ μονάδος ἑξαπλάσιον καὶ ἔστιν ὁ ϛ̅ οὗ μέρος ϛ^{ον} ἡ μονάς, καὶ ἐναπελείφθησαν ϟ̅δ̅· τούτου ζητῶν τὸ δ^{ον} οὐκ εὑρίσκω, οὐ γὰρ ἔχει, καὶ διὰ τούτου προβιβάζω καὶ αὖθις τὸ ϛ^{ον} εἰς τὸν δεύτερον ἑξαπλάσιον τὸν ι̅β̅ οὗ τὸ ϛ^{ον} β, καὶ ἐναπελείφθησαν π̅η̅·

---

16 οὗ] supra lineam τοῦ κ̅η̅ cod. 17 οὗ] supra lineam τοῦ ο̅β̅ cod.

τούτου τὸ δ^{ον} $\overline{κβ}$ καὶ εὐθὺς γίνεται τὸ ἐπιταχθέν· $\overline{κβ}$ γὰρ καὶ $\overline{β}$, $\overline{κδ}$· καὶ ἡ ὑπεροχὴ τοῦ ἑνὸς μέρους πρὸς τὸ λοιπόν, $\overline{κ}$· ὁ γὰρ $\overline{κβ}$ πρὸς τὸν $\overline{β}$ ὑπεροχὴν ἔχει τὸν $\overline{κ}$· ἐπιταττόμεθα γὰρ πολλάκις εὑρίσκειν καὶ τὰς πρὸς ἄλληλα τῶν μερῶν ὑπεροχάς, οὐ μὴν δὲ ἀλλὰ καὶ τοὺς πρὸς ἄλληλα λόγους, ὡς ἐνταῦθά ἐστιν ὁ ἑνδεκαπλάσιος· ὁ γὰρ $\overline{κβ}$ τοῦ $\overline{β}$ ἑνδεκαπλάσιος.

Ἐὰν δὲ ἀπὸ τοῦ μείζονος ἀρξώμεθα ἐν τῇ τοιαύτῃ ἐπιταγῇ τοῦ τε ἀριθμοῦ $\overline{ρ}$ καὶ τῶν μερῶν ἑκατέρων τοῦ τε ϛ^{ου} καὶ δ^{ου} καὶ τῆς συνθέσεως αὐτῶν τοῦ $\overline{κδ}$, ὡς εἶναι καὶ τὴν ὑπεροχὴν αὐτῶν τὸν $\overline{κ}$ καὶ τὸν λόγον τὸν ἑνδεκαπλάσιον, οὐκ εὐοδωθήσεται τὸ πρόβλημα. ἔστω γοῦν πρῶτον ὁ ἀπὸ μονάδος τετραπλάσιος καὶ ἔστιν ὁ $\overline{δ}$ τοῦ $\overline{α}$· ἐναπελείφθησαν τὰ $\overline{ϟϛ}$ ἐκ τῶν $\overline{ρ}$· ζητῶ τούτων τὸ ϛ^{ον} καὶ ἔστιν ὁ $\overline{ιϛ}$· συντιθῶ τοῦτον τῷ $\overline{α}$ καὶ γίνονται $\overline{ιζ}$ καὶ οὔτε ἡ ἐπιταχθεῖσα τῶν μερῶν σύνθεσις γίνεται, ἀλλ' οὐδὲ ἡ ὑπεροχή, ἀλλ' οὐδ' ὁ λόγος.

μα. Δίδονται πολλάκις καὶ ἀριθμοὶ δύο παρὰ τῶν ἐπιταττόντων πλὴν οὐχ οἱ τυχόντες, ἀλλ' ἐν ἐπιστήμῃ τοῦ ἐπιτάττοντος τοῦ χωρεῖν τὰ ἐπιταττόμενα ἐν τοῖς ἀριθμοῖς ἐκείνοις ὧν πέρι λέγουσι· λαμβάνονται γοῦν δύο ἀριθμοὶ καὶ ἐπιταττόμεθα ἕνα καὶ τὸν αὐτὸν ἀριθμὸν προσθεῖναι καὶ ἀμφοτέροις καὶ συστῆσαι πολλαπλάσιον λόγον ὃν ἐπιταττόμεθα τοῦ μείζονος σὺν τῇ προσθέσει πρὸς τὸν ἐλάττονα σὺν τῇ αὐτῇ προσθέσει, ἢ διπλάσιον δηλονότι ἢ τριπλάσιον ἢ τετραπλάσιον καὶ ἐφεξῆς· περὶ γὰρ τῶν ἄλλων λόγων κατὰ τὸ παρὸν οὐ ῥητέον, ὅπου γε καὶ τούτους πυθ-

4 Cf. Dioph. probl. I, 6. 23 Dioph. probl. I, 8.

μενικῶς ὑπὸ κανόνα τινὰ ἄγομεν, εἰ καὶ διὰ μέσου καὶ ἐξ ἄλλης μεθόδου ἔστιν εὑρεῖν ἄλλους τοιούτους· τέως γε μὴν ὅτε τοιούτους τινὰς καὶ ἐν τοιούτοις ἀριθμοῖς μετ' ἐπιστήμης ἐπιταττόμεθα, ἱκανούσθω ἡμῖν ὁ κανὼν οὗτος.

Εἰ γοῦν ἀριθμοὶ δύο δοθεῖεν τοιοῦτοι καὶ ὁ διπλάσιος λόγος πρῶτον ἀπαιτεῖται τοῦ μείζονος πρὸς τὸν ἐλάττονα μετὰ τοῦ προστεθησομένου παρ' ἡμῶν ἀριθμοῦ, ὡς ἂν μὴ ἀτάκτως ζητοίημεν καὶ εὑρίσκοιμεν δυσχερῶς τὸν ἀριθμόν, ἐπὶ μὲν οὖν τῶν διπλασίων λόγων δεῖ προσθεῖναι τὸν αὐτὸν ἀριθμὸν ὃς ἔσται τοῦ μείζονος μὲν ὑποτριπλάσιος, τῷ δὲ ἐλάττονι ἶσος, ὡς ἂν ὑπὸ κανόνα τινὰ θείημεν τὰ λεγόμενα· οὕτω γὰρ κατὰ τὴν πρόβασιν τῶν περιττῶν προβιβασθήσονται αἱ λύσεις τῶν προβλημάτων. ἔστω τοίνυν ἐπὶ τοῖς τοιούτοις οἱ δεδομένοι ἀριθμοὶ δύο ὅ τε $\overline{\kappa\delta}$ καὶ ὁ $\overline{\eta}$, καὶ ζητεῖται ὁ διπλάσιος λόγος· προστεθείσθω ἀριθμὸς ὁ αὐτὸς τοῖς δυσὶν ὁ $\overline{\eta}$, ὃς τῷ μὲν ἐλάσσονί ἐστιν ὁ αὐτός, τοῦ δὲ μείζονος $\overline{\kappa\delta}$ ἐστὶν ὑποτριπλάσιος, καὶ γίνεται τὸ ἐπιταχθέν· γίνονται γὰρ οἱ ἀριθμοὶ ὁ μὲν μείζων $\overline{\lambda\beta}$, ὁ δὲ ἐλάττων $\overline{\iota\varsigma}$, ἐν λόγῳ διπλασίῳ.

Οὐκ ἀγνοοῦμεν δὲ ὅτι καὶ ἄλλως τὸ αὐτὸ συνίσταται, ἀλλ' ὅμως ἀκολουθίαν κανόνος συνιστᾶν θέλομεν καὶ οὕτω λέγομεν· αὐτίκα γὰρ εἰ δοθεῖεν ὅ τε $\overline{\mu}$ καὶ ὁ $\overline{\iota}$, ἐπεὶ τρίτον οὐκ ἔχει ὁ $\overline{\mu}$, τοῦ μὲν ἐλάττονος λαμβάνομεν τὸν διπλάσιον ὅς ἐστιν ὑποδιπλάσιος τοῦ μείζονος καὶ ἔστιν ὁ $\overline{\kappa}$· οὗτος προστίθεται καὶ τῷ $\overline{\mu}$ καὶ γίνεται $\overline{\xi}$, καὶ τῷ $\overline{\iota}$ καὶ γίνεται $\overline{\lambda}$· ὁ $\overline{\xi}$ δὲ τοῦ $\overline{\lambda}$ διπλάσιος. ὁμοίως ὅ τε $\overline{\varrho}$ καὶ ὁ $\overline{\kappa\varepsilon}$ καὶ ὁ προσκείμενος $\overline{\nu}$, ὡς γίνεσθαι τὸν μὲν μείζονα $\overline{\varrho\nu}$, τὸν δὲ ἐλάττονα $\overline{o\varepsilon}$, καὶ εἶναι ἐκεῖνον τούτου διπλάσιον.

Ἐπὶ μέντοι γε τριπλασίων κατὰ τὸν κανόνα καὶ τὸν ἐπὶ περιττοῖς προβιβασμὸν ὡς ἐλέγομεν, δεῖ λαμβάνειν τὸν ὑποπενταπλάσιον, ὡς εἶναι τοῦ μὲν μείζονος ὑποπενταπλάσιον, τῷ δὲ ἐλάττονι τὸν αὐτόν· οἷον $\overline{\text{κε}}$ καὶ $\overline{\text{ε}}$· προστεθήσεται ὁ $\overline{\text{ε}}$ καὶ ἀμφοτέροις, ὡς γίνεσθαι τὸν μείζονα $\overline{\text{λ}}$, τὸν δὲ ἐλάττονα $\overline{\text{ι}}$, ἐν λόγῳ τριπλασίῳ.

Ἐπὶ δὲ τετραπλασίων, δεῖ λαμβάνειν τὸν ὑποεπταπλάσιον, ὡς εἶναι τοῦ μὲν μείζονος ὑποεπταπλάσιον, ἴσον δὲ τῷ ἐλάττονι· οἷον $\overline{\text{κα}}$ καὶ $\overline{\text{γ}}$, καὶ ὁ $\overline{\text{γ}}$ ὅς ἐστι τοῦ $\overline{\text{κα}}$ ὑποεπταπλάσιος· καὶ ἀμφοτέροις προστίθεται ὁ $\overline{\text{γ}}$, ὡς εἶναι τὸν μὲν μείζονα $\overline{\text{κδ}}$, τὸν δὲ ἐλάττονα $\overline{\text{ϛ}}$, ἐν τετραπλασίῳ λόγῳ.

Ἐπὶ δὲ πενταπλασίων, δεῖ λαμβάνειν τὸν ὑπο$\overline{\text{ϑ}}$πλάσιον τοῦ μείζονος, τὸν αὐτὸν δὲ τῷ ἐλάττονι, οἷον ὅ τε $\overline{\text{πα}}$ καὶ ὁ $\overline{\text{ϑ}}$, κοινὸς δὲ ὁ $\overline{\text{ϑ}}$ ὅς ἐστιν ὑπο$\overline{\text{ϑ}}$πλάσιος μὲν τοῦ $\overline{\text{πα}}$, ὁ αὐτὸς δὲ τῷ ἐλάττονι, ὡς γίνεσθαι τὸν μὲν μείζονα $\overline{\text{ϟ}}$, τὸν δὲ ἐλάττονα $\overline{\text{ιη}}$, ἐν λόγῳ πενταπλασίονι.

Ἐπὶ δὲ ἑξαπλασίων, δεῖ λαμβάνειν τὸν τοῦ μείζονος ὑπο$\overline{\text{ια}}$πλάσιον, τὸν αὐτὸν δὲ τῷ ἐλάττονι, οἷόν ἐστιν ὁ $\overline{\text{νε}}$ καὶ ὁ $\overline{\text{ε}}$, ὃς καὶ ἀμφοτέροις προστεθήσεται, καὶ γενήσεται ὁ μὲν μείζων $\overline{\text{ξ}}$, ὁ δὲ ἐλάττων $\overline{\text{ι}}$, ἐν λόγῳ ἑξαπλασίῳ.

Ἐπὶ δὲ ἑπταπλασίων, δεῖ λαμβάνειν τὸν τοῦ μείζονος ὑπο$\overline{\text{ιγ}}$πλάσιον, τὸν αὐτὸν δὲ τῷ ἐλάττονι, οἷον ὅ τε $\overline{\text{οη}}$ καὶ ὁ $\overline{\text{ϛ}}$· καὶ ὁ $\overline{\text{ϛ}}$ ἐν ἀμφοτέροις προστεθήσεται, ὡς γίνεσθαι τὸν μὲν μείζονα $\overline{\text{πδ}}$, τὸν δὲ ἐλάττονα $\overline{\text{ιβ}}$· ὁ δὲ $\overline{\text{πδ}}$ τοῦ $\overline{\text{ιβ}}$ ἑπταπλάσιος.

Ἐπὶ δὲ ὀκταπλασίων, δεῖ λαμβάνειν τὸν ὑπο$\overline{\text{ιε}}$πλάσιον, ὡς εἶναι τοῦ μὲν μείζονος ὑπο$\overline{\text{ιε}}$πλάσιον, τῷ δὲ ἐλάττονι τὸν αὐτόν, οἷον ρ̅κ̅ καὶ η̅· καὶ ὁ η̅ προστεθήσεται ἀμφοτέροις, ὅς ἐστιν ὁ αὐτὸς μὲν τῷ ἐλάττονι, ὑποι̅ε̅πλάσιος δὲ τοῦ μείζονος, ὡς γίνεσθαι τὸν μὲν μείζονα ρ̅κ̅η̅, τὸν δὲ ἐλάττονα ι̅ϛ̅, ἐν λόγῳ ὀκταπλασίῳ.

Ἐπὶ δὲ ἐννεαπλασίων, δεῖ λαμβάνειν τὸν ὑποι̅ζ̅πλάσιον, ὡς εἶναι τοῦ μὲν μείζονος ὑποι̅ζ̅πλάσιον, τῷ δὲ ἐλάττονι ἴσον, οἷον ὅ τε π̅ε̅ καὶ ὁ ε̅· καὶ ὁ κοινὸς προστεθήσεται ε̅, ὡς γίνεσθαι τὸν μὲν μείζονα ϟ̅, τὸν δὲ ἐλάσσονα ι̅, ἐν λόγῳ ἐννεαπλασίῳ.

Ἐπὶ δὲ δεκαπλασίων, δεῖ λαμβάνειν τὸν ὑποι̅θ̅πλάσιον, ὡς εἶναι τοῦ μὲν μείζονος ὑποι̅θ̅πλάσιον, τὸν αὐτὸν δὲ τῷ ἐλάττονι, οἷον ὅ τε ϟ̅ε̅ καὶ ε̅, ὡς γίνεσθαι τὸν μὲν μείζονα ρ̅, τὸν δὲ ἐλάττονα ι̅, ἐν λόγῳ δεκαπλασίῳ.

Καὶ ἐφεξῆς κατὰ τὴν πρόβασιν τῶν περιττῶν, οἷον ἐνεικοσαπλάσιον, τρισεικοσαπλάσιον, πενταεικοσαπλάσιον, καὶ ἐφεξῆς ἐπ' ἄπειρον· καί εἰσι πυθμενικῶς τὰ τοιαῦτα ἐμφαινόμενα, ὡς προβαίνειν ἐπὶ τοῖς αὐτῶν πολλαπλασίοις τὸν τοιοῦτον κανόνα, εἰ καὶ ἐν τῷ μεταξὺ ἄλλοι τινὲς εὑρεθήσονται, ὡς ἐδείκνυμεν ἐν τοῖς ὁμοίοις προβλήμασιν ἐν ἄλλοις λυομένοις κανόσι, εἰ καὶ διὰ τὸν ὄχλον ἡμεῖς τὰ τοιαῦτα παρειάκαμεν.

μβ. Δίδονται αὖθις ἐξ ἀντιστρόφου ἀριθμοὶ δύο καὶ ἐπιταττόμεθα τὸν αὐτὸν ἀριθμὸν ἀφαιρεῖν ἀπ' αὐτῶν καὶ τοὺς λειπομένους ἐκ τῆς ἀφαιρέσεως ἐν λόγῳ τινὶ τῷ δοθέντι καθιστᾶν ἢ ἐν διπλασίῳ ἢ ἐν τριπλασίῳ ἢ ἐν τετραπλασίῳ ἢ ἐν ἄλλῳ τινὶ ἐφεξῆς λόγῳ· δεῖ τοίνυν ἐν τοῖς τοιούτοις γίνεσθαι καὶ τὰς ἐπιταγὰς ἐντέχνους καὶ χωρητάς.

---

23 Dioph. probl. I, 9.

Καὶ ἐὰν διπλάσιον θέλωμεν μετὰ τὴν ἀφαίρεσιν καθιστᾶν, ἐν τοιούτοις τισὶν εὐτάκτοις αἱ ἐπιταγαὶ πεφύκασι γίνεσθαι· εἰ μὲν ἐξ ἀφαιρέσεως μονάδος ἐξ ἀμφοτέρων τῶν ἀριθμῶν, ἄρχονται ἐξ ἀριθμῶν γ̅ καὶ β̅, καὶ οἱ μὲν μείζονες κατὰ τοὺς εὐτάκτους περιττοὺς ἀπὸ τριάδος προκόπτουσιν, οἱ δὲ ἐλάττονες κατὰ τὸ φυσικὸν χῦμα τοῦ ἀριθμοῦ, οἷον· γ̅, β̅· ε̅, γ̅· ζ̅, δ̅· θ̅, ε̅· ι̅α̅, ϛ̅· ι̅γ̅, ζ̅· ι̅ε̅, η̅· ι̅ζ̅, θ̅· ι̅θ̅, ι̅· κ̅α̅, ι̅α̅· κ̅γ̅, ι̅β̅· κ̅ε̅, ι̅γ̅, καὶ ἐπ' ἄπειρον· ἐν τούτοις γὰρ πᾶσιν ἀφαιρουμένης τῆς αὐτῆς μονάδος καὶ ἐξ ἀμφοτέρων ἀπολείπεται ὁ λόγος διπλάσιος.

Εἰ δὲ ἐξ ἀφαιρέσεως δυάδος πάλιν τὸν αὐτὸν ζητοῦμεν διπλάσιον λόγον, ἄρχονται οἱ ἀριθμοὶ κατὰ συνέχειαν καὶ εὐτάκτως, οἱ μὲν μείζονες ἀπὸ τοῦ δ̅ κατὰ τὸν ἕνα παρ' ἕνα ἄρτιον, οἱ δὲ ἐλάττους κατὰ τοὺς ἀπὸ τοῦ γ̅ εὐτάκτους περιττούς, οἷον· δ̅, γ̅· η̅, ε̅· ι̅β̅, ζ̅· ι̅ϛ̅, θ̅· κ̅, ι̅α̅· κ̅δ̅, ι̅γ̅· κ̅η̅, ι̅ε̅· λ̅β̅, ι̅ζ̅, καὶ ἐπ' ἄπειρον· ἐν τούτοις γὰρ πᾶσιν ἀφαιρουμένης τῆς αὐτῆς δυάδος καὶ ἐξ ἀμφοτέρων ἀπολείπεται ὁ λόγος διπλάσιος τοῦ μείζονος πρὸς τὸν ἐλάττονα.

Εἰ δὲ ἐξ ἀφαιρέσεως τριάδος τῶν δύο ἀριθμῶν πάλιν τὸν αὐτὸν ζητοῦμεν διπλάσιον λόγον, ἄρχονται οἱ ἀριθμοὶ κατὰ συνέχειαν καὶ εὐτάκτως, οἱ μὲν μείζονες ἀπὸ τοῦ ε̅ κατὰ τὸν ἕνα παρ' ἕνα περιττόν, οἱ δὲ ἐλάττους κατὰ τοὺς εὐτάκτους ἀρτίους, οἷον· ε̅, δ̅· θ̅, ϛ̅· ι̅γ̅, η̅· ι̅ζ̅, ι̅· κ̅α̅, ι̅β̅· κ̅ε̅, ι̅δ̅· κ̅θ̅, ι̅ϛ̅· λ̅γ̅, ι̅η̅· λ̅ζ̅, κ̅, καὶ ἐφεξῆς ἐπ' ἄπειρον· ἐν τούτοις γὰρ πᾶσιν ἀφαιρουμένης τῆς αὐτῆς τριάδος καὶ ἐξ ἀμφοτέρων ἀπολείπεται ὁ λόγος διπλάσιος τοῦ μείζονος πρὸς τὸν ἐλάττονα.

3—4 ἐξ ἀμφ.] καὶ ἀμφ. cod.

Εἰ δὲ ἐξ ἀφαιρέσεως τετράδος τῶν δύο ἀριθμῶν πάλιν τὸν αὐτὸν ζητοῦμεν διπλάσιον λόγον, ἄρχονται οἱ ἀριθμοὶ κατὰ συνέχειαν καὶ εὐτάκτως, οἱ μὲν μείζονες [καθὼς καὶ ἐπὶ τῶν διπλασίων ἐγίνετο· τετραπλασίων γὰρ λόγων ἐνταῦθα ἐξέτασις μετὰ τὴν ἀφαίρεσιν τῆς τετράδος] ἀπὸ τοῦ ϛ̅ μὲν ἄρχονται, κατὰ τοὺς συνεχεῖς δὲ ἀρτίους προβαίνουσιν, οἱ δὲ ἐλάττονες ἀπὸ πεντάδος κατὰ τὸ φυσικὸν χῦμα τοῦ ἀριθμοῦ, οἷον· ϛ̅, ε̅· η̅, ϛ̅· ι̅, ζ̅· ι̅β̅, η̅· ι̅δ̅, θ̅· ι̅ϛ̅, ι̅· ι̅η̅, ι̅α̅· κ̅, ι̅β̅, καὶ ἐφεξῆς· ἐν τούτοις γὰρ πᾶσι μετὰ τὴν ἀφαίρεσιν τῆς τετράδος ἀπ' ἀμφοτέρων τῶν ἀριθμῶν ὁ διπλάσιος λόγος λείπεται. [ἔστι δὲ τὸ ἴδιον τοῦτο παρὰ τοὺς ἐπὶ διπλασίων ῥηθέντας, ὅτι ἐν ἐκείνοις οἱ μὲν μείζονες ἕνα παρ' ἕνα εἶχον τὸν ἄρτιον, οἱ δὲ ἐλάττους κατὰ τοὺς παρ' ἕνα ἀριθμοὺς ἐκ τοῦ φυσικοῦ χύματος ἦσαν ἤγουν τοὺς περιττούς· ἐπὶ δὲ τῶν τοιούτων τετραπλασίων, οἱ μὲν μείζονες κατὰ τοὺς συνεχεῖς ἀπὸ ἑξάδος ἀρτίους, οἱ δὲ ἐλάττους ἀπὸ πεντάδος κατὰ τὸ συνεχὲς χῦμα τῶν ἀριθμῶν.]

Εἰ δὲ ἐξ ἀφαιρέσεως πεντάδος τῶν δύο ἀριθμῶν οἵτινες ἐδόθησαν πάλιν τὸν αὐτὸν ζητοῦμεν διπλάσιον λόγον, ἄρχονται οἱ ἀριθμοὶ ἀπὸ τοῦ ζ̅ κατὰ τοὺς περιττούς, οἱ δὲ ἐλάττονες ἀπὸ τοῦ ϛ̅ κατὰ συνέχειαν τοῦ φυσικοῦ χύματος τοῦ ἀριθμοῦ, οἷον· ζ̅, ϛ̅· θ̅, ζ̅· ι̅α̅, η̅· ι̅γ̅, θ̅· ι̅ε̅, ι̅· ι̅ζ̅, ι̅α̅, καὶ ἐφεξῆς· ἐν τούτοις γὰρ πᾶσι μετὰ τὴν ἀφαίρεσιν τῆς πεντάδος ἀπ' ἀμφοτέρων τῶν δεδομένων ἀριθμῶν ὁ διπλάσιος λόγος λείπεται.

Εἰ δὲ ἐξ ἀφαιρέσεως ἑξάδος τῶν δεδομένων ἀριθ-

4—6 καθὼς . . . τετράδος seclusi, quae vix sana videntur.
12—19 ἔστι . . . ἀριθμῶν seclusi utpote Pachymerae vix imputanda.

μῶν ὁ αὐτὸς διπλάσιος λόγος ζητεῖται, ἄρχονται οἱ ἀριθμοὶ οἱ μὲν μείζονες ἀπὸ η̅ κατὰ προκοπὴν τῶν ἀρτίων, οἱ δὲ ἐλάττους ἀπὸ ἑπτάδος οἱ συνεχεῖς τῶν ἀριθμῶν, οἷον· η̅, ζ̅· ι̅, η̅· ι̅β̅, θ̅· ι̅δ̅, ι̅· ι̅ϛ̅, ι̅α̅, καὶ ἑφεξῆς. εἰ δὲ ἐξ ἀφαιρέσεως τῆς ἑπτάδος, ἄρχονται οἱ μὲν μείζους κατὰ τοὺς περιττοὺς ἀπὸ τοῦ θ, οἱ δὲ ἐλάττους ἀπὸ τοῦ η̅ κατὰ τὸ χῦμα τοῦ ἀριθμοῦ. εἰ δὲ ἀπὸ ὀγδοάδος, ἐκ τοῦ ι̅ ἄρχονται οἱ ἄρτιοι οἱ μείζονες, οἱ δὲ ἐλάττους ἐκ τοῦ θ κατὰ τὸ χῦμα τῶν ἀριθμῶν· καὶ οὕτως ἑφεξῆς.

Ὧν καὶ τῶν μειζόνων λόγων καὶ τῶν ἐλαττόνων πολλαπλασιαζομένων, οἱ γὰρ πυθμένες οὗτοί εἰσι, τὰ αὐτὰ γενήσονται ἀπαραλλάκτως· ὡς φέρε εἰπεῖν ἐπὶ ζητήσεως ἑξαπλασίου μετὰ τὴν ἀφαίρεσιν, δεδομένων ἀριθμῶν τοῦ τε ρ̅ καὶ τοῦ κ̅· λαμβάνομεν γὰρ τὸν ὑποπενταπλάσιον τοῦ ἐλάττονος καὶ ἔστιν ὁ δ̅ καὶ ἀφαιροῦμεν τοῦτον ἐξ ἀμφοτέρων καὶ οἱ λειπόμενοι ι̅ϛ̅ καὶ ϟϛ· ὁ ϟϛ δὲ πρὸς τὸν ι̅ϛ̅ ἑξαπλάσιος. ὡς ἂν δὲ μηδὲ ἐν τοῖς ἄλλοις ἀμεθόδως ποιῶμεν, δεῖ ἐξετάσαι ταῦτα καὶ ἐπὶ τῆς τῶν λοιπῶν πολλαπλασιασμῶν ζητήσεως μετὰ τὴν ἀφαίρεσιν τοῦ κοινοῦ αὐτοῖς ἀριθμοῦ.

Δεῖ δὲ ἐν πᾶσι τούτοις τὸν διδόμενον λόγον εἰς ζήτησιν δηλονότι μείζονα εἶναι τοῦ λόγου οὗ ἔχει ὁ μείζων τῶν δοθέντων πρὸς τὸν ἐλάττονα· ἐπὶ γὰρ τοῦ ρ̅ καὶ τοῦ κ̅, ὁ τοῦ ρ̅ πρὸς τὸν κ̅ λόγος πενταπλάσιός ἐστι, ὁ δὲ διδόμενος εἰς ἀναζήτησιν λόγος ἑξαπλάσιός ἐστιν· ὁ ἑξαπλάσιος δὲ μείζων λέγεται τοῦ πενταπλασίου, οὐ κατὰ τὴν φύσιν τῶν μερῶν, ἀλλὰ κατὰ τοὺς ἀριθμοὺς αὐτοὺς τὸν ϛ̅ καὶ ε̅· μείζων γὰρ ὁ ϛ̅ τοῦ ε̅.

---

11 Lacunam suspicor. 22 Dioph. probl. I, 9 (vol. I p. 26, l. 16—19).

μγ. Ἄνωθεν τοίνυν ἀρχόμενοι πάλιν λέγομεν·

Ἐπὶ διπλασίων, οἷον γ, β καὶ ἡ ἀφαίρεσις ἐξ ἑκατέρων α· ϛ, δ καὶ ἡ ἀφαίρεσις ἐξ ἑκατέρων β· ϑ, ϛ καὶ ἡ ἀφαίρεσις ἐξ ἑκατέρων γ· ιβ, η καὶ ἡ ἀφαίρεσις ἐξ ἑκατέρων δ· ιε, ι καὶ ἡ ἀφαίρεσις ἐξ ἑκατέρων ε· ιη, ιβ καὶ ἡ ἀφαίρεσις ἐξ ἑκατέρων ϛ· κα, ιδ καὶ ἡ ἀφαίρεσις ἐξ ἑκατέρων ζ· καὶ ἀεὶ οὕτως· οἱ μὲν μείζονες προκόπτουσι κατὰ τὴν ἀπὸ τριάδος κατὰ γ πρόβασιν, οἱ δὲ ἐλάττονες κατὰ τὴν ἀπὸ δυάδος κατὰ τοὺς ἀρτίους πρόβασιν, ὡς ἐπαναβιβάζεσθαι τὰς ἀφαιρέσεις ἀπὸ μονάδος κατὰ τὴν εὔτακτον φύσιν τοῦ ἀριθμοῦ ἐπ' ἄπειρον.

Ἐπὶ δὲ τριπλασίων, οἷον δ, β καὶ ἡ ἀφαίρεσις ἐξ ἑκατέρων α· η, δ, καὶ ἡ ἀφαίρεσις ἐξ ἑκατέρων β· ιβ, ϛ καὶ ἡ ἀφαίρεσις ἐξ ἑκατέρων γ· ιϛ, η καὶ ἡ ἀφαίρεσις ἐξ ἑκατέρων δ· καὶ ἐφεξῆς· οἱ μὲν γὰρ μείζονες προκόπτουσι κατὰ τὴν ἀπὸ τετράδος κατὰ δ πρόβασιν, οἱ δὲ ἐλάττονες κατὰ τὴν ἀπὸ δυάδος κατὰ τοὺς ἀρτίους πρόβασιν, ὡς ἐπαναβιβάζεσθαι τὰς ἀφαιρέσεις ἀπὸ μονάδος κατὰ τὴν εὔτακτον φύσιν τοῦ ἀριθμοῦ ἐπ' ἄπειρον· πλὴν καὶ ταύτας εὐτάκτους εἶναι, ἐπὶ μὲν τοῖς πρώτοις τὴν μονάδα, ἐπὶ δὲ τοῖς δευτέροις τὴν δυάδα, καὶ τὴν τριάδα ἐπὶ τοῖς τρίτοις, καὶ ἐφεξῆς.

Ἐπὶ δὲ τετραπλασίων, οἷον ε, β καὶ ἡ ἀφαίρεσις αὐτῶν μονάς· ι, δ καὶ ἡ ἀφαίρεσις αὐτῶν δυάς· ιε, ϛ καὶ ἡ ἀφαίρεσις αὐτῶν τριάς· κ, η καὶ ἡ ἀφαίρεσις αὐτῶν τετράς· κε, ι καὶ ἡ ἀφαίρεσις αὐτῶν πεντάς· οἱ μὲν γὰρ μείζονες προκόπτουσι κατὰ τὴν ἀπὸ πεντάδος κατὰ ε πρόοδον, οἱ δὲ ἐλάττονες κατὰ τὴν ἀπὸ δυάδος κατὰ τοὺς ἀρτίους.

Ἐπὶ πενταπλασίων δέ, οἷον ϛ, β καὶ ἡ ἀφαίρεσις

αὐτῶν μονάς· $\overline{ιβ}$, $\overline{δ}$ καὶ ἡ ἀφαίρεσις αὐτῶν δυάς· $\overline{ιη}$, $\overline{ϛ}$ καὶ ἡ ἀφαίρεσις αὐτῶν τριάς· $\overline{κδ}$, $\overline{η}$ καὶ ἡ ἀφαίρεσις αὐτῶν τετράς· $\overline{λ}$, $\overline{ι}$ καὶ ἡ ἀφαίρεσις αὐτῶν πεντάς· καὶ ἐφεξῆς· οἱ μὲν γὰρ μείζους κατὰ τὴν ἀπὸ τοῦ $\overline{ϛ}$ κατὰ $\overline{ϛ}$ πρόβασιν, οἱ δὲ ἐλάττους κατὰ τὴν ἀπὸ δυάδος κατὰ τοὺς ἀρτίους πρόβασιν καὶ αἱ ἀφαιρέσεις εὔτακτοι κατὰ τὸ χῦμα τοῦ ἀριθμοῦ.

Ἐπὶ δὲ ἑξαπλασίων, οἷον $\overline{ζ}$, $\overline{β}$ καὶ ἡ ἀφαίρεσις αὐτῶν μονάς· $\overline{ιδ}$, $\overline{δ}$ καὶ ἡ ἀφαίρεσις αὐτῶν δυάς· $\overline{κα}$, $\overline{ϛ}$ καὶ ἡ ἀφαίρεσις αὐτῶν τριάς· $\overline{κη}$, $\overline{η}$ καὶ ἡ ἀφαίρεσις αὐτῶν τετράς· $\overline{λε}$, $\overline{ι}$ καὶ ἡ ἀφαίρεσις αὐτῶν πεντάς· καὶ ἐφεξῆς· οἱ μὲν γὰρ μείζους ἀπὸ $\overline{ζ}$ κατὰ $\overline{ζ}$ προβαίνουσιν, οἱ δὲ ἐλάττους κατὰ τοὺς ἀρτίους ἀπὸ δυάδος.

Ἐπὶ δὲ ἑπταπλασίων, οἷον $\overline{η}$, $\overline{β}$ καὶ ἡ ἀφαίρεσις αὐτῶν μονάς· $\overline{ιϛ}$, $\overline{δ}$ καὶ ἡ ἀφαίρεσις αὐτῶν δυάς· $\overline{κδ}$, $\overline{ϛ}$ καὶ ἡ ἀφαίρεσις αὐτῶν τριάς· $\overline{λβ}$, $\overline{η}$ καὶ ἡ ἀφαίρεσις αὐτῶν τετράς· καὶ ἐφεξῆς· οἱ μὲν γὰρ μείζους ἀπὸ $\overline{η}$ κατὰ ὀκτάδα, οἱ δὲ ἐλάττους ἀπὸ δυάδος κατὰ τοὺς ἀρτίους.

Ἐπὶ δὲ ὀκταπλασίων, οἷον $\overline{θ}$, $\overline{β}$ καὶ ἡ ἀφαίρεσις αὐτῶν μονάς· $\overline{ιη}$, $\overline{δ}$ καὶ ἡ ἀφαίρεσις αὐτῶν δυάς· $\overline{κζ}$, $\overline{ϛ}$ καὶ ἡ ἀφαίρεσις αὐτῶν τριάς· $\overline{λϛ}$, $\overline{η}$ καὶ ἡ ἀφαίρεσις αὐτῶν τετράς· καὶ ἀεὶ οὕτως· οἱ μὲν γὰρ μείζους ἀπὸ $\overline{θ}$ ἐπὶ $\overline{θ}$ προβαίνουσιν, οἱ δὲ ἐλάττους ἀπὸ δυάδος κατὰ τοὺς ἀρτίους.

Ἐπὶ ἐννεαπλασίων, οἷον $\overline{ι}$ καὶ $\overline{β}$ καὶ ἡ ἀφαίρεσις αὐτῶν μονάς· $\overline{κ}$, $\overline{δ}$ καὶ ἡ ἀφαίρεσις αὐτῶν δυάς· $\overline{λ}$, $\overline{ϛ}$ καὶ ἡ ἀφαίρεσις ⟨αὐτῶν⟩ τριάς· $\overline{μ}$, $\overline{η}$ καὶ ἡ ἀφαίρεσις αὐτῶν τετράς· $\overline{ν}$, $\overline{ι}$ καὶ ἡ ἀφαίρεσις αὐτῶν $\overline{ε}$· καὶ ἀεὶ ἐφεξῆς· οἱ μὲν γὰρ μείζους ἀπὸ τοῦ $\overline{ι}$ ἐπὶ $\overline{ι}$, οἱ δὲ ἐλάττους κατὰ τοὺς ἀρτίους ἀπὸ δυάδος.

Ἐπὶ δὲ δεκαπλασίων, οἷον ι̅α̅, β̅ καὶ ἡ ἀφαίρεσις αὐτῶν μονάς· κ̅β̅, δ̅ καὶ ἡ ἀφαίρεσις αὐτῶν δυάς· λ̅γ̅, ϛ̅ καὶ ἡ ἀφαίρεσις αὐτῶν τριάς· μ̅δ̅, η̅ καὶ ἡ ἀφαίρεσις ⟨αὐτῶν⟩ τετράς· καὶ ἀεὶ οὕτως· οἱ μὲν γὰρ μείζους ἀπὸ ι̅α̅ ἐπὶ ι̅α̅, οἱ δὲ ἐλάττους κατὰ τοὺς ἀρτίους ἀπὸ δυάδος.

Καὶ κατὰ ταύτας τὰς συμπλοκὰς εὐθετήσονται τὰ προβλήματα, ὥστε ἀφαιρεῖσθαι ἀπὸ δύο ἀριθμῶν δεδομένων τὸν αὐτὸν ἀριθμόν, ὡς γίνεσθαι τοὺς λειπομένους κατά τινα λόγον τῶν ἀπηριθμημένων καὶ τῶν ὁμοίων καὶ ἐφεξῆς, εἰ καὶ ἄλλοι τινὲς ἐπὶ τοῖς ὁμοίοις λόγοις μεταξὺ τούτων εὑρίσκονται, ὥστε ἐπὶ πάντων τῶν πολλαπλασίων ἐν τοῖς τοιούτοις τοῦ ἐλάττονος τὸν ἥμισυν κοινὸν ἀφαίρεμα γίνεσθαι καὶ ἐξ ἀμφοτέρων καὶ οὕτω τὴν λύσιν γίνεσθαι.

Ὅτι δηλαδὴ οἱ τῶν τοιούτων ἐλάττονες κατὰ τὴν ἀπὸ δυάδος τῶν ἀρτίων πρόβασιν εὐτάκτως γίνονται· β̅, δ̅, ϛ̅, η̅, ι̅ καὶ ἐφεξῆς· συμβαίνει γοῦν [εἰς] τοὺς τοιούτους καὶ ἀφαιρέσεις τῶν δύο γίνεσθαι ἀριθμῶν τῶν διδομένων ἐκείνων καὶ τὸν πολλαπλασιασμὸν εὐτάκτως λαμβάνεσθαι.

Καὶ ταῦτα μὲν ἐπὶ τῶν ὑπὸ κανόνα πιπτόντων καὶ συνεχῶν ὄντων ἀριθμῶν· ἐπὶ δὲ τῶν διεχῶν, ὡς φέρε, διδομένων ι̅ζ̅ καὶ θ̅, εἰ ζητοῦμεν μετὰ τὴν κοινὴν ἀφαίρεσιν τὸν διπλάσιον, ἢ κ̅α̅ καὶ θ̅, εἰ ζητοίημεν μετὰ τὴν ἀφαίρεσιν τὸν τριπλάσιον, ὡς ἐκεῖ οὔσης μονάδος ἀφαιρέσεως κοινῆς καὶ ἐνταῦθα τριάδος, καὶ πάλιν κ̅η̅ καὶ ι̅, εἰ ζητοίημεν μετὰ τὴν ἀφαίρεσιν τὸν τετραπλάσιον, ἥτις ἐστὶν ὁ δ̅, καὶ αὖθις λ̅

17 προβίβασιν cod. 18 εἰς sec. manu cod. dubia medela.

καὶ $\overline{ι}$, εἰ ζητοίημεν τὸν πενταπλάσιον μετὰ τὴν ἀφαίρεσιν, ἥτις ἐστὶν ὁ $\overline{ε}$, καὶ αὖθις $\overline{ν}$ καὶ $\overline{ι}$, εἰ ζητοίημεν τὸν ἑξαπλάσιον μετὰ τὴν ἀφαίρεσιν, ἥτις ἐστὶν ὁ $\overline{β}$ ἐπὶ τούτοις πᾶσι μέθοδος μία· τὸ ἀπὸ μονάδος ἀφαιρουμένης ἐξετάζειν τοὺς λειπομένους ἀριθμούς, εἰ τὸν δεδομένον λόγον σώζουσι, τὸν μείζονα πάντως ἢ ὃν ἔχει ὁ μείζων ὅρος πρὸς τὸν ἐλάττονα, καὶ εἰ εὕρηται ὁ λόγος, εὕρηται τὸ ζητούμενον· εἰ δ' οὐκ, ἀλλ' ἀφαιρεῖν δυάδα ἐκ τῶν δύο καὶ δοκιμάζειν τὸν λόγον· εἰ δ' οὐκ, ἀλλ' ἀφαιρεῖν τριάδα καὶ τετράδα ἕως οὗ εἰς τὸν λόγον καταντήσομεν.

Οἷον δεδόσθωσαν ἀριθμοὶ ὅ τε $\overline{ρ}$ καὶ $\overline{κ}$, καὶ ἐπιταττέσθω ἀφαιρεθῆναι ἐκ τῶν δύο ἶσον καὶ τὸν αὐτὸν ἀριθμὸν καὶ τοὺς λειπομένους σώζειν ἑξαπλασίονα λόγον, τὸν μείζονα τοῦ πενταπλασίου ὃν ἔχει ὁ μείζων πρὸς τὸν ἐλάττονα· ἀφαιρῶ κοινὴν μονάδα καὶ ἐξ ἀμφοτέρων καὶ γίνονταί μοι $\overline{ϟθ}$ καὶ $\overline{ιθ}$· οὐ γίνεται ὁ ἑξαπλάσιος λόγος· καὶ ἀφαιρῶ $\overline{β}$ καὶ γίνονται $\overline{ϟη}$ καὶ $\overline{ιη}$· οὐδὲ πάλιν γίνεται καὶ ἀφαιρῶ τριάδα καὶ γίνονται $\overline{ϟζ}$ καὶ $\overline{ιζ}$· καὶ οὐδὲ πάλιν ὁ λόγος γίνεται· ἀφαιρῶ τετράδα ἐξ ἀμφοτέρων καὶ γίνονταί μοι $\overline{ϟϛ}$ καὶ $\overline{ιϛ}$· καὶ ὁ $\overline{ϟϛ}$ τοῦ $\overline{ιϛ}$ ἑξαπλάσιος καὶ τὸ ἐπιταχθὲν γίνεται. καὶ τοῦτο ἐπὶ πάντων καὶ ἐπ' αὐτῶν τούτων τῶν μὴ συνεχῶν καὶ ἐπὶ τῶν κεκανονισμένων ἐκείνων χώραν ἔχει γίνεσθαι.

μδ. Κατὰ τὸν αὐτὸν λόγον καὶ δύο δοθέντων ἀριθμῶν, τοῦ μὲν μείζονος, τοῦ δὲ ἐλάττονος, ἀφαιρείσθω ἀπὸ τοῦ μείζονος καὶ προστεθείσθω τῷ ἐλάτ-

---

8 et 10 οὐκ] οὖν cod.; forsan legendum οὐ γίνεται.
26 Cf. Dioph. probl. I, 10.

τονι ὁ ἀφαιρεθεὶς καὶ γινέσθω ὁ μείζων κατὰ λόγον δεδομένον πρὸς τὸν ἐλάττονα. δεδόσθω ὁ ρ̅ καὶ ὁ κ̅ καὶ ἀφαιρείσθω τοῦ ρ̅ μονὰς καὶ προστεθείσθω ἡ μονὰς τῷ κ̅· ἰδοὺ ϟ̅θ̅ καὶ κ̅α̅· οὗτοι ζητείσθωσαν τὸν τετραπλάσιον λόγον ὃς ἐδόθη ἵνα μετὰ τὴν ἀφαίρεσιν συναχθῇ· ἀφαιρῶ ἐκ τοῦ ρ̅ δυάδα, προστίθημι τῷ κ̅ ταύτην· γίνονται ϟ̅η̅ καὶ κ̅β̅· οὐδ' αὖθις γίνεται ὁ δεδομένος ἐξ αὐτῶν λόγος ἤγουν ὁ τετραπλάσιος· αὖθις τριάδα ἀφαιρῶ ἐκ τοῦ ρ̅ καὶ τοῦτον προστίθημι τῷ κ̅· ἰδοὺ ϟ̅ζ̅ καὶ κ̅γ̅· ἀλλ' οὐδ' οὕτως συνίσταται ὁ τετραπλάσιος λόγος· αὖθις ἀφαιρῶ δ̅ τοῦ ρ̅ καὶ προστίθημι τῷ κ̅, καὶ γίνονται ϟ̅ϛ̅ καὶ κ̅δ̅ καὶ δοκιμάζω πρὸς ἀλλήλους τούτους καὶ ὁ τετραπλάσιος λόγος εὕρηται.

Καὶ πάλιν ἀντιστρόφως δίδονται ἀριθμοὶ δύο ἵνα ὁ μὲν προστεθῇ τινι ἀριθμῷ, ὁ δὲ ἀφαιρεθῇ ἀπὸ τοῦ αὐτοῦ τούτου ἀριθμοῦ καὶ ποιῶσιν οἱ γενόμενοι πρὸς ἀλλήλους λόγον τινὰ δεδομένον· προηγουμένως γοῦν ὀφείλει ὁ ὑποκείμενος τοῖς δυσὶν ἀριθμοῖς μείζων εἶναι τοῦ ἐκ τῆς συνθέσεως ἀμφοτέρων τῶν δεδομένων ἀριθμῶν γενομένου, εἰ θέλομεν τὰς λείψεις ἐκφυγεῖν· εἰ δ' οὐκ, ἀλλὰ καὶ οὕτως γίνονται τὰ προβλήματα. οἷον λόγου χάριν δίδονται ἀριθμοὶ δύο κ̅ καὶ ρ̅, τούτων ἡ σύνθεσις ρ̅κ̅· ὑποκείσθω ὅτι ζητεῖται πενταπλάσιος λόγος τῶν τοιούτων, τοῦ μὲν κ̅ προστιθεμένου, τοῦ δὲ ρ̅ ἀφαιρουμένου ἐκ τοῦ αὐτοῦ καὶ ἑνὸς ἀριθμοῦ· ἔστω γοῦν ὁ ρ̅λ̅ ᾧτινι πρόσκειται ὁ κ̅ καὶ γίνεται σύνολος ρ̅ν̅, καὶ οὗτινος ἀφαιρεῖται ὁ ρ̅ καὶ ἐναπολέλειπται λ̅, καὶ ἔστιν ὁ ρ̅ν̅ τοῦ λ̅ πενταπλάσιος.

---

14 Dioph. probl. I, 11.

Ὧν ἐστι τούτου δὴ καὶ τοῦ προτέρου προβλήματος ἡ ἀπόδειξις τοιαύτη κατὰ τὸν Ἀλεξανδρέα Διόφαντον· φησὶ γὰρ ἐκεῖνος ἐπὶ μὲν τοῦ προτέρου προβλήματος αὐταῖς λέξεσιν οὕτως·

Δυσὶ δοθεῖσιν ἀριθμοῖς κ. τ. λ. . . . . τετραπλάσια.

καὶ ταῦτα μὲν καὶ οὕτως τὸ πρότερον πρόβλημα ἀποδείκνυται, τὸ δὲ δεύτερον οὕτως·

Δύο δοθέντας ἀριθμοὺς κ. τ. λ. . . . . τριπλάσια.

---

5 et 8 vide vol. I p. 29, 6—26, et p. 30, 2—20. Compendia resolvit Pachymere (pro ⩘ scripsit *λεῖψις*). Variantes lectiones alias hîc habebis.

Probl. I, x. 13. 14 *ἑκατέρῳ* om. 18 *γίνονται*. 20. 21 *καὶ γίνεται μονάδων* $\overline{οϛ}$ *ὁ ἀριθμός*. 26 *ὄντα* om.

Probl. I, xi. 12 *μείζοσιν. γίνονται*. 14 *ἐστὶν*. 17 *ἶσαι*.

In margine additum est: *Ὅρος Διοφάντου· λεῖψις ἐπὶ λεῖψιν πολλαπλασιασθεῖσα ποιεῖ ὕπαρξιν· λεῖψις δὲ ἐπὶ ὕπαρξιν ποιεῖ λεῖψιν. οἷον* $\overline{ϛ}^{\overline{\beta}}$ $\overline{\eta}^{\overline{\delta}}$ $\overline{\iota\beta}$. *λεῖψις τοῦ* $\overline{ϛ}$ *πρὸς τὸν* $\overline{\eta}$, $\overline{\beta}$· *καὶ τοῦ* $\overline{\eta}$ *πρὸς τὸν* $\overline{\iota\beta}$, $\overline{\delta}$ *ὅπερ ἐστὶν ὕπαρξις* † *ὁ* $\overline{\gamma}$· *λεῖψις γοῦν ὁ* $\overline{\beta}$ *ἐπὶ ὕπαρξιν τὸν* $\overline{\gamma}$ *πολλαπλασιαζόμενος ποιεῖ τὴν λεῖψιν ἣν ἔχει ὁ* $\overline{\iota\beta}$ *πρὸς τὸν* $\overline{\iota\eta}$ *δηλονότι τὸν* $\overline{ϛ}$. *τὸν γὰρ ἀριθμὸν λέγει ἢ ὕπαρξιν ὅταν ἐκ τοῦ δοκιμάζειν αὐτὸν πρὸς ἄλλον τινά, πρὸς ἐκεῖνον λείπει, ἢ ὑπόστασιν ὅταν καθ' αὐτὸν θεωρῇ τὸν ἀριθμόν.*

SCHOLIA

IN

DIOPHANTUM.

SCHOLIA IN DIOPHANTUM (LIBR. I) MAXIMI QUAE FERUNTUR PLANUDIS

(cod. Marcian. 308).

AD DEFINITIONEM I.

⟨*Α*⟩. Ἀριθμός ἐστιν ὑποδείγματος ὁ γ.

Τετράγωνός ἐστιν ὁ θ, ὡς ἐπὶ ὑποδείγματος· ὁ γὰρ γ ἀριθμὸς ἐφ' ἑαυτὸν πολλαπλασιασθεὶς ποιεῖ τὸν θ, καὶ ἔστιν ὁ γ πλευρὰ τοῦ θ.

Κύβος ἐστὶν ὁ κζ· ὁ γὰρ γ ἀριθμὸς ἐπὶ τὸν ἀπ' αὐτοῦ τετράγωνον τὸν θ πολλαπλασιασθεὶς ποιεῖ τὸν κζ.

Δυναμοδύναμίς ἐστιν ὁ πα· ὁ γὰρ θ τετράγωνος ἐφ' ἑαυτὸν πολλαπλασιασθείς, ταὐτὸν δὲ εἰπεῖν, ὁ γ ἀριθμὸς ἐπὶ τὸν κζ κύβον, ποιεῖ τὸν πα.

Δυναμόκυβός ἐστιν ὁ σμγ· ὁ γὰρ θ δύναμις ἐπὶ τὸν κζ κύβον πολλαπλασιασθείς, ταὐτὸν δὲ εἰπεῖν, ὁ γ ἀριθμὸς ἐπὶ τὸν πα δυναμοδύναμιν, ποιεῖ τὸν σμγ.

Κυβόκυβός ἐστιν ὁ ψκθ· ὁ γὰρ κζ κύβος ἐφ' ἑαυτὸν πολλαπλασιασθείς, ταὐτὸν δὲ εἰπεῖν, ὁ θ δύναμις ἐπὶ τὸν πα δυναμοδύναμιν καὶ ἔτι ⟨ὁ⟩ γ ἀριθμὸς ἐπὶ τὸν σμγ δυναμόκυβον, ποιεῖ τὸν ψκθ.

---

1 Numerum *A* et sequentes usque ad *IA* restitui secundum sectiones codicum.

AD DEFINITIONEM II.

⟨Β⟩. Ἡ δὲ ἔκθεσις αὐτῶν ἐστιν ἥδε·

ϛ^{ὸ}	Δ^{Y}	K^{Y}	$\Delta^{Y}\Delta$	ΔK^{Y}	$K^{Y}K$
γ̅	θ̅	κ̅ζ̅	π̅α̅	σ̅μ̅γ̅	ψ̅κ̅θ̅

καὶ ἡ μὲν δύναμις γίνεται οὕτως· γ. γ, θ̅,
ὁ δὲ κύβος· γ. θ, κ̅ζ̅,
ἡ δὲ δυναμοδύναμις· γ. θ. θ. κζ, π̅α̅,
ὁ δὲ δυναμόκυβος· γ. θ. κζ. πα, σ̅μ̅γ̅,
ὁ δὲ κυβόκυβος γ. θ. κζ. κζ. πα. σμγ. ψ̅κ̅θ̅.

Ἁπλοῖ μὲν οὖν κατὰ τοὔνομα τούτων τῶν ἀριθμῶν εἰσιν ὅ τε ϛ^{ὸ} καὶ ἡ Δ^{Y} καὶ ὁ K^{Y}, σύνθετοι δὲ ἥ τε $\Delta^{Y}\Delta$ καὶ ⟨ὁ⟩ ΔK^{Y} καὶ ὁ $K^{Y}K$. τῶν μὲν οὖν ἁπλῶν πρός τε ἑαυτοὺς καὶ ἀλλήλους καὶ τοὺς συνθέτους πολλαπλασιαζομένων γίνονται οἵ τε ἁπλοῖ καὶ οἱ σύνθετοι ἀριθμοί· οἷον ἁπλοῦς ὁ γ̅ ϛ^{ὸ} ἐφ' ἑαυτὸν μὲν ποιεῖ τὸν θ̅ Δ^{Y} ἁπλοῦν· ἐπὶ δὲ τὸν θ̅ Δ^{Y} ἁπλοῦν, τὸν κ̅ζ̅ K^{Y} ἁπλοῦν· ἐπὶ δὲ τὸν κ̅ζ̅ K^{Y} ἁπλοῦν τὸν π̅α̅ $\Delta^{Y}\Delta$ σύνθετον· καὶ ἐπὶ τῶν ἄλλων ὡσαύτως. καὶ οἱ μὲν ἁπλοῖ οὕτως· οἱ δὲ σύνθετοι οὔτε πρὸς ἑαυτοὺς οὔτε πρὸς ἀλλήλους πολλαπλασιαζόμενοι ποιοῦσιν ὀνομαζομένους τινὰς ἀριθμούς· εἰ γὰρ τὸν π̅α̅ $\Delta^{Y}\Delta$ σύνθετον ἐφ' ἑαυτὸν πολλαπλασιάσω, ποιῶ μὲν τὸν ͵ϛφξα, ὀνόματι δὲ αὐτὸν ὀνομάσαι οὐκ ἔχω ἑτέρῳ, εἰ μὴ ὅτι καὶ αὐτὸν δυναμοδύναμιν λέγω· τηνικαῦτα γὰρ τὸν μὲν π̅α̅ λαμβάνω ὡς Δ^{Y}, τὸν δὲ θ̅ ὡς ϛ^{ὶν} καὶ οὐκέτι ὡς Δ^{Y}· καὶ ἐπὶ τῶν ἄλλων ὡσαύτως.

12 ἥ τε] ὅ τε. 15 ἀριθμοί] καί.

AD DEFINITIONEM III.

⟨Γ⟩. Ἀριθμοστόν ἐστιν, ὡς ἐπὶ τοῦ προτεθέντος ὑποδείγματος, τὸ τῆς μονάδος τρίτον· ὁ γὰρ ἀριθμὸς ἦν ὁ $\overline{\gamma}$, καὶ ἐπὶ τῶν ἑξῆς πάντων ὁμοίως.

Δυναμοστὸν δὲ τὸ τῆς μονάδος ἔνατον· ἡ γὰρ δύναμις ἦν ὁ $\overline{\vartheta}$.

Κυβοστὸν δὲ τὸ τῆς μονάδος εἰκοσθέβδομον· ὁ γὰρ κύβος ἦν ὁ $\overline{\kappa\zeta}$.

Δυναμοδυναμοστὸν δὲ τὸ τῆς μονάδος ὀγδοηκοστόμονον· ἡ γὰρ δυναμοδύναμις ἦν ὁ $\overline{\pi\alpha}$.

Δυναμοκυβοστὸν δὲ τὸ τῆς μονάδος διακοσιοστοτεσσαρακοστότριτον· ὁ γὰρ δυναμόκυβος ἦν ὁ $\overline{\sigma\mu\gamma}$.

Κυβοκυβοστὸν δὲ τὸ τῆς μονάδος ἑπτακοσιοστοεικοστοένατον· ὁ γὰρ κυβόκυβος ἦν ὁ $\overline{\psi\kappa\vartheta}$.

AD DEFINITIONEM IV.

⟨Δ⟩.	ς^{ὸ} ἐπὶ ς^{ὸν}	ποιεῖ $Δ^{Y}$.	ὁ $\overline{\gamma}$ ἐφ' ἑαυτόν,	τὸν $\overline{\vartheta}$.
	ς^{ὸ} ἐπὶ $Δ^{Y}$	ποιεῖ K^{Y}.	ὁ $\overline{\gamma}$ ἐπὶ τὸν $\overline{\vartheta}$,	τὸν $\overline{\kappa\zeta}$.
	ς^{ὸ} ἐπὶ K^{Y}	ποιεῖ $Δ^{Y}Δ$.	ὁ $\overline{\gamma}$ ἐπὶ τὸν $\overline{\kappa\zeta}$,	τὸν $\overline{\pi\alpha}$.
	ς^{ὸ} ἐπὶ $Δ^{Y}Δ$	ποιεῖ $ΔK^{Y}$.	ὁ $\overline{\gamma}$ ἐπὶ τὸν $\overline{\pi\alpha}$,	τὸν $\overline{\sigma\mu\gamma}$.
	ς^{ὸ} ἐπὶ $Δ^{Y}K$	ποιεῖ $K^{Y}K$.	ὁ $\overline{\gamma}$ ἐπὶ τὸν $\overline{\sigma\mu\gamma}$,	τὸν $\overline{\psi\kappa\vartheta}$.
	$Δ^{Y}$ ἐπὶ $Δ^{Y}$	ποιεῖ $Δ^{Y}Δ$.	ὁ $\overline{\vartheta}$ ἐφ' ἑαυτόν,	τὸν $\overline{\pi\alpha}$.
	$Δ^{Y}$ ἐπὶ K^{Y}	ποιεῖ $ΔK^{Y}$.	ὁ $\overline{\vartheta}$ ἐπὶ τὸν $\overline{\kappa\zeta}$,	τὸν $\overline{\sigma\mu\gamma}$.
	$Δ^{Y}$ ἐπὶ $Δ^{Y}Δ$	ποιεῖ $K^{Y}K$.	ὁ $\overline{\vartheta}$ ἐπὶ τὸν $\overline{\pi\alpha}$,	τὸν $\overline{\psi\kappa\vartheta}$.
	K^{Y} ἐπὶ K^{Y}	ποιεῖ $K^{Y}K$.	ὁ $\overline{\kappa\zeta}$ ἐφ' ἑαυτόν,	τὸν $\overline{\psi\kappa\vartheta}$.

⟨Ε⟩. Εἰδέναι χρὴ ὅτι οὐ τὸν τυχόντα ἀριθμὸν ἐπὶ τὸν τυχόντα ἀριθμόν, ἢ δύναμιν, ἢ κύβον, πολλαπλασιάζειν χρή, ἵν' ἕτερον εἶδος γίνηται, ἀλλ' ὅταν μὲν

---

14 κυβόκυβος] κ^{υ}.

ἀριθμὸν ἐπὶ ἀριθμόν, ἢ δύναμιν ἐπὶ δύναμιν, πρὸς ἑαυτά· οἷον τὸν δ̄ ἀριθμὸν ἐπ' ἄλλον ἀριθμὸν ποιήσεις, οἷον τὸν ε̄, οὐκ ἔσται δύναμις· ἔσται γὰρ ὁ κ̄ ὃς οὐκ ἔστι τετράγωνος, ἀλλ' ἁπλῶς ἀριθμός. ὁμοίως καὶ εἰ τὸν θ̄ δύναμιν ἐπὶ τὸν ις̄ δύναμιν ποιήσεις, οὐκ ἔσται δυναμοδύναμις, ἀλλ' ἁπλῶς δύναμις· ἔσται γὰρ ὁ ρμδ̄ ἀπὸ τοῦ ιβ̄ ἀριθμοῦ γενόμενος.

Ὅταν δὲ ἕτερον εἶδος ἐφ' ἕτερον εἶδος μέλλῃς ποιεῖν, ἐπὶ τὸ ἀπὸ τοῦ αὐτοῦ ἀριθμοῦ γενόμενον χρὴ ποιεῖν, οἱονεὶ ἀριθμὸν ἐπὶ δύναμιν ἢ κύβον, ἢ αὖ πάλιν δύναμιν ἐπὶ κύβον ἢ δυναμοδύναμιν· εἰ γὰρ τὸν γ̄ ἀριθμὸν ἐπὶ τὴν ἀπ' αὐτοῦ δύναμιν, τὸν θ̄, ποιήσεις, ἕξεις κύβον τὸν κζ̄· εἰ δὲ ἐφ' ἕτερον, οὐκέτι· οἷον εἰ πρὸς τὸν δ̄ δύναμιν ποιήσεις, γενήσεται ὁ ιβ̄ ὃς κύβος οὐκ ἔστιν. ὁμοίως καὶ εἰ τὸν θ̄ δύναμιν ἐπὶ τὸν ἀπὸ τοῦ αὐτοῦ ἀριθμοῦ τοῦ γ̄ γεγονότα κύβον ποιήσεις, ἕξεις δυναμόκυβον τὸν σμγ̄· εἰ δὲ ἐφ' ἕτερον, οὐκέτι· εἰ γὰρ ἐπὶ τὸν ἀπὸ τοῦ β̄ κύβον, τὸν η̄, ποιήσεις, γενήσεται ὁ οβ̄ ὃς δυναμόκυβος οὐκ ἔστι.

⟨ς⟩. Πᾶς οὖν ἀριθμὸς ἐπὶ πάντα ἀριθμὸν πολλαπλασιαζόμενος ἁπλῶς ἀριθμὸν ποιεῖ· ἐπὶ δὲ ἑαυτὸν καὶ τοὺς ὁμωνύμους τοῖς ἀπὸ μονάδος τετραγώνοις πολλαπλασίοις ἑαυτοῦ, τετράγωνον. ἐπεὶ γὰρ οἱ ἀπὸ μονάδος τετράγωνοί εἰσιν ὁ ᾱ, δ̄, θ̄, ις̄, κε̄, λς̄, μθ̄, καὶ ἐφεξῆς, ἀναλογεῖ δὲ καὶ ἡ μονὰς τῇ ἰσότητι, διὰ μὲν τὸν πρῶτον τετράγωνον τὴν μονάδα, πᾶς ἀριθμὸς ἐπὶ ἴσον ἑαυτῷ ἀριθμόν, τετράγωνον ποιεῖ· οἷον ὁ β̄ ἐπὶ τὸν β̄, ποιεῖ τὸν δ̄.

διὰ δὲ τὸν δεύτερον τὸν δ̄, πᾶς ἀριθμὸς ἐπὶ τὸν τετραπλάσιον ἑαυτοῦ, τετράγωνον ποιεῖ· οἷον ὁ β̄ ἐπὶ τὸν η̄, ποιεῖ τὸν ις̄.

διὰ δὲ τὸν τρίτον τετράγωνον τὸν ϑ, πᾶς ἀριϑμὸς ἐπὶ τὸν ἐννεαπλάσιον ἑαυτοῦ, τετράγωνον ποιεῖ· οἷον ⟨ὁ⟩ β ἐπὶ τὸν ιη, τὸν λϛ.

καὶ ἐφεξῆς ὁμοίως.

⟨Ζ⟩. Πᾶς ἀριϑμὸς ἐπ' οὐδένα τετράγωνον ποιήσει κύβον, εἰ μὴ ἐπὶ μόνον τὸν ἀπ' αὐτοῦ· οἷον ὁ μὲν β ἐπὶ τὸν ἀπ' αὐτοῦ τὸν δ, ποιεῖ τὸν η· ὁ δὲ γ ἐπὶ τὸν ἀπ' αὐτοῦ τὸν ϑ, ποιεῖ τὸν κζ· καὶ ἐφεξῆς ὁμοίως.

καὶ ὁμοίως πᾶς ἀριϑμὸς ἐπὶ μόνον τὸν ἀπ' αὐτοῦ κύβον, δυναμοδύναμιν ποιεῖ· ὡς ὁ γ ἐπὶ τὸν κζ, ποιεῖ τὸν πα.

καὶ ἔτι ἐπὶ μόνην τὴν ἀπ' αὐτοῦ δυναμοδύναμιν, δυναμόκυβον ποιεῖ· ὡς ὁ γ ἐπὶ τὸν πα, τὸν σμγ.

καὶ ἐπὶ μόνον τὸν ἀπ' αὐτοῦ δυναμόκυβον, κυβόκυβον ποιεῖ· ὡς ὁ γ ἐπὶ τὸν σμγ, τὸν ψκϑ.

καὶ ἄλλως οὐ γενήσεται.

⟨Η⟩. Πᾶς τετράγωνος ἐπὶ πάντα, τετράγωνον ποιεῖ· ἐπὶ δὲ ἑαυτόν, καὶ δυναμοδύναμιν· ὁ γὰρ δ ἐπὶ τὸν ϑ, ποιεῖ τὸν λϛ, καὶ ἐπὶ τὸν ιϛ, τὸν ξδ, καὶ ἔτι ὁ ϑ ἐπὶ τὸν ιϛ, τὸν ρμδ, τετραγώνους καὶ αὐτοὺς ὄντας· ὁ δὲ δ ἐφ' ἑαυτόν, τὸν ιϛ, καὶ ὁ ϑ ἐφ' ἑαυτόν, τὸν πα, δυναμοδυνάμεις ὄντας.

Πᾶς τετράγωνος ἐπὶ μόνον τὸν ἀπὸ τῆς αὐτῆς πλευρᾶς κύβον, ποιεῖ δυναμόκυβον· ὡς ὁ ϑ ἐπὶ τὸν κζ, τὸν σμγ·

καὶ ἐπὶ μόνην τὴν ἀπ' αὐτοῦ δυναμοδύναμιν, ποιεῖ κυβόκυβον· ὡς ὁ ϑ ἐπὶ τὸν πα, τὸν ψκϑ.

⟨Θ⟩. Πᾶς κύβος ἐπὶ πάντα κύβον, κύβον ποιεῖ· ἐπὶ δὲ ἑαυτόν, καὶ κυβόκυβον· ὁ γὰρ η κύβος ἐπὶ τὸν κζ κύβον, τὸν σιϛ κύβον ἀπὸ πλευρᾶς τοῦ ϛ ποιεῖ, καὶ ἐπὶ τὸν ξδ κύβον ἀπὸ πλευρᾶς τοῦ δ, τὸν φιβ κύβον ἀπὸ πλευρᾶς τοῦ η· ἐφ' ἑαυτοὺς δὲ ὁ μὲν η ποιεῖ κυβόκυβον τὸν ξδ, ὁ κζ τὸν ψκθ.

καὶ οὗτοι μέν εἰσι καὶ τετράγωνοι πάντες οἱ κυβόκυβοι· οἱ μόνως κύβοι οὐ κυβόκυβοι γινόμενοι οὐκέτι.

Καὶ τοῦτο πρὸς τοῖς ἄλλοις χρὴ εἰδέναι ὅτι τῶν εἰρημένων ἀριθμῶν ἔνιοι ἐν διαφόροις εἴδεσι θεωροῦνται· αὐτίκα γὰρ ὁ ιϛ καὶ ἀριθμός ἐστιν, εἴπερ αὐτοῦ ἀναγράφεις τετράγωνον, καὶ τετράγωνός ἐστιν ἀπὸ πλευρᾶς τοῦ δ, καὶ δυναμοδύναμις ἀπὸ πλευρᾶς τοῦ β.

καὶ ἔτι ὁ ξδ· ἔστι μὲν καὶ αὐτὸς ἀριθμός, εἴπερ ἀπ' αὐτοῦ ὁμοίως ἀναγράφεις τετράγωνον· ἔστι δὲ καὶ τετράγωνος ἀπὸ πλευρᾶς τοῦ η, καὶ κύβος ἀπὸ πλευρᾶς τοῦ δ, καὶ ἔτι κυβόκυβος ἀπὸ πλευρᾶς τοῦ β.

ἐκκείσθω δὲ καὶ διάγραμμα τῶν τοιούτων ἀριθμῶν μέχρι δεκάδος σὺν τοῖς ἀπ' αὐτῶν γενομένοις εἴδεσιν, ἄνωθεν ἐπὶ τὰ κάτω ἰοῦσιν εὐτάκτως· ἕξει γὰρ ἕκαστος τῶν ἀριθμῶν ὑπ' αὐτὸν τὰ ἐξ αὐτοῦ γινόμενα εἴδη.

α	β	γ	δ	ε	ϛ	ζ	η	θ	ι
α	δ	θ	ιϛ	κε	λϛ	μθ	ξδ	πα	ρ
α	η	κζ	ξδ	ρκε	σιϛ	τμγ	φιβ	ψκθ	͵α
α	ιϛ	πα	σνϛ	χκε	͵ασϙϛ	͵βυα	͵δϙϛ	͵ϛφξα	α̈
α	λβ	σμγ	͵ακδ	͵γρκε	͵ζψοϛ	α̈͵ϛωζ	γ̈͵βψξη	ε̈͵θμθ	ϊ
α	ξδ	ψκθ	͵δϙϛ	α̈͵εχκε	δ̈͵ϛχνϛ	ϊα̈͵ζχμθ	κ̈ϛ̈͵βρμδ	ν̈γ̈͵αυμα	ρ̈

⟨I⟩. *Αἱ δὲ δυνάμεις πᾶσαι δῆλον ὡς εἰσὶ τετράγωνοι· τῶν δὲ κύβων, οἱ μὲν ἀπὸ κύβων ἐφ' ἑαυτοὺς γενομένων, τετράγωνοι καὶ αὐτοὶ εἶναι δύνανται· οἱ δ' ἄλλοι οὐδαμῶς.*

4 οὐ κυβόκυβοι] ἐκ κυ.

Αἱ μὲν δυναμοδυνάμεις πᾶσαι τετράγωνοι εἶναι δύνανται· ἀπὸ γὰρ δυνάμεων ἐφ᾽ ἑαυτὰς πολλαπλασιασθεισῶν γίνονται.

Οἱ δὲ δυναμόκυβοι, ὥσπερ οἱ κύβοι· ὅσοι μὲν γὰρ αὐτῶν ἁπλῶς δυναμόκυβοί εἰσιν, ὡς ὁ $\overline{\lambda\beta}$ καὶ ⟨ὁ⟩ $\overline{\sigma\mu\gamma}$ ⟨καὶ⟩ ὁ $\overline{͵\zeta\psi\varsigma}$, οὐ δύνανται εἶναι καὶ τετράγωνοι· ὅσοι δὲ ἀπὸ δυναμοκύβων ἁπλῶς ἐφ᾽ ἑαυτοὺς πολλαπλασιασθέντων γεγόνασι, καὶ τετράγωνοι δύνανται εἶναι, ὡς ἀπὸ τοῦ $\overline{\lambda\beta}$ ἐφ᾽ ἑαυτὸν γινομένου, ὁ $\overline{͵\alpha\kappa\delta}$, καὶ τοῦ $\overline{\sigma\mu\gamma}$ ἐφ᾽ ἑαυτὸν ὁμοίως, ὁ $\overset{\epsilon}{\text{Μ}}\overline{͵\vartheta\mu\vartheta}$.

Οἱ δὲ κυβόκυβοι πάντες καὶ τετράγωνοι δύνανται εἶναι· ἀπὸ γὰρ κύβων ἐφ᾽ ἑαυτοὺς πολλαπλασιασθέντων γεγόνασι.

Παρατηρητέον ἐν τῷ παρόντι διαγράμματι καὶ τοῦτο, ὡς τὰ ὑποβεβηκότα ἑκάστῳ τῶν ἀριθμῶν εἴδη κατὰ τὴν τῶν ἀρτιάκις ἀρτίων προκόπτουσιν ἔφοδον, εἰ καὶ μὴ πάντα ἄρτια εἶεν, ἀλλ᾽ οἷοιπέρ εἰσιν οἱ ἀριθμοί, τοιαῦτα κατὰ τὸ περισσόν τε καὶ ἄρτιον καὶ τὰ ἐξ αὐτῶν εἴδη.

ἡ μὲν οὖν μονάς, ἐπειδὴ τῇ ἰσότητι ἀναλογεῖ, καὶ τὰ ὑποβεβηκότα αὐτῇ εἴδη μονάδας ἔχει.

ὁ δὲ $\overline{\beta}$ ὑποβεβηκότα ἔχει τὸν $\overline{\delta}$ διπλάσιον αὐτοῦ, καὶ ὁ $\overline{\delta}$ τὸν $\overline{\eta}$ διπλάσιον αὐτοῦ, καὶ ὁ $\overline{\eta}$ τὸν $\overline{\iota\varsigma}$ διπλάσιον αὐτοῦ, καὶ ἑξῆς.

ὁ δὲ $\overline{\gamma}$ πάλιν τὸν $\overline{\vartheta}$ τριπλάσιον αὐτοῦ, καὶ ὁ $\overline{\vartheta}$ τὸν $\overline{\kappa\zeta}$ τριπλάσιον αὐτοῦ, καὶ ὁ $\overline{\kappa\zeta}$ τὸν $\overline{\pi\alpha}$ τριπλάσιον αὐτοῦ, καὶ ἑξῆς ὁμοίως.

καὶ πάντες οἱ ἄλλοι ἀριθμοὶ τοσαπλασίους αὐτῶν

---

14 παρατηρητέον X_2, παρατητέον alii. 21 αὐτῆς. 22 ἑαυτοῦ.

ἔχουσι τοὺς ὑποβεβηκότας αὐτοῖς ὅσων μονάδων ἐστὶν ἕκαστος· ὁ μὲν δ̄ τετραπλασίους, ὁ δὲ ε̄ πενταπλασίους, καὶ ἐφεξῆς.

AD DEFINITIONEM V.

⟨ΙΑ⟩. *Πᾶς ἀριθμὸς ἐπὶ τὸ ὁμώνυμον αὐτοῦ μόριον πολλαπλασιασθεὶς μονάδα ποιεῖ.*

Ἔστω ἀριθμὸς ὁ δ̄ καὶ τὸ ὁμώνυμον αὐτοῦ μόριον τὸ δ^{ον}. ἐὰν οὖν πολλαπλασιάσῃς τὸ δ̄ ἐπὶ τὸ δ^{ον}, ἔσται μονάς· δ^{κις} γὰρ τὸ δ^{ον}, μονὰς ἤτοι ἕν· μονὰς γὰρ εἰς δ^{α} τμηθεῖσα, οὐκ εἰς πλείονα τῶν δ̄ τμηθήσεται· ὁμοίως εἰς ε^{α}, οὐκ εἰς πλείονα ἢ ἐλάττονα τῶν ε̄· καὶ ἐφεξῆς.

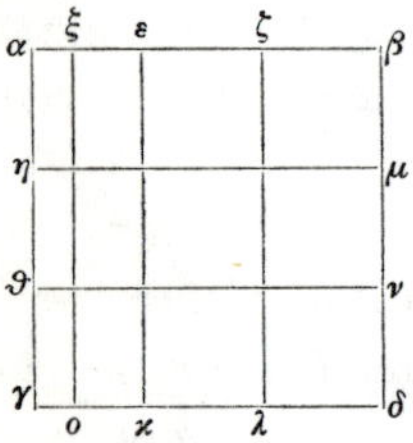

Ἵνα δὲ καὶ ἐπὶ διαγράμματος δῆλον ᾖ τὸ λεγόμενον, ἐκκείσθωσαν δύο εὐθεῖαι πρὸς ὀρθάς, ἥ τε ΑΒ καὶ ἡ ΑΓ, καὶ ἔστω ἑκατέρα μονάδων τριῶν, καὶ τετμήσθωσαν εἰς τὰς μονάδας τὰς ΑΕ, ΕΖ, ΖΒ, καὶ εἰς τὰς ΑΗ, ΗΘ, ΘΓ· καὶ ἀναγεγράφθω ἀπ' αὐτῶν τετράγωνον τὸ ΑΒΓΔ, καὶ ἀπὸ μὲν τῶν Ε καὶ Ζ σημείων ἤχθωσαν τῇ ΑΓ παράλληλοι ἥ τε ΕΚ καὶ ΖΛ, ἀπὸ δὲ τῶν Η καὶ Θ τῇ ΑΒ παράλληλοι ἥ τε ΗΜ καὶ ΘΝ.

Δῆλον οὖν ὅτι τὸ ὅλον τετράγωνον μονάδων γέγονεν ἐννέα, ἕκαστον δὲ τῶν ΑΚ καὶ ΚΖ, ΖΔ χωρίων τριῶν μονάδων ἐστίν. ἀπειλήφθω δὴ τὸ τρίτον τῆς ΑΕ εὐθείας καὶ ἔστω τὸ ΑΞ· καὶ ἀπὸ τοῦ Ξ σημείου ἤχθω παράλληλος τῇ ΑΓ ἡ ΞΟ· καὶ ἔστι τὸ ΑΟ χωρίον τρίτον τοῦ ΑΚ· τρίτον γὰρ τῆς ΑΕ εὐθείας, ἀφ' ἧς τὸ ΑΚ, ἦν ἡ ΑΞ· ἦν δὲ ὅλον τὸ ΑΚ μονάδων

20 τῆς ΑΓ. 28 ἀφ' ἧς] ἐφ' ἧς X_2, melius foret ὑφ' ἧς.

τριῶν· καὶ τὸ τρίτον αὐτοῦ ἄρα τὸ ΑΟ μονάδος ἐστὶ μιᾶς.

Καὶ δέδεικται ὅπως ἡ ΑΓ μονάδων οὖσα τριῶν ἐπὶ τὴν ΑΞ τρίτον οὖσαν μονάδος πολλαπλασιασθεῖσα μονάδα ἐποίησε· καὶ ἔστι τὸ τρίτον ὁμώνυμον ταῖς τρισὶ μονάσι· καὶ καθόλου πᾶν μόριον ὁμωνύμως ἑαυτῷ διαιρεῖ τὸν ἀριθμὸν ἐφ' ὃν πολλαπλασιάζεται, ὡς ἐνταῦθα τὸ τρίτον εἰς τρία διεῖλε τὸν τρία καὶ ἀπέλαβε τὸ τρίτον αὐτοῦ ὅπερ ἦν ἡ μονάς.

Εἰ δὲ ἡ ΑΞ μὴ τρίτον ἦν τῆς ΑΕ, ἀλλ' ἥμισυ τυχόν, εἰς δύο ἔμελλε διαιρεῖν τὸν τρία ὁμωνύμως αὐτῷ· τὸ γὰρ ἥμισυ καὶ δυοστὸν λέγεται· καὶ ἦν ἂν τὸ ΑΟ μονάδος μιᾶς καὶ ἡμίσεος· εἰ δὲ ἕκτον ἦν τῆς ΑΕ ἡ ΑΞ, εἰς ἓξ ἂν διῄρει τὸν τρία, ὁμωνύμως αὐτῷ, καὶ ἦν τὸ ΑΟ ἡμίσεος μονάδος.

AD DEFINITIONEM VI.

ΙΒ. Τὸ πολλαπλασιαζόμενον εἶδος ἐπὶ τὴν μονάδα, φησίν, αὐτὸ εἶδος ἔσται· τουτέστιν, ἐὰν μονὰς ἐφ' ὁντιναοῦν ἀριθμὸν πολλαπλασιασθῇ, αὐτὸν τὸν ἀριθμὸν ἐπ' αὐτὴν πολλαπλασιασθέντα πάλιν ποιήσει· οἷον ἔστω μονὰς καὶ ἀριθμὸς ὁ γ̄ καὶ πολλαπλασιαζέσθω ἡ μονὰς ἐπὶ τὸν γ̄. λέγομεν οὖν ἅπαξ ἀντὶ τῆς μονάδος καὶ λέγομεν· ἅπαξ τὰ γ̄, γ̄· ἰδοὺ πάλιν αὐτὸς ὁ γ̄ γέγονεν. ὁμοίως δὲ καὶ ἐὰν ἕτερος ὁστισοῦν ἀριθμὸς μετὰ τῆς μονάδος πολλαπλασιασθῇ, ὁ αὐτὸς πάλιν γενήσεται.

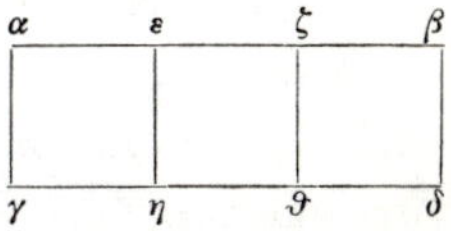

Ἐκκείσθω δὲ καὶ διάγραμμα τούτου. ἐκκείσθωσαν δύο εὐθεῖαι πρὸς ὀρθὰς ἀλλήλαις ἡ ΑΒ καὶ ἡ ΑΓ, καὶ ἔστω ἡ μὲν ΑΒ μονάδων γ̄, ἡ δὲ ΑΓ μονάδος ᾱ, *καὶ ἀναγεγράφθω τὸ ὑπ' αὐτῶν παραλληλόγραμμον τὸ ΑΒΓΔ. λέγω ὅτι καὶ τὸ ΑΒΓΔ παραλληλόγραμμον γ̄ μονάδων ἐστί. διῃρήσθω γὰρ ἡ ΑΒ εἰς τὰς μονάδας αὐτῆς τήν τε ΑΕ καὶ ΕΖ καὶ ΖΒ, καὶ ἀπὸ τῶν Ε καὶ Ζ σημείων ἤχθωσαν παράλληλοι τῇ ΑΓ εὐθεῖαι αἱ ΕΗ, ΖΘ· ἐπεὶ τοίνυν ἡ ΑΓ μονάδος ἐστὶ ᾱ, ἔστι δὲ καὶ ἡ ΑΕ τῆς αὐτῆς μονάδος ᾱ, καὶ ὅλον ἄρα τὸ ΑΗ μονάδος ἔσται ᾱ· μονὰς γὰρ ἐπὶ μονάδα, μονάδα ποιεῖ. διὰ τὰ αὐτὰ δὴ καὶ τὰ ΕΘ καὶ ΘΒ μονάδος ἔσται ἑκάτερον· ὅλον ἄρα τὸ ΑΒΓΔ παραλληλόγραμμον μονάδων ἔσται γ̄· ὅπερ ἔδει δεῖξαι.*

AD DEFINITIONEM VII.

ΙΓ. Ὁμώνυμα μόριά εἰσι τοῖς ἀριθμοῖς, τοῖς μὲν β̄ τὸ ἥμισυ ἤτοι δυοστόν, τοῖς δὲ γ̄ τὸ τρίτον, τοῖς δὲ δ̄ τὸ τέταρτον, καὶ ἐφεξῆς· ἀλλ' οὐ λέγω τρίτον τυχὸν τὸ τῶν γ̄ τρίτον, ἢ τέταρτον τὸ τῶν δ̄ τέταρτον, ἐκεῖνο γὰρ μονάς ἐστιν, ἀλλὰ τὸ τῆς μονάδος τρίτον ἢ τέταρτον· ὅπερ ὁμώνυμον πάντως ἐστὶν ἀριθμῷ, οὐχὶ μόριον ἐκείνου ὄν, ἀλλὰ τῆς μονάδος, καὶ ἔστι τὸ μὲν τρίτον αὐτῆς ὁμώνυμον τῷ γ̄ ἀριθμῷ, τὸ δὲ τέταρτον τῷ δ̄, καὶ ἐφεξῆς.

ΙΔ. Ἀριθμοστὸν οὖν, φησίν, ἐπὶ ἀριθμοστὸν ποιεῖ δυναμοστόν· τουτέστι $γ^{ον}$ ἐπὶ $γ^{ον}$, $θ^{ον}$, ἤτοι τὸ $γ^{ον}$ τοῦ $γ^{ου}$ $θ^{όν}$ ἐστι.

Καὶ ἀριθμοστὸν ἐπὶ δυναμοστὸν ποιεῖ κυβοστόν· τουτέστι $γ^{ον}$ ἐπ' $θ^{ον}$ ποιεῖ $κζ^{ον}$, ἤτοι τὸ $γ^{ον}$ τοῦ $θ^{ου}$ $κζ^{όν}$ ἐστι· ὥσπερ γὰρ ἐπὶ τῶν ἀριθμῶν τὰ γ̄ ἐπὶ τὸν γ̄, θ̄ ἐποίει, καὶ τὰ γ̄ ἐπὶ τὸν θ̄, κ̄ζ̄, οὕτως ἐπὶ τῶν ὁμωνύμων αὐτοῖς μορίων τῆς μονάδος.

Ὡσαύτως καὶ δυναμοστὸν ἐπὶ δυναμοστὸν δυναμοδυναμοστὸν ποιεῖ· τουτέστι τὸ $\vartheta^{\text{ον}}$ ἐπ' $\vartheta^{\text{ον}}$, $\pi\alpha^{\text{ον}}$ ποιεῖ, ἤτοι τοῦ $\vartheta^{\text{ου}}$ ⟨τὸ $\vartheta^{\text{ον}}$⟩ $\pi\alpha^{\text{όν}}$ ἐστι· καὶ γὰρ καὶ $\overline{\vartheta}$, ἐπὶ $\overline{\vartheta}$, $\overline{\pi\alpha}$ ἐποίει δυναμοδύναμιν.

Ἔστω δὲ καὶ ἐπὶ διαγράμματος δῆλον. ἐκκείσθωσαν δύο εὐθεῖαι πρὸς ὀρθὰς ἀλλήλαις αἱ ΑΒ καὶ ΑΓ, καὶ ἔστω ἑκατέρα αὐτῶν μονάδος μιᾶς, καὶ ἀναγεγράφθω ἀπ' αὐτῶν τετράγωνον τὸ ΑΒΓΔ, καὶ ἔσται μονάδος. καὶ διῃρήσθω ἑκατέρα τῶν ΑΒ, ΑΓ εἰς $\overline{\gamma}$ τρίτα· ἡ μὲν ΑΒ εἰς τὰ ΑΕ, ΕΖ, ΖΒ, ἡ δὲ ΑΓ εἰς τὰ ΑΗ, ΗΘ, ΘΓ· καὶ ἤχθωσαν ἀπὸ τῶν Ε καὶ Ζ σημείων παράλληλοι τῇ ΑΓ εὐθεῖαι αἱ ΕΚ, ΖΛ· ὁμοίως καὶ ἀπὸ τῶν Η καὶ Θ σημείων παράλληλοι τῇ ΑΒ αἱ ΗΜ, ΘΝ· καὶ τεμνέσθω ἡ ΕΚ τὴν ΗΜ κατὰ τὸ Ξ.

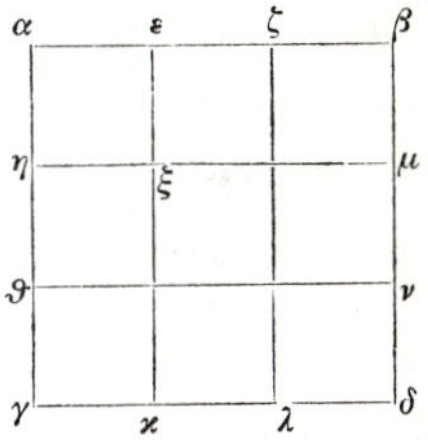

Ἐπεὶ τοίνυν ἡ ΑΒ μονὰς εἰς $\overline{\gamma}$ τρίτα διῄρηται, ἕκαστον ἄρα τῶν ΑΚ, ΚΖ, ΖΔ τρίτον μονάδος ἔσται· ὅλον γὰρ τὸ ΑΒΓΔ τετράγωνον μονάδος μιᾶς ἦν. ἀλλ' ἕκαστον τούτων πάλιν ὑπὸ τῶν ΗΜ καὶ ΘΝ εὐθειῶν εἰς $\overline{\gamma}$ τρίτα διῄρηται· ἔσται οὖν καὶ τὸ ΑΚ εἰς $\overline{\gamma}$ τρίτα διῃρημένον. ἦν δὲ καὶ ὅλον τὸ ΑΚ μονάδος τρίτον· τὸ ΑΞ ἄρα ἔσται τρίτον τρίτου, ὅπερ ἐστὶν ἔνατον· καὶ δέδεικται ὅπως τὸ ἀριθμοστὸν ἐπὶ τὸ ἀριθμοστόν, τουτέστι τὸ ΑΕ ἐπὶ τὸ ΑΗ, τὸ τρίτον ἐπὶ τὸ τρίτον, δυναμοστὸν ἐποίησε τὸ ΑΞ μονάδος ὂν ἔνατον· τὸ γὰρ ΑΒΓΔ ὅλον τετράγωνον, μονάδος μιᾶς ὄν, τοιούτων ἐστὶν ἐννέα οἵων ἐστὶ τὸ ΑΞ ἑνός.

---

2 τὸ ἔννατον add. X_2.

Ὁμοίως δὲ καὶ ἐὰν τὸ μὲν *AH* ἀριθμοστὸν μένῃ, ἤτοι γ^{ον} μονάδος, τὸ δὲ *AE* δυναμοστὸν ὑποθώμεθα, τουτέστιν θ^{ον} μέρος τῆς *AB*, τὸ *AΞ* κυβοστὸν ἔσται, τουτέστιν κζ^{ον} μέρος τοῦ *ABΓΔ* ὅλου τετραγώνου· καὶ ἐὰν ἑκάτερον τῶν *AH* καὶ *AE* δυναμοστὸν ὑποθώμεθα, τουτέστι τὸ μὲν *AH* θ^{ον} τῆς *AΓ*, καὶ τὸ *AE* ὁμοίως θ^{ον} τῆς *AB*, τὸ *AΞ* δυναμοδυναμοστὸν ἔσται, τουτέστιν πα^{ον} μέρος μιᾶς μονάδος, ἤτοι τοῦ *ABΓΔ* τετραγώνου· καὶ ἐπὶ τῶν λοιπῶν ὁμοίως.

Χρὴ δὲ τὸν τούτων πολλαπλασιασμὸν μὴ ὡς ἔτυχε ποιεῖν, τουτέστι τὸ τυχὸν ἀριθμοστὸν ἐπὶ τὸ τυχὸν ἀριθμοστὸν ποιεῖν, ἵνα γένηται δυναμοστόν, ἢ τὸ ἀριθμοστὸν ἐπὶ τὸ τυχὸν δυναμοστὸν ἵνα γένηται κυβοστόν· ἀλλ' ὡς ἐν τοῖς ἀριθμοῖς καὶ ταῖς δυνάμεσι καὶ τοῖς ἄλλοις εἴρηται, τὸ ἀριθμοστὸν ἐπὶ τὸ ἴσον αὐτῷ ἤγουν ἐφ' ἑαυτὸ χρὴ ποιεῖν, τουτέστι τὸ γ^{ον} ἐπὶ τὸ γ^{ον} ἵνα γένηται θ^{ον}, καὶ τὸ ἀριθμοστὸν ἐπὶ τὸ ἀπ' αὐτοῦ δυναμοστὸν ποιεῖν, τουτέστι τὸ γ^{ον} ἐπὶ τὸ θ^{ον} ἵνα γένηται κζ^{ον}· καὶ ἐπὶ τῶν ἄλλων ὁμοίως.

AD DEFINITIONEM VIII.

[Ἀριθμοστὸν δὲ ἐπὶ ἀριθμόν, καὶ δυναμοστὸν ἐπὶ δύναμιν, καὶ τὰ λοιπὰ ταὐτόν ἐστι τῷ· πᾶς ἀριθμὸς ἐπὶ τὸ ὁμώνυμον αὐτοῦ μόριον πολλαπλασιασθεὶς μονάδα ποιεῖ.]

ΙΕ. Ἀριθμοστὸν ἐπὶ δύναμιν, ἀριθμὸν ποιεῖ, καὶ ἑξῆς. ὥσπερ ἐλέγομεν ὅτι πᾶς ἀριθμὸς ἐπὶ τὸ ὁμώνυμον αὐτοῦ μόριον πολλαπλασιασθεὶς μονάδα

---

1 μένῃ corr. ex μένει secunda manu. 21—24 Ἀριθμοστὸν ... ποιεῖ in margine tantum exstant.

ποιεῖ, οὕτω καὶ πᾶν ἀριθμοστὸν ἐπὶ τὴν ἀπὸ τοῦ ὁμωνύμου αὐτῷ ἀριθμοῦ γενομένην δύναμιν, οὐκ ἐπὶ τὴν τυχοῦσαν, πολλαπλασιασθέν, τὸν ὁμώνυμον αὐτῷ ἀριθμὸν ποιήσει. οἷον ἔστω ἀριθμοστὸν τὸ γ^{ον}, ἡ δὲ ἀπὸ τοῦ ὁμωνύμου αὐτῷ ἀριθμοῦ δύναμις ὁ θ̅· λέγομεν οὖν· ἐννεάκις τὸ τρίτον, ἐννέα τρίτα, τρεῖς μονάδες εἰσί. καὶ γέγονεν ὁ γ̅ ἀριθμὸς ὁμώνυμος τῷ ἀριθμοστῷ, ἤτοι τῷ γ^{ῳ} τῆς μονάδος μέρει.

Ὁμοίως καὶ ἀριθμοστὸν ἐπὶ κύβον, δυνάμιν ποιεῖ. ἔστω γὰρ πάλιν ἀριθμοστὸν μὲν τὸ γ^{ον}, κύβος δὲ ὁ κ̅ζ̅· καὶ λέγομεν· εἰκοσικαιεπτάκις τὸ γ^{ον}, κ̅ζ̅ τρίτα, τὰ δὲ κ̅ζ̅ τρίτα θ̅ μονάδες εἰσίν· καὶ γέγονεν ὁ θ̅ δύναμις. ἐπὶ τῶν ἄλλων ὡσαύτως.

Ἔστω δὲ καὶ ἐπὶ διαγράμματος δῆλον. ἐκκείσθωσαν δύο εὐθεῖαι πρὸς ὀρθὰς ἀλλήλαις αἱ AB καὶ $A\Gamma$, καὶ ἔστω ἡ μὲν AB μονάδων δ̅, ἡ δὲ $A\Gamma$ μονάδος α̅. καὶ ἀναγεγράφθω ἀπ' αὐτῶν παραλληλόγραμμον τὸ $AB\Gamma\Delta$, καὶ

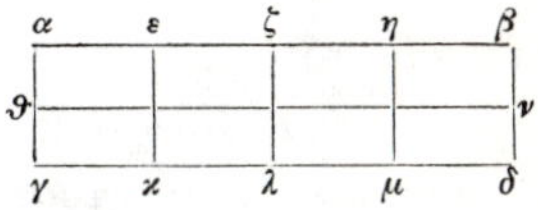

διῃρήσθω ἡ AB εἰς τὰς μονάδας, τήν τε AE καὶ EZ καὶ ZH καὶ HB· καὶ ἐπεὶ ἡ AB, δ̅ μονάδων οὖσα, δύναμίς ἐστίν, ἥτις καὶ γίνεται ἀπὸ τοῦ β̅ ἐφ' ἑαυτὸν πολλαπλασιασθέντος, τετμήσθω καὶ ἡ $A\Gamma$ δίχα κατὰ τὸ Θ, ἵνα δὴ μέρος ὁμώνυμον ἔχῃ τῷ ποιοῦντι τὴν δύναμιν ἀριθμῷ· ἔσται οὖν ἑκατέρα τῶν $A\Theta$, $\Theta\Gamma$ μονάδος δυοστόν. καὶ ἤχθωσαν ἀπὸ τῶν E καὶ Z ⟨καὶ H⟩ σημείων παράλληλοι τῇ $A\Gamma$ εὐθεῖαι αἱ EK, $Z\Lambda$, HM· ὁμοίως καὶ ἀπὸ τοῦ Θ σημείου παράλληλος τῇ AB ἡ ΘN εὐθεῖα.

---

27 H add. X_2. 29 αβ X, αγ alii.

Ἐπεὶ τοίνυν ὅλον τὸ ΑΒΓΔ παραλληλόγραμμον μονάδων ἐστὶ $\bar{\delta}$, ἔστι δὲ καὶ τὸ ΑΝ παραλληλόγραμμον ἥμισυ τοῦ ΑΒΓΔ παραλληλογράμμου (ἡ γὰρ ΘΝ δίχα αὐτὸ τέμνει), αὐτὸ ἄρα τὸ ΑΝ μονάδων ἔσται $\bar{\beta}$· καὶ δέδεικται ὅπως τὸ ἀριθμοστὸν ἐπὶ τὴν δύναμιν, τουτέστι τὸ ΑΘ ἐπὶ τὴν ΑΒ, τὸ δυοστόν, εἴτ' οὖν ἥμισυ, ἐπὶ τὸν $\bar{\delta}$ ἀριθμόν, τὸν $\bar{\beta}$ ποιεῖ τὸ ΑΝ· τὸ γὰρ ΑΒΓΔ παραλληλόγραμμον ὅλον τοιούτων ἐστὶ τεσσάρων οἵων τὸ ΑΝ δύο.

Ὁμοίως δὲ καὶ ἐὰν μὲν τὸ ⟨ΑΘ⟩ ἀριθμοστὸν μένῃ, ἡ δὲ ΑΒ $\bar{\eta}$ μονάδων ὑποτεθῇ, ἤτοι κύβος· ἐπεὶ πάλιν ὅλον τὸ ΑΒΓΔ μονάδων $\bar{\eta}$ ἔσται, ἡ δὲ ΘΝ δίχα τεμεῖ αὐτό, τὸ ἄρα ΑΝ μονάδων ἔσται $\bar{\delta}$, τουτέστι δύναμις, καὶ ὁμοίως ἐπὶ τῶν λοιπῶν.

ΙϚ. Δυναμοστὸν ἐπὶ ἀριθμὸν ἀριθμοστὸν ποιεῖ. ἔστω δυναμοστὸν τὸ δ^{ον}, ἀριθμὸς δὲ ὁ $\bar{\beta}$· λέγομεν οὖν δὶς τὸ δ^{ον}, $\bar{\beta}$ τέταρτα· τὰ δὲ $\bar{\beta}$ τέταρτα ἥμισύ ἐστι, καὶ γέγονεν ἀριθμοστὸν τὸ δυοστόν. [τὸ δὲ δυοστόν]

Ὁμοίως ⟨δυναμοστὸν⟩ ἐπὶ κύβον ἀριθμὸν ποιεῖ. ἔστω γὰρ δυναμοστὸν μὲν τὸ δ^{ον}, κύβος δὲ τὰ $\bar{\eta}$· λέγομεν οὖν· ὀκτάκις τὸ δ^{ον}, $\bar{\eta}$ τέταρτα, τὰ δὲ $\bar{\eta}$ τέταρτα $\bar{\beta}$ μονάδες εἰσί, καὶ γέγονεν ἀριθμὸς ὁ $\bar{\beta}$.

Ἔστω δὲ καὶ ἐπὶ διαγράμματος δῆλον. ἐκκείσθωσαν δύο εὐθεῖαι πρὸς ὀρθὰς ἀλλήλαις αἱ ΑΒ καὶ ΑΓ, καὶ

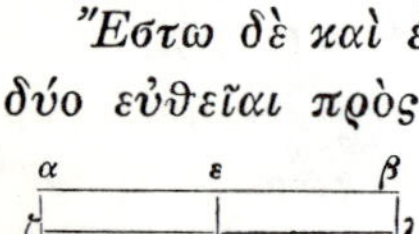

ἔστω ἡ μὲν ΑΒ μονάδων $\bar{\beta}$, ἡ δὲ ΑΓ μονάδος $\bar{\alpha}$· καὶ ἀναγεγράφθω τὸ ὑπ' αὐτῶν παραλληλόγραμμον τὸ ΑΒΓΔ, καὶ διῃρήσθω ἡ ΑΒ εἰς τὰς δύο μονάδας, τήν τε ΑΕ καὶ ΕΒ. καὶ ἐπεὶ ἡ ΑΒ, δύο

---

18 τὸ δὲ δυοστὸν seclusi.

μονάδων οὖσα, ἀριθμός ἐστιν, ὁ δὲ ἀπὸ τοῦ $\bar{\beta}$ γενόμενος τετράγωνος ὁ $\bar{\delta}$ ἐστι, διῃρήσθω καὶ ἡ *ΑΓ* μονὰς εἰς ἴσα $\bar{\delta}$ τέταρτα, τὰ *ΑΖ*, *ΖΗ*, *ΗΘ*, *ΘΓ*. ἔσται οὖν ἕκαστον τούτων μονάδος τέταρτον, καὶ ἡ *ΑΖ* ἄρα δυναμοστόν ἐστιν, ἤτοι μονάδος $\delta^{ον}$. καὶ ἤχθω ἀπὸ μὲν τοῦ *Ε* σημείου παράλληλος τῇ *ΑΓ* εὐθείᾳ ἡ *ΕΚ*, ἀπὸ δὲ τῶν *Ζ* καὶ *Η* καὶ *Θ* παράλληλοι τῇ *ΑΒ* αἱ *ΖΛ*, *ΗΜ*, *ΘΝ*.

Ἐπεὶ οὖν ὅλον τὸ *ΑΒΓΔ* $\bar{\beta}$ μονάδων ἐστίν, ἡ δὲ *ΗΜ* δίχα αὐτὸ τέμνει, τὸ ἄρα *ΑΜ* μονάδος $\bar{\alpha}$ ἔσται. πάλιν ἐπεὶ τὸ *ΑΜ* μονάδος ἐστὶ $\bar{\alpha}$, ἡ δὲ *ΖΛ* δίχα αὐτὸ τέμνει, τὸ ἄρα *ΑΛ* ἡμίσεως ἔσται μονάδος· καὶ δέδεικται ὅπως τὸ δυναμοστὸν ἐπὶ τὸν ἀριθμόν, τουτέστι τὸ *ΑΖ* ἐπὶ τὴν *ΑΒ*, τουτέστι τὸ $\delta^{ον}$ ἐπὶ τὰ $\bar{\beta}$, ἀριθμοστὸν ἐποίησε τὸ *ΑΛ* δυοστὸν ὂν μονάδος.

Ὁμοίως δὲ καὶ ἐὰν τὸ μὲν *ΑΖ* δυναμοστὸν μένῃ, ἡ δὲ *ΑΒ* κύβος ἤτοι $\bar{\eta}$ μονάδων ὑποτεθῇ, τὸ *ΑΛ* ἀριθμὸς ἔσται· ἐπειδὴ γὰρ τὸ *ΑΛ* τέταρτόν ἐστι τοῦ *ΑΒΓΔ*, ὑπόκειται δὲ νῦν τὸ *ΑΒΓΔ* $\bar{\eta}$ μονάδων, τὸ *ΑΛ* ἄρα $\bar{\beta}$ μονάδων ἔσται.

AD DEFINITIONEM IX.

ΙΖ. Λεῖψις ἐπὶ λεῖψιν πολλαπλασιασθεῖσα ποιεῖ ὕπαρξιν, λεῖψις δὲ ἐπὶ ὕπαρξιν ποιεῖ λεῖψιν.

Οὐχ ἁπλῶς λεῖψιν λέγει, μὴ καὶ ὑπάρξεώς τινος οὔσης, ἀλλὰ ὕπαρξιν ἔχουσαν λεῖψιν· ὡς ἐὰν ὑποθώμεθα τὸν $ς^{ὸν}$ εἶναι $μ^{ο}$ $\bar{\beta}$, καὶ φῶμεν ὅτι ἔστω ὅδε

---

4 τέταρτον K, τετάρτου alii.

ἀριθμὸς μ^{ο} ς̄ λείψει ϛ^{οῦ} ᾱ, μ^{ο} δ̄ λέγομεν· τὰ γὰρ ς παρὰ β̄, δ̄ ἐστιν.

Ὥσπερ δὲ γίνεται ἐπὶ τῆς ὑπάρξεως, οὕτω καὶ ἐπὶ τῆς λείψεως· λεῖψις γὰρ ϛ^{οῦ} ἐπὶ μὲν λεῖψιν μ̊^{ων} ὕπαρξιν ϛϛ^{ῶν} ποιεῖ, ἐπὶ δὲ λεῖψιν ϛ^{οῦ} ὕπαρξιν $Δ^{Y}$, ἐπὶ δὲ λεῖψιν $Δ^{Y}$ ⟨ὕπαρξιν⟩ K^{Y}, καὶ ἐφεξῆς. ὁμοίως καὶ λεῖψις ϛ^{οῦ} ἐπὶ μὲν ὕπαρξιν μ̊^{ων} ⟨λεῖψιν⟩ ϛϛ^{ῶν}, ἐπὶ δὲ ὕπαρξιν ϛϛ^{ῶν} λεῖψιν $Δ^{Y}$, καὶ ἑξῆς.

Δεδείχθω μέντοι καὶ γραμμικῶς τὰ τοιαῦτα, καὶ πρῶτον ὅπως ἡ λεῖψις ἐπὶ λεῖψιν ὕπαρξιν ποιεῖ.

Ἐκκείσθωσαν δύο εὐθεῖαι πρὸς ὀρθὰς ἀλλήλαις ἡ ΑΒ καὶ ἡ ΒΓ, καὶ ἔστω ἑκατέρα αὐτῶν μ^{ο} ε̄ λείψει

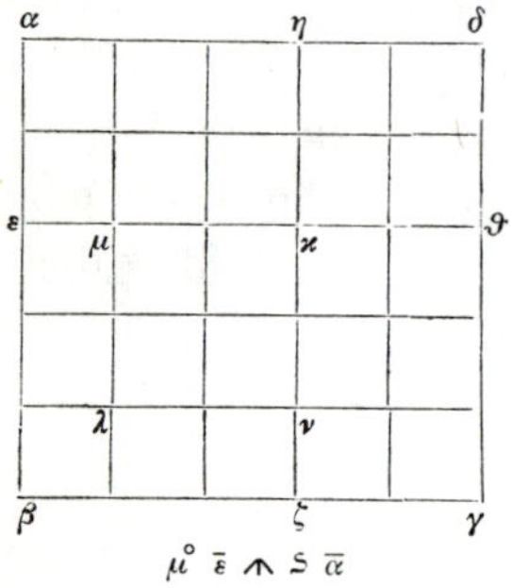

ϛ^{οῦ} ᾱ, καὶ ὑποκείσθω ὁ ϛ^{ὸ} μ^{ο} β̄, καὶ ἔστω ἡ μὲν ἐπὶ ΑΒ λεῖψις ἡ ΑΕ, ϛ^{οῦ} ᾱ ἤτοι μ^{ο} β̄· ἡ ἄρα ΕΒ ἔσται μ^{ο} γ̄· ἡ δὲ ἐπὶ ΒΓ λεῖψις ἔστω ἡ ΖΓ ϛ^{οῦ} ᾱ καὶ αὐτή, ἤτοι μ^{ο} β̄· ἡ ἄρα ΒΖ ὁμοίως ἔσται μ^{ο} γ̄.

Καὶ ἐπεὶ δύο εὐθεῖαι εἰσὶν αἱ ΑΒ, ΒΓ ἑκατέρα μ^{ο} ε̄ λείψει ϛ^{οῦ} ᾱ, καὶ δεῖ ταύτας ἐπ' ἀλλήλας πολλαπλασιασθῆναι ὡς ἂν καὶ ἡ λεῖψις ὅπως ἐπὶ τὴν λεῖψιν πολλαπλασιαζομένη ὕπαρξιν ποιεῖ καὶ ἐπὶ τὴν ὕπαρξιν λεῖψιν δειχθῇ, δέον ἐστὶ κατὰ τὴν τοῦ πολλαπλασιασμοῦ μεταχείρισιν (οὐ τὴν κατὰ τὸν Ἰνδικὸν ἀριθμὸν λέγω· ἐκείνη γὰρ ἀντιστρόφως ἔχει πρὸς τὴν Ἑλληνικήν) πολλαπλασιασθῆναι πρῶτον μὲν καὶ τὴν ὕπαρξιν τῶν μ̊^{ων} ἐφ' ἑαυτήν· εἶτα τὴν αὐτὴν ὕπαρξιν τῶν μ̊^{ων} ἐπὶ

5 λεῖψιν (alt.) K, λεῖψις alii. 10 πρῶτον K, πρῶτα alii.

τὴν λεῖψιν τοῦ ς^{οῦ}· καὶ αὖθις τὴν λεῖψιν τοῦ ς^{οῦ} ἐπὶ τὴν ὕπαρξιν τῶν $\overset{\circ}{μ}{}^{ων}$· καὶ τέλος τὴν λεῖψιν τοῦ ς^{οῦ} ἐφ' ἑαυτήν, ἤτοι ἐπὶ τὴν λεῖψιν, καὶ δεῖξαι τὸ ζητούμενον.

Τούτων ὑποκειμένων, ἐπεὶ ἑκατέρα τῶν *ΑΒ*, *ΒΓ* μ^{ο} ἐστὶ $\overline{ε}$, πεπολλαπλασιάσθω ἡ *ΑΒ* ἐπὶ τὴν *ΒΓ*, καὶ γίνεται τὸ *ΑΒΓΔ* τετράγωνον μ^{ο} $\overline{κε}$· καὶ καταγεγράφθωσαν αἱ μονάδες πᾶσαι τοῦ τετραγώνου· εἶτα πολλαπλασιασθήτω ἡ *ΑΒ*, τουτέστι ἡ τῶν $\overline{ε}$ μονάδων ὕπαρξις, ἐπὶ τὴν *ΖΓ*, λεῖψιν τοῦ ς^{οῦ} τὴν ἐν τῇ *ΒΓ*. καὶ ἐπεὶ μονάδες ἐπὶ ἀριθμοὺς ἀριθμοὺς ποιοῦσι, καὶ ὕπαρξις ἐπὶ λεῖψιν λεῖψιν ποιεῖ, ἀφαιρεθήσεται ἀπὸ τοῦ *ΑΒΓΔ* τετραγώνου τὸ *ΖΔ* παραλληλόγραμμον, λεῖψις ςς^{ῶν} $\overline{ε}$ ἤτοι μ^{ο} $\overline{ι}$. καὶ λοιπὸν μένει τὸ *ΑΖ* παραλληλόγραμμον μ^{ο} $\overline{ιε}$. αὖθις πολλαπλασιασθήτω ἡ *ΑΕ* λεῖψις τοῦ $\overline{α}$ ς^{οῦ} ἐπὶ τὴν *ΒΓ* ὕπαρξιν τῶν $\overline{ε}$ μονάδων, καὶ γενήσεται αὖθις λεῖψις ςς^{ῶν} $\overline{ε}$, καὶ δεήσει εἶναι τὴν λεῖψιν τῶν $\overline{ε}$ ςς^{ῶν} τὸ *ΑΘ* παραλληλόγραμμον. ἀλλ' ἐπεὶ τὸ *ΗΘ* τετράγωνον ἐπὶ τῆς προτέρας λείψεως ἀφῃρέθη καὶ οὐ δεῖ δὶς τὸ αὐτὸ ἐφ' ἑκατέρας τῶν λείψεων ἀφαιρεῖσθαι, ἀφαιρεθήσεται μὲν τὸ *ΑΚ* παραλληλόγραμμον ςς^{ῶν} $\overline{γ}$, πρὸς δὲ τούτῳ καὶ *ΚΛ* τετράγωνον ςς^{ῶν} ὂν $\overline{β}$, ὡς ἂν πάλιν ἡ λεῖψις ςς^{ῶν} γενήσεται $\overline{ε}$, ἥτις ἐστὶ τὸ *Α⟨Η⟩ΚΝΛΜΕ* χωρίον μ^{ο} $\overline{ι}$. καὶ λοιπὸς μένει ὁ *ΒΕΜΛΝΖ* γνώμων μ^{ο} ὢν $\overline{ε}$.

Ἀλλ' ἐπεὶ ἀφαιρουμένων τῶν *ΑΕ* καὶ *ΖΓ* λείψεων, μένει ἑκατέρα τῶν *ΕΒ*, *ΒΖ* μ^{ο} $\overline{γ}$, καὶ δεῖ τὸ ἀπὸ τούτων τετράγωνον μ^{ο} εἶναι $\overline{θ}$, κατελείφθησαν δὲ μ^{ο} $\overline{ε}$ τοῦ γνώμονος, δέον ἐστὶ καὶ $\overline{δ}$ μ^{ο} ταύταις προσθεῖναι,

---

24 χωρίων B, χωρίον K.

ὡς ἂν τὸ ἀπὸ τῶν $\bar{\gamma}$ μ^{o} τετράγωνον γένηται. πολλαπλασιασθεῖσα δὴ ἡ ΑΕ λεῖψις τοῦ $\bar{\alpha}$ ϛ^{οῦ} ἐπὶ τὴν ΖΓ λεῖψιν τοῦ $\bar{\alpha}$ ϛ^{οῦ} ποιήσει Δ^{Y} $\bar{\alpha}$ ὕπαρξιν, ἥτις ἔσται μ^{o} $\bar{\delta}$· ὁ γὰρ ϛ^{ὸ} ὃς ἦν πλευρὰ τῆς Δ^{Y} μ^{o} ἦν $\bar{\beta}$· ἔσται οὖν ἡ Δ^{Y} τὸ ΚΛ τετράγωνον μ^{o} $\bar{\delta}$, ὅπερ πρότερον μὲν ἀφαιρεθέν, νῦν δὲ προστεθὲν τῷ ΒΕΜΛΝΖ γνώμονι, τουτέστι ταῖς $\bar{\varepsilon}$ μ^{o}, ποιήσει τὸ ΒΚ τετράγωνον μ^{o} $\bar{\vartheta}$, καὶ γίνεται ὃ καὶ τῆς ΕΒ μόνως ἐπὶ τὴν ΒΖ πολλαπλασιαζομένης, τῶν $\bar{\gamma}$ μ^{o} ἐπὶ τὰς $\bar{\gamma}$ μ^{o}, μηδαμῶς λαμβανομένων τῶν λείψεων, ἔμελλε γίνεσθαι. καὶ ἔστι τὸ τετράγωνον τὸ ΕΒΖΚ Δ^{Y} $\bar{\alpha}$ μ^{o} $\overline{\kappa\varepsilon}$ ⋔ ϛϛ^{ῶν} $\bar{\iota}$, τουτέστι μ^{o} $\overline{\kappa\vartheta}$ ⋔ μ^{o} $\bar{\kappa}$, ὅπερ ἐστὶ μ^{o} $\bar{\vartheta}$.

[μ^{o} $\bar{\varepsilon}$ λείψει ϛ^{οῦ} $\bar{\alpha}$

μ^{o} $\bar{\varepsilon}$ λείψει ϛ^{οῦ} $\bar{\alpha}$

ὕπαρξις	λεῖψις
μ^{o} $\overline{\kappa\varepsilon}$	ϛϛ^{οὶ} $\bar{\varepsilon}$
Δ^{υ} $\bar{\alpha}$	ϛϛ^{οὶ} $\bar{\varepsilon}$

μ^{o} $\overline{\kappa\varepsilon}$ Δ^{υ} $\bar{\alpha}$ λείψει ϛϛ^{ῶν} $\bar{\iota}$]

[Ἄλλως. Ἐπεὶ τὸ ΚΛ τετράγωνον δὶς ἀφῃρέθη ὑπὸ τῶν λείψεων, ἀλλ' ὑπὸ μὲν τῆς προτέρας λείψεως ἐν ὑπάρξει ὂν ἀφῃρέθη, ὑπὸ δὲ τῆς δευτέρας μὴ ὂν ἀφῃρέθη, ἔστι δὲ ἀδύνατον ἐκ τοῦ μὴ ὄντος ἀφαιρεθῆναί τι, διὰ τοῦτο ἡ λεῖψις ἐπὶ τὴν λεῖψιν ἐποίησε τὸ ΚΛ τετράγωνον ὡς ἂν καὶ ἡ δευτέρα λεῖψις ἐν

4—7 ἔσται οὖν κτἑ.] B habet in mg.: γρ. καὶ οὕτως· ἔσται οὖν ἡ δύναμις τὸ ΚΛ τετράγωνον μ^{o} $\bar{\delta}$, ὅπερ ἐπὶ τῆς χώρας τοῦ ἀφαιρεθέντος τετραγώνου τοῦ ΚΛ ἀντ' αὐτοῦ προστεθὲν τῷ ΒΕΜΛΝΖ γνώμονι. 13—18 Diagramma solus habet X. 19 Ἄλλως κτἑ. quae seclusi ante scholium inserta sunt.

ὑπάρξει ὃν δύνηται τοῦτο ἀφελεῖν ὡς καὶ ἡ προτέρα, καὶ μένῃ τὸ *BK* τετράγωνον ἀπαθές.]

Δέδεικται μὲν οὖν αὐτόθεν, ἡνίκα πῶς ἡ λεῖψις ἐπὶ λεῖψιν ὕπαρξιν ποιεῖ ἐδείκνυτο, καὶ ὅπως ἡ λεῖψις ἐπὶ ὕπαρξιν λεῖψιν ποιεῖ· οὐ μὴν ἀλλὰ καὶ αὖθις κατ' ἰδίαν δεικνύσθω.

Ἐκκείσθωσαν δύο εὐθεῖαι πρὸς ὀρθὰς ἀλλήλαις αἱ *AB*, *BΓ*, καὶ ἔστω ἡ μὲν *AB* μ° γ̄, ἡ δὲ *BΓ* μ° δ̄ ⋔ ϛ^οῦ ᾱ, καὶ ὑποκείσθω πάλιν ὁ ϛ^ὸ μ° β̄, καὶ ἔστω ὁ ϛ^ὸ ἡ *EΓ*· ἡ *BE* ἄρα ἔσται μ° β̄. πολλαπλασιασθήτω δὴ πρῶτον ἡ ὕπαρξις τῶν γ̄ μ° ἐπὶ τὴν ὕπαρξιν τῶν δ̄ μ°, γίνεται τὸ *ABΓΔ* παραλληλόγραμμον μ° ιβ̄· καὶ καταγεγράφθωσαν αἱ μονάδες πᾶσαι τοῦ παραλληλογράμμου, εἶτα πολλαπλασιασθήτω ἡ *AB* ἐπὶ τὴν *EΓ*, τουτέστιν αἱ γ̄ μ° ἐπὶ τὴν τοῦ ᾱ ϛ^οῦ λεῖψιν, καὶ γενήσεται λεῖψις ϛϛ^ῶν γ̄, τουτέστι μ° ϛ̄, ὅπερ ἐστὶ τὸ *EΔ* παραλληλόγραμμον, καὶ μένει λοιπὸν τὸ *AE* παραλληλόγραμμον μ° ϛ̄, ὡς ὑπὸ τῆς *AB* καὶ *BE*, τουτέστι μ° γ̄ ἐπὶ μ° β̄ πολλαπλασιασθεισῶν, καὶ γίνεται ὅπερ καὶ τῆς λείψεως μὴ λαμβανομένης ἔμελλε γίγνεσθαι. καὶ ἔστι τὸ *AE* παραλληλόγραμμον μ° ιβ̄ ⋔ ϛϛ^ῶν γ̄, τουτέστι μ° ιβ̄ ⋔ μ° ϛ̄, ὅπερ ἐστὶ μ° ϛ̄.

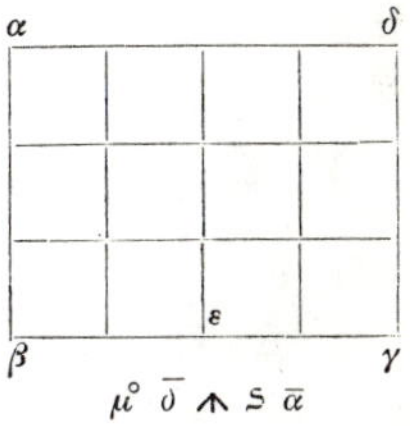

AD EANDEM DEFINITIONEM.

ΙΗ. Δειχθέντων δὴ ὅπως μ° ⋔ ϛ^οῦ ἐπὶ μ° ⋔ ϛ^οῦ πολλαπλασιάζονται, καὶ ἔστιν ὅπως μονάδες προσθέσει

---

2 μένῃ X₂, μένει alii. 20 ὑπὸ] ἀπό.

ἀριθμοῦ ἐπὶ μονάδας λείψει ἀριθμοῦ πολλαπλασιάζονται, τῆς λείψεως κἀνταῦθα ἐπὶ ὕπαρξιν λεῖψιν ποιούσης.

Ἐκκείσθωσαν δύο εὐθεῖαι πρὸς ὀρθὰς ἀλλήλαις αἱ *ΑΒ*, *ΒΓ*, καὶ ἔστω ἡ μὲν *ΑΒ* ϛ^{οῦ} ᾱ μ^{ο} γ̄, ἡ δὲ *ΒΓ* μ^{ο} δ̄ ⋔ ϛ^{οῦ} ᾱ,

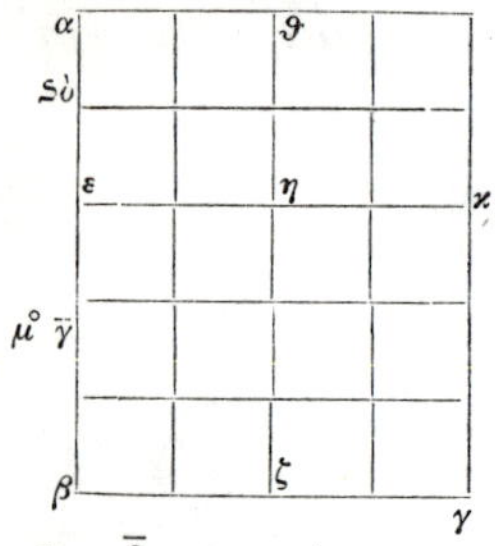

καὶ ὑποκείσθω πάλιν ϛ^{ὸ} μ^{ο} β̄, καὶ ἔστω ὁ μὲν ἐν τῇ *ΑΒ* ϛ^{ὸ} ἤτοι ἡ ὕπαρξις αὐτοῦ ἡ *ΑΕ*, ἡ δὲ ἐν τῇ *ΒΓ* λεῖψις τοῦ ϛ^{οῦ} ἡ *ΖΓ*· ἔσται ἄρα ἡ μὲν *ΕΒ* μ^{ο} γ̄, ἡ δὲ *ΒΖ* μ^{ο} β̄.

Πολλαπλασιασθείσης οὖν τῆς *ΑΕ* πρῶτον ἐπὶ τὴν *ΒΓ*, τουτέστι τῆς ὑπάρξεως τοῦ ᾱ ϛ^{οῦ} ἐπὶ τὴν ὕπαρξιν τῶν δ̄ μ^{ο}, γίνεται τὸ *ΑΚ* παραλληλόγραμμον ϛϛ^{ῶν} δ̄, ἤτοι μ^{ο} η̄. πάλιν αὐτῆς τῆς *ΑΕ* πολλαπλασιασθείσης ἐπὶ τὴν *ΖΓ*, τουτέστι τῆς ὑπάρξεως τοῦ ᾱ ϛ^{οῦ} ἐπὶ τὴν λεῖψιν τοῦ ᾱ ϛ^{οῦ}, γίνεται ⟨λεῖψις⟩ Δ^{Υ} ᾱ, ἥτις ἐστὶ τὸ *ΘΚ* τετράγωνον, μ^{ο} ὂν δ̄, καὶ ἀφαιρουμένου τοῦ τοιούτου τετραγώνου, μένει λοιπὸν τὸ *ΕΘ* παραλληλόγραμμον μ^{ο} δ̄. πάλιν πολλαπλασιασθείσης τῆς *ΕΒ* ἐπὶ τὴν *ΒΓ*, τουτέστι τῆς ὑπάρξεως τῶν γ̄ μ^{ο} ἐπὶ τὴν ὕπαρξιν τῶν δ̄ μ^{ο}, γίνεται τὸ *ΒΚ* παραλληλόγραμμον ⟨μ^{ο}⟩ ι̅β̅. καταγραφεισῶν τῶν μονάδων καὶ εὑρίσκεται τὸ *ΑΒΓΚΗΘ* χωρίον μ^{ο} ι̅ϛ̅. αὖθις δὲ τῆς *ΕΒ*, ἥτις ἡ αὐτή ἐστι τῇ *ΚΓ*, ἐπὶ ⟨τὴν⟩ *ΖΓ* πολλαπλασιασθείσης, τουτέστι τῆς ὑπάρξεως τῶν γ̄ μ^{ο} ἐπὶ τὴν τοῦ ᾱ ϛ^{οῦ} λεῖψιν, γίνεται λεῖψις ϛϛ^{ῶν} γ̄, καὶ ἔστιν ἡ λεῖψις τὸ *ΖΚ* παραλληλόγραμμον ϛϛ^{ῶν} γ̄ ἤτοι μ^{ο} ϛ̄. καὶ ἀφαιρεθέντος τούτου ἀπὸ ⟨τοῦ⟩ *ΑΒΓΚΗΘ* χωρίου, λοιπὸν μένει τὸ *ΑΖ* παραλληλόγραμμον μ^{ο} ῑ, ὅπερ καὶ ὑπὸ τῶν *ΑΒ*, *ΒΖ*

---

7 ἡ *ΑΕ*] ὁ *ΑΕ*. 16 λεῖψις prop. in mg. X.

ἔμελλε γίνεσθαι καὶ τῆς λείψεως μὴ λαμβανομένης. καὶ ἔστι τὸ *AZ* παραλληλόγραμμον ϛϛ$^{\tilde{\omega}\nu}$ δ̄ ⋔ Δ^{Y} ᾱ, μ^{o} ιβ̄ ⋔ ϛϛ$^{\tilde{\omega}\nu}$ γ̄, τουτέστιν, ἀφανιζομένης τῆς ὑπάρξεως τῶν γ̄ ϛϛ$^{\tilde{\omega}\nu}$ ὑπὸ τῆς λείψεως τῶν γ̄ ϛϛ$^{\tilde{\omega}\nu}$, ϛ$^{o\tilde{\upsilon}}$ ᾱ μ^{o} ιβ̄ ⋔ Δ^{Y} ᾱ, τουτέστι μ^{o} ιδ̄ ⋔ μ^{o} δ̄, ὅπερ ἐστὶ μ^{o} ῑ.

[*AE* ϛ^{o} ᾱ — μ^{o} γ̄ *EB*
BΓ μ^{o} δ̄ λείψει ϛ$^{o\tilde{\upsilon}}$ ᾱ *ZΓ*

ὕπαρξις		λεῖψις	
AK	ϛϛ^{oi} δ̄	Δ^{Y} ᾱ	*ΘK*
BK	μ^{o} ιβ̄	ϛϛ^{oi} γ̄	*ZK*

ϛϛ^{oi} δ̄ μ^{o} ιβ̄ λείψει Δ^{Y} ᾱ ϛϛ$^{\tilde{\omega}\nu}$ γ̄
ϛ^{o} ᾱ μ^{o} ιβ̄ λείψει Δ^{Y} ᾱ]

Δειχθέντος δὴ τοῦ πολλαπλασιασμοῦ τῆς λείψεως, ἔτι δεικτέον καὶ περὶ τῆς συνθέσεως αὐτῆς καὶ ὑπεροχῆς· ἐὰν ὦσι δύο ἀριθμοί, ὁ μὲν αὐτῶν, ὡς ἐπὶ ὑποδείγματος, ἦν μ^{o} ῑ, ὁ δὲ μ^{o} ῑ ⋔ ϛ$^{o\tilde{\upsilon}}$ ᾱ, καὶ συντεθέντες μ^{o} κ̄ ἔσονται ⋔ ϛ$^{o\tilde{\upsilon}}$ πάλιν ᾱ.

Ἐὰν δὲ ὦσι δύο ἀριθμοί, καὶ ὁ μὲν αὐτῶν ᾖ μ^{o} ῑ ⋔ ϛ$^{o\tilde{\upsilon}}$ ᾱ, ὁ δὲ μ^{o} ῑ ⋔ ϛϛ$^{\tilde{\omega}\nu}$ β̄, συντεθέντες μ^{o} κ̄ ἔσονται ⋔ ϛϛ$^{\tilde{\omega}\nu}$ γ̄.

Ἐὰν δὲ ὦσι δύο ἀριθμοί, καὶ ὁ μὲν αὐτῶν ᾖ ϛϛ$^{\tilde{\omega}\nu}$ γ̄ μ^{o} ῑ, ὁ δὲ μ^{o} ῑ ⋔ ϛϛ$^{\tilde{\omega}\nu}$ γ̄, συντεθέντες μ^{o} κ̄ ἔσονται μόνων, τῆς ὑπάρξεως τῶν γ̄ ϛϛ$^{\tilde{\omega}\nu}$ ὑπὸ τῆς λείψεως τῶν γ̄ ϛϛ$^{\tilde{\omega}\nu}$ ἀφανισθείσης.

Ἐὰν δὲ ἡ μὲν ὕπαρξις ᾖ ϛϛ$^{\tilde{\omega}\nu}$ γ̄, ἡ δὲ λεῖψις ϛϛ$^{\tilde{\omega}\nu}$ ϛ̄, μ^{o} κ̄ ἔσονται ⋔ ϛϛ$^{\tilde{\omega}\nu}$ γ̄, τῆς μὲν ὑπάρξεως τῶν

6—12 Diagramma solus habet X. 13 sq. Cf. Dioph. def. X. 19 ὁ δὲ] οἱ δὲ.

γ̅ ϛϛ^{ῶν} ἀφανισθείσης ὑπὸ τῆς λείψεως τῶν γ̅ ϛϛ^{ῶν}, τῆς δὲ λείψεως τῶν λοιπῶν γ̅ ϛϛ^{ῶν} ἔτι μενούσης.

Ἐὰν δὲ ἡ μὲν ὕπαρξις ᾖ ϛϛ^{ῶν} γ̅, ἡ δὲ λεῖψις ϛϛ^{ῶν} β̅, ἔσονται ϛ^{ὸ} α̅ μ^{ο} κ̈, τῆς μὲν ὑπάρξεως τῶν β̅ ϛϛ^{ῶν} ὑπὸ τῆς λείψεως τῶν β̅ ϛϛ^{ῶν} ἀφανισθείσης, τῆς δὲ ὑπάρξεως τοῦ α̅ ϛ^{οῦ} ἔτι μενούσης.

Καὶ ἡ μὲν σύνθεσις αὕτη, ἡ δὲ ὑπεροχὴ γίνεται οὕτω.

Αἱ ῑ μ^{ο} τῶν ῑ μ^{ο} ⋀ ϛ^{οῦ} α̅ ὑπερέχουσιν ϛ^{ῷ} α̅, τουτέστιν αὐτῇ τῇ λείψει.

Αἱ ῑ μ^{ο} ⋀ ϛ^{οῦ} α̅ τῶν ῑ μ^{ο} ⋀ ϛϛ^{ῶν} β̅ ὑπερέχουσιν ὁμοίως ϛ^{ῷ} α̅, τουτέστιν ᾧ ὑπερέχει ἡ λεῖψις τῆς λείψεως.

⟨Αἱ ῑ μ^{ο}⟩ ϛϛ^{οἱ} γ̅ τῶν μ^{ο} ῑ ⋀ ϛϛ^{ῶν} γ̅ ὑπερέχουσιν ϛϛ^{οῖς} ϛ̅, τουτέστι τοῖς γ̅ τῆς ὑπάρξεως καὶ τοῖς γ̅ τῆς λείψεως.

ϛϛ^{οἱ} γ̅ μ^{ο} ῑ τῶν μ^{ο} ῑ ⋀ ϛϛ^{ῶν} ϛ̅ ὑπερέχουσι ϛϛ^{οῖς} θ̅, τουτέστι τοῖς γ̅ τῆς ὑπάρξεως καὶ τοῖς ϛ̅ τῆς λείψεως.

ϛϛ^{οἱ} γ̅ μ^{ο} ῑ τῶν μ^{ο} ⟨ῑ⟩ ⋀ ϛϛ^{ῶν} β ὑπερέχουσιν ϛϛ^{οῖς} ε̅ ὁμοίως.

Ὑποκείσθω ὁ ϛ^{ὸ} ὅσων δήποτε μονάδων βούλει, καὶ εὑρήσεις ἐξετάζων τὸ λεγόμενον.

Ὅπως δὲ προστίθησι τὰς λείψεις κοινάς, καὶ ἀφαιρεῖ ἀπὸ ὁμοίων ὅμοια καὶ ἴσων ἴσα, καὶ μερίζει ταῦτα ὡς ἂν ἓν εἶδος ἑνὶ εἴδει ἴσον καταλειφθῇ, τουτέστιν ἢ ἀριθμὸς ἢ δύναμις ἴσος μονάσιν ἤ τι τῶν τοιούτων, ἐπ' αὐτῶν τῶν προβλημάτων σαφέστερον μαθησόμεθα.

---

13 Αἱ ῑ μ^{ο} add. X_2; forsan legendum ϛϛ^{οἱ} γ̅ μ^{ο} ῑ τῶν μ^{ο} ῑ ⋀ ϛϛ^{ῶν} γ̅ κτἑ. 21 sq. Cf. def. XI.

AD PROBLEMA I.

ς^{ὸ} ρ̄			ὑπ$^{χ̀}$ μ̄.	
Ἐ^{λ}. ς ᾱ			Μ^{ζ}. ς ᾱ μ^{o} μ̄	
ςς β̄	μ^{o} μ̄	ἰ^{σ}.	μ^{o} ρ̄	
ςς β̄		ἰ^{σ}.	μ^{o} ξ̄	
ς ᾱ		ἰ^{σ}.	μ^{o} λ̄	
Ἐ^{λ}. μ^{o} λ̄			Μ^{ζ}. μ^{o} ō.	

Ἐπιτάσσει τὸν ρ̄ διελεῖν εἰς δύο ἀριθμούς, μείζονα καὶ ἐλάττονα, ὥστε τὸν μείζω τοῦ ἐλάττονος ὑπερέχειν μ^{o} μ̄, ὡς ὁ ō τοῦ λ̄, καὶ τάσσει τὸν μὲν Ἐ^{λ}. ς^{οῦ} ᾱ, τὸν δὲ Μ^{ζ}. ς^{οῦ} ᾱ μ^{o} μ̄, συνάμφω δὲ ςς^{ῶν} β̄ μ^{o} μ̄. ἐζητεῖτο δὲ ὁ ρ̄ διαιρεθῆναι, καὶ ςς^{οί}, φησίν, ἄρα β̄ μ^{o} μ̄ ἴσοι εἰσὶ μ^{o} ρ̄. καὶ ἐπεὶ δέδοται ἀπὸ ὁμοίων ὅμοια ἀφαιρεῖν καὶ τὰς λείψεις κοινὰς προστεθῆναι, ὡς ἔμπροσθεν εἰσόμεθα, ὅμοια δέ εἰσιν ἐνταῦθα αἱ μονάδες ταῖς μονάσιν, ἀφαιρεῖ καὶ ἀπὸ τῶν ςς^{ῶν} β̄ καὶ μ^{o} μ̄, αὐτὰς τὰς μ^{o} μ̄, καὶ ἀπὸ τῶν ρ̄ μ^{o}, τὰς ἴσας ἐκείναις μ^{o} μ̄, καὶ καταλιμπάνεται ἐκ μὲν τῶν ςς^{ῶν} β̄ καὶ μ^{o} μ̄, ςς^{οὶ} β̄· ἐκ δὲ τῶν ρ̄ μ^{o}, μ^{o} ξ̄. ἐπεὶ δὲ οἱ β̄ ςς^{οὶ} καὶ μ^{o} μ̄ ἴσα ἦν ταῖς ρ̄ μ^{o}, ἀφῃρέθη δὲ ἀπὸ ὁμοίων ὅμοια, καὶ δὴ καὶ ἴσα (καὶ τοῦτο γὰρ χρὴ προσκεῖσθαι), καὶ λοιποὶ ἄρα οἱ β̄ ςς^{οὶ} ἴσοι εἰσὶ ταῖς ξ̄ μ^{o}. ὁ ἄρα ᾱ ς^{ὸ} ἴσος ἔσται μ^{o} λ̄. ἕξουσιν ἄρα τὰ μέρη ἀνὰ λ̄ μ^{o}. προστιθεμένων δὲ τῶν μ̄ μ^{o} τῷ ἑνὶ μέρει ὡς ἂν μεῖζον θατέρου γενόμενον καὶ ὑπερέχῃ αὐτοῦ μονάδων μ̄, γίνεται ō.

Ὑποστάσεις δὲ λέγει αὐτοὺς τοὺς ζητουμένους ἀριθμούς, ἤτοι ὑπάρξεις αὐτῶν· τὸν δὲ ἀριθμὸν ὁ

---

28 αὐτῶν evanidum in B, αὐτῇ alii.

Διόφαντος οὐχ ὡρισμένον ἔχει, ἀλλ' ὡς ποσότητα μόνον τινὰ τίθησι· καὶ γὰρ ἐν οἷς μὲν τῶν προβλημάτων πλειόνων μονάδων εὑρίσκεται ὁ ἀριθμός, ἐν οἷς δ' ἐλαττόνων. ἔστι δ' οὗ καὶ μονάδος ἐλάττων.

Ἰστέον γε μὴν ἐν τούτῳ τῷ α^{ω} προβλήματι, ὡς ὁ διαιρεθησόμενος ἀριθμός, εἴτε ἄρτιός ἐστιν, εἴτε περιττός, καὶ τὴν ὑπεροχὴν τοῦ μείζονος πρὸς τὸν ἐλάττονα ἀρτίαν δυνατὸν εἶναι ἢ περιττὴν ὁποτέρως βούλει. ἔτι καὶ τοῦτο ἰστέον ὡς ἐάν τε ἀπ' ἀρτίου περιττὸν ἀφέλῃς, ἐάν τε ἀπὸ περιττοῦ ἄρτιον, τὸ λοιπὸν περιττὸν ἔσται· καὶ καθόλου πᾶς ἄρτιος ἀριθμὸς ἢ ἐκ δύο ἀρτίων ἢ δύο περιττῶν σύγκειται καὶ εἰς αὐτοὺς διαιρεῖται, ὥστε ἀπὸ μὲν ἀρτίου ὁπότερον ἂν εἶδος ἀφέλῃς, τὸ λοιπὸν ὅμοιον ἔσται τῷ ἀφαιρεθέντι, ἀπὸ δὲ περιττοῦ, τοὐναντίον τοῦ ἀφαιρεθέντος. εἰ τοίνυν καὶ ἐν τῷδε τῷ προβλήματι τὸν ῑ ἄρτιον διέλωμεν εἰς δύο ἀριθμοὺς ὥστε τὸν μείζω τοῦ ἐλάσσονος $μ^{ο}$ γ̄ ὑπερέχειν, συσταθήσεται· ἀφαιρεθεισῶν γὰρ τῶν γ̄ $μ^{ο}$, λοιπὰ ζ̄, ἅπερ διαιρεῖται εἰς γ̄ ∠′ καὶ γ̄ ∠′, ὧν θατέρῳ αἱ γ̄ $μ^{ο}$ συντεθεῖσαι ποιοῦσι τὸν μείζονα ς̄ ∠′ καὶ τὸν ἐλάσσονα γ̄ ∠′· τὰ δὲ ς̄ ∠′ τῶν γ̄ ∠′ ὑπερέχει γ̄ $μ^{ο}$.

Ἔστι δὲ καὶ γραμμικῶς τὸ τοιοῦτο πρόβλημα εὑρεῖν. ἐκκείσθω παραλληλόγραμμον τὸ ΑΒΓΔ, καὶ ἔστω ἡ μὲν ΑΓ τοσούτων μονάδων ὅσων ἐστὶν ὁποῖον δήποτε μέρος τοῦ μ̄ ἀριθμοῦ, πλὴν ἵνα καὶ ὁ ρ̄ ἀριθμὸς ὁμώνυμον μόριον ἔχῃ ταῖς τοιαύταις μονάσιν. ἔστω δὴ $μ^{ο}$ ε̄, αἵτινες η^{ον} μέρος ἐστὶ τοῦ μ̄· ἐπεὶ δὲ καὶ ὁ ρ̄ ἔχει ε^{ον} μέρος τὰ κ̄, ἔστω καὶ ἡ ΑΒ $μ^{ο}$ κ̄, καὶ γίνε-

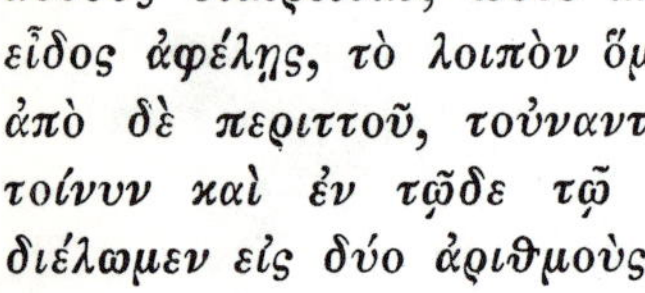

ται τὸ παραλληλόγραμμον μ° $\overline{\varrho}$· καὶ ἐπεὶ τὰ $\overline{\varepsilon}$ η^{ον} μέρος ἐστὶ τῶν $\overline{\mu}$, ἀπειλήφθω ἡ ΑΕ μ° $\overline{\eta}$, καὶ ἀπὸ τοῦ Ε τῇ ΑΓ παράλληλος ἤχθω ἡ ΕΖ. δῆλον δὴ ὅτι τὸ ΑΖ μ° ἐστὶ $\overline{\mu}$, καὶ ἐπεὶ ἡ ΕΒ ἐλείφθη μ° $\overline{\iota\beta}$, δῆλον ὅτι τὸ ΕΔ μ° ἐστὶ $\overline{\xi}$· τετμήσθω ἡ ΕΒ δίχα κατὰ τὸ Η, καὶ ἀπὸ τούτου τῇ ΑΓ παράλληλος ἤχθω ἡ ΗΘ· καὶ δῆλον ὡς ἑκάτερον τῶν ΕΘ, ΘΒ μ° ἐστὶ $\overline{\lambda}$· ἥ τε γὰρ ΗΘ ἴση τῇ ΑΓ, καὶ ἑκατέρα τῶν ΕΗ, ΗΒ μ° $\overline{ϛ}$. προστεθέντος δὴ τοῦ ΑΖ τῷ ΕΘ, γίνεται τὸ ΑΘ μ° $\overline{o}$, καὶ ἔστι τὸ μὲν ΑΘ $\overline{o}$, τὸ δὲ ΘΒ $\overline{\lambda}$, καὶ τέτμηται ὁ $\overline{\varrho}$ εἰς ἀριθμοὺς δύο, ὧν ὁ μείζων τοῦ ἐλάττονος ὑπερέχει μ° $\overline{\mu}$· ὅπερ ἔδει δεῖξαι.

AD PROBLEMA II.

Ἐ^{λ}.	ϛ $\overline{α}$		Μ^{ζ}. ϛϛ $\overline{γ}$
	ϛϛ $\overline{δ}$	ἴσ.	μ° $\overline{ξ}$
	ϛ α	ἴσ.	μ° $\overline{ιε}$
Ἐ^{λ}.	μ° $\overline{ιε}$		Μ^{ζ}. μ° $\overline{με}$.

Ἐν μὲν τῷ α^{ῳ} μόνην ὑπεροχὴν ἐζήτει τοῦ μείζονος πρὸς τὸν ἐλάττονα, ἐν δὲ τῷ παρόντι λόγον μόνον, ἐν δὲ τῷ γ^{ῳ} λόγον ὁμοῦ καὶ ὑπεροχὴν ζητήσει, προβαίνων, ὡς ἐπηγγείλατο, ἀπὸ τῶν ἁπλουστέρων ἐπὶ τὰ σκολιώτερα. ἔστι δὲ τὸ β^{ον} τοῦτο καὶ ῥᾷον οὕτω δεῖξαι· ἐπεὶ τῶν τοῦ $\overline{\xi}$ μερῶν τὸ Μ^{ζ}. τοῦ Ἐ^{λ}. τριπλάσιον ἔσται, αὐτὸς ἄρα ὁ $\overline{\xi}$ ἕξει τέταρτον, ὅπερ ἔσται τὸ Ἐ^{λ}. μέρος· καὶ ἔστιν ὁ $\overline{ιε}$· ὁ μείζων ἄρα τριπλασίων ὢν τούτου, ἔσται $\overline{με}$.

Δεικτέον δὲ καὶ διὰ γραμμῶν. ἐκκείσθω τὸ ΑΒΓΔ παραλληλόγραμμον. καὶ ἐπεὶ τῶν τοῦ $\overline{\xi}$ μερῶν τὸ μεῖζον τριπλάσιον ἔσται τοῦ ἐλάσσονος, αὐτὸς δὲ ἄρα ὁ $\overline{\xi}$ ἕξει μόριον ὁμώνυμον τῷ μονάδι μείζονι ἀριθμῷ τοῦ τριπλασιασμοῦ, ἤτοι τῷ $\overline{\delta}$, καὶ ἕξει τὸ $\delta^{ον}$· τοῦτο δὲ ἔσται μ^{o} $\overline{\iota\varepsilon}$· διὰ μὲν οὖν

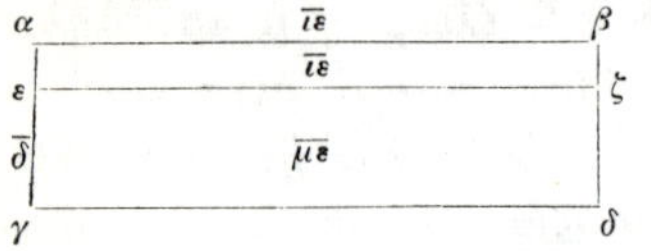

τὸ $\delta^{ον}$, ἔστω ἡ $ΑΓ\overline{\delta}$ μ^{o}, διὰ δὲ τὰς $\overline{\iota\varepsilon}$ μ^{o}, ἔστω ἡ ΑΒ τῶν $\overline{\iota\varepsilon}$ μ^{o}· ὅλον ἄρα τὸ ΑΒΓΔ ἔσται $\overline{\xi}$. λαμβάνω τοίνυν τὸ $\delta^{ον}$ τῆς ΑΓ τὴν ΑΕ μονάδος οὖσαν μιᾶς, καὶ ἀπὸ τοῦ Ε ἄγω παράλληλον τῇ ΑΒ τὴν ΕΖ, καὶ ἔστι τὸ ΑΖ $\overline{\iota\varepsilon}$ μ^{o}, τὸ δὲ ΕΔ $\overline{\mu\varepsilon}$, καὶ ἔστι τοῦτο ἐκείνου τριπλάσιον.

Καὶ καθόλου ὁσαπλάσιόν ἐστιν ἐπὶ τῶν τοιούτων τὸ μεῖζον τοῦ ἐλάττονος, μονάδι μεῖζον τοῦ πολλαπλασιασμοῦ ὀφείλει ἔχειν μόριον ὁ διαιρούμενος ἀριθμός· εἰ μὲν τριπλάσιον, τέταρτον· εἰ δὲ τετραπλάσιον, πέμπτον, καὶ ἐφεξῆς· καὶ θατέραν μὲν τῶν πλευρῶν χρὴ ποιεῖν ὁμώνυμον τῷ μορίῳ, θατέραν δὲ τοσούτων μονάδων ὅσων ἦν τὸ μόριον.

AD PROBLEMA III.

$'E^{\lambda}$. ς $\overline{\alpha}$			M^{ς}. ςς $\overline{\gamma}$ μ^{o} $\overline{\delta}$
ςς $\overline{\delta}$ μ^{o} $\overline{\delta}$	ι^{σ}.	μ^{o} $\overline{\pi}$	
ςς $\overline{\delta}$	ι^{σ}.	μ^{o} $\overline{o\varsigma}$	
ς $\overline{\alpha}$	ι^{σ}.	μ^{o} $\overline{\iota\vartheta}$	
$'E^{\lambda}$. μ^{o} $\overline{\iota\vartheta}$			M^{ς}. μ^{o} $\overline{\xi\alpha}$.

Ἐκκείσθω παραλληλόγραμμον τὸ ΑΒΓΔ. καὶ ἐπεὶ τῶν τοῦ $\overline{\pi}$ μερῶν τὸ μεῖζον τοῦ ἐλάσσονος τριπλάσιόν τέ ἐστι καὶ ὑπερέχει αὐτοῦ καὶ μ^{o} $\overline{\delta}$, ἄφελε ἀπὸ τοῦ $\overline{\pi}$ τὰς $\overline{\delta}$ μ^{o}· λοιπὰ $\overline{o\varsigma}$. καὶ ἐπεὶ τὸ μέρος αὐτοῦ μέρους τριπλάσιον, δίελε τὸν $\overline{o\varsigma}$ εἰς $\overline{\delta}$· ἕξει ἄρα $\delta^{ον}$ καὶ *ἔστιν αὐτὸ τὸ* δ^{ov} $\overline{\iota\vartheta}$ μ^o. *διὰ μὲν τὸ* $\overline{\delta^{ov}}$, *ἔστω ἡ ΑΓ* $\overline{\delta}$ μ^o, *διὰ δὲ τὰς* $\overline{\iota\vartheta}$ μ^o, *ἡ ΑΒ τῶν* $\overline{\iota\vartheta}$ μ^o· *ὅλον ἄρα τὸ ΑΒΓΔ ἔσται* μ^o $\overline{ος}$. *εἰλήφθω τὸ* δ^{ov} *τῆς ΑΓ καὶ*

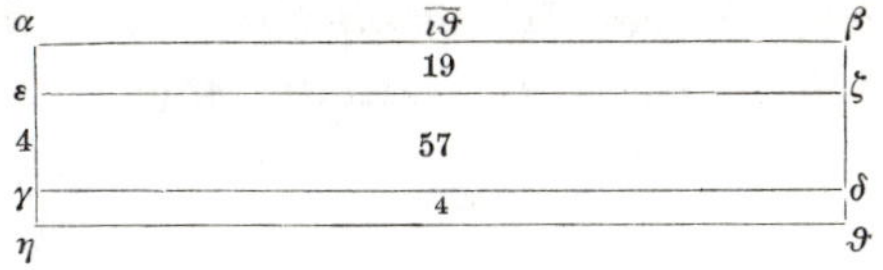

ἔστω τὸ ΑΕ· καὶ ἀπὸ τοῦ Ε τῇ ΑΒ παράλληλος ἤχθω ἡ ΕΖ· καὶ ἐπεὶ ἡ ΑΕ μονάδος ἦν, ἔσται τὸ μὲν ΑΖ μ^o $\overline{\iota\vartheta}$, *τὸ δὲ ΕΔ* μ^o $\overline{\nu\zeta}$· *εἶτα παραβεβλήσθω παρὰ τὴν ΓΔ χωρίον παραλληλόγραμμον δυνάμενον* μ^o $\overline{\delta}$, *ἃς ἀφεῖλες τῶν* $\overline{\pi}$, *καὶ ἔστω τὸ ΓΘ οὗ ἡ μὲν ΓΗ πλευρὰ ἔσται* $\overline{\delta}$ *ἐννεακαιδεκάτων, ἡ ⟨δὲ⟩ ΓΔ* $\overline{\iota\vartheta}$ μ^o. *ἔσται ἄρα ὅλον τὸ ΕΘ* μ^o $\overline{\xi\alpha}$ *καὶ ἔσται τριπλάσιον τοῦ ΑΖ καὶ τέσσαρσι μονάσιν ὑπερέχον αὐτοῦ· ὅλον δὲ τὸ ΑΘ ἔσται τῶν* $\overline{\pi}$ μ^o.

AD PROBLEMA IV.

'Ε$^{\lambda}$. ς $\overline{\alpha}$		*Μ*$^{\zeta}$. ςς $\overline{\varepsilon}$	
ςς $\overline{\delta}$	*ἴ*$^{\sigma}$.	μ^o $\overline{\varkappa}$	
ς $\overline{\alpha}$	*ἴ*$^{\sigma}$.	μ^o $\overline{\varepsilon}$	
'Ε$^{\lambda}$. μ^o $\overline{\varepsilon}$		*Μ*$^{\zeta}$. μ^o $\overline{\varkappa\varepsilon}$.	

Θεωρείσθω τὸ δ^{ov} *πρόβλημα ἐφ' ἑτέρου παραδείγματος, γυμνασίας χάριν· ἐπιτετάχθω εὑρεῖν τὸν μείζονα τοῦ ἐλάττονος ἡμιόλιον, ὑπερέχοντα αὐτοῦ* μ^o $\overline{\varepsilon}$.

Figurae arabicas numerorum notas ad modum hodiernum exegi; codices cifras Planudeas quae feruntur exhibent; videsis tabulam in optimo opere M. Cantoris exsculptam *Vorlesungen über Geschichte der Mathematik,* vol. I. 8 *ΓΘ*] $\overline{\gamma\delta}$. 10 *τριπλάσιον*] *τὸ πλάσιον*.

ὁ Ἐ$^{\lambda}$. ς ᾱ, ὁ Μ$^{\zeta}$. ⟨ς⟩ ᾱ ∠′. θέλω τὸν ᾱ ∠′ ὑπερέχειν τοῦ ᾱ, μ° ε̄, ἀλλ' ὑπερέχει ∠′· ὁ ἄρα Ἐ$^{\lambda}$. ἔσται ῑ καὶ ὁ Μ$^{\zeta}$. ιε̅.

Δεδείχθω δὲ καὶ διὰ γραμμῶν· ἐπεὶ ὁ μείζων τοῦ ἐλάττονος ὑπερέχει μ° κ̄, ἐκκείσθω παραλληλόγραμμον

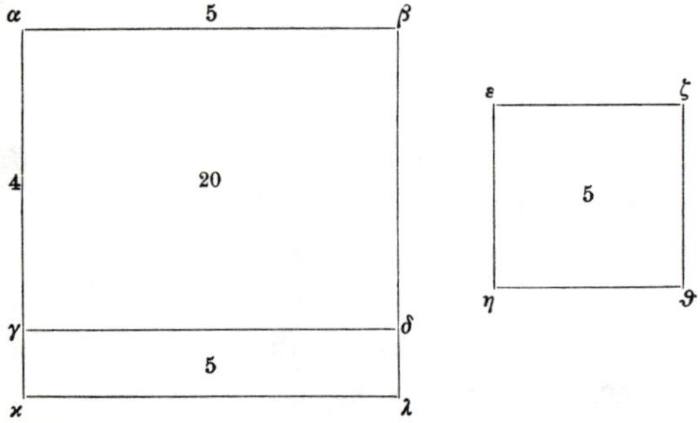

τὸ ΑΒΓΔ, κ̄ μ° ὄν, οὗ ἡ μὲν ΑΓ πλευρὰ ἔστω μ° δ̄, ἡ δὲ ΑΒ ε̄. ἐπεὶ δὲ ὅλος ὁ μείζων τοῦ ἐλάττονος πενταπλάσιος ἦν, ἡ ὑπεροχὴ ἄρα αὐτοῦ τὸ ΑΒΓΔ παραλληλόγραμμον τετραπλάσιον ἔσται τοῦ ἐλάττονος· δύο γὰρ πολλαπλασίων πρὸς ἀλλήλους ἀριθμῶν ἡ ὑπεροχὴ μονάδι ἐλαττονάκις ἢ ὅλος ὁ πολλαπλάσιος πολλαπλασίων τοῦ ἐλάττονος ἔσται· ὁ ἄρα ἐλάττων ἔσται μ° ε̄, καὶ κείσθω αὐτοῦ παραλληλόγραμμον ἕτερον τὸ ΕΖΗΘ. ἐὰν ἄρα παρὰ τὴν ΓΔ παραβάλω χωρίον ἴσον τῷ ΕΖΗΘ, πενταπλάσιος ἔσται ὁ μείζων τοῦ ἐλάττονος· παραβεβλήσθω τὸ ΓΔΚΛ, καὶ γέγονεν ὅλον τὸ ΑΛ κε̅· ὁ κε̅ ἄρα τοῦ ε̄ πενταπλάσιός τέ ἐστι καὶ κ̄ αὐτοῦ μονάσιν ὑπερέχει.

---

11 μονάδι] τοῦ μείζονος.

Ἄλλως.

Ἐπεὶ ὁ μείζων τοῦ ἐλάττονος πενταπλάσιός ἐστιν, ἡ δὲ ὑπεροχὴ μ° κ̄, διὰ μὲν τὸ πενταπλάσιον, ἔστω ἡ ΑΓ μ° ε̄, διὰ δὲ τὰς κ̄ μ°, ἡ ΑΒ μ° κ̄· καὶ καταγεγράφθω τὸ ΑΒΓΔ παραλληλόγραμμον. ἔσται ἄρα ὅλον ρ̄ μ°. διῃρήσθω ὅλος ὁ ρ̄ παρὰ τὸν μονάδι ἐλάττονα τῆς ΑΓ, τουτέστι παρὰ τὸν δ̄· ἔσται ἄρα τὸ $δ^{ον}$ τῶν ρ̄, κ̄ε̄, καὶ ἔστω τὸ ΑΕ χωρίον. ζητῶ τοίνυν τίνος πενταπλάσιός ἐστιν ὁ κ̄ε̄ καὶ εὑρίσκω ὅτι τοῦ ε̄, καὶ τούτους εἶναι λέγω τοὺς ἀριθμούς.

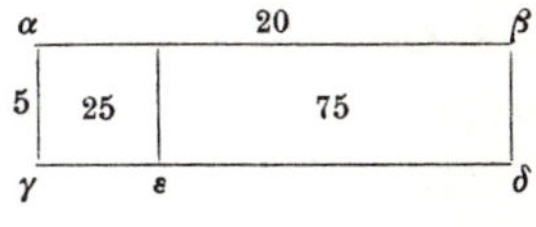

Καὶ τοῦτο μὲν ἐπὶ τῶν πολλαπλασίων· ἐπὶ δὲ τῶν ἐπιμορίων ὃ ὕστερον· προκείσθω εὑρεῖν δύο ἀριθμοὺς ὧν ὁ μείζων τοῦ ἐλάσσονος ἔσται ἐπίτριτος, ἡ δὲ ὑπεροχὴ μ° ε̄· ἐπεὶ πυθμὴν τῶν ἐπιτρίτων ἐστὶν ὁ δ̄, διὰ μὲν τὸν δ̄, ἔστω ἡ ΑΓ δ̄ μ°, διὰ δὲ τὴν ὑπεροχὴν τῶν ε̄ μ°, ἡ ΑΒ τῶν ε̄ μ°· ἔσται οὖν ὅλον τὸ παραλληλόγραμμον μ° κ̄· ἀλλ' ἐπεὶ ὁ δ̄ τοῦ γ̄ ἐστὶν ἐπίτριτος, λαμβάνω τὴν μονάδι ἐλάττονα τῆς ΑΓ, τὴν ΑΕ, τουτέστι τὸν γ̄, καὶ πολυπλασιάζω τοῦτον ἐπὶ τὴν ὑπεροχὴν τὴν ε̄ καὶ γίνεται ῑε̄, καὶ εὕρηνται οἱ ἀριθμοὶ ὁ κ̄ καὶ ὁ ῑε̄.

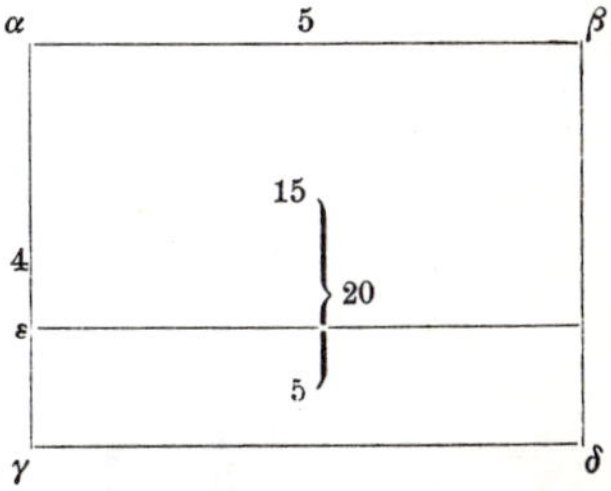

Ἄμεινον δὲ τῆς πρώτης ἀποδείξεως ἔχεσθαι χωρούσης ἐν πᾶσι· τὰ γάρ τι τῶν ἐπιμορίων τε καὶ ἐπι-

---

8 τῇ ΑΓ.

μερῶν καὶ τῶν ἄλλων ἰδίας ἕκαστα τῆς ἀποδείξεως δεῖται, καὶ εὐχερὲς περὶ πάντων διεξιέναι, πλὴν τῷ βουλομένῳ, διὰ τῶν προλαβόντων καὶ τὰ λοιπὰ δῆλα.

Ἰστέον δὲ ἐν τῇ πρώτῃ δείξει, κατὰ μὲν τοὺς πολλαπλασίους ἀριθμούς, ἐλέγομεν τὴν ὑπεροχὴν τοῦ μείζονος [πρὸς τὸν ἐλάττονα μονάδι ἐλαττονάκις μετρεῖσθαι ὑπὸ τοῦ ἐλάττονος ἢ ὁ μείζων ἀριθμὸς ἐμετρεῖτο ὑπὸ τοῦ ἐλάττονος· περὶ δὲ ἐπιμορίων καὶ τῶν ἄλλων οὐ διελάβομεν. λέγομεν οὖν καὶ περὶ αὐτῶν τοῦτο ὅτι ἡ ὑπεροχὴ αὐτῶν ἀριθμοστὸν ἔσται ἤτοι μόριον τοῦ ἐλάττονος, οὐκέτι μονάδι ἐλαττονάκις, ὡς ἐν ἐκείνοις, ἀλλ᾽ ὁμωνύμως τῷ ἐπιμορίῳ. οἷον ἡ ὑπεροχὴ τοῦ ἐπιτρίτου τρίτον ἐστὶ τοῦ ὑπεπιτρίτου, καὶ τοῦ ἐπιτετάρτου τέταρτον· καὶ ἐπὶ τῶν ἐπιμερῶν τοῦ ἐπιδιτρίτου ἡ ὑπεροχὴ δύο τρίτα ἔσται τοῦ ὑπεπιδιτρίτου· καὶ ἐπὶ τῶν ἄλλων πάντων ὡσαύτως· ἄμεινον οὖν ἡ πρώτη ἀπόδειξις.

AD PROBLEMA V.

ς ᾱ   μ° λ̄ ⋔ ς ᾱ
ςς ε̄   μ° ϟ̄ ⋔ ςς γ̄
ςς β̄ μ° ϟ̄ ἴσ. μ° ρ̄
ςς β̄ ἴσ. μ° ῑ
ς ᾱ ἴσ. μ° ε̄
μ° κ̄ε̄   μ° ο̄ε̄
τὸ ε^ον ε̄   τὸ γ^ον κ̄ε̄

Δεῖ δὴ τὸν ἐκ τῆς συνθέσεως τῶν δοθέντων δύο μορίων ἀριθμὸν ἐν τῷ μεταξὺ πίπτειν τῶν τοιούτων

15 ἐπιδιτρίτου] ἐπιτρίτου. 15—16 ὑπεπιδιτρίτου] ὑπεπιτρίτου. 26 sq. Cf. vol. I, 20, 13.

δύο μορίων τοῦ ἐξ ἀρχῆς διαιρουμένου, τουτέστι δεῖ τὸν ἀριθμὸν μεταξὺ πίπτειν τοῦ γ^{ου} τῶν $\bar{\varrho}$, ὅπερ ἐστὶ $\overline{\lambda\gamma}$ γ'', καὶ τοῦ ε^{ου} τῶν αὐτῶν, ὅπερ ἐστὶ τὰ $\bar{\varkappa}$, ὅτι καὶ γ^{ον} καὶ ε^{ον} λαμβάνεται τῶν μορίων· τουτέστι δεῖ τὸν διδόμενον ἀριθμὸν μήτε τὸν $\bar{\varkappa}$ εἶναι, ὅστις ε^{όν} ἐστι τῶν $\bar{\varrho}$, ἢ ἄλλον τῶν ὑπ' αὐτόν, μήτε $\overline{\lambda\gamma}$ γ'', ὃς γ^{όν} ἐστι τῶν $\bar{\varrho}$, ἢ ἄλλον τινὰ τῶν ὑπὲρ αὐτόν· ἀλλὰ πάντως τὸν διδόμενον μείζονα μὲν εἶναι ὅσῳ δήποτε τοῦ $\bar{\varkappa}$, ἐλάττονα δὲ τοῦ $\overline{\lambda\gamma}$ γ'', ὡς καὶ ἐνταῦθα ὁ $\bar{\lambda}$ δέδοται μεταξὺ τοῦ τε $\bar{\varkappa}$ καὶ τοῦ $\overline{\lambda\gamma}$ γ''. δυνατὸν δὲ καὶ πάντας τοὺς μεταξὺ τῶν δύο τούτων ἀριθμῶν δοθῆναι· εἰ δ' εἴτε αὐτὸς ὁ $\bar{\varkappa}$ ἤ τις ἄλλος τῶν ὑπ' αὐτόν, εἴτε ὁ $\overline{\lambda\gamma}$ γ'' ἤ τις ἄλλος τῶν ὑπὲρ αὐτόν, οὐ συσταθήσεται τὸ θεώρημα.

Καὶ πρῶτον δεδείχθω ἐπὶ τοῦ $\bar{\varkappa}$· κείσθω τὸ τοῦ α^{ου} γ^{ον} καὶ τὸ τοῦ β^{ου} ε^{ον} ποιεῖν μ^{ο} $\bar{\varkappa}$· ἔστω τὸ τοῦ β^{ου} ε^{ον}, ϛ^{οῦ} $\bar{\alpha}$· αὐτὸς ἄρα ἔσται ϛϛ^{ῶν} $\bar{\varepsilon}$· τὸ ἄρα τοῦ α^{ου} γ^{ον} ἔσται μ^{ο} $\bar{\varkappa}$ ⋔ ϛ^{οῦ} $\bar{\alpha}$· αὐτὸς ἄρα ἔσται μ^{ο} $\bar{\xi}$ ⋔ ϛϛ^{ῶν} $\bar{\gamma}$· οἱ δὲ δύο συντεθέντες γίνονται ϛϛ^{οὶ} $\bar{\beta}$ μ^{ο} $\bar{\xi}$· ταῦτα ἴσα μ^{ο} $\bar{\varrho}$· ἀπὸ ὁμοίων ὅμοια· λοιποὶ ϛϛ^{οὶ} $\bar{\beta}$ ἴσοι μ^{ο} $\bar{\mu}$· καὶ γίνεται ὁ ϛ^{ὸ} μ^{ο} $\bar{\varkappa}$· ἐπεὶ ὁ β^{ος} ϛϛ^{ῶν} ἐστι $\bar{\varepsilon}$, ἔσται μ^{ο} $\bar{\varrho}$· ὁ δὲ α^{ος}, ἐπεὶ μ^{ο} $\bar{\xi}$ ἐστι ⋔ ϛϛ^{ῶν} $\bar{\gamma}$, ἔσται οὐδενός· αἱ γὰρ $\bar{\xi}$ μ^{ο}, $\bar{\gamma}$ εἰσιν ϛϛ^{οί}. ἔμεινε τοίνυν ὁ $\bar{\varrho}$ ἀδιαίρετος, ἀλλὰ μὴν ἐζητεῖτο διαιρεθῆναι, ὥστε οὐ συνέστη τὸ πρόβλημα, δι' ἣν ἔφαμεν αἰτίαν, πολλῷ δὲ πλέον εἴ τις τῶν ὑπὸ τὸν $\bar{\varkappa}$ ὑποτεθείη· τηνικαῦτα γὰρ καὶ πλέον ἢ $\bar{\varrho}$ μ^{ο} ὁ β^{ος} συναχθήσεται, ὅπερ ἄτοπον· τὸ γὰρ μέρος ἔσται τοῦ ὅλου μεῖζον.

---

4 μορίων] forsan legendum μερῶν. 8 πάντως] πάντα. ὅσῳ] ὅσον.

Πάλιν δεδείχθω ἐπὶ τοῦ λ̅γ̅ γ″· ἐπεὶ ὁ β^{ος} ἔσται ςς^{ῶν} ε̅, ὁ α^{ος} ἔσται μ^{ο} ρ̅ ⋔ ςς^{ῶν} γ̅, ὁμοῦ δὲ ςς^{οὶ} β̅ μ^{ο} ρ̅· ταῦτα ἴσα μ^{ο} ρ̅. ἀλλ' ἐὰν ἀφέλωμεν ἀπὸ ὁμοίων ὅμοια, λοιποὶ ἔσονται β̅ ςς^{οὶ} ἴσοι οὐδενί, ὅπερ ἄτοπον· πολλῷ δὲ πλέον οὐ συσταθήσεται καὶ εἴ τις τῶν ὑπὲρ τὸν λ̅γ̅ γ″ ὑποτεθείη· τηνικαῦτα γὰρ λοιποὶ ἔσονται β̅ ςς^{οὶ} καὶ μ^{ο} τινὲς ἴσαι οὐδενί· οὐκοῦν μόνους τοὺς μετὰ τὸν κ̅ καὶ ὑπὸ τὸν λ̅γ̅ γ″ τιθέναι δεῖ, ἕτερον δὲ οὐδένα.

Τὸ τοῦ α^{ου} γ^{ον}, φησίν, ἔσται μ^{ο} λ̅ ⋔ ς^{οῦ} α̅· ἐπεὶ γὰρ τὸ τοῦ β^{ου} ε^{ον} καὶ τὸ γ^{ον} τοῦ α^{ου} μ^{ο} ποιεῖ λ̅, ἐτέθη ⟨δὲ⟩ τὸ ε^{ον} τοῦ β^{ου}, ς^{οῦ} α̅, δῆλον ὅτι ς^{ὸ} α̅ καὶ μ^{ο} τινὲς ποιοῦσι τὸν λ̅· τοῦ δὲ ς^{οῦ} ἀφαιρεθέντος, ἔμεινεν ὅλως μ^{ο} λ̅ ⋔ ς^{οῦ} α̅· ἄδηλον γάρ ἐστιν ἔτι πόσων μ^{ο} ἐστὶν ὁ ς^{ὸ}· ἐπεὶ δὲ εὑρίσκεται ὕστερον μ^{ο} ὢν ε̅, ταὐτόν ἐστιν εἰπεῖν ὡς τὸ τοῦ α^{ου} γ^{ον} μ^{ο} ἐστὶ λ̅ ⋔ μ^{ο} ε̅, τουτέστι μ^{ο} κ̅ε̅· εἰ δὴ τὸ γ^{ον} αὐτοῦ ἐστι μ^{ο} λ̅ ⋔ ς^{οῦ} α̅, ἤτοι μ^{ο} κ̅ε̅, ὅλως ὁ α^{ος} ἔσται τρὶς τὸ γ^{ον}, τουτέστι μ^{ο} ϟ̅ ⋔ ςς^{ῶν} γ̅, ἤτοι μ^{ο} ι̅ε̅, τουτέστιν ὁ α^{ος} μ^{ο} ο̅ε̅.

Οἱ δὲ δύο, φησί, συντεθέντες ποιοῦσιν ςς^{οὺς} β̅ καὶ μ^{ο} ϟ̅· ἐπεὶ γὰρ ὁ μὲν β^{ος} ςς^{ῶν} ἦν ε̅, ὁ δὲ α^{ος} μ^{ο} ϟ̅ ⋔ ςς^{ῶν} γ̅, ἄφελε ἀπὸ τῶν ε̅ τοῦ β^{ου} τοὺς γ̅ ςς^{ούς}· λεῖψις γὰρ ἐπὶ ὕπαρξιν λεῖψιν ποιεῖ, ὡσανεὶ ἐλέγομεν. ἐπεὶ ὁ μὲν β^{ος} ἦν μ^{ο} κ̅ε̅, ὁ δὲ α^{ος} μ^{ο} ϟ̅ παρὰ μ^{ο} ι̅ε̅, ἤτοι μ^{ο} ο̅ε̅, οἱ δύο συντιθέμενοι ὅ τε κ̅ε̅ καὶ ὁ ο̅ε̅ ποιοῦσι ρ̅· τὰ δὲ ρ̅ τοῖς ρ̅ πάντως ἴσα· ἀλλ' εἰ οὕτω καὶ ὁ Διόφαντος ἔλεγεν, ἀφαιροῦντι ἀπὸ ὁμοίων ὅμοια, οὐδὲν ἔμεινε. νῦν δὲ ςς^{ούς} φησι β̅ καὶ μ^{ο} ϟ̅ ἴσα εἶναι μ^{ο} ρ̅ καὶ ἀφαιροῦντι ἀπὸ μὲν τῶν β̅ ςς^{ῶν} καὶ τῶν ϟ̅ μ^{ο}

---

2 α^{ος}] τρίτος. 9 cf. vol. I, 20, 21. 10 γ^{ον}] τοῦ τρίτου. 11 δὲ add. X_2. 12 ὅλως] ὁ λ̅. 19 cf. vol. I, 20, 23. 24 οἱ K X, ὁ B.

τὰς ⋔ μ^{ο}, ἀπὸ δὲ τῶν ρ̄ μ^{ο} τὰς ἴσας τὰς ⋔, λοιπαὶ μ^{ο} ῑ ἴσαι ςς^{οῖς} β̄ καὶ δ ς^{ὸ} μ^{ο} ε̄.

Τὸν δὲ α^{ον} καὶ β^{ον} ἀριθμὸν οὐ χρὴ μείζονα νοεῖν καὶ ἐλάττονα· θάτερος γὰρ θατέρου καὶ μείζων καὶ ἐλάσσων γίνεται.

AD PROBLEMA VI.

ς ᾱ		ς ᾱ μ^{ο} κ̄
ς ϛ̄		ςς δ̄ μ^{ο} π̄
ςς ῑ μ^{ο} π̄	ἴ^{σ}.	μ^{ο} ρ̄
ςς ῑ	ἴ^{σ}.	μ^{ο} κ
ς ᾱ	ἴ^{σ}.	μ^{ο} β
μ^{ο} ιβ̄		μ^{ο} πη̄
τὸ ϛ^{ον}, β̄		τὸ δ^{ον}, κβ̄

Δεῖ δὴ τὴν δοθεῖσαν ὑπεροχὴν τῶν μορίων, τουτέστι τοῦ δ^{ου} πρὸς τὸ ϛ^{ον}, ἥπερ ἐδόθη μ^{ο} κ̄, εἶναι ἐλάσσονα τοῦ δοθέντος μέρους τοῦ ἐξ ἀρχῆς δοθέντος ἀριθμοῦ τοῦ ρ̄, τουτέστιν ἐλάττονα τοῦ δ^{ου} μέρους τοῦ ρ̄· ⟨εἴτε γὰρ κε̄ δοθείη⟩ εἴτε ἄλλος τις ὑπὲρ αὐτόν, οὐ συσταθήσεται· καὶ δεδείχθω ἐπὶ τοῦ κε̄, τουτέστιν ὑπερεχέτω τὸ δ^{ον} τοῦ α^{ου} τοῦ ϛ^{ου} τοῦ β^{ου} μ^{ο} κε̄.

Ἐπεὶ τὸ ϛ^{ον} τοῦ β^{ου} ἐστὶν ς^{οῦ} ᾱ καὶ αὐτὸς ςς^{ῶν} ϛ̄, τὸ ἄρα δ^{ον} τοῦ α^{ου} ἔσται ς^{οῦ} ᾱ μ^{ο} κε̄· ταύτας γὰρ ὀφείλει νῦν ὑπερέχειν αὐτοῦ· αὐτὸς ἄρα ὁ α^{ος} ἔσται ςς^{ῶν} δ̄ μ^{ο} ρ̄, καὶ ὁμοῦ ςς^{οὶ} ῑ μ^{ο} ρ̄· ταῦτα ἴσα δεῖ εἶναι μ^{ο} ρ̄. ἀλλ' ἐὰν ἀφέλω ἀπὸ ἴσων ἴσα, λοιποὶ ςς^{οὶ} ῑ ἴσοι οὐδενί, ὅπερ ἄτοπον. πολλῷ δὲ πλέον καὶ ἐὰν κϛ̄ ᾖ καὶ μείζων ἀριθμὸς δοθῇ· τηνικαῦτα γάρ, ὡς ἐπὶ τοῦ κϛ̄, ςς^{οὶ} ῑ καὶ μ^{ο} δ̄ ἴσα ἔσονται οὐδενί.

---

18 εἴτε γὰρ κε̄ δοθείη addidi; εἴτε γὰρ κε̄ εἴη coniecit Xylander.

Ἰστέον δ' ὡς ἐπὶ μὲν τοῦ προλαβόντος θεωρήματος μεταξὺ τῶν δύο μερῶν ἐτίθει τὸν διδόμενον ἀριθμόν, ἐνταῦθα δὲ ἐλάττονα μόνον τοῦ μείζονος μέρους, ὡς δύνασθαι καὶ μέχρι μονάδος κατιέναι.

AD PROBLEMA VII.

ς ᾱ

ς ᾱ ⋔ μ° ρ̄ ς ᾱ ⋔ μ° κ̄

ςς γ̄ ⋔ μ° τ̄ ἴσ. ς ᾱ ⋔ μ° κ̄

ςς γ̄ ἴσ. ς ᾱ μ° σ̄π̄

ςς β̄ ἴσ. μ° σ̄π̄

ς ᾱ ἴσ. μ° ρ̄μ̄.

Ἐπεὶ ὁ ςὁ εὑρέθη ρ̄μ̄ μ°, ὅταν λέγῃ ὅτι λοιπὸς ς ᾱ ⋔ μ° ρ̄, ταὐτὸν λέγει τῷ· κἂν μὲν ἀπὸ τῶν ρ̄μ̄ ἀφέλω ρ̄, λοιπὰ ρ̄μ̄ παρὰ ρ̄, τουτέστι μ̄ μόνον· ἐὰν δὲ ἀπὸ τῶν ρ̄μ̄ ἀφέλω κ̄, λοιπὰ ρ̄μ̄ παρὰ κ̄, τουτέστι ρ̄κ̄ μόνα. ἐπεὶ δὲ δεῖ τριπλάσια εἶναι τοῦ ςοῦ ᾱ ⋔ μ° ρ̄, τουτέστι τῶν μ̄, τρὶς ἄρα ὁ ἐλάττων, τουτέστιν ὁ ςὁ ᾱ ⋔ μ° ρ̄, τουτέστι τὰ μ̄, ἴσος ἐστὶ τῷ ςῷ ᾱ ⋔ κ̄ μ°, τουτέστι τῷ ρ̄κ̄ τῷ μείζονι· τρὶς γὰρ μ̄, ρ̄κ̄. τρὶς δὲ ὁ ἐλάττων γίνεται ςςοὶ γ̄ ⋔ μ° τ̄, τουτέστι ρ̄κ̄. ἀλλ' ἐπεὶ πάντα μονάδας λέγω, οὔπω γὰρ εὑρέθη πόσων μονάδων ἐστὶν ὁ ςὁ, λέγει δὲ ὅτι τρὶς τὰ ἐλάττονα γίνεται ςςοὶ γ̄ ⋔ μ° τ̄· ταῦτα δὲ ἴσα ςῷ ᾱ ⋔ μ° κ̄· κοινὴν προστίθησι τὴν λεῖψιν, τουτέστιν ἀναπληροῖ τὰς λειπούσας τ̄ μ° τοῖς γ̄ ςςοῖς, καὶ ποιεῖ αὐτοῦ ἀνελλιπεῖς γ̄ ςςούς· καὶ ποιεῖ τοῦτο καὶ ἐπὶ τοῦ ςοῦ ᾱ ⋔ μ° κ̄, τουτέστι προστίθησι καὶ αὐτῷ τὰς τ̄ μ°, ἃς προσέθετο

12 cf. vol. I, 24, 9. 15 κ̄ prius] ρ̄κ̄ B, correxit X_2. 20 ρ̄κ̄] ρ̄μ̄. 22—23 cf. vol. I, 24, 12.

τοῖς $\bar{\gamma}$ ϛϛ^{οῖς}, εἰς ἀναπλήρωσιν αὐτοῦ· καὶ γίνεται καὶ αὐτὸς ϛ^{ὁ} $\bar{\alpha}$ καὶ μ^{ο} $\overline{\sigma\pi}$· ἀπὸ γὰρ τῶν $\bar{\tau}$ αἱ μ^{ο} $\bar{\kappa}$ προσελογίσθησαν τῇ λείψει, τὰ $\overline{\sigma\pi}$ ἔμειναν.

Καὶ ἀφαιροῦνται ἀπὸ ὁμοίων ὅμοια· ἐνταῦθα οὐ μ^{ο} ἀφαιρεῖται, ἀλλὰ ϛ^{ούς}· τὸ μὲν γάρ ἐστι $\bar{\gamma}$ τελείων ϛϛ^{ῶν}, τὸ δὲ ϛ^{οῦ} $\bar{\alpha}$ καὶ μ^{ο} $\overline{\sigma\pi}$· ὅμοια γοῦν οἱ ϛϛ^{οὶ} τοῖς ϛϛ^{οῖς}· καὶ ἀφαιρεῖται ἀφ' ἑκατέρου ϛ^{ὸν} $\bar{\alpha}$· οὐδὲ γὰρ δύναται πλέον· καὶ μένουσιν ἐν μὲν θατέρῳ ϛϛ^{οὶ} $\bar{\beta}$, ἐν δὲ θατέρῳ μ^{ο} $\overline{\sigma\pi}$.

AD PROBLEMA VIII.

ϛ $\bar{\alpha}$

ϛ $\bar{\alpha}$ μ^{ο} $\bar{\rho}$ ϛ $\bar{\alpha}$ μ^{ο} $\bar{\kappa}$

ϛ $\bar{\alpha}$ μ^{ο} $\bar{\rho}$ ἴ$^{\sigma}$.   ϛϛ $\bar{\gamma}$ μ^{ο} $\bar{\xi}$

μ^{ο} $\bar{\mu}$ ἴ$^{\sigma}$.   ϛϛ $\bar{\beta}$

μ^{ο} κ   ἴ$^{\sigma}$.   ϛ $\bar{\alpha}$

Μ$^{\varsigma}$. μ^{ο} $\overline{\rho\kappa}$ Ἐ$^{\lambda}$. μ^{ο} $\bar{\mu}$.

Δεῖ δὴ τὸν λόγον τὸν διδόμενον, τουτέστιν ὃν ἕξουσι πρὸς ἀλλήλους οἱ γενόμενοι ἀριθμοὶ ἐκ τῆς τοῦ ϛ^{οῦ} προσθέσεως, ὡς ἐνταῦθά ἐστιν ὁ τριπλάσιος, ἐλάττονα εἶναι τοῦ λόγου οὗ ἔχει ὁ μείζων τῶν ἐξ ἀρχῆς δοθέντων πρὸς τὸν ἐλάττονα, τουτέστιν ὁ $\bar{\rho}$ πρὸς τὸν $\bar{\kappa}$· οὗτος γὰρ πενταπλάσιος, ἐκεῖνος δὲ τριπλάσιος, ὁ δὲ τριπλάσιος τοῦ πενταπλασίου ἐλάττων, ὡς καὶ τὰ $\bar{\gamma}$ τοῦ $\bar{\varepsilon}$. καὶ γὰρ εἰ μὴ οὕτως ἔχει, οὐ προβαίνει ἡ δεῖξις· ὅτι δέ, τοῦ $\bar{\rho}$ πρὸς τὸν $\bar{\kappa}$ πενταπλάσιον ἔχοντος λόγον, εἰ καὶ ὁ λόγος τῶν γινομένων ἀριθμῶν πενταπλάσιος εἴη, οὐ συσταθήσεται, δεικτέον οὕτως.

---

2 μ^{ο} $\bar{\kappa}$] μὲν $\bar{\kappa}$ 4 cf. vol. I, 24, 14.   19 προθέσεως.

Ἐπεὶ ὁ προστιθέμενος $ς^{οῦ}$ ἐστιν ᾱ, ἐὰν μὲν τῷ ρ̅ προστεθῇ, ἔσται $ς^{οῦ}$ ᾱ $μ^{ο}$ ρ̅· ἐὰν δὲ τῷ κ̅, ἔσται $ς^{οῦ}$ ᾱ $μ^{ο}$ κ̅· καὶ δεήσει τὰ μείζονα τῶν ἐλασσόνων εἶναι πενταπλάσια, οὕτω γὰρ ὑπόκειται· $ε^{κις}$ ἄρα τὰ ἐλάττονα ἴσα ἔσται τοῖς μείζοσι· $ε^{κις}$ δὲ τὰ ἐλάττονα γίνονται $ςς^{οὶ}$ ε̅ $μ^{ο}$ ρ̅· ταῦτα ἴσα $ς^{ῷ}$ ᾱ $μ^{ο}$ ρ̅· ἀλλ' ἐὰν ἀφέλωμεν ἀπὸ ὁμοίων ὅμοια, καταλιμπάνονται $ςς^{οὶ}$ δ̅ ἴσοι οὐδενί, ὅπερ ἄτοπον. πολλῷ δὲ πλέον καὶ εἰ ἑξαπλάσιος καὶ ἐπέκεινα ὁ λόγος ὑποτεθείη· τηνικαῦτα γὰρ πρὸς τοῖς $ςς^{οῖς}$ καὶ $μ^{ο}$ καταλειφθήσονται ἴσαι οὐδενί.

Ἰστέον δὲ ὡς ἐν τῷ παρόντι προβλήματι διπλῆ γίνεται ἡ ἀφαίρεσις κατά τε $μ^{ο}$ καὶ $ςς^{ούς}$· καὶ γὰρ πρότερον ἀφαιροῦμεν ἐκ τῶν $ςς^{ῶν}$ τῶν γ̅ καὶ $μ^{ο}$ ξ̅, $μ^{ο}$ ξ̅, καὶ ἐκ τοῦ $ς^{οῦ}$ τοῦ ᾱ καὶ $μ^{ο}$ ρ̅, $μ^{ο}$ ξ̅, τουτέστιν ἴσα καὶ ὅμοια. καὶ λοιποὶ $ςς^{οὶ}$ γ̅ ἴσοι $ς^{ῷ}$ ᾱ καὶ $μ^{ο}$ μ̅· εἶτα διὰ τὸ μήπω εὑρεῖν ἡμᾶς τὴν ὑπόστασιν τοῦ $ς^{οῦ}$, ἀφαιροῦμεν πάλιν ἐκ τοῦ $ς^{οῦ}$ τοῦ ᾱ καὶ $μ^{ο}$ μ̅, τὸν ᾱ $ς^{όν}$, καὶ ἀπὸ τῶν γ̅ $ςς^{ῶν}$, $ς^{ὸν}$ ᾱ· καὶ γίνονται $ςς^{οὶ}$ β̅ ἴσοι $μ^{ο}$ μ̅.

AD PROBLEMA IX.

	ς ᾱ	
$μ^{ο}$ ρ̅ ⋔ ς ᾱ		$μ^{ο}$ κ̅ ⋔ ς ᾱ
$μ^{ο}$ ρ̅ ⋔ ς ᾱ	$ἴ^{σ}$.	$μ^{ο}$ ρκ̅ ⋔ ςς ς̅
ςς ε̅ $μ^{ο}$ ρ̅	$ἴ^{σ}$.	$μ^{ο}$ κ̅
ςς ε̅	$ἴ^{σ}$.	$μ^{ο}$ ρκ̅
ς ᾱ	$ἴ^{σ}$.	$μ^{ο}$ δ̅
$Μ^{ζ}$. $μ^{ο}$ ϟς̅		$Ἐ^{λ}$. $μ^{ο}$ ις̅.

15 ἴσοι] ἴσον.

Δεῖ, φησί, τὸν διδόμενον λόγον, ὡς ἐνταῦθα τὸν ἑξαπλάσιον, *μείζονα εἶναι τοῦ λόγου οὗ ἔχει ὁ μείζων τῶν δοθέντων πρὸς ἐλάττονα,* τουτέστιν ὁ ρ̄ πρὸς τὸν κ̄· ἔχει δὲ οὗτος πρὸς αὐτὸν πενταπλάσιον, μείζων δὲ τοῦ πενταπλασίου ὁ ἑξαπλάσιος. εἰ γὰρ ἴσος αὐτῷ δὴ τῷ πενταπλασίῳ ὁ διδόμενος λόγος ὑποτεθείη ἢ καὶ ἐλάττων, οὐ συσταθήσεται τὸ πρόβλημα· καὶ εἰ μὲν ἴσος ἤτοι πενταπλάσιος ὑποτεθείη, ἵνα μὴ παντότε τὰ αὐτὰ λέγωμεν, ἕψεται ςς^{οὺς} δ̄ ἴσους εἶναι οὐδενί· πολλῷ δὲ δὴ πλέον καὶ εἰ ἐλάττων.

Κοινὴ δέ, φησί, προσκείσθω ἡ λεῖψις· ἐπεὶ ἐνταῦθα καὶ ὁ μὲν μ^{ο} ἐστὶν ρ̄ ⋔ <ς^{οῦ} ᾱ, ὁ δὲ μ^{ο} ρ̄κ̄ ⋔> ςς^{ῶν} ϛ̄ καί εἰσιν ἐν ἑκατέρῳ λείψεις, ὁποτέραν τούτων προσθήσομεν; καί φαμεν ὅτι οὐκ ἐνταῦθα μόνον, ἀλλὰ καὶ πανταχοῦ ἔνθα τὸ τοιοῦτον συμβαίνει, τὴν μείζονα λεῖψιν δεῖ κοινὴν προστιθέναι· εἰ γὰρ προσθείημεν τὴν ἐλάττονα, οὐκέτι ἡ μείζων λεῖψις ἀνήρηται, τῆς δὲ μείζονος προστιθεμένης, ἀναιρεῖται καὶ ἡ ἐλάττων. τῆς οὖν μείζονος προστιθεμένης κἀνταῦθα λείψεως, αἱ μὲν μ^{ο} ρ̄κ̄ ⋔ ςς^{ῶν} ϛ̄, γίνονται ρ̄κ̄ μ^{ο} ἀνελλιπεῖς, αἱ δὲ ρ̄ μ^{ο} ⋔ ς^{οῦ} ᾱ γίνονται ρ̄ μ^{ο} ςς^{οὶ} ε̄, τοῦ ᾱ ς^{οῦ} ἀφανισθέντος ὑπὸ τῆς τοῦ ᾱ ς^{οῦ} λείψεως, ἐπεὶ λεῖψις ἐπὶ ὕπαρξιν λεῖψιν ποιεῖ.

---

1 cf. vol. I, 26, 16. 9 *λέγωμεν* X_2, *λέγομεν* alii. 12 I, 26, 27. 13 *μὲν*] *μείζων.* ς^{οῦ} *καὶ ὁ ἐλάττων μ^{ο} ρ̄κ̄* ⋔ supplet X_2, quae correxi. 14 *ἑκατέρας.*

AD PROBLEMA X.

	ς ᾱ	
ς ᾱ μ° κ̄		μ° ρ̄ ⋔ ς ᾱ
ς ᾱ μ° κ̄	ἴσ.	μ° ῡ ⋔ ςς δ̄
ςς ε̄ μ° κ̄	ἴσ.	μ° ῡ
ςς ε̄	ἴσ.	μ° τ̄π̄
ς ᾱ	ἴσ.	μ° ο̄ϛ̄
Μζ. ϟ̄ϛ̄		Ἐλ. κ̄δ̄.

Καὶ ἐνταῦθα τῶν ἐξ ἀρχῆς δοθέντων ἀριθμῶν, τοῦ ρ̄ λέγω καὶ κ̄, πενταπλάσιον λόγον πρὸς ἀλλήλους ἐχόντων, οὐδὲν διαφέρει τὸν διδόμενον λόγον ὑπό τε τῆς προσθέσεως καὶ τῆς ἀφαιρέσεως, ἄν τε ἴσος ὁ λόγος οὗτος τῷ λόγῳ τῶν ἐξ ἀρχῆς δοθέντων ὑποτεθῇ, ἄν τε μείζων, ἄν τε ἐλάττων, ἐλάττονος δηλονότι λαμβανομένου τοῦ τῶν μ° ρ̄ ⋔ ςοῦ ᾱ, μείζονος δὲ τοῦ ςοῦ ᾱ μ° κ̄· εἰ δὲ τοὐναντίον ὑποτεθείη, τουτέστιν ἐλάττων μὲν ςὁ ᾱ μ° κ̄, μείζων δὲ ὁ μ° ρ̄ ⋔ ςοῦ ᾱ, δεῖται τὸ πρόβλημα προσδιορισμοῦ, ὥστε ἀεὶ τὸν διδόμενον λόγον ἐλάττονα εἶναι τοῦ λόγου τῶν ἐξ ἀρχῆς δοθέντων, μήτε μὴν ἴσον, μήτε μείζονα.

Κείσθω δὲ ἐπὶ παραδείγματος· ἔστω ὁ ἐλάττων ς ᾱ μ° κ̄, μείζων δὲ ὁ μ° ρ̄ ⋔ ςοῦ ᾱ. καὶ ὑποκείσθω δεῖν τὸν μείζονα πενταπλάσιον εἶναι τοῦ ἐλάττονος· εκις ἄρα ὁ ςὁ ᾱ μ° κ̄ ἴσος ἔσται τῷ μ° ρ̄ ⋔ ςοῦ ᾱ· γίνεται ςςοὶ ε̄ μ° ρ̄, καὶ ἀναπληρωθείσης τῆς λείψεως γίνονται ςςοῖς ϛ̄ μ° ρ̄ ἴσαι μ° ρ̄. ἀφαιρεθέντων ἀπὸ ὁμοίων ὁμοίων, οὐδενὶ ἔσονται ἴσοι ςοὶ ϛ̄, ὅπερ ἄτοπον. πολλῷ δὲ δὴ πλέον καὶ ἐὰν μείζων ἢ πενταπλάσιος ὑποτεθῇ.

---

12 post ἀφαιρέσεως repetita οὐδὲν διαφέρει. 16 ὑποτιθείη.

Ἐσκέφθω δὲ τὸ παρὸν πρόβλημα καὶ ἑτέρως· δυσὶ δοθεῖσιν ἀριθμοῖς, τοῦ μὲν ἐλάσσονος ἀφελεῖν, τῷ δὲ μείζονι προσθεῖναι τὸν αὐτὸν ἀριθμόν, καὶ ποιεῖν τὸν γενόμενον πρὸς τὸν λοιπὸν λόγον ἔχειν δεδομένον. — ἐπιτετάχθω τοῦ μὲν $\overline{\kappa}$ ἀφελεῖν, τῷ δὲ $\overline{\rho}$ προσθεῖναι τὸν αὐτὸν ἀριθμόν, καὶ ποιεῖν τὰ μείζονα τῶν ἐλαττόνων ἑπταπλάσια. δεῖ γὰρ ἐν τούτῳ μείζονα εἶναι ἀεὶ τὸν διδόμενον λόγον τοῦ λόγου τῶν ἐξ ἀρχῆς δοθέντων, ἤτοι τοῦ πενταπλασίου, ὅς ἐστι τῶν $\overline{\rho}$ πρὸς τὸν $\overline{\kappa}$, καὶ ἀεὶ τὸν τὴν λεῖψιν ἔχοντα ἐλάττονα λαμβάνειν, οὐδέποτε δὲ τὸν τὴν προσθήκην. ἔσται οὖν ὁ μὲν $\mu^{o}\,\overline{\kappa}\pitchfork ς^{οῦ}\,\overline{\alpha}$, ὁ δὲ $ς^{ὁ}\,\overline{\alpha}\,\mu^{o}\,\overline{\rho}$. καὶ ἔστιν οὗτος ἐκείνου ἑπταπλάσιος· $\zeta^{κις}$ ἄρα ὁ $\mu^{o}\,\overline{\kappa}\pitchfork ς^{οῦ}\,\overline{\alpha}$ ἴσος ἐστὶ τῷ $\overline{\alpha}\,ς^{ῷ}\,\mu^{o}\,\overline{\rho}$, $\zeta^{κις}$ δὲ ὁ $\mu^{o}\,\overline{\kappa}\pitchfork ς^{οῦ}\,\overline{\alpha}$ γίνεται $\mu^{o}\,\overline{\rho\mu}\pitchfork ςς^{ῶν}\,\overline{\zeta}$· κοινὴ προσκείσθω ἡ λεῖψις· μ^{o} ἄρα $\overline{\rho\mu}$ ἴσαι εἰσὶν $ςς^{οῖς}\,\overline{\eta}\,\mu^{o}\,\overline{\rho}$. ἀπὸ ὁμοίων ὅμοια· $ςς^{οὶ}$ ἄρα $\overline{\eta}$ ἴσοι εἰσὶ $\mu^{o}\,\overline{\mu}$· ὁ $ς^{ὁ}$ ἄρα, $\mu^{o}\,\overline{\varepsilon}$. κἂν μὲν τοῦ $\overline{\kappa}$ ἀφαιρεθῇ, $\overline{\iota\varepsilon}$· ἐὰν δὲ τῷ $\overline{\rho}$ προστεθῇ, γίνεται $\overline{\rho\varepsilon}$· καὶ ἔστι τὰ $\overline{\rho\varepsilon}$ τῶν $\overline{\iota\varepsilon}$ ἑπταπλάσια.

Ἡ λεῖψις κοινὴ προστεθεῖσα τὰς μὲν $\overline{\upsilon}\,\mu^{o}\pitchfork ςς^{ῶν}\,\overline{\delta}$ ἐποίησε $\mu^{o}\,\overline{\upsilon}$ ἀνελλιπεῖς· $\overline{\delta}$ γὰρ $ςς^{οὶ}$ προσετέθησαν οἱ λείποντες· οὗτοι δὲ καὶ ἐπὶ τῶν $ς^{οῦ}\,\overline{\alpha}$ καὶ $\mu^{o}\,\overline{\kappa}$ προστεθέντες, (κοινὴ γὰρ ἡ προσθήκη), ἐποίησαν αὐτοῦ $ςς^{οὺς}\,\overline{\varepsilon}\,\mu^{o}\,\overline{\kappa}$· $\overline{\delta}$ γὰρ καὶ $\overline{\alpha}$, $\overline{\varepsilon}$. καὶ ἀφῃρέθη ἀπὸ ὁμοίων ὅμοια· τουτέστιν ἀπὸ μὲν τῶν $\overline{\varepsilon}\,ςς^{ῶν}\,\mu^{o}\,\overline{\kappa}$, αἱ $\overline{\kappa}\,\mu^{o}$, ἀπὸ δὲ τῶν $\overline{\upsilon}\,\mu^{o}$, ὁμοίως $\overline{\kappa}\,\mu^{o}$, καὶ ἔμειναν $\mu^{o}\,\overline{\tau\pi}$ ἴσαι $ςς^{οῖς}\,\overline{\varepsilon}$.

---

12 $\overline{\rho}$] $\overline{\kappa}$. 15 προκείσθω. 20 cf. vol. I, 28, 19.

AD PROBLEMA XI.

ς ᾱ

ς ᾱ μ^{o} κ̄ ς ᾱ ⋔ μ^{o} ρ̄

ς ᾱ μ^{o} κ̄ $ἴ^{σ}$. ςς γ̄ ⋔ μ^{o} τ̄

ς ᾱ μ^{o} τ̄κ̄ $ἴ^{σ}$. ςς γ̄

μ^{o} τ̄κ̄ $ἴ^{σ}$. ςς β̄

μ^{o} ρ̄ξ̄ $ἴ^{σ}$. ς ᾱ

$M^{ζ}$. μ^{o} ρ̄π̄ $Ἐ^{λ}$. μ^{o} ξ̄.

Ἐν μὲν τῷ δεκάτῳ ταῖς μονάσι προσετίθη ἢ ἀφῄρει τὸν αὐτὸν ἀριθμόν, καὶ διὰ τοῦτο ἐνῆν ὁτὲ μὲν τὸν τὴν ἀφαίρεσιν παθόντα, ὁτὲ δὲ τὸν τὴν προσθήκην δεξάμενον, μείζονα εἶναι τοῦ λοιποῦ· ἐν δὲ τῷ $ια^{ῳ}$ ἀεὶ ὁ τὴν προσθήκην ἔχων μείζων ληφθήσεται· ἀντιστρόφως γὰρ ἔχει ἐκείνῳ, ὅτι ἀπὸ τοῦ αὐτοῦ ἀριθμοῦ προστίθησιν ἢ ἀφαιρεῖ τὰς μονάδας· ἐκεῖ μὲν γὰρ ἀδήλου ὄντος τοῦ ἀριθμοῦ πόσων μ^{o} ἐστίν, ἄδηλον ἦν πότερος ποτέρου μείζων· οἷον ὡς ἐπὶ παραδείγματος ἔστωσαν μ^{o} ῑ καὶ μ^{o} β̄· ταῖς μὲν β̄ μ^{o} προσκείσθω ἀριθμός τις, ἀπὸ δὲ τῶν ῑ ἀφῃρήσθω ὁ αὐτός· καὶ ἔστω ὁ μὲν $ς^{ὁ}$ ᾱ μ^{o} β̄, ὁ δὲ μ^{o} ῑ ⋔ $ς^{οῦ}$ ᾱ. ἐὰν ὁ $ς^{ὁ}$ β̄ μ^{o} η̄, ὁ μὲν ἔσται μ^{o} δ̄, ὁ δὲ η̄, καὶ ἔσται μείζων ὁ τὴν ἀφαίρεσιν ὑποστάς· ἂν δὲ ῃ̄ $ς^{ὁ}$ ε̄, ὁ μὲν ἔσται μ^{o} ζ̄, ὁ δὲ ε̄, καὶ ἔσται μείζων ὁ τὴν προσθήκην δεξάμενος. ἐνταῦθα δὲ ἐπεὶ τῷ αὐτῷ ἀριθμῷ καὶ προστίθεται ὁ ἐλάσσων καὶ ἀφαιρεῖται ὁ μείζων, πρόδηλον ὡς ἀεὶ ὁ τὴν προσθήκην δεξάμενος μείζων ἔσται. προσδιορισμοῦ μέντοι οὐδὲ τοῦτο δεῖται, οὐδὲ ἐὰν

15 ἀφαιρεῖν.

ἀπὸ τοῦ αὐτοῦ ἀφαιρῶμεν μὲν τὸν ἐλάσσονα, προστιθῶμεν δὲ τὸν μείζονα, ὡς γίνεσθαι τὸν μὲν ϛ^{οῦ} ᾱ ⋔ μ^{ο} κ̄, τὸν δὲ ϛ^{οῦ} ᾱ μ^{ο} ρ̄.

AD PROBLEMA XII.

α^{η} διαίρ.	ϛϛ β̄		μ^{ο} ρ̄ ⋔ ϛϛ β̄
β^{α} διαίρ.	μ^{ο} τ̄ ⋔ ϛϛ ϛ̄		ϛ ᾱ
	μ^{ο} τ̄ ⋔ ϛϛ ε̄	ἴσ.	μ^{ο} ρ̄
	μ^{ο} τ̄	ἴσ.	ϛϛ ε̄ μ^{ο} ρ̄
	μ^{ο} σ̄	ἴσ.	ϛϛ ε̄
	μ^{ο} μ̄	ἴσ.	ϛ ᾱ
	μ^{ο} π̄	διπλ.	μ^{ο} κ̄
	μ^{ο} ξ̄	τριπλ. ρ̄	μ^{ο} μ̄.

Διῄρηται ἐνταῦθα ὁ ρ̄ δὶς εἴς τε τὰ π̄ καὶ κ̄ καὶ ἔτι εἰς τὰ ξ̄ καὶ μ̄, καὶ ἔστι τὰ μὲν π̄ τῶν μ̄ διπλάσια, τὰ δὲ ξ̄ τῶν κ̄ τριπλάσια, χιαστῶς.

Οἱ δὲ δύο τῆς β^{ας} διαιρέσεως ὄντες, ὁ μὲν μ^{ο} τ̄ ⋔ ϛϛ^{ῶν} ϛ̄, ὁ δὲ ϛ^{οῦ} ᾱ, συντιθέμενοι γίνονται μ^{ο} τ̄ ⋔ ϛϛ^{ῶν} ε̄, διὰ τὸ τὸν ᾱ ϛ^{ὸν} ἀναπληρῶσαι ᾱ ϛ^{οῦ} λεῖψιν.

Ὁ δὲ ϛ^{ὸ} γίνεται μ^{ο} μ̄ οὕτως· εὑρέθησαν μ^{ο} τ̄ ⋔ ϛϛ^{ῶν} ε̄ ἴσαι μ^{ο} ρ̄· κοινὴ προσκείσθω ἡ λεῖψις· τουτέστι οἱ ε̄ ϛϛ^{οὶ} προστιθέμενοι ποιοῦσι τὰς μὲν τ̄ μ^{ο} ἀνελλιπεῖς, τὰς δὲ ρ̄ μ^{ο}, ϛϛ^{οὺς} ε̄ μ^{ο} ρ̄. καὶ ἀπὸ ὁμοίων ὅμοια· τουτέστιν ἀπὸ τῶν ϛϛ^{ῶν} ε̄ καὶ μ^{ο} ρ̄ ἀφαιρουμένων τῶν ρ̄ μ^{ο}, καὶ ἀπὸ τῶν τ̄ ὁμοίως ρ̄ μ^{ο}, λοιποὶ ϛϛ^{οὶ} ε̄ ἴσοι μ^{ο} σ̄, καὶ γίνεται ὁ ϛ^{ὸ} μ̄ μ^{ο}.

AD PROBLEMA XIII.

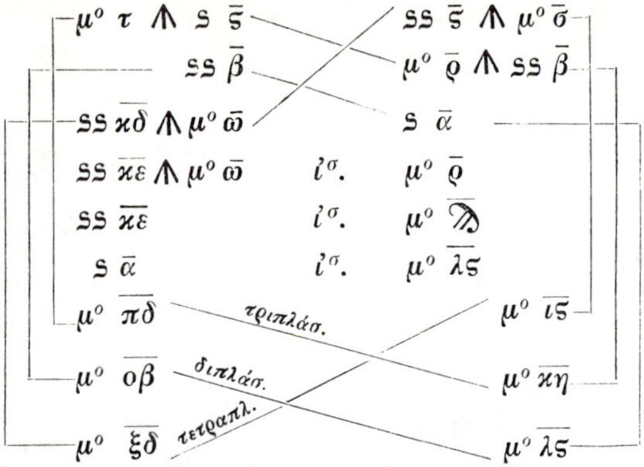

Τὸν ἐπιταχθέντα ἀριθμὸν διελεῖν εἰς δύο ἀριθμοὺς ἀνίσους, καὶ πάλιν τὸν αὐτὸν ἀριθμὸν διελεῖν εἰς δύο ἀριθμοὺς ἀνίσους, καὶ ἔτι τὸν αὐτὸν ἀριθμὸν διελεῖν εἰς δύο ἀριθμοὺς ἀνίσους, τοῦτό ἐστι τὸ τρὶς διελεῖν τὸν αὐτὸν ἀριθμόν· διῄρηται τοίνυν ὁ ρ̄ εἰς π̄δ̄ καὶ ῑς̄, καὶ πάλιν ὁ αὐτὸς εἰς ο̄β̄ καὶ κ̄η̄, καὶ ἔτι ὁ αὐτὸς εἰς ξ̄δ̄ καὶ λ̄ς̄. καὶ ἔστι τὰ μὲν π̄δ̄ τῶν κ̄η̄ τριπλάσια, τὰ δὲ ο̄β̄ τῶν λ̄ς̄ διπλάσια, τὰ δὲ ξ̄δ̄ τῶν ῑς̄ τετραπλάσια.

Τοῦ δὲ μείζονος τῶν ἐκ τῆς α^{ης} διαιρέσεως ὄντος μ° τ̄ ⋔ ςς^{ῶν} ς̄, πῶς ὁ ἐλάττων τῆς αὐτῆς διαιρέσεως γίνεται ςς^{ῶν} ς̄ ⋔ μ° σ̄, ὧδε ἂν μάθωμεν· ἐπεὶ τοὺς δύο ὁμοῦ ρ̄ μ° εἶναι δεῖ, ἔστι δὲ ὁ μείζων μ° τ̄ ⋔ ςς^{ῶν} ς̄, χρὴ τὸν ἐλάττονα εἶναι ςς^{ῶν} μὲν ς̄, ἵνα ἀφανίσῃ τὴν λεῖψιν τῶν ς̄ ςς^{ῶν}, τὰ ἐν τῷ μείζονι, μ° δὲ λείψει σ̄, ἵνα ἀπὸ τῶν γενομένων ἀνελλιπῶν μ° τ̄ ἐκ τοῦ ἀφανισθῆναι τὴν λεῖψιν τῶν ς̄ ςς^{ῶν}, ἀφαιρεθεισῶν τῶν σ̄ μ°, λοιπαὶ γένωνται μ° ρ̄, ὅσων καὶ οἱ δύο ὁμοῦ.

---

27 σ̄] κ̄.

ϛϛ^{οἱ} $\overline{κε}$ ⋔ μ^{ο} $\overline{ω}$ γίνονται ἴσοι μ^{ο} $\overline{ρ}$· κοινὴ προσκείσθω ἡ λεῖψις· ϛϛ^{οἱ} ἄρα $\overline{κε}$ ἀνελλιπεῖς ἴσοι εἰσὶ μ^{ο} $\overline{ϡ}$, καὶ ὁ ϛ^{ὁ} ἄρα μ^{ο} $\overline{λϛ}$· τὰ γὰρ $\overline{ϡ}$ παρὰ τοῦ $\overline{κε}$ μεριζόμενα, $\overline{λϛ}$ ποιεῖ. ἔστιν οὖν ὁ μείζων τῆς α^{ης} διαιρέσεως μ^{ο} $\overline{τ}$ ⋔ ϛϛ^{ῶν} $\overline{ϛ}$· ἐπεὶ ὁ ϛ^{ὁ} $\overline{λϛ}$ μ^{ο} ἐστίν, οἱ $\overline{ϛ}$ ἄρα ϛϛ^{οἱ} ἔσονται μ^{ο} $\overline{σιϛ}$· τούτων ἀφαιρεθέντων ἀπὸ τῶν $\overline{τ}$ μ^{ο}, λοιπὰ $\overline{πδ}$· ὁ δὲ ἐλάττων τῆς αὐτῆς, ϛϛ^{ῶν} $\overline{ϛ}$ ⋔ μ^{ο} $\overline{σ}$· ἐπεὶ οἱ $\overline{ϛ}$ ϛϛ^{οἱ} $\overline{σιϛ}$ μ^{ο} εἰσίν, ἂν ἀφέλῃς ἀπὸ τούτων τὴν λεῖψιν, τὰ $\overline{σ}$, λοιπὰ $\overline{ιϛ}$. ὁ δὲ μείζων τῶν ἐκ τῆς β^{ας} διαιρέσεώς ἐστι μ^{ο} $\overline{οβ}$, ϛϛ^{οἱ} γὰρ $\overline{β}$· ὁ δὲ ἐλάττων τῆς αὐτῆς, μ^{ο} $\overline{ρ}$ ⋔ ϛϛ^{ῶν} $\overline{β}$· ἐπεὶ οἱ $\overline{β}$ ϛϛ^{οἱ} $\overline{οβ}$ μ^{ο} εἰσί, τούτων ἀφαιρεθεισῶν ἀπὸ τῶν $\overline{ρ}$, λοιπαὶ μ^{ο} $\overline{κη}$. ὁ δὲ μείζων τῶν ἐκ τῆς γ^{ης} διαιρέσεως, ϛϛ^{ῶν} $\overline{κδ}$ ⋔ μ^{ο} $\overline{ω}$· ἐπεὶ οἱ $\overline{κδ}$ ϛϛ^{οἱ} μ^{ο} εἰσὶν $\overline{ωξδ}$, ἐὰν ἀφέλῃς ἀπὸ τούτων μ^{ο} $\overline{ω}$, λοιπὸν $\overline{ξδ}$· ὁ δὲ ἐλάττων τῆς αὐτῆς ϛ^{οῦ} $\overline{α}$, μ^{ο} $\overline{λϛ}$.

Ἰστέον ὡς εἰ μέλλοιμεν εὐχερῶς ἐν τῷ ιγ^{ῳ} τοὺς ἀριθμοὺς εὑρίσκειν μηδὲν ὑπὸ τῶν λεπτῶν ἐνοχλούμενοι, ὀφείλομεν ὑποτιθέναι τὸν διαιρούμενον τρίς, ἢ ἴσον ἢ πολλαπλάσιον τοῖς ἀναφαινομένοις ϛϛ^{οῖς} ἀπὸ τῆς συνθέσεως τοῦ μείζονος καὶ ἐλάττονος τῆς γ^{ης} διαιρέσεως· ὡς ἐνταῦθα ὁ μὲν διαιρούμενός ἐστιν ὁ $\overline{ρ}$, οἱ δὲ ϛϛ^{οἱ} $\overline{κε}$, τὰ δὲ $\overline{ρ}$ τῶν $\overline{κε}$ τετραπλάσια. εἰ δ' οὐκ εἰσὶ πολλαπλάσιοι, προβήσεται μὲν καὶ οὕτω, πλὴν τῆς μονάδος διαιρουμένης εἰς λεπτά.

Δεῖ δὲ καὶ τοὺς διδομένους λόγους μὴ ὑπερβατῶς, ἀλλ' ἐφεξῆς τίθεσθαι· οἷον διπλάσιον, τριπλάσιον, καὶ ἐφεξῆς· εἰ γὰρ μετὰ τὸν διπλάσιον μὴ τὸν τριπλάσιον, ἀλλὰ τὸν τετραπλάσιον ἢ ἄλλον τινά, οὐ συσταθήσεται· ἔτι καὶ τοῦτο δεῖ σκοπεῖν ὥστε ἀπὸ τοῦ ἐλάττονος

---

2 ἴσον. 19 ἀπὸ] ὑπό.

ἀεὶ λόγου ἄρχεσθαι, τουτέστιν ἵνα ὁ μείζων τῆς $\beta^{\alpha\varsigma}$ διαιρέσεως πρὸς τὸν ἐλάττονα τῆς $\gamma^{\eta\varsigma}$ τὸν ἐλάχιστον τῶν διδομένων λόγον ἔχῃ, ὡς ἐνταῦθα τὸν διπλάσιον, εἶτα ὁ μείζων τῆς $\alpha^{\eta\varsigma}$ πρὸς τὸν ἐλάττονα τῆς $\beta^{\alpha\varsigma}$ τὸν μέσον, ὡς ἐνταῦθα τὸν τριπλάσιον, εἶτα ὁ μείζων τῆς $\gamma^{\eta\varsigma}$ πρὸς τὸν ἐλάττονα τῆς $\alpha^{\eta\varsigma}$ τὸν μέγιστον, ἐνταῦθα τὸν τετραπλάσιον· εἰ γὰρ ἀντιστρόφως τεθεῖεν οἱ λόγοι, οὐ συσταθήσεται.

AD PROBLEMA XIV.

ϛ $\overline{\alpha}$		μ° $\overline{\iota\beta}$
ϛϛ $\overline{\iota\beta}$		ϛ $\overline{\alpha}$ μ° $\overline{\iota\beta}$
ϛϛ $\overline{\iota\beta}$	ἴσ.	ϛϛ $\overline{\gamma}$ μ° $\overline{\lambda\varsigma}$
ϛϛ $\overline{\vartheta}$	ἴσ.	μ° $\overline{\lambda\varsigma}$
ϛ $\overline{\alpha}$	ἴσ.	μ° $\overline{\delta}$
μ° δ		μ° $\overline{\iota\beta}$
μ° $\overline{\mu\eta}$	τριπλ.	μ° $\overline{\iota\varsigma}$

Δεῖ δὴ τὸ πλῆθος τῶν μονάδων τοῦ ἑνὸς τῶν ἐξ ἀρχῆς δοθέντων ἀριθμῶν μεῖζον εἶναι τοῦ ὁμωνύμου ἀριθμοῦ τῷ διδομένῳ λόγῳ· οἷοι δέδονται ἐξ ἀρχῆς ἀριθμοὶ ὁ $\overline{\delta}$ καὶ ὁ $\overline{\iota\beta}$· οὗτοι συντιθέμενοι μὲν γίνονται $\overline{\iota\varsigma}$, πολλαπλασιαζόμενοι δὲ ἐπ' ἀλλήλους γίνονται $\overline{\mu\eta}$, καί εἰσι τὰ $\overline{\mu\eta}$ τῶν $\overline{\iota\varsigma}$ τριπλάσια. ὁ λόγος οὖν τῶν ἐξ ἀρχῆς ἀριθμῶν ὁ διδόμενός ἐστιν ὁ τριπλάσιος, ὁ δὲ ὁμώνυμος αὐτοῦ ἀριθμὸς ὁ $\overline{\gamma}$· τὰ δὲ $\overline{\iota\beta}$ μείζονά ἐστι τοῦ $\overline{\gamma}$. τοῦτο οὖν λέγει, ὅτι αἱ μονάδες τοῦ ἑνὸς τῶν ἀριθμῶν ἔστωσαν πλείους, εἰ μὲν τριπλάσιος ὁ λόγος ὑποτίθεται, τῶν $\overline{\gamma}$ μ°, εἰ δὲ τετραπλάσιος, τῶν $\overline{\delta}$, καὶ ἐφεξῆς· ἄλλως γὰρ οὐ προβήσεται.

4 μέσον] μείζονα. 18 λόγῳ X_2, λόγου alii. δέδοται.

Καὶ ἔστι τὸ μὲν ὑπ' αὐτῶν, φησίν, ϛϛοἰ ιβ· ϛο γὰρ ἐφ' ἑαυτὸν μὲν πολλαπλασιασθείς, ΔY ποιεῖ, ὡς ὁ δ τὸν ιϛ· ἐπὶ δὲ μονάδας ἑτέρας, ϛϛούς, ὡς νῦν ὁ δ ϛὁ ἐπὶ τὰς ιβ μο ἐγένετο μη, τουτέστι ιβκις αὐτὸς ὁ δ ϛὁ.

Ἢ καὶ οὕτως· ἐπεὶ τῆς μονάδος ἀμεταθέτου οὔσης καὶ ἑστώσης, τὸ πολλαπλασιαζόμενον εἶδος ἐπ' αὐτὴν αὐτὸ τὸ εἶδος ἔσται, ἐπολλαπλασιάσθη δὲ ϛὁ α ἐπὶ ιβ μο, δῆλον ὅτι ιβ ϛϛοἰ ἔσονται· εἰ γὰρ ϛὁ α ἐπὶ μο α ἐπολλαπλασιάζετο, ϛὁ ἔμελλε εἶναι, καὶ εἰ ἐπὶ β μο, ϛϛοἰ β, καὶ ἐπὶ ιβ οὖν πάλιν ϛϛοἰ ιβ.

Τρὶς ἄρα τὰ ἐλάττονα, φησί· τρὶς τὰ ἐλάσσονα γίνεται ϛϛοἰ γ μο λϛ ἴσαι ϛϛοῖς ιβ· ἀπὸ ὁμοίων ὅμοια· ἀπὸ τῶν γ ϛϛῶν καὶ τῶν λϛ μο, τοὺς γ ϛϛούς, ἀπὸ δὲ τῶν ιβ ϛϛῶν, ὁμοίως γ ϛϛούς, καὶ γίνεται ϛϛοἰ θ ἴσοι μο λϛ· καὶ ὁ ϛὁ μο δ.

AD PROBLEMA XV.

ἔκθ.	ϛϛ β ⋔ μο λ		ϛ α μο λ
	ϛϛ β ⋔ μο π		ϛ α μο π
πολλ.	ϛϛ ϛ ⋔ μο σμ	ἴσ.	ϛ α μο π
προ.	ϛϛ ϛ	ἴσ.	ϛ α μο τκ
ἀφ.	ϛϛ ε	ἴσ.	μο τκ
μερ.	ϛ α	ἴσ.	μο ξδ
ὑπ.	μο ∟η		μο ∟δ
	μο ρκη	διπλάσ. — τριπλάσ.	μο ρμδ
	μο μη		μο ξδ.

1 cf. vol. I, 36, 6/7. 11 I, 36, 8.

Ὁ ἄρα α^{ος}· ἐπεὶ ὁ β^{ος} ϛ^{οῦ} ᾱ ἐστι καὶ μ^{ο} λ̄, ἐὰν δὲ ἀφαιρεθῶσιν αἱ μ^{ο} ἀπὸ τοῦ β^{ου} καὶ τεθῶσι μετὰ τοῦ α^{ου}, ἔσται διπλασίων αὐτοῦ, δῆλον ὡς ὁ β^{ος} μὲν καταλειφθήσεται ϛ^{οῦ} ᾱ μόνου, ὁ δὲ α^{ος} ὡς διπλάσιος αὐτοῦ, ἔσται ϛϛ^{ῶν} β̄· ἀλλ' ἐπεὶ οὔπω τὰς λ̄ μ^{ο} ἀπὸ τοῦ β^{ου} ἔλαβεν, ἔστι β̄ μὲν ϛϛ^{ῶν}, ⋔ δὲ τῶν λ̄ μ^{ο}, τουτέστιν ἐπεὶ ὁ β^{ος} ἐστιν (ὡς ὕστερον εὑρίσκεται) μ^{ο} ϟδ̄, ἔσται ἄρα ὁ α^{ος} μ^{ο} ϟη̄, ἵνα λαβὼν παρὰ τοῦ β^{ου} τὰς λ̄ μ^{ο}, κἀκεῖνος μὲν γενόμενος ρκη̄, τούτου δὲ γενομένου ξδ̄, διπλάσιος ᾖ τούτου.

Πάλιν ὁ α^{ος}, φησί, δοὺς ν̄ μ^{ο} τῷ β^{ῳ}, γίνεται ϛϛ^{οὶ} β̄ ⋔ μ^{ο} π̄· ἦν μὲν γὰρ πρότερον ϛϛ^{ῶν} β̄ ⋔ μ^{ο} λ̄, δοὺς δὲ καὶ τὰς ν̄, γέγονεν ⋔ π̄. ὁ δὲ β^{ος} ὢν ϛ^{οῦ} ᾱ μ^{ο} λ̄ καὶ λαβὼν καὶ τὰς ν̄, γέγονεν ϛ^{οῦ} ᾱ μ^{ο} π̄.

Τρὶς δὲ τὰ ἐλάσσονα δῆλον ἐκ τοῦ διαγράμματος.

Ὁ μὲν ϟδ̄ δοὺς τῷ ϟη̄ λ̄ μ^{ο}, ἐκεῖνον μὲν ἐποίησεν ρκη̄, ἑαυτὸν δὲ ξδ̄· ἐκεῖνα δὲ τούτων διπλάσια. ὁ δὲ ϟη̄ δοὺς τῷ ϟδ̄ μ^{ο} ν̄, ἐκεῖνον μὲν ἐποίησεν ρμδ̄, ἑαυτὸν δὲ μη̄· ἐκεῖνα δὲ τούτων τριπλάσια.

---

1 I, 36, 19. 11 I, 36, 22/23. 15 I, 36, 25.

AD PROBLEMA XVI.

		ς ᾱ	
ἐκθ.	ς ᾱ ⋔ μ° λ̄,	ς ᾱ ⋔ μ° μ̄,	ς ᾱ ⋔ μ° κ̄
σύνθ.	ςς γ̄ ⋔ μ° ϟ̄	ἴσ.	ς ᾱ
προ.	ςς γ̄	ἴσ.	ς ᾱ μ° ϟ̄
ἀφ.	ςς β̄	ἴσ.	μ° ϟ̄
μερ.	ς ᾱ	ἴσ.	μ° μ̄ε̄
ὑπ.	μ° ῑε̄,	μ° ε̄,	μ° κ̄ε̄

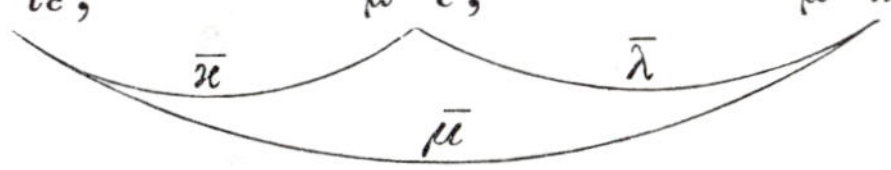

Δεῖ, φησί, τῶν ἐπιταττομένων τριῶν τὸ ἥμισυ μεῖζον εἶναι ἑκάστου αὐτῶν· ὡς ἐνταῦθα οἱ μὲν τρεῖς ὁμοῦ γίνονται ϟ̄, τὸ δὲ ἥμισυ τούτων, μ̄ε̄, ἕκαστος δὲ τῶν τριῶν ἐλάττων ἐστὶ τοῦ μ̄ε̄. εἰ γὰρ ὑποθώμεθά τινα τῶν τριῶν ἴσον εἶναι τῷ ἡμίσει τῶν τριῶν, οὐ συσταθήσεται· καὶ ὑποκείσθω τὸν γ^ον^ καὶ α^ον^ ποιεῖν μ° ν̄· οὐκοῦν οἱ μὲν τρεῖς ἔσονται ρ̄· κ̄ γὰρ καὶ λ̄ καὶ ν̄, ρ̄· τὸ δὲ ἥμισυ τῶν ρ̄, ν̄· καὶ τῆς δείξεως ὁμοίως γινομένης, ἔσται ὁ ς^ὸ^ μ° ν̄, καὶ δεήσει τὸν β^ον^ εἶναι ς^οῦ^ ᾱ ⋔ μ° ν̄, ὅπερ ἄτοπον· πολλῷ δὲ πλέον οὐδ' ἂν μείζων ὑποτεθῇ, συσταθήσεται· τηνικαῦτα γὰρ τοῦ ς^οῦ^, τυχόν, γενομένου ν̄ε̄ μ°, ὁ β^ος^ ἔσται ς^οῦ^ ᾱ ⋔ μ° ξ̄.

Διὰ τὰ αὐτά, τουτέστιν ἐπεὶ πάλιν ὁ β^ος^ καὶ ὁ γ^ος^ ποιοῦσι μ° λ̄, ἔσται ὁ α^ος^ ς^οῦ^ ᾱ ⋔ μ° λ̄· καὶ ἔτι ἐπεὶ ὁ γ^ος^ καὶ ὁ α^ος^ ποιοῦσι μ° μ̄, ἔσται ⟨ὁ⟩ β^ος^ ς^οῦ^ ᾱ ⋔ μ° μ̄· καὶ γίνονται οἱ τρεῖς, ςς^οὶ^ γ̄ ⋔ μ° ϟ̄, καί εἰσιν ἴσοι ς^ῷ^ ᾱ. κοινῆς προστεθείσης τῆς λείψεως, ςς^οὶ^ γ̄ ἴσοι ς^ῷ^ ᾱ μ° ϟ̄. καὶ ἀπὸ ὁμοίων ὅμοια· ςς^οὶ^ β̄ ἴσοι μ° ϟ̄· καὶ ὁ ς^ὸ^ μ° μ̄ε̄.

9 I, 38, 4. 22 I, 38, 11.

AD PROBLEMA XVII.

ς ᾱ

ἔκθ. ς ᾱ ⋔ μ° κβ, ς ᾱ ⋔ μ° κδ, ς ᾱ ⋔ μ° κζ, ς ᾱ ⋔ μ° κ.
σύνθ. ςς δ ⋔ μ° ϟγ ἴσ. ς ᾱ
πρ. ςς δ ἴσ. ς ᾱ μ° ϟγ
ἀφ. ςς γ̄ ἴσ. μ° ϟγ
μερ. ς ᾱ ἴσ. μ° λα
ὑπ. μ° θ, μ° ζ, μ° δ, μ° ια,

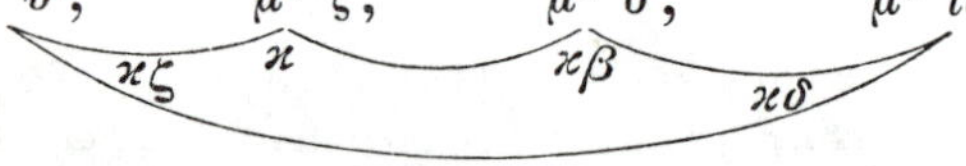

Δεῖ δὴ τῶν τεσσάρων τὸ γ^ον μεῖζον εἶναι ἑκάστου αὐτῶν· ἔνθα μὲν τρεῖς ἦσαν οἱ ἀριθμοί, τῶν τριῶν ἔλεγε τὸ ἥμισυ μεῖζον εἶναι δεῖν ἑκάστου αὐτῶν· νῦν δέ, ἐπειδὴ τέσσαρές εἰσιν οἱ ἀριθμοί, τὸ γ^ον φησί· καὶ γὰρ ἔνθα μὲν γ̄, τὸ ἥμισυ τῶν γ̄ γίνεται δ ς^ο· ἔνθα δὲ δ̄, τὸ γ^ον· ὁμοίως ἔνθα ε̄, τὸ δ^ον· καὶ ἐφεξῆς· ἡ γὰρ τοιαύτη μέθοδος μέχρι ἀπείρου πρόεισιν. εἰ οὖν ἔνθα δ̄, ὁστισοῦν τῶν δ̄ ἴσος γένοιτο τῷ γ^ῳ αὐτῶν, ἔσται δὲ καὶ ὁ ς^ο τὸ γ^ον, δεῖ δὲ ἕκαστος αὐτῶν λείψει τινῶν μονάδων γίγνεσθαι, αὐτὸς ἑαυτοῦ ὅλου λείψει γενόμενος, οὐδὲν ἔσται· ἐζητοῦμεν δὲ μονάδας εὑρεῖν, οὐ μὴν οὐδέν.

Διὰ τὰ αὐτά, τουτέστι ἐπεὶ πάλιν οἱ ἀπὸ τοῦ β^ου τρεῖς μ° ποιοῦσιν κβ, ἔσται ὁ α^ος ς^οῦ ᾱ ⋔ μ° κβ· καὶ ἐπεὶ οἱ ἀπὸ τοῦ γ^ου τρεῖς ποιοῦσι μ° κδ (εἰσὶ δὲ ὁ γ^ος, ὁ δ^ος, ὁ α^ος), ἔσται ὁ β^ος ς^οῦ ᾱ ⋔ μ° κδ· καὶ ἤγουν ἐπεὶ οἱ ἀπὸ τοῦ δ^ου τρεῖς, (τουτέστιν ὁ δ^ος, ὁ

9 I, 38, 21. 21 I, 40, 1.

α^{ος} καὶ ὁ β^{ος}), ποιοῦσι μ^{ο} $\overline{κζ}$, ἔσται ὁ γ^{ος} ς^{οῦ} ᾱ ⋀ μ^{ο} $\overline{κζ}$. καὶ γίνεται ὁ ς^{ὁ} μ^{ο} $\overline{λα}$, διά τε τῆς προσθήκης τῆς λείψεως καὶ τῆς τῶν ὁμοίων ἀφαιρέσεως.

AD PROBLEMA XVIII.

ςς β̄

ἔκθ.	ςς β̄ ⋀ μ^{ο} λ̄,	ςς β̄ ⋀ μ^{ο} μ̄,	ςς β̄ ⋀ μ^{ο} κ̄
μερ.	ς ᾱ ⋀ μ^{ο} $\overline{ιε}$,	ς ᾱ ⋀ μ^{ο} κ̄,	ς ᾱ ⋀ μ^{ο} ῑ
σύνθ.	ςς γ̄ ⋀ μ^{ο} $\overline{με}$	ἴσ.	ςς β̄
πρ.	ςς γ̄	ἴσ.	ςς β̄ μ^{ο} $\overline{με}$
ἀφ.	ς ᾱ	ἴσ.	μ^{ο} $\overline{με}$
ὑπ.	μ^{ο} λ̄,	μ^{ο} $\overline{κε}$,	μ^{ο} $\overline{λε}$

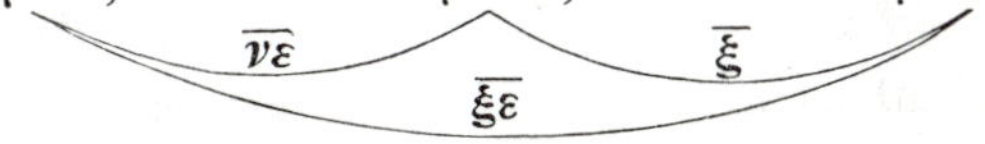

Κοινοῦ προστεθέντος τοῦ γ^{ου}· ἐὰν γὰρ ὦσιν ἀριθμοὶ ὁποσοιοῦν, καὶ ὑπερέχωσιν ἑνὸς αὐτῶν οἱ λοιποί, καὶ ὁ ὑπερεχόμενος κοινὸς προστεθῇ τοῖς τε ὑπερέχουσιν αὐτοῦ καὶ ἑαυτῷ, τοσαύτας ὑπερέξουσι μονάδας οἱ ὑπερέχοντες μετὰ τῆς προσθήκης δὶς τοῦ ὑπερεχομένου, τουτέστιν ἅπαξ τοῦ ὑπερεχομένου μετὰ τῆς προσθήκης, ὅσας καὶ δίχα τῆς προσθήκης οἱ ὑπερέχοντες ὑπερεῖχον ἅπαξ αὐτοῦ· ἔστωσαν γὰρ ἀριθμοὶ τρεῖς, ὁ γ̄, δ̄, ε̄· καὶ ὑπερέχουσιν ὁ γ̄ καὶ δ̄ τοῦ ε̄, μ^{ο} β̄· ἀλλ' ἐὰν τὸν ε̄ κοινὸν προσθῶμεν τῷ τε γ̄ καὶ δ̄, ἤτοι τῷ ζ̄, καὶ ἑαυτῷ, ὁ μὲν ἔσται $\overline{ιβ}$, ὁ δὲ ῑ· καὶ πάλιν ὁ $\overline{ιβ}$ ὑπερέχει τοῦ ῑ, μ^{ο} β̄. ὁμοίως δέ, καὶ ἐὰν αὖθις προστεθῇ κοινός, τὸν μὲν ποιήσει $\overline{ιζ}$, ἑαυτὸν δὲ $\overline{ιε}$· καὶ ὑπεροχὴ β̄ μ^{ο}· καὶ τοῦτο μέχρι παντός.

12 I, 40, 16. 13 ὁποσοιοῦν] ὅσοιοῦν.

Τὸ δ' αὐτὸ γίνεται καὶ ἐὰν τοῦ α^{ου} ὑπερέχωσιν οἱ λοιποί, ἢ τοῦ μέσου οἱ ἄκροι· τοῦτ' οὖν ἐστιν ὃ λέγει ὅτι οἱ τρεῖς, δίς ἐστιν ὁ γ^{ος}, ὡσεὶ ἔλεγεν ὅτι ὁ γ̅ καὶ δ̅ μετὰ τῆς προσθήκης τοῦ ε̅, οἵ εἰσι ⟨οἱ⟩ τρεῖς ἀριθμοί, δίς ἐστιν ὁ γ^{ος}, ἤτοι αὐτὸς ὁ ε̅, μετὰ τῆς ἑαυτοῦ προσθήκης, καὶ ἡ ὑπεροχὴ πάλιν μ^{ο} β̅, τουτέστι τὰ ιβ̅ δίς ἐστιν ὁ ε̅ καὶ μ^{ο} β̅.

Δειχθήτω δὲ καὶ ἐπὶ τοῦ προβλήματος, σαφηνείας πλείονος ἕνεκεν· ἐπεὶ εὑρίσκεται ὁ ϛ^{ὸ} ἐν τούτῳ μ^{ο} με̅, οἱ ἄρα β̅ ϛϛ^{οὶ} μ^{ο} εἰσὶν ϟ̅. ἀλλὰ καὶ αἱ ὑπεροχαὶ ἃς ὑπερέχουσιν ἀλλήλων οἱ ἀριθμοὶ μ^{ο} συνάγονται ϟ̅. ἐπεὶ ὁ α^{ος} καὶ ὁ β^{ος} ὑπερέχουσι τοῦ γ^{ου} μ^{ο} κ̅, (τουτέστιν ὁ λ̅ καὶ ὁ κε̅, οἳ γίνονται νε̅, τοῦ λε̅), κοινοῦ προστεθέντος τοῦ λε̅ ταῖς τε νε̅ μ^{ο} καὶ ἑαυτῷ, αἱ μὲν γίνονται ϟ̅, ὁ δὲ ο̅· αἱ ϟ̅ ἄρα, αἵτινές εἰσιν οἱ τρεῖς ἀριθμοί, ὁ λ̅ καὶ κε̅ καὶ λε̅, δίς ἐστιν ὁ λε̅, (ὁ δὲ λε̅ δὶς γίνεται ο̅), καὶ ἡ ὑπεροχὴ τῶν τριῶν ἀριθμῶν πρὸς τὸν γ^{ον} δὶς λαμβανόμενον, ἤτοι τῶν ϟ̅ πρὸς τὸν ο̅, μ^{ο} κ̅, ἃς καὶ οἱ δύο, τουτέστιν ὁ λ̅ καὶ κε̅, ὑπερεῖχον ἅπαξ τοῦ γ^{ου}, ἤτοι τοῦ λε̅.

Ἐὰν δὲ ἀπὸ τῶν τριῶν, τουτέστιν ϛϛ^{ῶν} β̅, (τουτέστιν τῶν ϟ̅ μ^{ο}), ἀφέλω μ^{ο} κ̅, ἕξω δὶς τὸν γ^{ον}, ϛϛ β̅ ⋀ μ^{ο} κ̅· τουτέστι ἕξω τὸν λε̅ δίς, (εἴτουν ο̅ μ^{ο}), γενόμενον· αἱ δὲ ο̅ μ^{ο}, ϟ̅ μ^{ο} εἰσὶ παρὰ μ^{ο} κ̅, ὅπερ ἐστὶν ϛϛ β̅ ⋀ μ^{ο} κ̅· ἐπεὶ δὲ ἁπλοῦν ὄντα τὸν γ^{ον}, οὐκ ἠδύνατο εὑρεῖν αὐτὸν ἄνευ τοῦ διπλασιάσαι, μετὰ τὸ εὑρεθῆναι ἐπὶ τοῦ διπλασιασμοῦ, ποιεῖ πάλιν αὐτὸν ἁπλοῦν· καὶ γὰρ ἁπλοῦν αὐτὸν θέλει ἔχειν.

Διὰ τὰ αὐτά, καὶ ὁ α^{ος} εὑρεθεὶς διπλοῦς ϛϛ^{ῶν} β̅

1 I, 40, 17. 21 I, 40, 17/19. 29 I, 40, 20.

⋔ μ° λ̄, ἔσται ἁπλοῦς ὁ ϛ° ᾱ ⋔ μ° ιε̄, ἤτοι μ° λ̄· ὁ δὲ βος εὑρεθεὶς διπλοῦς ϛϛῶν β̄ ⋔ μ° μ̄, ἔσται ἁπλοῦς ϛοῦ ᾱ ⋔ μ° κ̄, τουτέστι μ° κε̄.

Ὅπως δὲ ὑπερέχουσιν ἀλλήλων οἱ ἀριθμοί, ἐκ τοῦ διαγράμματος δῆλον.

AD PROBLEMA XVIII. (Ἄλλως.)

	ϛ ᾱ μ° κ̄		ϛ ᾱ
ἔκθ.	ϛ ᾱ ⋔ μ° ε̄,	μ° κε̄,	ϛ ᾱ
σύνθ.	ϛϛ β̄ ⋔ μ° ε̄	ἴσ.	μ° ξε̄
πρ.	ϛϛ β̄	ἴσ.	μ° ο̄
μερ.	ϛ ᾱ	ἴσ.	μ° λε̄
ὑπ.	μ° λ̄,	μ° κε̄,	μ° λε̄

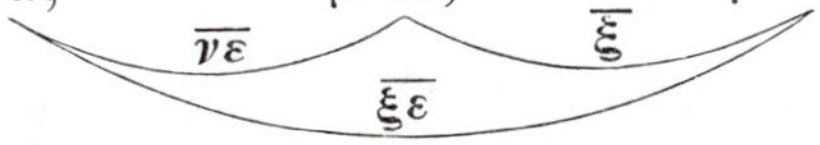

Τάσσει τὸν βον ἐνταῦθα τοσούτων μ° ὅσων ἐστὶν ὁ μεταξὺ τῶν δύο ὑπεροχῶν, ἐντεῦθεν· ἐὰν γὰρ ὦσιν ὁποσοιοῦν ἀριθμοὶ ἐφεξῆς κείμενοι, ὥστε μέντοι ἑνὸς ὁποιουοῦν αὐτῶν τοὺς λοιποὺς ὁμοῦ μείζονας εἶναι, καὶ ληφθῶσι δύο ὑπεροχαί, καθ' ἃς ὑπερέχουσιν οἱ λοιποὶ τοῦ ἑνός, ἰδίᾳ καὶ ἰδίᾳ, τὸ μεταξὺ τῶν δύο ὑπεροχῶν οἱ ἀριθμοὶ ἔσονται πρὸς οὓς οὐκ ἐλήφθη τῶν ἄλλων ὑπεροχή. οἷον ἔστωσαν τρεῖς ἀριθμοὶ ὁ κ̄, λ̄, μ̄· καί εἰσιν ἑνὸς ὁποιουοῦν αὐτῶν οἱ λοιποὶ μείζονες· καὶ ἔστιν ἡ μὲν ὑπεροχὴ τῶν κ̄ καὶ λ̄ πρὸς τὸν μ̄, μ° ῑ· ἡ δὲ τῶν λ̄ καὶ μ̄ πρὸς τὸν κ̄, μ° ν̄· τὸ δὲ μεταξὺ τῶν δύο ὑπεροχῶν τῶν ῑ καὶ ν̄, αὐτός ἐστιν ὁ λ̄, πρὸς ὃν οὐκ ἐλήφθη τῶν ἄλλων ὑπεροχή· πρὸς

13 cf. I, 42, 5. 23 τὸν (pr.)] τὸ.

γὰρ τὸν κ̄ καὶ τὸν μ̄ ἐλήφθησαν τῶν ἄλλων ὑπεροχαί, πρὸς τοῦτον δὲ οὐδαμῶς. καὶ πάλιν ἡ μὲν ὑπεροχὴ τῶν λ̄ καὶ μ̄ πρὸς τὸν κ̄, μ^o ἐστὶ ν̄· ἡ δὲ τῶν μ̄ καὶ κ̄ πρὸς τὸν λ̄, μ^o λ̄· τὸ δὲ μεταξὺ τῶν δύο ὑπεροχῶν, τῶν τε ν̄ καὶ τῶν λ̄, αὐτὸς ὁ μ̄, πρὸς ὃν οὐκ ἐλήφθη τῶν ἄλλων ὑπεροχή. καὶ ἔτι ἡ μὲν ὑπεροχὴ τῶν μ̄ καὶ κ̄ πρὸς τὸν λ̄, μ^o ἐστὶ λ̄· ἡ δὲ τῶν κ̄ καὶ τῶν λ̄ πρὸς τὸν μ̄, μ^o ῑ· τὸ δὲ μεταξὺ τῶν δύο ὑπεροχῶν, τῶν λ̄ καὶ ῑ, αὐτός ἐστι ὁ κ̄, πρὸς ὃν οὐκ ἐλήφθη ὑπεροχή.

Δειχθήτω δὲ καὶ ἐπὶ τεσσάρων ἀριθμῶν τὸ τοιοῦτον· ἔστωσαν ἀριθμοὶ κ̄, λ̄, μ̄, ν̄· ἐπεὶ ἡ μὲν ὑπεροχὴ τῶν κ̄, λ̄, μ̄, πρὸς τὸν ν̄, μ^o εἰσὶ μ̄· ἡ δὲ ὑπεροχὴ τῶν λ̄, μ̄, ν̄, πρὸς τὸν κ̄, μ^o ρ̄· τὸ μεταξὺ ἄρα τῶν μ̄ καὶ ρ̄, ὁ ο̄ ἐστι· καί εἰσιν οἱ δύο ὁμοῦ ο̄, ὅ τε λ̄ καὶ μ̄, πρὸς οὓς οὐκ ἐλήφθη ὑπεροχή. τὸ δὲ ὅμοιον γενήσεται, καὶ ἐὰν ⟨λάβῃς⟩ τὸ μεταξὺ τῆς ὑπεροχῆς τῶν λ̄, μ̄, ν̄ πρὸς τὸν κ̄, καὶ τῆς τῶν μ̄, ν̄, κ̄ πρὸς τὸν λ̄· καὶ ἐφεξῆς, τετράκις τοῦ τοιούτου γινομένου ἐν τοῖς τέσσαρσιν ἀριθμοῖς, ὥσπερ καὶ ἐν τοῖς τρισὶ τρίς· καὶ γὰρ καὶ ἐν τοῖς πέντε πεντάκις ἔσται· καὶ ἐφεξῆς.

Ἢ καὶ οὕτως· ἐὰν ὦσι δύο ἀριθμοὶ ὁποιοιοῦν, τὸ αὐτὸ συντεθέντων αὐτῶν ἔσται ἥμισυ, ὃ δὴ ἦν καὶ μεταξύ· οἷον ἔστω δ̄ καὶ ῑ· συντεθέντες γίνονται ιδ̄· τούτων τὸ ἥμισύ ἐστιν ὁ ζ̄· ἀλλὰ καὶ τὸ μεταξὺ τῶν δ̄ καὶ ῑ ὁ αὐτὸς ἦν ζ̄· ὅσαις γὰρ μονάσιν ὑπερέχει τοῦ δ̄ ὁ ζ̄, τοσαύταις καὶ ὁ ῑ τοῦ ζ̄. καὶ μὴν καὶ ἐὰν ὦσιν ἀριθμοὶ ὁποσοιοῦν ἐκτεθειμένοι κατ' ἀριθμητικὴν μέντοι ἀναλογίαν, ὥστε ὅσαις μ^o ὁ β^{ος} ὑπερέχει τοῦ α^{ου}, τοσαύταις ὑπερέχειν καὶ τὸν γ^{ον} τοῦ β^{ου}, καὶ ἐφεξῆς, ὁ ἐκ τῆς συνθέσεως πάντων ἕξει ὁμώνυμον μέρος τοῖς ἀριθμοῖς, (τουτέστιν εἰ μὲν $\overline{\gamma}$ ἦσαν οἱ ἀριθμοί, $\gamma^{o\nu}$· εἰ δὲ $\overline{\delta}$, $\delta^{o\nu}$· καὶ ἐφεξῆς), καὶ τὸ μέρος ἐκεῖνο ὁ μέσος ἔσται τῶν ἀριθμῶν· οἷον ἐκκείσθωσαν πέντε ἀριθμοὶ ὁ $\overline{\beta}$, $\overline{\delta}$, $\overline{\text{ϛ}}$, $\overline{\eta}$, $\overline{\iota}$· οὗτοι συντιθέμενοι πάντες γίνονται $\overline{\lambda}$· ἐπεὶ δὲ $\overline{\varepsilon}$ ἦσαν ἀριθμοί, ἕξει ἄρα ὁ $\overline{\lambda}$ $\varepsilon^{o\nu}$, καὶ ἔχει τὸν $\overline{\text{ϛ}}$· ὁ δὲ $\overline{\text{ϛ}}$ ὁ μέσος ἐστὶ τῶν $\overline{\varepsilon}$ ἀριθμῶν. οὕτω γὰρ καὶ οἱ δύο ἀριθμοὶ συντιθέμενοι, ὡς ἀνωτέρω δέδεικται, ὁ $\overline{\delta}$ καὶ ὁ $\overline{\iota}$, καὶ ποιοῦντες τὸν $\overline{\iota\delta}$, ὁμώνυμον μέρος εἶχον τῷ πλήθει τῶν ἀριθμῶν, τουτέστι δυοστόν, τὰ $\overline{\zeta}$· ὁ δὲ $\overline{\zeta}$ ἦν ὁ μεταξὺ τῶν δύο, εἰ καὶ μήπω ἐν αἰσθήσει· οὐδὲ γὰρ ἔχει τὰ $\overline{\beta}$ μέσον.

Τούτων οὖν οὕτως ἐχόντων, ἐκκείσθωσαν πάλιν τρεῖς ἀριθμοί, καὶ δειχθήτω ἐν αὐτοῖς ὅτι, ληφθεισῶν τῶν δύο ὑπεροχῶν καὶ συντεθεισῶν, τὸ ἥμισυ αὐτῶν ἔσται ὁ καὶ μεταξὺ αὐτῶν ἀριθμός, καὶ δηλονότι ἐκεῖνος πρὸς ὃν οὐκ ἐλήφθη ὑπεροχή, ὡς ἐδείκνυτο. ἔστωσαν ἀριθμοὶ ὁ $\overline{\kappa}$, $\overline{\lambda}$, $\overline{\mu}$· ἡ μὲν ὑπεροχὴ τῶν $\overline{\kappa}$ καὶ $\overline{\lambda}$ πρὸς τὸν $\overline{\mu}$ ἐστι $\overline{\iota}$· ἡ δὲ ὑπεροχὴ τῶν $\overline{\lambda}$ καὶ $\overline{\mu}$ πρὸς τὸν $\overline{\kappa}$ ἐστι $\overline{\nu}$· τὰ δὲ $\overline{\iota}$ καὶ $\overline{\nu}$ γίνονται $\overline{\xi}$, καί, ἐπεὶ δύο ἀριθμοὶ συνετέθησαν, ὁ $\overline{\iota}$ καὶ $\overline{\nu}$, καὶ ἐποίησαν τὸν $\overline{\xi}$, ἕξει ἄρα ὁ $\overline{\xi}$ δυοστόν· καὶ ἔχει τὸν $\overline{\lambda}$, καὶ ἔστιν ὁ αὐτὸς τῷ μεταξὺ τῶν $\overline{\iota}$ καὶ τῶν $\overline{\nu}$. οὐ μὴν δὲ ἀλλὰ καὶ οἱ τρεῖς ἀριθμοὶ ὁ $\overline{\kappa}$, $\overline{\lambda}$, $\overline{\mu}$, κατ' ἀριθμητικὴν ἀναλογίαν ἐκκείμενοι, ἐπεὶ συντιθέμενοι γίνονται $\overline{\text{ϟ}}$, ἕξουσιν ἄρα $\gamma^{o\nu}$· καὶ ἔχουσι τὸν $\overline{\lambda}$, μέσον τῶν τριῶν κείμενον.

Διὰ δὴ ταῦτα πάντα καὶ ὁ ἀριθμητικώτατος Διόφαντός φησιν ὡς, ἐπεὶ ὁ $\alpha^{o\varsigma}$ καὶ ὁ $\beta^{o\varsigma}$ ὑπερέχουσι

29 cf. I, 42, 2.

τοῦ γ^{ου} μ^{ο} κ̄, ὁ δὲ β^{ος} καὶ γ^{ος} τοῦ α^{ου} μ^{ο} λ̄, καί εἰσιν ὑπεροχαὶ δύο, ὅ τε κ̄ καὶ ὁ λ̄, δῆλον δὴ ὅτι ὁ β^{ος}, πρὸς ὃν οὐκ ἐλήφθη ὑπεροχή, ἢ ὁ μεταξὺ τοῦ κ̄ καὶ τοῦ λ̄ ἔσται ὁ κ̄ε̄, ἢ τὸ τῆς συνθέσεως ἥμισυ· συντιθέμενοι δὲ ποιοῦσι ν̄· τὰ δὲ ν̄, ἐκ δύο ἀριθμῶν συντεθέντα, ἔχει δυοστόν, καὶ πάλιν ἔσται τὰ κ̄ε̄ τῶν ν̄ δυοστόν.

Ὅταν οὖν λέγῃ· τάσσω τὸν β^{ον} τοσούτων μ^{ο} ὅσων ἐστὶν ὁ ἥμισυς τοῦ κ̄ καὶ τοῦ λ̄, οὐχ ἁπλῶς καὶ ὡς ἔτυχε τάσσει τοῦτον, ὥσπερ καὶ τοὺς ϛϛ^{ούς}· ἐκείνους μὲν γάρ, ἐπεὶ μήπω δῆλόν ἐστιν ὅσων ἕκαστος μονάδων ἐκβήσεται, εἰκότως ὡς βούλεται τάσσει, τὰς δὲ μονάδας, ὡρισμένας οὔσας, οὐχ ὡς ἔτυχε τάσσει, ἀλλ᾽ ὅσας ἡ ἀριθμητικὴ τάξις δίδωσιν· ἡμεῖς δέ, ἐντεῦθεν ὁρμώμενοι, διὰ μόνων μ^{ο} τὸ παρὸν ἀποδείξομεν πρόβλημα, μηδὲν προσδεηθέντες ϛϛ^{ῶν}, καί φαμεν οὕτως.

Ἐπεὶ ὁ α^{ος} καὶ ὁ β^{ος} ὑπερέχουσι τοῦ γ^{ου} μ^{ο} κ̄, ὁ δὲ β^{ος} καὶ γ^{ος} τοῦ α^{ου} μ^{ο} λ̄, ἔσται ἄρα ὁ β^{ος} τοῦ ἡμίσεος τῶν δύο ὑπεροχῶν, ἤτοι κ̄ε̄ μ^{ο}. πάλιν ἐπεὶ ὁ β^{ος} καὶ ὁ γ^{ος} ὑπερέχουσι τοῦ α^{ου} μ^{ο} λ̄, ὁ δὲ γ^{ος} καὶ α^{ος} τοῦ β^{ου} μ^{ο} μ̄, ὁ ἄρα γ^{ος} ἔσται τοῦ ἡμίσεος τῶν δύο ὑπεροχῶν, ἤτοι μ^{ο} λ̄ε̄. πάλιν ἐπεὶ ὁ γ^{ος} καὶ ὁ α^{ος} ὑπερέχουσι τοῦ β^{ου} μ^{ο} μ̄, ὁ δὲ α^{ος} καὶ β^{ος} τοῦ γ^{ου} μ^{ο} κ̄, ὁ ἄρα α^{ος} ἔσται τοῦ ἡμίσεος τῶν δύο ὑπεροχῶν, ἤτοι λ̄.

Ὁ δὲ Διόφαντος οὕτω τοῦτο κατασκευάζει· τάσσει τὸν γ^{ον} ϛ^{οῦ} ᾱ, καί, ἐπεὶ ὑπερέχουσιν αὐτοῦ ὁ α^{ος} καὶ ὁ β^{ος} μ^{ο} κ̄, ἔσονται ἄρα οἱ δύο ὁμοῦ ϛ^{οῦ} ᾱ μ^{ο} κ̄· καὶ ἐπεὶ εὗρε θάτερον τούτων, τὸν β^{ον}, ὡς δέδεικται, μ^{ο} κ̄ε̄, λοιπὸς ἄρα, φησίν, ὁ α^{ος} ἔσται ϛ^{οῦ} ᾱ ⋔ μ^{ο} ε̄.

8 sq. I, 42, 5. 29 I, 42, 7/8.

ἀπὸ γὰρ ϛ^{οῦ} $\bar{α}$ καὶ μ^{ο} $\bar{κ}$, ἀφαιρεθεισῶν μ^{ο} $\overline{κε}$, τουτέστι τῶν $\bar{κ}$ καὶ ἄλλων $\bar{ε}$, ἀπὸ τοῦ ϛ^{οῦ} λειφθήσεται ϛ^{ὸ} $\bar{α}$ παρὰ μ^{ο} $\bar{ε}$. ἐπεὶ δὲ δεῖ καὶ τὸν γ^{ον} καὶ α^{ον} ὑπερέχειν τοῦ β^{ου} μ^{ο} $\bar{μ}$, εἰσὶ δὲ οἱ δύο ϛϛ^{οὶ} $\bar{β}$ ⋔ μ^{ο} $\bar{ε}$, ἴσοι ἄρα εἰσὶ μ^{ο} $\overline{ξε}$· ἐπεὶ γὰρ ὁ μὲν β^{ος} ἐδείχθη μ^{ο} $\overline{κε}$, ὁ δὲ γ^{ος} καὶ ὁ α^{ος} ὑπερέχουσιν αὐτοῦ μ^{ο} $\bar{μ}$, δῆλον ὅτι οἱ δύο ὅλος ὁ β^{ὸς} εἰσι καὶ αἱ μ^{ο} $\bar{μ}$· $\bar{μ}$ δὲ καὶ $\overline{κε}$, $\overline{ξε}$· εἶτα προσθέσει καὶ μερισμῷ εὑρίσκει τὰς ὑποστάσεις.

AD PROBLEMA XIX.

ϛϛ $\bar{β}$

ἐκθ.	ϛϛ $\bar{β}$ ⋔ μ^{ο} $\bar{λ}$,	ϛϛ $\bar{β}$ ⋔ μ^{ο} $\bar{μ}$,	ϛϛ $\bar{β}$ ⋔ μ^{ο} $\bar{ν}$,	ϛϛ $\bar{β}$ ⋔ μ^{ο} $\bar{κ}$
μερ.	ϛ $\bar{α}$ ⋔ μ^{ο} $\overline{ιε}$,	ϛ $\bar{α}$ ⋔ μ^{ο} $\bar{κ}$,	ϛ $\bar{α}$ ⋔ μ^{ο} $\overline{κε}$,	ϛ $\bar{α}$ ⋔ μ^{ο} $\bar{ι}$
σύνθ.	ϛϛ $\bar{δ}$ ⋔ μ^{ο} $\bar{ο}$		ἴσ.	ϛϛ $\bar{β}$
πρ.	ϛϛ $\bar{δ}$		ἴσ.	ϛϛ $\bar{β}$ μ^{ο} $\bar{ο}$
ἀφ.	ϛϛ $\bar{β}$		ἴσ.	μ^{ο} $\bar{ο}$
μερ.	ϛ $\bar{α}$		ἴσ.	μ^{ο} $\overline{λε}$
ὑπ.	μ^{ο} $\bar{κ}$,	μ^{ο} $\overline{ιε}$,	μ^{ο} $\bar{ι}$,	μ^{ο} $\overline{κε}$

Εἰκότως ὁ π ρ ο σ δ ι ο ρ ι σ μ ὸ ς πρόσκειται· εἰ γάρ τις τῶν τεσσάρων ὑπεροχῶν ἴση τυγχάνει οὖσα τῷ ἡμίσει αὐτῶν, οὐ συσταθήσεται· ὁ γὰρ ἀριθμὸς ἐκεῖνος, ⟨οὗ⟩ ὑπερέξουσιν οἱ λοιποὶ τὰς ἴσας τῷ ἡμίσει τῶν τεσσάρων ὑπεροχῶν μονάδας, ϛ^{οῦ} $\bar{ο}$ γενήσεται λείψει μ^{ο} τοσούτων, ὅσων καὶ ὁ ϛ^{ὸ} ἀναφανήσεται· οἷον ὁ ϛ^{ὸ} $\bar{ν}$ μ^{ο} ἀναφανήσεσθαι μέλλει, κἀκεῖνος ἔσται ϛ^{οῦ} $\bar{α}$ ⋔ μ^{ο} $\bar{ν}$, ὁ δὲ τοιοῦτος οὐδὲν ἔσται, εἴ γε αὐτὸς ὅλος ἀφ' ἑαυ-

18 cf. I, 42, 18.

τοῦ ἀφαιροῖτο. πολλῷ δὲ δὴ πλέον, καὶ εἰ μείζων εἴη τις τῶν ὑπεροχῶν τοῦ ἡμίσεος αὐτῶν· τηνικαῦτα γὰρ ὁ ϛ$^{o'}$ ⋔ μ° πλειόνων ἔσται, ἢ ὅσων ἀναφανήσεται ὁ ϛ$^{o'}$. ἡ δὲ ἀγωγὴ τοῦ προβλήματος ὁμοία τῇ ιη^{η}.

Ἰστέον ὡς κατὰ τὸν προσδιορισμὸν τοῦ ιθ^{ου}, εἰ μὲν τρεῖς εἰσιν οἱ ἀριθμοί, οὐ δεῖται προσδιορισμοῦ· εἰ δὲ τέσσαρες, δεῖ τοῦ ἐκ τῆς ὑπεροχῆς, τῶν τεσσάρων τὸ ἥμισυ μεῖζον εἶναι ἑκάστου αὐτῶν· εἰ δὲ πέντε, τὸ τῆς ὑπεροχῆς τρίτον μεῖζον εἶναι ἑκάστου αὐτῶν· εἰ δὲ ἕξ, τὸ τέταρτον· καὶ αἰεὶ ὁμοίως παρὰ δύο μονάδας τοῦ μέρους λαμβανομένου· καὶ ὁ $\overline{δ}$ τοῦ δυοστοῦ ὑπερέχει μ° $\overline{β}$, καὶ ὁ $\overline{ε}$ τοῦ γ^{ου}, καὶ ὁ $\overline{ϛ}$ τοῦ δ^{ου}.

AD PROBLEMA XIX. (Ἄλλως.)

ἔκθ.	ϛ $\overline{α}$ μ° $\overline{κ}$				ϛ $\overline{α}$
		μ° $\overline{κε}$		μ° λε	
	ϛ $\overline{α}$ ⋔ μ° $\overline{ε}$,	ϛ $\overline{α}$ ⋔ μ° $\overline{ι}$,	μ° $\overline{λε}$ ⋔ ϛ $\overline{α}$,		ϛ $\overline{α}$
ἴσω.	ϛϛ $\overline{γ}$ ⋔ μ° $\overline{ιε}$		ἴσ.	μ° $\overline{πε}$ ⋔ ϛ $\overline{α}$	
πρ.	ϛϛ $\overline{δ}$		ἴσ.	μ° $\overline{ρ}$	
μερ.	ϛ $\overline{α}$		ἴσ.	μ° $\overline{κε}$	
ὑπ.	μ° $\overline{κ}$,	μ° $\overline{ιε}$,	μ° $\overline{ι}$,	μ° $\overline{κε}$.	

Καὶ τὸ παρὸν πρόβλημα ὁμοίαν ἔχει τὴν ἀγωγὴν τῷ ιη^{ου} β^{ῳ}· ἡμεῖς δέ, ὥσπερ ἐκεῖνο καὶ διὰ μ° μόνων ἀπεδείξαμεν, καὶ τὸ παρὸν πειρασόμεθα δεῖξαι. ἐπεὶ οἱ ἀπὸ τοῦ α^{ου} τρεῖς ὑπερέχουσι τοῦ δ^{ου} μ° $\overline{κ}$, ⟨οἱ δὲ ἀπὸ τοῦ β^{ου} τρεῖς τοῦ α^{ου} μ° $\overline{λ}$, ἔσται ἄρα συναμφότερος ὁ β^{ος} καὶ ὁ γ^{ος}, μ° $\overline{κε}$. πάλιν ἐπεὶ οἱ ἀπὸ τοῦ α^{ου} τρεῖς ὑπερέχουσι τοῦ δ^{ου} μ° $\overline{κ}$⟩, οἱ δὲ ἀπὸ τοῦ γ^{ου} τρεῖς τοῦ β^{ου} μ° $\overline{μ}$, ἔσται ἄρα συναμφότερος ὁ α^{ος} καὶ ὁ γ^{ος} μ^{ο} $\overline{λ}$. πάλιν ἐπεὶ οἱ ἀπὸ τοῦ α^{ου} τρεῖς ὑπερέχουσι τοῦ δ^{ου} μ^{ο} $\overline{κ}$, οἱ δὲ ἀπὸ τοῦ δ^{ου} τρεῖς τοῦ γ^{ου} μ^{ο} $\overline{ν}$, ἔσται ἄρα συναμφότερος ὁ α^{ος} καὶ ὁ β^{ος} μ^{ο} $\overline{λε}$. πάλιν ἐπεὶ οἱ ἀπὸ τοῦ β^{ου} τρεῖς ὑπερέχουσι τοῦ α^{ου} μ^{ο} $\overline{λ}$, οἱ δὲ ἀπὸ τοῦ γ^{ου} τρεῖς τοῦ β^{ου} μ^{ο} $\overline{μ}$, ἔσται ἄρα συναμφότερος ὁ γ^{ος} καὶ ὁ δ^{ος} μ^{ο} $\overline{λε}$.

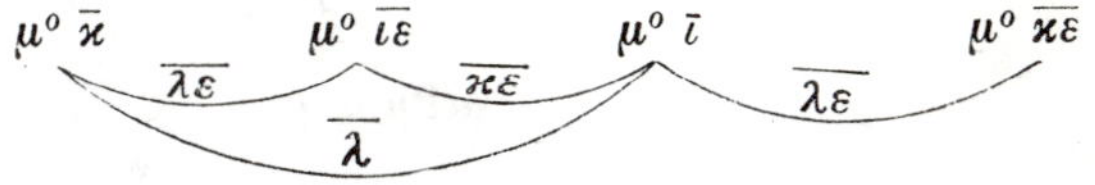

Τούτων οὕτως ἐχόντων, ἐπεὶ ὁ α^{ος} καὶ ὁ β^{ος} καὶ ἔτι ὁ β^{ος} καὶ ὁ γ^{ος}, τουτέστιν ὁ μὲν α^{ος} καὶ γ^{ος} ἅπαξ, ὁ δὲ β^{ος} δίς, μ^{ο} εἰσὶν $\overline{ξ}$, ὧν ὁ α^{ος} καὶ ὁ γ^{ος} μ^{ο} εἰσὶ $\overline{λ}$, λοιπὸς ἄρα δὶς ὁ β^{ος} μ^{ο} ἐστὶ $\overline{λ}$· αὐτὸς ἄρα ἅπαξ μ^{ο} ἐστὶ $\overline{ιε}$. πάλιν ἐπεὶ ὁ α^{ος} καὶ ὁ β^{ος} μ^{ο} ἐστὶ $\overline{λε}$, ὧν ὁ β^{ος} μ^{ο} ἐστὶ $\overline{ιε}$, ὁ λοιπὸς ἄρα ὁ α^{ος} μ^{ο} ἐστὶν $\overline{κ}$. πάλιν ἐπεὶ ὁ β^{ος} καὶ ὁ γ^{ος} μ^{ο} εἰσὶν $\overline{κε}$, ὧν ὁ β^{ος} μ^{ο} ἐστὶ $\overline{ιε}$, λοιπὸς ἄρα ὁ γ^{ος} μ^{ο} ἐστὶ $\overline{ι}$. πάλιν ἐπεὶ ὁ γ^{ος} καὶ ὁ δ^{ος} μ^{ο} ἐστὶ $\overline{λε}$, ὧν ὁ γ^{ος} μ^{ο} ἐστὶ $\overline{ι}$, λοιπὸς ἄρα ὁ δ^{ος} μ^{ο} ἐστὶν $\overline{κε}$.

Ἡ προσθήκη τῆς λείψεως τοῦ ιθ^{ου} ⟨β^{ου}⟩ διπλῶς γίνεται τόνδε τὸν τρόπον· ἐπεὶ οἱ μὲν ἀπὸ τοῦ δ^{ου} τρεῖς ὁμοῦ ϛϛ^{οὶ} $\overline{γ}$ ⋀ μ^{ο} $\overline{ιε}$ εἰσιν, ὁ δὲ γ^{ος} σὺν τῶν $\overline{ν}$ μ^{ο}, μ^{ο} $\overline{πε}$ ⋀ ϛ^{οῦ} $\overline{α}$, προστίθεται ἐν μὲν τοῖς $\overline{γ}$ ϛϛ^{οῖς} ⋀ $\overline{ιε}$ μ^{ο}, οὐ μόνον αἱ $\overline{ιε}$ μ^{ο}, ἀλλὰ καὶ ἡ κατὰ τὰς $\overline{πε}$ μ^{ο} λεῖψις τοῦ $\overline{α}$ ϛ^{οῦ}· καὶ γίνονται ϛϛ^{οὶ} $\overline{δ}$ ἀνελλιπεῖς· λεῖψις γὰρ ἐπὶ λεῖψιν ὕπαρξιν ποιεῖ· ἐν δὲ ταῖς $\overline{πε}$ μ^{ο} ⋀ ϛ^{οῦ} $\overline{α}$, προστίθεται οὐ μόνον ἡ λεῖψις τοῦ $\overline{α}$ ϛ^{οῦ}, ἀλλὰ καὶ αἱ $\overline{ιε}$ μ^{ο}, καὶ γίνεται $\overline{ρ}$ μ^{ο} ἀνελλιπεῖς· καὶ γίνεται ὁ ϛ^{ὸ} μ^{ο} $\overline{κε}$.

---

18 τοῦ ιθ^{ου}] τῷ ιθ B, τῶν ιθ alii. 21 ⋀ (alt.)] καὶ ταῖς.

AD PROBLEMA XX.

ἔκθ.	ϛϛ $\overline{\gamma}$		ϛ $\overline{\alpha}$	ἔκθ.	ϛ $\overline{\alpha}$		ϛϛ $\overline{\delta}$
σύνθ.	ϛϛ $\overline{\delta}$	ἴσ.	μ° $\overline{\varrho}$	σύνθ.	μ° $\overline{\varrho}$	ἴσ.	ϛϛ $\overline{\varepsilon}$
μερ.	ϛ $\overline{\alpha}$	ἴσ.	μ° $\overline{\varkappa\varepsilon}$	μερ.	μ° $\overline{\varkappa}$	ἴσ.	ϛ $\overline{\alpha}$
ὑπ.	μ° $\overline{o\varepsilon}$		μ° $\overline{\varkappa\varepsilon}$	ὑπ.	μ° $\overline{\varkappa}$		μ° $\overline{\pi}$

ἀριθμοὶ μ° $\overline{\varkappa}$, μ° $\overline{\nu\varepsilon}$, μ° $\overline{\varkappa\varepsilon}$.

AD PROBLEMA XXI.

ἔκθ.	ϛϛ $\overline{ϛ}$ ⋔ μ° $\overline{\lambda}$,	ϛϛ $\overline{\gamma}$,	ϛ $\overline{\alpha}$ μ° $\overline{\iota}$
	ϛϛ $\overline{\gamma}$ ⋔ μ° $\overline{\lambda}$		ϛϛ $\overline{\vartheta}$ ⋔ μ° $\overline{ϟ}$
	ϛϛ $\overline{\vartheta}$ ⋔ μ° $\overline{ϟ}$	ἴσ.	ϛ $\overline{\alpha}$ μ° $\overline{\iota}$
πρ.	ϛϛ $\overline{\vartheta}$	ἴσ.	ϛ $\overline{\alpha}$ μ° $\overline{\varrho}$
ἀφ.	ϛϛ $\overline{\eta}$	ἴσ.	μ° $\overline{\varrho}$
μερ.	ϛ $\overline{\alpha}$	ἴσ.	μ° $\overline{\iota\beta}$ L′
ὑπ.	μ° $\overline{\mu\varepsilon}$,	μ° $\overline{\lambda\zeta}$ L′,	μ° $\overline{\varkappa\beta}$ L′.

Ὁ προσδιορισμὸς τοῦ κα^ου ἐστὶν οὗτος ἐπὶ παραδείγματος· ὁ ὁμώνυμος τοῦ τοῦ α^ου ἀριθμοῦ μέρους, τουτέστιν τοῦ γ^ου, ἔστιν ὁ $\overline{\gamma}$· οὗτος ἐπὶ τὴν ὑπεροχὴν τοῦ μέσου πρὸς τὸν ἐλάττονα πολλαπλασιαζόμενος, τουτέστιν ἐπὶ ϛϛ^οὺς $\overline{\beta}$ ⋔ μ° $\overline{\iota}$, ποιεῖ πλείονας ϛϛ^οὺς τοῦ μέσου· ϛϛ^οὶ γὰρ $\overline{ϛ}$ ⋔ μ° $\overline{\lambda}$ πλείονές εἰσιν ϛϛ^ῶν $\overline{\gamma}$· τοῦτο δὲ οἶμαι μὴ ἂν ἄλλως δύνασθαι γίγνεσθαι.

---

15 sq. cf. I, 48, 3. 19 ϛϛ^οὺς $\overline{\beta}$] ἀριθμοῖς δυσὶ B, corr. X_2. 21 K in mag: ἔσφαλται.

AD PROBLEMA XXI. (Ἄλλως.)

ἐκθ.	ϛϛ γ̅ γ″ μ° γ̅ γ″,	ϛϛ γ̅,	ϛ α̅ μ° ι̅
	ϛϛ γ̅	γ′.	ϛϛ β̅ ϑ″ μ° ι̅α̅ ϑ″
ἀφ.	ϛ α̅ ⋔ ϑ″	ἴσ.	μ° ι̅α̅ ϑ″
πολλ.	ϛϛ η̅	ἴσ.	μ° ρ̅
μερ.	ϛ α̅	ἴσ.	μ° ι̅β̅ ∠′
ὑπ.	μ° μ̅ε̅,	μ° λ̅ξ̅ ∠′,	μ° κ̅β̅ ∠′.

Καὶ ὅπερ ὁ ἐνταῦθα προσδιορισμός φησιν, οἶμαι μὴ ἂν ἄλλως ἔχειν δυνατὸν εἶναι· γέγονε δὲ οὕτως· τό τε τοῦ μεγίστου γ^{ον} καὶ ὁ ἐλάχιστος, ϛϛ^{οἱ} β̅ καὶ ϛ^{οῦ} ϑ^{ον} καὶ μ° ι̅α̅ καὶ μ° ϑ^{ον}, ἅπερ ἐλάττονά ἐστι τοῦ μέσου, ἤτοι τῶν γ̅ ϛϛ^{ῶν}· οἱ γὰρ β̅ καὶ ϑ″ ϛϛ^{οἱ} τῶν γ̅ ϛϛ^{ῶν} ἔλαττον.

Ἀλλὰ τοὺς β̅ καὶ ϑ″ ϛϛ^{οὺς} καὶ μ° ι̅α̅ ϑ″, φησί, δεῖ ἴσα εἶναι τοῖς γ̅ ϛϛ^{οῖς}. ἀφαιρείσθω ἀπὸ ὁμοίων ὅμοια. ἀφαιροῦνται ἀπὸ τῶν β̅ ϛϛ^{ῶν} ϑ″ μ° ι̅α̅ ϑ″ οἱ β̅ ϑ″ ϛϛ^{οἱ}, λοιπαὶ μ° ι̅α̅ ϑ″· ταῦτα δὲ καὶ ἀπὸ τῶν γ̅ ϛϛ^{ῶν} ἀφαιρεθέντα, λοιπὸς ϛ^{ὸ} α̅ ⋔ ϛ^{οῦ} ϑ^{ου} μέρους· ταῦτα ἴσα μ° ι̅α̅ ϑ″. ἐπεὶ δὲ μὴ διὰ τελείων ϛϛ^{ῶν} καὶ μ° προέβη ἡ δεῖξις, ἀλλὰ μέρους ϛ^{οῦ} καὶ μέρους μ°, ὅπερ ἐν ἑκατέρῳ ἐστὶν ϑ^{ον}, ϑ̅πλασιάζει καὶ τὸν α̅ ϛ^{ὸν} ⋔ ϛ^{οῦ} ϑ^{ου} καὶ τὰς ι̅α̅ ϑ″ μ°, ὡς ἂν τέλειοι ϛϛ^{οἱ} καὶ μ° γένωνται· ϑ^{κις} γὰρ τὸ ϑ^{ον}, εἴτε μονάδος, εἴτε οὑτινοσοῦν, α̅ γίνεται τέλειον, ἤτοι ϛ^{ὸ}, ἢ μ°, ἢ εἴ τι ἕτερον. ὁ τοίνυν ϛ^{ὸ} α̅ ⋔ ϛ^{οῦ} ϑ^{ου}, ϑ̅πλασιασθεὶς γέγονεν ϛϛ^{οἱ} ϑ̅ ⋔ ϑ^{ων} ϑ̅· ἐπεὶ δὲ τὰ ϑ̅ ϑ^{α} α̅ ἐστι, ταὐτόν ἐστιν εἰπεῖν ϛϛ^{οἱ} ϑ̅ ⋔ ϛ^{οῦ} α̅,

---

8 cf. I, 50, 3. 9 οὕτως Xylander, ὅμως libri. 14sq. cf. I, 50, 15/16. δεῖ] δεῖς.

τουτέστιν ςς^οἱ ι̅. καὶ ἔστιν ςς^ῶν η̅. αἱ δὲ μ° ι̅α̅ θ″ θπλασιασθεῖσαι καὶ αὐταὶ γεγόνασι μ° ϟ̅θ̅ καὶ θ̅ θ^α. ἐπεὶ δὲ τὰ θ̅ θ^α α̅ ἐστι, ταὐτόν ἐστιν εἰπεῖν μ° ρ̅, καὶ γεγόνασιν ρ̅ μ° ἴσαι ςς^οῖς η̅, καὶ ὁ ς^ὸ μ° ι̅β̅ ∠′.

Ἐπεὶ δὲ θ^ον εὑρίσκεται καὶ ἐν τοῖς ςς^οῖς καὶ ταῖς μ°, εἰ τὸν ἐλάχιστον ἐννεαπλάσιον ἑαυτοῦ ὑποθώμεθα, τουτέστιν ςς^ῶν θ̅ μ° ϟ̅, ἔσται ὁ μὲν μέσος ςς^ῶν κ̅ζ̅, ὁ δὲ μέγιστος ςς^ῶν λ̅ μ° λ̅· ἔτι τε ὁ ἐλάχιστος καὶ τὸ τοῦ μεγίστου γ^ον, ςς^οἱ ι̅θ̅ μ° ρ̅· ταῦτα δὲ ἴσα ςς^οῖς κ̅ζ̅· καὶ ςς^οἱ η̅ ἴσοι μ° ρ̅· καὶ ὁ ς^ὸ μ° ι̅β̅ ∠′. καὶ μόριον οὐδὲν ἔσται κατὰ τὴν ἀπόδειξιν, ἀλλὰ δι' ςς^ῶν καὶ μ° τελείων ἀποδειχθήσεται.

AD PROBLEMA XXII.

ἔκθ.	ςς γ̅,	μ° δ̅,	μ° ι̅ε̅ ⋔ ς ε̅,
	[ὁ μετὰ τὴν ἀντίδοσιν λοιπὸς τοῦ β^ου]		
	ς α̅ μ° γ̅	ς α̅ μ° γ̅	
	ς α̅ μ° γ̅	ἴσ.	μ° ι̅γ̅ ⋔ ςς δ̅
πρ.	ςς ε̅ μ° γ̅	ἴσ.	μ° ι̅γ̅
ἀφ.	ςς ε̅	ἴσ.	μ° ι̅
μερ.	ς α̅	ἴσ.	μ° β̅
ὑπ.	μ° ϛ̅,	μ° δ̅,	μ° ε̅.

Ὁ α^ος, δοὺς τὸ ἑαυτοῦ γ^ον, ς^ὸν α̅, καὶ λαβὼν μ° γ̅ ⋔ ς^οῦ α̅, γίνεται ς^οῦ α̅ μ° γ̅· οὕτως· ἐπεὶ δοὺς τὸν α̅ ς^όν, λοιπός ἐστιν ςς^ῶν β̅, ἐὰν ἄρα προσλάβῃ μ° γ̅ ⋔ ς^οῦ α̅, ἔσται ς^ὸ α̅ μ° γ̅· ἡ γὰρ τοῦ ς^οῦ λεῖψις, ἣν αἱ γ̅ εἶχον μ°, ἀφανίζει τὸν ἕτερον τῶν β̅ ςς^ῶν τοῦ α^ου· λεῖψις γὰρ ἐπὶ ὕπαρξιν, λεῖψιν ποιεῖ.

15 seclusa habet X, om. alii. 22sq. cf. I, 52, 9.

AD PROBLEMA XXIII.

ἐκθ.	ϛϛ γ̄,	μ^{ο} δ̄,	ϛϛ λ̄ ⋀ μ^{ο} ξ̄,	μ^{ο} ιη ⋀ ϛϛ ϛ̄
	ϛ ᾱ μ^{ο} γ̄,	ϛ ᾱ μ^{ο} γ̄,	ϛϛ κδ ⋀ μ^{ο} μη,	μ^{ο} ιε ⋀ ϛϛ ε̄
	ϛ ᾱ μ^{ο} γ̄	ἴσ.	ϛϛ κδ ⋀ μ^{ο} μζ,	ϛ ᾱ μ^{ο} γ̄
πρ.	ϛ ᾱ μ^{ο} ν̄	ἴσ.	ϛϛ κδ	
ἀφ.	μ^{ο} ν̄	ἴσ.	ϛϛ κγ	
μερ.	ν̄ κγ^{α}	ἴσ.	ϛ ᾱ	
	ρν	ϙβ	ρκ	ριδ
	ριθ	ριθ	ριθ	ριθ

Γίνεται ὁ ϛ^{ὸ} ν̄ κγ^{ων} οὕτως· ἐπεὶ ϛϛ^{οἱ} κγ ἐλείφθησαν ἴσοι μ^{ο} ν̄, μερίζω τὸν ν̄ ἀριθμὸν παρὰ τὸν κγ· καὶ γίνεται τὸ κγ^{ον} τῶν ν̄, μ^{ο} β καὶ δ̄ κγ^{α}· δὶς γὰρ κγ, μϛ, καὶ λοιπὰ δ̄, ἃ μεριζόμενα παρὰ τὸν κγ, ὡς δέδεικται ἐν τῇ μεθόδῳ τοῦ μερισμοῦ, ποιεῖ τῶν εἰκοστοτρίτων, δ̄ κγ^{α}· ἐπεὶ δὲ μὴ ἐξ ἑτεροειδῶν βούλεται ἔχειν τὸν ϛ^{όν}, τουτέστιν ἐκ μονάδων καὶ μορίων, ἀναλύει καὶ τὰς β μ^{ο}, ἃς εὗρεν ἐκ τοῦ μερισμοῦ, ἑκάστην εἰς κγ^{α}, καὶ γίνονται μϛ κγ^{α}, οἷς προστιθεὶς τὰ δ̄ κγ^{α}, ποιεῖ ταῦτα ν̄· ταὐτὸν οὖν ἐστιν εἰπεῖν τὸν ϛ^{ὸν} εἶναι ν̄ κγ^{ων}, καὶ μ^{ο} β καὶ δ̄ κγ^{ων}.

Ὁ δὲ ϛ^{ὸ} ν̄ τῶν αὐτῶν· γίνονται δὲ καὶ αἱ ὑποστάσεις οὕτως· ἐπεὶ ὁ α^{ος} ϛ^{ῶν} ἐστι γ̄, ἔσται ρν κγ^{ων}· τρὶς γὰρ ν̄, ρν. ὁ β^{ος}, ἐπεὶ μ^{ο} ἐστὶ δ̄, ἔσται ϙβ κγ^{ων}· δ^{κις} γὰρ τὰ κγ, ϙβ. ὁ δὲ γ^{ος}, ἐπεί ἐστιν ϛϛ^{ῶν} λ̄ ⋀ μ^{ο} ξ̄, διὰ μὲν τοὺς λ̄ ϛϛ^{ούς}, γίνεται ͵αφ κγ^{ων}, διὰ δὲ τὴν λεῖψιν τῶν ξ̄ μ^{ο}, αἵτινές εἰσι ͵ατπ κγ^{α} (ξ^{κις} γὰρ τὰ κγ, ͵ατπ), λοιπὰ ρκ. ὁ δὲ δ^{ος}, ἐπεὶ μ^{ο} ἐστὶ ιη ⋀ ϛϛ^{ῶν} ϛ̄, διὰ μὲν

10 I, 56, 6. 14—15 τὸν εἰκοστότριτον.

τὰς $\overline{\iota\eta}$ μ^{o}, γίνεται $\overline{\upsilon\iota\delta}$ κγ$^{\omega\nu}$ (κγ$^{\kappa\iota\varsigma}$ γὰρ τὰ $\overline{\iota\eta}$, $\overline{\upsilon\iota\delta}$), διὰ δὲ τὴν λεῖψιν τῶν $\overline{\varsigma}$ ꞩꞩ$^{\tilde{\omega}\nu}$, οἵ εἰσιν κγ$^{\alpha}$ $\overline{\tau}$ (ν$^{\kappa\iota\varsigma}$ γὰρ τὰ $\overline{\varsigma}$, $\overline{\tau}$), γίνεται· $\overline{\rho\iota\delta}$. ἐὰν γὰρ ἀφέλῃς ἀπὸ τῶν $\overline{\upsilon\iota\delta}$, $\overline{\tau}$, λοιπὰ $\overline{\rho\iota\delta}$.

Ὅπως δὲ ὁ ꞩ^{ὸ} $\overline{\nu}$ γίνεται κγ$^{\omega\nu}$, καὶ τοῦτο χρεὼν εἰδέναι ὡς, ἐάν τε ἐλάττων ἀριθμὸς μερίζηται παρὰ μείζονα, ἐάν τε μείζων παρὰ ἐλάττονα, ἡ μὲν ποσότης τῶν ἀπὸ τοῦ μερισμοῦ μορίων ἡ αὐτὴ ἀεὶ τῷ μεριζομένῳ ἔσται, τὸ δ' ὄνομα αὐτῶν ὁμώνυμον τῷ παρ' ὃν ὁ μερισμὸς γίνεται· οἷον, ἔστω μερίσαι τὸν $\overline{\delta}$ παρὰ τὸν $\overline{\iota\beta}$, τὸν ἐλάττω παρὰ τὸν μείζονα· λέγω οὖν ὡς ἐπιβάλλει ἑκάστῃ μονάδι τῶν $\overline{\iota\beta}$, $\overline{\delta}$ ιβ$^{\alpha}$, ἅπερ ἐστὶ μ^{o} γ$^{o\nu}$· καὶ ἔστι τὰ μὲν $\overline{\delta}$ τὰ αὐτὰ τῷ μεριζομένῳ $\overline{\delta}$, τὰ δὲ $\overline{\iota\beta}$ ⟨τῷ⟩ παρ' ὃν ὁ μερισμὸς γίνεται, τῷ $\overline{\iota\beta}$.

Πάλιν ἔστω μερίσαι τὸν $\overline{\iota\beta}$ παρὰ τὸν $\overline{\delta}$, τὸν μείζω παρὰ τὸν ἐλάττονα· οὐκοῦν ἐπιβάλλει ἑκάστῃ μονάδι τοῦ $\overline{\delta}$, $\overline{\iota\beta}$ δ$^{\alpha}$, ἅπερ εἰσὶ $\overline{\gamma}$ μ^{o}· καὶ ἔστι κἀνταῦθα μὲν $\overline{\iota\beta}$, ἡ τῶν μορίων ποσότης, ταὐτὸν τῷ μεριζομένῳ τῷ $\overline{\iota\beta}$, τὸ δ' ὄνομα αὐτῶν, τουτέστι τὰ δ$^{\alpha}$, ὁμώνυμα τῷ παρ' ὃν ὁ μερισμὸς γίνεται, τῷ $\overline{\delta}$.

Οὐκοῦν καὶ ἐν τῷδε τῷ κγ$^{\omega}$ προβλήματι, ἐπεὶ $\overline{\nu}$ μ^{o} μερίζει παρὰ $\overline{\kappa\gamma}$ ꞩꞩ$^{o\acute{\upsilon}\varsigma}$, μείζονα ποσότητα παρὰ ἐλάττονα, (μείζονα δὲ λέγω οὐχ ὅτι αἱ $\overline{\nu}$ μ^{o} ἐνταῦθα μείζους εἰσὶ τῶν $\overline{\kappa\gamma}$ ꞩꞩ$^{\tilde{\omega}\nu}$, ἴσαι γάρ, ἀλλ' ὅτι ἁπλῶς τὰ $\overline{\nu}$ μείζονά εἰσι τῶν $\overline{\kappa\gamma}$), μεριζομένων τοίνυν τῶν $\overline{\nu}$ παρὰ τὸν $\overline{\kappa\gamma}$, ἐπιβάλλει ἑκάστῃ μονάδι τῶν $\overline{\kappa\gamma}$, ὡς μονάδων πάντων λαμβανομένων, $\overline{\nu}$ κγ$^{\alpha}$· τὰ μὲν $\overline{\nu}$, ἡ ποσότης τῶν μορίων, τὰ αὐτὰ τῷ μεριζομένῳ τῷ $\overline{\nu}$· τὰ δὲ κγ$^{\alpha}$ ὁμώνυμα τῷ παρ' ὃν ὁ μερισμός, τῷ $\overline{\kappa\gamma}$.

---

5 ὅπως K_2, ὅμως alii.

Οὐκ ἐμέρισε δὲ τοὺς κ̅γ̅ ϛϛ^{οὺς} παρὰ τὰς ν̅ μ^{ο}, ἀλλὰ τὰς μ^{ο} παρὰ τοὺς ϛϛ^{ούς}· καὶ μήν, καὶ εἰ οὕτως ἐποίει, ἐπέβαλλεν ἂν ἑκάστῃ μονάδι τῶν ν̅, κ̅γ̅ ν^{α} ϛ^{οῦ}· καὶ πάλιν τὸ αὐτὸ ἐγένετο· τὸ γὰρ τοῦ ϛ^{οῦ} ν^{ον}, κγ^{όν} ἐστι τῆς μ^{ο}. ἐπεὶ δὲ ἡ μονὰς εἰς κ̅γ̅ ἐτμήθη ἐνταῦθα, εἰ τὸν β^{ον} ἀριθμόν, ὃν ὑπέθετο μ^{ο} δ̅, ἐπολλαπλασίασεν ἐπὶ τὸν κ̅γ̅, καὶ τῶν γενομένων ἐξ αὐτῶν ϟ̅β̅ μ^{ο} ἐτίθει τὸν β^{ον}, εὑρίσκετο ἂν ὁ ϛ^{ὁ} μ^{ο} ν̅ καὶ οὐχὶ μορίων μονάδος κγ^{ων}· καὶ νῦν καὶ πάλιν ἐπὶ τῶν ὑποστάσεων, οἱ λοιποὶ ἐγίγνοντ' ἂν ἀριθμοί.

Οὗτος μέντοι φιλῶν μὴ πολὺ πλῆθος ϛϛ^{ῶν} ἐν τοῖς προβλήμασιν ἑαυτοῦ τιθέναι, οὕτως ἐποίησε, καὶ μετὰ τὸ τὰ τῆς μονάδος εὑρεῖν μόρια, φησὶ περιηρήσθω· τουτέστιν ἐπεὶ ὁ ϛ^{ὁ} ν̅ κγ^{ων} μονάδος εὑρέθη, μηκέτι ταῦτα ὡς μόρια λάμβανε, ἀλλ' ὡς μονάδας· ὡς εἰ ἔλεγεν· μηκέτι λέγε ὡς ὁ ϛ^{ὁ} ν̅ κγ^{ων} ἐστίν, ἀλλὰ ν̅ μ^{ο}, μηδὲ ὡς ἡ μονὰς κ̅γ̅ κγ^{ων}, ⟨ἀλλὰ κ̅γ̅ μ^{ο}⟩.

Γίνονται δὲ οἱ ἀριθμοὶ ἴσοι οὕτως· ὁ α^{ος}, ὁ ρ̅ν̅, δοὺς τὸ ἑαυτοῦ γ^{ον}, τὰ ν̅, τῷ β^{ῳ}, λοιπὸν ἔχει ρ̅, καὶ λαβὼν παρὰ τοῦ δ^{ου} τὸ ϛ^{ον}, τὰ ι̅θ̅, γίνεται ρ̅ι̅θ̅ μ^{ο}· ⟨ὁ β^{ος}⟩, ὁ ϟ̅β̅, δοὺς μὲν τὸ ἑαυτοῦ δ^{ον}, τὰ κ̅γ̅, τῷ γ^{ῳ}, λοιπὸν ἔχει ξ̅θ̅, λαβὼν δὲ παρὰ τοῦ α^{ου} τὸ γ^{ον} αὐτοῦ, τὰ ν̅, γίνεται ρ̅ι̅θ̅· ὁ γ^{ος}, ὁ ρ̅κ̅, δοὺς τὸ ἑαυτοῦ ε^{ον}, τὰ κ̅δ̅, λοιπὸν ἔχει ϟ̅ϛ̅, λαβὼν δὲ παρὰ τοῦ β^{ου} τὸ δ^{ον} αὐτοῦ, τὰ κ̅γ̅, γίνεται ρ̅ι̅θ̅· ὁμοίως καὶ ὁ δ^{ος}, ὁ ρ̅ι̅δ̅, δοὺς μὲν τὸ ἑαυτοῦ ϛ^{ον}, τὰ ι̅θ̅, τῷ α^{ῳ}, λοιπὸν ἔχει ϟ̅ε̅, λαβὼν δὲ παρὰ τοῦ γ^{ου} τὸ ε^{ον} αὐτοῦ, τὰ κ̅δ̅, γίνεται ρ̅ι̅θ̅· καί εἰσιν οἱ γενόμενοι ἴσοι.

---

8 ν̅] ι̅. 13 I, 56, 8.

AD PROBLEMA XXIV.

ἔκθ.	ς ᾱ		$μ^{ο}$ γ̄
	ς ᾱ $μ^{ο}$ ᾱ,	ςς δ̄ $μ^{ο}$ δ̄,	ςς ε̄ $μ^{ο}$ ε̄
		ςς γ̄ $μ^{ο}$ ᾱ	ςς δ̄ $μ^{ο}$ β̄
		ςς ᾱ $μ^{ο}$ γ''	ς ᾱ $μ^{ο}$ L'
σύνθ.	ςς γ̄ $μ^{ο}$ L' γ''	$ἴ^{σ}$.	ς ᾱ $μ^{ο}$ γ̄
ἀφ.	ςς γ̄	$ἴ^{σ}$.	ς ᾱ $μ^{ο}$ β̄ ς''
	ςς β̄	$ἴ^{σ}$.	$μ^{ο}$ β̄ ς''
μερ.	ς ᾱ	$ἴ^{σ}$.	$μ^{ο}$ ᾱ ιβ''
ὑπ.	$μ^{ο}$ ιγ̄,	$μ^{ο}$ ιζ̄,	$μ^{ο}$ ιθ̄

τὸ $ε^{ον}$ − ς̄ κε̄   κε̄   τὸ $γ^{ον}$ − ιβ̄ κε̄
τὸ $δ^{ον}$ − η̄

Ἐκκειμένων ὁσωνοῦν ἀριθμῶν, ἐὰν ὁσακισοῦν εἷς αὐτῶν ληφθῇ, οἱ δὲ λοιποὶ ἅπαξ, καὶ πάλιν ὁ αὐτὸς μονάδι ἐλαττονάκις ἢ ἐλήφθη, ληφθῇ, οἱ δὲ πάντες ἅπαξ, τουτέστιν οἱ λοιποὶ καὶ αὐτός, τὰ ἀφ' ἑκατέρας λήψεως συντιθέμενα ἴσα γίνονται. ἔστωσαν ἀριθμοὶ τρεῖς, ὁ β̄, γ̄, δ̄· ἐὰν ὁ γ̄ $δ^{κις}$ ληφθῇ, ὁ δὲ β̄ καὶ δ̄ ἅπαξ, ιη̄ ποιεῖ· ⟨καὶ πάλιν ἐὰν ὁ γ̄ τρὶς ληφθῇ, οἱ δὲ τρεῖς ἅπαξ, ιη̄ ποιεῖ⟩· καὶ γίνεται ἑκατέρως ἴσος ὁ ἀριθμός.

Τούτων οὕτως ἐχόντων, πάντα, φησί, $δ^{κις}$· ἔνθα μὲν $δ^{ον}$ λαμβάνει, πάντα $δ^{κις}$ λέγει· ἔνθα δὲ $ε^{ον}$, $ε^{κις}$· καὶ ἐφεξῆς. πάντα δέ (τουτέστιν αὐτὸς ὁ $β^{ος}$ καὶ τὸ $δ^{ον}$ τῶν λοιπῶν δύο, ὃ προσλαμβάνει) γενέσθω $δ^{κις}$. ἐπεὶ δὲ τὸ $δ^{ον}$ τῶν λοιπῶν δύο, $δ^{κις}$ ληφθέν, αὐτοί εἰσιν ὅλοι οἱ δύο ἅπαξ, ὅμοιον λέγει ὡς εἰ ἔλεγε· ληφθήτω ὁ μὲν $β^{ος}$ $δ^{κις}$, οἱ δὲ λοιποὶ δύο ἅπαξ· ἐπεὶ

15 λήψεως] λείψεως. 17—18 καὶ πάλιν ... ποιεῖ suppl. X_2. 19 vide I, 56, 26.

δέ, ὡς ἀνωτέρω δέδεικται, δ^{κις} ὁ εἷς καὶ οἱ λοιποὶ ἅπαξ ἴσα γίνονται τῷ τρὶς ὁ αὐτὸς καὶ πάντες ἅπαξ, τρὶς ἄρα ὁ β^{ος}, φησί, προσλαβὼν τοὺς τρεῖς, ἔσται ϛϛ^{ῶν} $\bar{δ}$ μ^{ο} $\bar{δ}$.

Ὃ δὲ λέγει τοιοῦτόν ἐστιν· ἐπεὶ ὁ α^{ος} προσλαβὼν τῶν λοιπῶν δύο τὸ γ^{ον}, γέγονεν ϛ^{οῦ} $\bar{α}$ μ^{ο} $\bar{α}$, δεῖ ἄρα καὶ τὸν β^{ον}, προσλαβόντα τῶν λοιπῶν δύο τὸ δ^{ον}, γίνεσθαι καὶ αὐτὸν ϛ^{οῦ} $\bar{α}$ μ^{ο} $\bar{α}$· ἐπεὶ δὲ οὐκ ἴσμεν πόσον ἐστὶ τὸ δ^{ον} τῶν λοιπῶν δύο, ὅμως ἐὰν λάβῃ αὐτὸ ὁ β^{ος}, γενήσεται ϛ^{οῦ} $\bar{α}$ μ^{ο} $\bar{α}$, τετραπλασιασθήτω καὶ αὐτὸς ⟨ὁ β^{ος}⟩ καὶ τὸ δ^{ον} τῶν λοιπῶν, τουτέστι, αὐτὸς μὲν γενέσθω δ^{κις} οἱ δὲ λοιποὶ ἅπαξ, καὶ πάντως γενήσονται ϛϛ^{οὶ} $\bar{δ}$ μ^{ο} $\bar{δ}$, εἴ γε αὐτὸς ὁ β^{ος} ἅπαξ καὶ τὸ τῶν λοιπῶν δύο δ^{ον} ἅπαξ ϛ^{ὸ} $\bar{α}$ μ^{ο} $\bar{α}$ ἦν. ἐπεὶ δὲ ταὐτόν ἐστιν ὁ β^{ος} δ^{κις} καὶ οἱ λοιποὶ ἅπαξ, τῷ· ὁ β^{ος} τρὶς καὶ οἱ τρεῖς ἅπαξ· ἐὰν ἀφέλω τοὺς τρεῖς, τουτέστιν ϛ^{ὸν} $\bar{α}$ μ^{ο} $\bar{γ}$, ἀπὸ τοῦ· ὁ β^{ος} τρὶς καὶ οἱ τρεῖς ἅπαξ· οἵ εἰσιν ϛϛ^{οὶ} δ μ^{ο} δ, καταλειφθήσεται ὁ β^{ος} τρὶς ϛϛ^{ῶν} $\bar{γ}$ μ^{ο} $\bar{α}$· αὐτὸς ἄρα ἔσται ἅπαξ ϛ^{οῦ} $\bar{α}$ μ^{ο} γ^{ου}.

Τὸ δ' ὅμοιον θεωρείσθω καὶ ἐπὶ πάντα ε^{κις}· καὶ γὰρ κἀκεῖ ὁμοίως ἐροῦμεν· ε^{κις} ὁ γ^{ος} προσλαβὼν τοὺς δύο, δ^{κις} ἔσται ὁ γ^{ος} προσλαβὼν τοὺς τρεῖς· καὶ γενήσονται ϛϛ^{οὶ} $\bar{ε}$ μ^{ο} $\bar{ε}$, ὧν ἐὰν ἀφέλῃς τοὺς τρεῖς, ἤτοι ϛ^{ὸν} $\bar{α}$ μ^{ο} $\bar{γ}$, λοιπὸς ὁ γ^{ος} δ^{κις} ἔσται ϛϛ^{ῶν} $\bar{δ}$ μ^{ο} $\bar{β}$. αὐτὸς ἄρα ἅπαξ ἔσται ϛ^{οῦ} $\bar{α}$ μ^{ο} ∠'. συντεθέντες δὴ οἱ τρεῖς, ὅ τε α^{ος}, ὃς ἦν ϛ^{οῦ} $\bar{α}$, καὶ ὁ β^{ος}, ϛ^{οῦ} $\bar{α}$ μ^{ο} γ'', καὶ ὁ γ^{ος}, ϛ^{οῦ} $\bar{α}$ μ^{ο} ∠', γίνονται ϛ^{οὶ} $\bar{γ}$ μ^{ο} ∠' γ''· ταῦτα ἴσα ϛ^{ῷ} $\bar{α}$ μ^{ο} $\bar{γ}$· ἀφαιρῶ ἑκατέρωθεν ϛ^{ὶν} $\bar{α}$ μ^{ο} ∠' γ'', καὶ γίνονται ϛϛ^{οὶ} $\bar{β}$ ἴσοι μ^{ο} $\bar{β}$ ϛ^{ῳ}, καὶ ὁ ϛ^{ὸ} μ^{ο} $\bar{α}$ ιβ''.

3—4 I, 58, 2. 5 sqq. cf. I, 56, 23/26. 20 I, 58, 6/7.

Ἐπεὶ δὲ ιβ^{ον} εὑρίσκεται ἐνταῦθα, δῆλον ὡς εἰς $\overline{\text{ιβ}}$ ιβ^{α} ἡ μονὰς τέτμηται, καὶ ἡ μ^{ο} $\overline{\text{α}}$ ιβ″ ἔσται $\overline{\text{ιγ}}$ ιβ^{ων}, εἴ γε τῆς μονάδος εἰς ιβ^{α} τμηθείσης καὶ ἕτερον αὐτῇ προσετέθη ιβ^{ον}· ἔσται οὖν ἡ μὲν μονὰς $\overline{\text{ιβ}}$ ιβ^{ων}, ὁ δὲ ϛ^{ὸ} $\overline{\text{ιγ}}$ ιβ^{ων}, καὶ ὑπερέξει ὁ ϛ^{ὸ} τῆς μ^{ο} ἑνὶ ιβ^{ῳ}. ἐπεὶ δὲ ιβ^{ον} ἀνεφάνη, εἰ τὰς ἐξ ἀρχῆς μ^{ο} $\overline{\text{γ}}$ ἐδωδεκαπλασίαζε, καὶ $\overline{\text{λϛ}}$ αὐτὰς ὑπετίθη, προύβαινεν ἂν ὁ ϛ^{ὸ} διὰ μονάδων καὶ οὐχὶ μορίων μονάδος, πλὴν ἀλλὰ καὶ οὕτω περιαιρεθέντος τοῦ μορίου, τουτέστι, ἀντὶ τῶν $\overline{\text{ιγ}}$ ιβ^{ων}, $\overline{\text{ιγ}}$ μ^{ο} ληφθεισῶν, ἔσται πάλιν ὁ ϛ^{ὸ} διὰ μονάδων.

Ἔτι περὶ τοῦ πάντα δ^{κις}, δειχθήτω ἐπὶ τῶν ὑποστάσεων· ἐπεὶ ὁ μὲν ϛ^{ὸ} εὕρηται $\overline{\text{ιγ}}$ ιβ^{ων}, ἡ δὲ μονὰς $\overline{\text{ιβ}}$, καὶ ἔστιν ὁ α^{ος} ϛ^{οῦ} $\overline{\text{α}}$, τουτέστι $\overline{\text{ιγ}}$ οὐκέτι ιβ^{ων}, ἀλλὰ μ^{ο}· ὁ δὲ $\overline{\text{ιγ}}$ προσλαβὼν τὸ γ^{ον} τῶν λοιπῶν δύο, ἅπερ εἰσὶ $\overline{\text{ιβ}}$, γίνεται $\overline{\text{κε}}$· δεῖ δὲ καὶ τὸν β^{ον}, τουτέστι τὸν $\overline{\text{ιζ}}$, λαβόντα παρὰ τῶν λοιπῶν δύο τὸ δ^{ον} αὐτῶν, γίγνεσθαι $\overline{\text{κε}}$· ποιεῖ τοῦτο οὕτως· λαμβάνει δ^{κις} τὸν ιζ, καὶ γίνεται $\overline{\text{ξη}}$· ὁμοίως καὶ τὸ δ^{ον} τῶν λοιπῶν δύο, ἅπερ ἐστὶν $\overline{\text{η}}$, δ^{κις}, καὶ γίνονται $\overline{\text{λβ}}$, τουτέστιν αὐτοὶ οἱ λοιποὶ δύο ἅπαξ· καὶ ὁμοῦ γίνεται $\overline{\text{ρ}}$. ἐπεὶ δὲ καὶ ἐὰν λάβῃ τὸν $\overline{\text{ιζ}}$ τρίς, γίνεται $\overline{\text{να}}$, τοὺς δὲ τρεῖς ἅπαξ, γίνεται $\overline{\text{μθ}}$, καὶ ὁμοῦ πάλιν $\overline{\text{ρ}}$, ἀφαιρεῖ ἀπὸ τοῦ τρὶς ὁ δεύτερος καὶ οἱ τρεῖς ἅπαξ, τοὺς τρεῖς, τουτέστιν ἀπὸ τῶν $\overline{\text{ρ}}$ τὰ $\overline{\text{μθ}}$, καὶ λοιπὰ $\overline{\text{να}}$, ἅπερ εἰσὶν ὁ β^{ος} τρίς· αὐτὸς ἄρα ἅπαξ ἔσται $\overline{\text{ιζ}}$, καὶ ἔστι $\overline{\text{ιζ}}$ ϛ^{ὸ} $\overline{\text{α}}$ μ^{ο} γ″, τουτέστι $\overline{\text{ιγ}}$ καὶ $\overline{\text{δ}}$· τὰ δὲ $\overline{\text{δ}}$ γ^{ου} μονάδος εἰς $\overline{\text{ιβ}}$ τμηθείσης.

AD PROBLEMA XXV.

ἔκθ.	ς ᾱ			μ° γ̄	
	ς ᾱ μ° ᾱ,	ςς δ̄ μ° δ̄,		ςς ε̄ μ° ε̄, ςςς̄ μ° ς̄	
		ςς γ̄ μ° ᾱ,		ςς δ̄ μ° β̄, ςς ε̄ μ° γ̄	
		ς ᾱ μ° γ″		ς ᾱ μ° 𐅵′	ς ᾱ μ° γ̄ ε^α
σύνθ.	ςς δ̄ μ° γ″ 𐅵′ γ̄ ε^α		ἴσ.		ς ᾱ μ° γ̄
ἀφ.	ςς γ̄		ἴσ.		μ° ᾱ β̄ ε^α ς″
μερ.	ς ᾱ		ἴσ.		μ° γ″ δίμ. ε^ου ιη″
ὑπ.	μ° μ̄ζ̄	μ° ο̄ζ̄		μ° ϟβ	μ° ρ̄ᾱ.

Ὁ ς° συνάγεται μ̄ζ̄ ϟ^ῶν μονάδος, οὕτως· οἱ τέσσαρες συντιθέμενοι γίνονται ςς^οἱ δ̄ μ° γ″ 𐅵′ καὶ γ̄ ε^α· ταῦτα ἴσα ς^ῷ ᾱ μ° γ̄, ἅπερ ὑπέκειτο ἐξ ἀρχῆς οἱ τέσσαρες· ἀφαιρῶ ἀφ' ἑκατέρου ς^ὸν ᾱ καὶ μ° γ″ 𐅵′ καὶ γ̄ ε^α, καὶ γίνεται τὰ μὲν ςς^οἱ γ̄, τὰ δὲ μ° ᾱ, β̄ ε^α καὶ ς^ον· γ̄ γὰρ μ° οὐσῶν, ἀπὸ μὲν τῆς μιᾶς τούτων ἀφαιρεθέντων τοῦ γ^ου καὶ τοῦ 𐅵′ τῆς μονάδος, λοιπὸν ς^ον· ἀπὸ δὲ τῆς ἄλλης ἀφαιρεθέντων γ̄ ε^ων, λοιπὰ β̄ ε^α. ςς^οἱ ἄρα γ̄ ἴσοι μ° ᾱ, β̄ ε^οις, ς^ῳ μονάδος, καὶ γίνεται ὁ ς°, μ° γ^ον, δίμοιρον μ° ε^ου ἑνός, καὶ ιη^ον· εἰς γ̄ γὰρ ἕκαστον τῶν μ° ᾱ, β̄ ε^ων, ς^ου μερισθέντα, γέγονεν ἡ μὲν μονὰς μονάδος γ^ον, τὰ δὲ β̄ ε^α, δίμοιρον ᾱ ε^ου, τὸ δὲ ς^ον, ιη^ον· ὥσπερ γὰρ τὸ γ^ον τῶν ι̅η̅ ἐστι ς̄, οὕτω τὸ γ^ον τοῦ ς^ου, ιη^ον.

Ἀλλ' ἐπεὶ οὐ διὰ μονάδων τελείων ἐφάνη ὁ ς°, ἀλλὰ διὰ μορίων μονάδος, γ^ου, ε^ου, καὶ ιη^ου, ζητῶ τὸν πυθμένα τῶν ἀριθμῶν τῶν ἐχόντων τὰ τοιαῦτα μέρη καὶ εὑρίσκω τὸν ϟ ἀριθμόν. ἔστι τὸ μὲν γ^ον αὐτοῦ λ̄,

10 cf. I, 60, 7.

τὸ δὲ δίμοιρον τοῦ ε^{ου} αὐτοῦ $\overline{ιβ}$ ($\overline{ιη}$ γάρ ἐστι τὸ ε^{ον}), τὸ δὲ ιη^{ον} $\overline{ε}$· $\overline{λ}$ γοῦν καὶ $\overline{ιβ}$ καὶ $\overline{ε}$, $\overline{μζ}$· καὶ τέμνεται ἡ μονὰς εἰς $\overline{Ϟ}$, ὁ δὲ ϛ^{ὸ} ἐστι $\overline{μζ}$ Ϟ^{ῶν} μονάδος, ἐλάττων αὐτῆς ὤν, εἰ δ' ἐν ἄλλοις μείζων.

Ὅπως δ' εὑρίσκεται ὁ πυθμὴν τῶν ἐχόντων τὰ δεδομένα μόρια δῆλον ἐνθένδε· ἐκκείσθωσαν οἱ ὁμώνυμοι τοῖς δεδομένοις ἀριθμοί, καὶ σκόπει τὸν α^{ον} καὶ β^{ον}, κἂν μὲν πρῶτοι πρὸς ἀλλήλους ὦσι καὶ ἀσύνθετοι, πολλαπλασίαζε αὐτοὺς ἐπαλλήλους, καὶ τὸν γενόμενον λέγε πυθμένα εἶναι τῶν ἐχόντων ἀριθμῶν τὰ ὁμώνυμα τοῦ α^{ου} καὶ β^{ου} μόρια. εἰ δὲ κοινὸν μέτρον ἐστὶν αὐτῶν, πολλαπλασίαζε πάλιν αὐτοὺς ἐπαλλήλους, καὶ τὸ τοῦ γενομένου μόριον τὸ ὁμώνυμον τῷ κοινῷ μέτρῳ, λέγε εἶναι πυθμένα. εἶτα τοῦτον δὴ τὸν πυθμένα σκόπει μετὰ τοῦ γ^{ου} ἀριθμοῦ, κἄν τε πρῶτος ᾖ καὶ ἀσύνθετος πρὸς αὐτόν, κἄν τε κοινῷ μέτρῳ μετρῆται, ποίει ὡς ἐδιδάχθης.

Οἷον προκείσθω εὑρεῖν τὸν πυθμένα τῶν ἐχόντων ∠', γ^{ον}, δ^{ον}, ε^{ον}· ἐκτίθημι τοὺς ὁμωνύμους τοῖς μορίοις ἀριθμούς, $\overline{β}$, $\overline{γ}$, $\overline{δ}$, $\overline{ε}$· καὶ ἐπεὶ ὁ $\overline{β}$ καὶ $\overline{γ}$ πρῶτοι πρὸς ἀλλήλους εἰσὶ καὶ ἀσύνθετοι, πολλαπλασιάζω τὸν $\overline{β}$ ἐπὶ τὸν $\overline{γ}$, καὶ γίνεται $\overline{ϛ}$, καὶ τοῦτον λέγω εἶναι πυθμένα τῶν ἐχόντων ∠' καὶ γ^{ον}, καὶ ἕτερος ἐλάττων αὐτοῦ οὐχ ἕξει ταῦτα. πάλιν ἐπεὶ ὁ $\overline{ϛ}$ πρὸς τὸν $\overline{δ}$ κοινῷ μέτρῳ μετρεῖται τῷ $\overline{β}$, πολλαπλασιάζω αὐτοὺς ἐπαλλήλους, καὶ γίνονται $\overline{κδ}$· ἀλλ' ἐπεὶ κοινῷ μέτρῳ μετροῦνται τῷ $\overline{β}$, λαμβάνω τὸ τῶν $\overline{κδ}$ μόριον τὸ ὁμώνυμον τῷ $\overline{β}$, τουτέστι τὸ ∠', ἅπερ ἐστὶ $\overline{ιβ}$, καὶ ταῦτα λέγω εἶναι πυθμένα τῶν ἐχόντων ∠', γ^{ον}, δ^{ον}. πάλιν πολλα-

4 ἄλλοις] ἄλλας libri. Xylander coniecit: εἰ δ' ἐναλλὰξ μείζων, ἀφαιρουμένου τοῦ μορίου. 6 ἐνθένδεν. 16 ᾖ] ἐστὶ.

πλασιάζω τὸν $\overline{ιβ}$ ἐπὶ τὸν $\overline{ε}$, καὶ γίνονται $\overline{ξ}$, καὶ ἐπεὶ ὁ $\overline{ιβ}$ καὶ ὁ $\overline{ε}$ πρῶτοί εἰσι πρὸς ἀλλήλους, τὸν $\overline{ξ}$ λέγω πυθμένα τῶν ἐχόντων L', $γ^{ον}$, $δ^{ον}$, $ε^{ον}$.

Ἢ καὶ οὕτως· εἰ μὲν πρῶτοι καὶ ἀσύνθετοί εἰσι πρὸς ἀλλήλους οἱ ἀριθμοί, πάλιν ὁμοίως ποιητέον· εἰ δὲ κοινῷ τινι μέτρῳ μετροῦνται, ἕξει ἄρα ἑκάτερος αὐτῶν ὁμώνυμον μόριον τῷ μετροῦντι αὐτούς. ὁποτερουοῦν τούτων τὸ ὁμώνυμον μόριον τῷ μετροῦντι αὐτούς, πολλαπλασιαστέον ἐπὶ τὸν λοιπόν, καὶ τὸν γενόμενον λέγε εἶναι πυθμένα. καὶ πάλιν τὸν πυθμένα ἐπὶ τὸν $γ^{ον}$, καὶ ἐφεξῆς.

Οἷον προκείσθω εὑρεῖν τὸν πυθμένα τῶν ἐχόντων $γ^{ον}$, $δ^{ον}$, $ε^{ον}$, $ϛ^{ον}$· ἐκτίθημι τοὺς ὁμωνύμους αὐτοῖς ἀριθμούς, $\overline{γ}$, $\overline{δ}$, $\overline{ε}$, $\overline{ϛ}$· καὶ ἐπεὶ ὁ $\overline{γ}$ πρὸς τὸν $\overline{δ}$ πρῶτός ἐστι καὶ ἀσύνθετος, τὸν ὑπ' αὐτῶν γενόμενον $\overline{ιβ}$ λέγω πυθμένα τῶν ἐχόντων $γ^{ον}$ καὶ $δ^{ον}$. πάλιν ἐπεὶ ὁ $\overline{ιβ}$ πρὸς τὸν $\overline{ε}$ πρῶτός ἐστι καὶ ἀσύνθετος, τὸν ὑπ' αὐτῶν γενόμενον $\overline{ξ}$ λέγω πυθμένα τῶν ἐχόντων $γ^{ον}$, $δ^{ον}$, $ε^{ον}$. πάλιν ἐπεὶ ὁ $\overline{ξ}$ πρὸς τὸν $\overline{ϛ}$ κοινῷ μέτρῳ μετρεῖται αὐτῷ τῷ $\overline{ϛ}$, ἔχει ἄρα ἑκάτερος αὐτῶν $ϛ^{ον}$, ὧν τοῦ μὲν $\overline{ξ}$ τὸ $ϛ^{ον}$ ἐστὶν $\overline{ι}$, τοῦ δὲ $\overline{ϛ}$ μονάς· ὁποτέρου οὖν $ϛ^{ον}$ ἐπὶ θάτερον ὅλον πολλαπλασιάσω, ἄν τε τοῦ $\overline{ξ}$ τὸν $\overline{ι}$ ἐπὶ τὸν $\overline{ϛ}$, ἄν τε τοῦ $\overline{ϛ}$ τὴν μονάδα ἐπὶ τὸν $\overline{ξ}$, ἑκάτερον πάλιν $\overline{ξ}$ γίνεται, καὶ λέγω τοῦτον εἶναι πυθμένα τῶν ἐχόντων $γ^{ον}$, $δ^{ον}$, $ε^{ον}$, $ϛ^{ον}$· καὶ ἐφεξῆς.

Ἰστέον δὲ ὅτι τὰ διδόμενα μόρια οἱ εὑρισκόμενοι κατὰ τόνδε τὸν τρόπον μόνοι ἕξουσιν ὁμοῦ πρῶτοι, καὶ μετ' αὐτοὺς οἱ αὐτῶν πολλαπλάσιοι, παρὰ δὲ τούτους οὐδεὶς ἕτερος τῶν ἁπάντων. καὶ ἐνταῦθα

22 πολλαπλασιάσθω.

τοίνυν ἐπεὶ $γ^{ον}$ καὶ $ε^{ον}$ καὶ $ιη^{ον}$ εὑρέθη μονάδος, ἐκτίθημι τοὺς ὁμωνύμους αὐτοῖς ἀριθμούς, $\overline{γ}$, $\overline{ε}$, $\overline{ιη}$· καὶ ἐπεὶ ὁ $\overline{γ}$ πρὸς τὸν $\overline{ε}$ πρῶτός ἐστι καὶ ἀσύνθετος, τὸν ὑπ' αὐτῶν $\overline{ιε}$ λέγω πυθμένα τῶν ἐχόντων $γ^{ον}$ καὶ $ε^{ον}$. πάλιν ἐπεὶ ὁ $\overline{ιε}$ καὶ ὁ $\overline{ιη}$ κοινῷ μέτρῳ μετροῦνται τῷ $\overline{γ}$, ἔχει ἄρα ἑκάτερος αὐτῶν $γ^{ον}$· ὧν ὁ μὲν $\overline{ιε}$ $γ^{ον}$ ἔχει τὰ $\overline{ε}$, ὁ δὲ $\overline{ιη}$ τὰ $\overline{ϛ}$· ἄν τε οὖν $ε^{κις}$ εἴπω τὰ $\overline{ιη}$, ἄν τε $ϛ^{κις}$ τὰ $\overline{ιε}$, ἑκατέρως ὁ $\overline{ϙ}$ γίνεται, καὶ διὰ ταῦτα καὶ ἡ μονὰς τέμνεται εἰς τὰ $\overline{ϙ}$.

Ὁ μὲν οὖν $α^{ος}$, $ϛ^{ο}$ $\overline{α}$ ὤν, ἔστι $\overline{μζ}$ $ϙ^{ῶν}$· ὁ δὲ $β^{ος}$, ϛ $\overline{α}$ $μ^{ο}$ $γ''$, τουτέστι $\overline{μζ}$ καὶ $\overline{λ}$ (ἅπερ ἐστὶ $γ^{ον}$ τῶν $\overline{ϙ}$), γίνεται $\overline{οζ}$· ὁ δὲ $γ^{ος}$, $ϛ^{ο}$ $\overline{α}$ $μ^{ο}$ ∠', τουτέστι $\overline{μζ}$ καὶ $\overline{με}$ (ἅπερ ἐστὶν ∠' τῶν $\overline{ϙ}$), γίνεται $\overline{ϙβ}$· ὁ δὲ $δ^{ος}$, $ϛ^{ο}$ $\overline{α}$ καὶ $\overline{γ}$ $ε^{α}$, τουτέστι $\overline{μζ}$ καὶ $\overline{νδ}$ (ἅπερ ἐστὶ $\overline{γ}$ $ε^{α}$ τῶν $\overline{ϙ}$), γίνεται $\overline{ρα}$. καὶ ὁ μὲν $α^{ος}$, $\overline{μζ}$ ὤν, προσλαβὼν καὶ τὸ $γ^{ον}$ τῶν λοιπῶν τριῶν τὰ $\overline{ϙ}$, γίνεται $\overline{ρλζ}$· ὁ δὲ $β^{ος}$, ὁ $\overline{οζ}$, τὸ $δ^{ον}$ τῶν λοιπῶν τριῶν τὰ $\overline{ξ}$, γίνεται ὁμοίως $\overline{ρλζ}$· ὁ δὲ $γ^{ος}$, ὁ $\overline{ϙβ}$, τὸ $ε^{ον}$ τῶν λοιπῶν τριῶν τὰ $\overline{με}$, γίνεται ὁμοίως $\overline{ρλζ}$· καὶ ὁ $δ^{ος}$, ὁ $\overline{ρα}$, τῶν λοιπῶν τριῶν τὸ $ϛ^{ον}$ τὰ $\overline{λϛ}$, γίνεται ὁμοίως $\overline{ρλζ}$.

AD PROBLEMA XXVI.

ἔκθ.	$μ^{ο}$ $\overline{σ}$,	ϛ $\overline{α}$,	$μ^{ο}$ $\overline{ε}$
	ϛϛ $\overline{σ}$		ϛ $\overline{ε}$
	ϛϛ $\overline{σ}$	ἴσ.	$Δ^{Y}$ $\overline{κε}$
	ϛϛ $\overline{η}$	ἴσ.	$Δ^{Y}$ $\overline{α}$
μερ.	$μ^{ο}$ $\overline{η}$	ἴσ.	ϛ $\overline{α}$
ὑπ.	$μ^{ο}$ $\overline{͵αχ}$		$μ^{ο}$ $\overline{μ}$

10 cf. I, 60, 8/9.

Δ^{Y} κ̅ε̅ εἰσὶν ἴσαι ϛϛ^{οῖς} σ̅· οὕτως· ἐὰν γὰρ ὦσιν ἀριθμοὶ τρεῖς, ὧν ὁ β^{ος} καὶ ὁ γ^{ος} πολλαπλασιαζόμενοι ἐπ' ἀλλήλους ποιοῦσιν ἀριθμὸν ὁμώνυμον τῷ λόγῳ ὃν ἔχει ὁ α^{ος} πρὸς τὸν γ^{ον}, τὸ ὑπὸ α^{ου} καὶ β^{ου} ἴσον ἐστὶ τῷ ἀπὸ τοῦ ὑπὸ β^{ου} καὶ γ^{ου}· καὶ ἔτι τὸ ὑπὸ γ^{ου} καὶ τοῦ ὑπὸ β^{ου} καὶ γ^{ου} ἴσον τῷ α^{ῳ}.

Ἔστωσαν ἀριθμοὶ τρεῖς ὁ λ̅ϛ̅, δ̅, γ̅· ὁ δ̅ ἐπὶ τὸν γ̅ ποιεῖ ι̅β̅· ὁ δὲ λ̅ϛ̅ τοῦ γ̅ δωδεκαπλάσιος· καὶ ἔστιν ὁ ι̅β̅ ὁμώνυμος τῷ λόγῳ τοῦ λ̅ϛ̅ πρὸς τὸν γ̅. τὸ οὖν ὑπὸ α^{ου} καὶ β^{ου}, τουτέστι τοῦ λ̅ϛ̅ καὶ τοῦ δ̅, γίνεται ρ̅μ̅δ̅ . . . † καί εἰσιν ἴσα καὶ ἔστι τὸ ὑπὸ τοῦ τρίτου καὶ τοῦ ὑπὸ δευτέρου καὶ τρίτου, τουτέστι τὸ ὑπὸ τοῦ γ̅ καὶ ι̅β̅, ὃς ὑπὸ τοῦ β^{ου} γίνεται καὶ γ^{ου}, ἴσον τῷ α^{ῳ} τῷ λ̅ϛ̅· τρὶς γὰρ ι̅β̅, λ̅ϛ̅.

Καὶ ἐὰν ἄρα ἀριθμὸς πρὸς ἀριθμὸν λόγον ἔχῃ, ἔσται τις ἀριθμός, ὃς ἐπὶ τὸν ἐλάττω πολλαπλασιαζόμενος ποιήσει ἀριθμὸν ὁμώνυμον τῷ λόγῳ ὃν ἔχει ὁ μείζων πρὸς τὸν ἐλάττονα. καὶ δειχθήτω ἐπὶ ἀριθμῶν καὶ μόρια μονάδος ἐχόντων, πλείονος τριβείας ἕνεκεν. ἔστωσαν ἀριθμοὶ δύο, ὁ ι̅γ̅ καὶ ὁ β̅, καὶ ἔχει λόγον ὁ ι̅γ̅ πρὸς τὸν β̅ ἑξαπλασιεφήμισυν· οὐκοῦν ἔσται τις ἀριθμός, ὃς ἐπὶ τὸν β̅ πολλαπλασιασθεὶς ποιήσει ἀριθμὸν ὁμώνυμον τῷ λόγῳ, τουτέστι μ^{ο} ϛ̅ L'· μερισθήτω ὁ ϛ̅ L' παρὰ τὸν ἐλάττονα, τουτέστι τὸν β̅, καὶ γίνεται γ̅ δ''· ὁ ἄρα γ̅ δ'' ἐπὶ τὰ β̅ πολλαπλασιαζόμενος ποιεῖ τὸν ϛ̅ L'. καί εἰσιν ἀριθμοὶ τρεῖς, ὁ ι̅γ̅, γ̅ δ'', β̅, καὶ

1 cf. I, 60, 19. 11 † Lacunam hoc fere modo compleas: τὸ δὲ ἀπὸ τοῦ ὑπὸ δευτέρου καὶ τρίτου, τουτέστι τὸ ἀπὸ τοῦ ι̅β̅, γίνεται ρ̅μ̅δ̅. X$_2$ post ἴσα supplet: τῷ ἀπὸ τοῦ ὑπὸ τοῦ β^{ου} καὶ γ^{ου}.

γίνεται ἐπὶ τούτων ὡς ἐπὶ τοῦ προτέρου· τὸ μὲν ὑπὸ τοῦ $\alpha^{ου}$ καὶ $\beta^{ου}$, $\overline{\mu\beta}$ δ″ (τρὶς γὰρ $\overline{\iota\gamma}$, $\overline{\lambda\vartheta}$· καὶ τεταρτάκις τὰ $\overline{\iota\gamma}$, $\overline{\gamma}$ δ″· ὁμοῦ $\overline{\mu\beta}$ δ″). καὶ πάλιν τὸ ἀπὸ τοῦ ὑπὸ $\beta^{ου}$ καὶ $\gamma^{ου}$, τουτέστι τὸ ἀπὸ τῶν $\overline{ϛ}$ ∟′, $\overline{\mu\beta}$ δ″ ($ϛ^{κις}$ γὰρ τὰ $\overline{ϛ}$, $\overline{\lambda ϛ}$· $ϛ^{κις}$ τὸ ∟′, $\overline{\gamma}$· ἡμισάκις τὰ $\overline{ϛ}$, $\overline{\gamma}$· ἡμισάκις τὸ ∟′, δ″· ὁμοῦ $\overline{\mu\beta}$ δ″). καὶ ἔτι τὸ ὑπὸ τοῦ $\overline{\beta}$ καὶ $\overline{ϛ}$ ∟′, $\overline{\iota\gamma}$ (δὶς γὰρ $\overline{ϛ}$ ∟′, $\overline{\iota\gamma}$).

Καὶ ἐνταῦθα τοίνυν ἐπεὶ καὶ $\overline{\sigma}$ μ^{o} πρὸς τὰς $\overline{\varepsilon}$ μ^{o} λόγον ἔχουσι τεσσαρακονταπλάσιον, ἔσται τις ἀριθμός, ὃς ἐπὶ τὸν $\overline{\varepsilon}$ πολλαπλασιασθεὶς ποιήσει ἀριθμὸν ὁμώνυμον τῷ λόγῳ, τουτέστι μ^{o} $\overline{\mu}$· μερισθήτω ὁ $\overline{\mu}$ παρὰ τὸν $\overline{\varepsilon}$, καὶ γίνεται μ^{o} $\overline{\eta}$· ὁ ἄρα $\overline{\eta}$ ἀριθμὸς ἐπὶ μὲν τὰς $\overline{\sigma}$ μ^{o} πολλαπλασιασθεὶς ποιήσει μ^{o} $\overline{͵\alpha\chi}$, ἃς λέγει $\overline{\sigma}$ $ςς^{ούς}$ (τὰ γὰρ $\overline{͵\alpha\chi}$ $\sigma^{κις}$ ἔχει τὸν $\overline{\eta}$ $ς^{όν}$ καί εἰσιν ἄρα $\overline{\sigma}$ $ςς^{οί}$), ἐπὶ δὲ τὸν $\overline{\varepsilon}$ πολλαπλασιασθεὶς ποιήσει μ^{o} $\overline{\mu}$, ἃς λέγει $ςς^{ούς}$ $\overline{\varepsilon}$ (τὰ γὰρ $\overline{\mu}$ $\varepsilon^{κις}$ ἔχει τὸν $\overline{\eta}$ $ς^{όν}$, καί εἰσιν ἄρα $\overline{\varepsilon}$ $ςς^{οί}$). πάλιν οἱ $\overline{\varepsilon}$ $ςς^{οί}$, τουτέστιν αἱ μ^{o} $\overline{\mu}$, πρὸς αὐτοὺς πολλαπλασιαζόμενοι, ποιοῦσι Δ^{Y} $\overline{\kappa\varepsilon}$, τουτέστι μ^{o} $\overline{͵\alpha\chi}$. ἐπεὶ γὰρ ἡ ἀπὸ τοῦ $\overline{\eta}$ δύναμίς ἐστιν ὁ $\overline{\xi\delta}$, ἔχει δὲ ὁ $\overline{͵\alpha\chi}$ $\kappa\varepsilon^{κις}$ τὸν $\overline{\xi\delta}$, $\overline{\kappa\varepsilon}$ ἄρα Δ^{Y} εἰσὶν ὁ $\overline{͵\alpha\chi}$, ὁ ἀπὸ τῶν $\overline{\varepsilon}$ $ςς^{ῶν}$, τουτέστι τῶν $\overline{\mu}$ μ^{o}, γινόμενος, καί εἰσιν ἴσαι τοῖς $\overline{\sigma}$ $ςς^{οῖς}$, κἀκεῖνοι γὰρ $\overline{͵\alpha\chi}$.

Οὕτω τοίνυν δεικνὺς τὰς $\overline{\kappa\varepsilon}$ Δ^{Y} ἴσας τοῖς $\overline{\sigma}$ $ςς^{οῖς}$, εἶτα ἐπάγει· *πάντα παρὰ* $ς^{όν}$· ὥσπερ ἔμπροσθεν ἔλεγεν *ἀπὸ ὁμοίων ὅμοια*, οὕτω κἀνταῦθα, ἑτέρᾳ μεθόδῳ χρώμενος, φησί· *πάντα παρὰ* $ς^{όν}$· τουτέστι ὑποβιβασθήτωσαν καὶ αἱ Δ^{Y} εἰς $ς^{ούς}$, οἱ δὲ $ς^{οί}$ εἰς μ^{o}, καὶ γεγονέτωσαν αἱ μὲν $\overline{\kappa\varepsilon}$ Δ^{Y} $\overline{\kappa\varepsilon}$ $ςς^{οί}$, οἱ δὲ $\overline{\sigma}$ $ςς^{οί}$, $\overline{\sigma}$ μ^{o}· καὶ μερισθήτω ὁ $\overline{\sigma}$ παρὰ τὸν $\overline{\kappa\varepsilon}$, γίνονται μ^{o} $\overline{\eta}$· καὶ

2 τεταρτάκις] τετράκις. 6 ὑπὸ] ἀπό. 24 I, 60, 20.

ἔσται ὁ ς^{o} μ^{o} η̄. καὶ ὁ ς^{o} ἐπὶ μὲν τὸν σ̄ πολλαπλασιασθεὶς ⟨ποιεῖ⟩ τὸν ͵αχ̄ τετράγωνον, ἐπὶ δὲ τὸν ε̄ τὸν μ̄, τὴν πλευρὰν αὐτοῦ.

Τοῦτο δὲ δείκνυται καὶ διὰ τοῦ ιδ^{ου} τοῦ ϛ^{ου} τῶν Στοιχείων, ὅτι τῶν ἴσων τε καὶ μίαν μιᾷ ἴσην ἐχόντων γωνίαν παραλληλογράμμων ἀντιπεπόνθασιν αἱ πλευραὶ αἱ περὶ τὰς ἴσας γωνίας. ἐκκείσθω γὰρ παραλληλόγραμμα ἴσα τὸ ΑΒ, ΒΓ, ἴσας ἔχοντα τὰς πρὸς τῷ Β γωνίας· ἔστω οὖν ἑκάτερον μ^{o} ͵αχ̄, τουτέστι

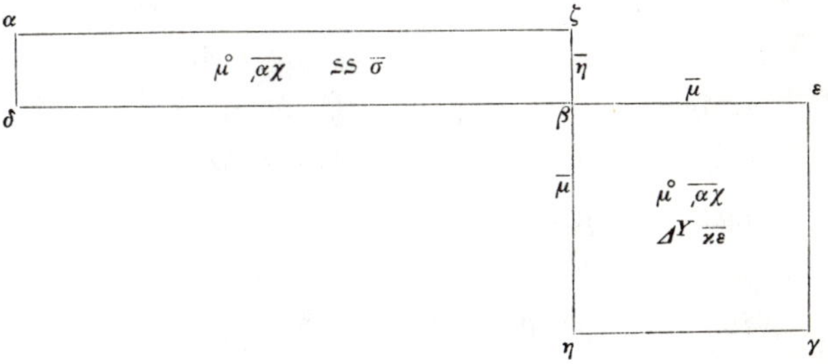

τὸ μὲν ΑΒ τῶν σ̄ ςς^{ῶν}, τὸ δὲ ΒΓ τῶν κε̄ Δ^{Υ}· τοῦ μὲν ΑΒ ἡ ΔΒ πλευρὰ μ^{o} ἐστὶ σ̄, τοῦ δὲ ΒΓ ἑκατέρα τῶν ΗΒ, ΒΕ μ^{o} μ̄, καὶ ἔστιν ἡ ΔΒ τῆς ΒΕ πενταπλασίων, καὶ ἡ ΗΒ ἄρα τῆς ΒΖ πενταπλασίων ἔσται· ἔστι δὲ ἡ ΗΒ μ^{o} μ̄, καὶ ἡ ΒΖ ἔσται μ^{o} η̄, καὶ εὕρηται ὁ ς^{o} μ^{o} η̄.

Ἄλλως εἰς τὸ πάντα παρὰ ς^{όν}.

Ἐπεὶ εὕρηνται Δ^{Υ} κε̄ ἴσαι ςς^{οῖς} σ̄, ἐπιβάλλουσιν ἄρα τῇ μιᾷ Δ^{Υ}, ςς^{οὶ} η̄· δύναμις δὲ ςς^{ῶν} η̄ οὐκ ἔστιν ἑτέρα παρὰ τὴν ἀπὸ τῶν η̄ μ^{o} γινομένην, ἤτοι ς^{οῦ} ᾱ,

---

1 ἔσται X_2 (evanidum in B), ἔστω alii. 1—2 πολλαπλασιασθεὶς X_2, πολλαπλασιάσαι alii (ex sec. m. in B). 9 ἑκάτερον X_2, ἑκάτερος alii.

μ^{o} ὄντος η̄· καὶ ἐπεὶ ἡ Δ^{Y} η̄ $ϛϛ^{ῶν}$ ἐστι, καὶ ὁ $ϛ^{ὁ}$ η̄ μ^{o} ἔσται. καϑόλου γὰρ ἐπὶ πάντων, ὅσων $ϛϛ^{ῶν}$ ἐστι ἡ Δ^{Y}, τοσούτων μ^{o} ἐστὶ καὶ ὁ $ϛ^{ὁ}$· ὁ γὰρ $ϛ^{ὁ}$ εἰς τὰς ἐν αὐτῷ μ^{o}, ἑαυτὸν πολλαπλασιάσας, ποιεῖ Δ^{Y}· κἂν μὲν β̄ μ^{o} ᾖ ὁ $ϛ^{ὁ}$, καὶ ἡ Δ^{Y} β̄ $ϛϛ^{ῶν}$ ἔσται· κἂν δ' ἐκεῖνος γ̄, καὶ αὕτη γ̄· καὶ ἐφεξῆς· αὕτη δὲ ἡ ἐξήγησις τῆς προτέρας ἀμείνων.

AD PROBLEMA XXVII.

	κ̄		ϙϛ̄
ἔκϑ.	ϛ ᾱ μ^{o} ῑ		μ^{o} ῑ ⋔ ϛ ᾱ
[σύνϑ.]	μ^{o} ρ̄ ⋔ Δ^{Y} ᾱ	$ἴ^{σ}$.	μ^{o} ϙϛ̄
πρ.	μ^{o} ρ̄	$ἴ^{σ}$.	Δ^{Y} ᾱ μ^{o} ϙϛ̄
ἀφ.	μ^{o} δ̄	$ἴ^{σ}$.	Δ^{Y} ᾱ
μερ.	μ^{o} β̄	$ἴ^{σ}$.	ϛ ᾱ
ὑπ.	μ^{o} ιβ̄		μ^{o} η̄

Τὸ $κζ^{ον}$ καί τινα τῶν μετ' αὐτὸ πλασματικόν φησιν ὁ Διόφαντος· οἶμαι δὲ τοῦτο λέγειν διὰ τοὺς ἐν αὐτοῖς προσδιορισμούς· οὐ γάρ τισι μὲν ἔσται ⟨τὰ⟩ τῶν ἐν αὐτοῖς προσδιορισμῶν, τισὶ δ' οὐκ ἔσται, ἀλλὰ πᾶσιν ἁπλῶς ἀριϑμοῖς ἁρμόσει, καὶ ἀνάγκη πάντας ἀριϑμοὺς οὕτως ἔχειν· ὅϑεν καὶ οὐδὲ δικαίως ἂν καλοῖντο προσδιορισμοὶ τὰ τοιαῦτα. ἔστι γε μὴν ὁ τοιοῦτος προσδιορισμὸς τοῦ $κζ^{ου}$ ὁ αὐτὸς τῇ προτάσει τοῦ $ε^{ου}$ τοῦ $β^{ου}$ τῶν Στοιχείων, τῇ λεγούσῃ· ἐὰν εὐϑεῖα τμηϑῇ εἰς ἴσα καὶ ἄνισα, τὸ ὑπὸ τῶν ἀνίσων τῆς ὅλης τμημάτων περιεχόμενον ὀρϑογώνιον μετὰ τοῦ ἀπὸ τοῦ μεταξὺ τῶν τομῶν τετραγώνου ἴσον ἐστὶ τῷ ἀπὸ τῆς

16 cf. I, 62, 2.

ἡμισείας τετραγώνῳ. δεῖται μὴν τὸ πρόβλημα προσδιορισμοῦ τινος, ὃν δὴ καὶ ἡμεῖς ἐκτιθέντες λέγομεν ὧδε. δεῖ δὴ τὸ ἀπὸ τοῦ ἡμίσεος τοῦ συνθέματος πλειόνων μ^{o} γίνεσθαι ἢ τὸ ὑπὸ τοῦ πολλαπλασιασμοῦ τῶν δύο γινόμενον. ὡς καὶ ἐνταῦθα, τὸ ἀπὸ τοῦ ι̅, ὅπερ ἐστὶν ἥμισυ τοῦ συνθέματος τῶν κ̅ μ^{o}, ρ̅ γίνεται (μὴ σκοπουμένης ἐνταῦθα τῆς λείψεως τῆς Δ^{Y}), τὸ δὲ ὑπὸ τῶν δύο ἐστὶ μ^{o} ϟ̅ς̅. εἰ γὰρ ἴσαι αἱ μ^{o} γένοιντο, ἢ ὑπερέχοι τοῦτο ἐκείνου, οὐ συσταθήσεται· καταλειφθήσεται γὰρ Δ^{Y} α̅, ἢ πρὸς ταύτῃ καὶ μ^{o} τινές, ἴσαι οὐδενί.

Καὶ τὸ ὑπὸ τοῦ α̅ $ς^{\text{οῦ}}$ καὶ μ^{o} ι̅ καὶ τῶν μ^{o} ι̅ ⋔ $ς^{\text{οῦ}}$ α̅, φησί, γίνεται μ^{o} ρ̅ ⋔ Δ^{Y} α̅. ἐπεὶ γὰρ λεῖψις μὲν ἐπὶ ὕπαρξιν πολλαπλασιασθεῖσα λεῖψιν ποιεῖ, $ς^{\text{ὸ}}$ δὲ ἐπὶ $ς^{\text{όν}}$, Δ^{Y}, εἰκότως καὶ ἐνταῦθα τῆς λείψεως τοῦ $ς^{\text{οῦ}}$ α̅ ἐπὶ τὴν ὕπαρξιν τοῦ $ς^{\text{οῦ}}$ α̅ πολλαπλασιασθείσης, ποιεῖ ⋔ Δ^{Y} α̅.

[Ὁ $ς^{\text{ὸ}}$ ⟨α̅⟩ μ^{o} ι̅ ἐπὶ μ^{o} ι̅ ⋔ $ς^{\text{οῦ}}$ α̅ γίνεται μ^{o} ρ̅ ⋔ Δ^{Y} α̅· γίνεται οὕτως κατὰ τὴν Ἰνδικὴν μέθοδον· ἡ τοῦ α̅ $ς^{\text{οῦ}}$ λεῖψις ἐπὶ τὰς ι̅ μ^{o} ποιεῖ ⋔ $ςς^{\text{ῶν}}$ ι̅· ἡ ⋔ τοῦ α̅ $ς^{\text{οῦ}}$ ἐπὶ τὸν α̅ $ς^{\text{όν}}$, ⋔ Δ^{Y} α̅· καὶ αἱ ι̅ μ^{o} ἐπὶ τὰς ι̅ μ^{o} μ^{o} ρ̅· καὶ ὁ α̅ $ς^{\text{ὸ}}$ ἐπὶ τὰς ι̅ μ^{o}, $ςς^{\text{οὺς}}$ ι̅. γίνονται οὖν $ς^{\text{οὶ}}$ ι̅ μ^{o} ρ̅ ⋔ Δ^{Y} α̅ καὶ ⋔ $ςς^{\text{ῶν}}$ ι̅· ἀφανιζούσης δὲ τῆς τῶν ι̅ $ςς^{\text{ῶν}}$ λείψεως τὴν τῶν ι̅ $ςς^{\text{ῶν}}$ ὕπαρξιν, λοιπαὶ μ^{o} ρ̅ ⋔ Δ^{Y} α̅.]

[Ἐπεὶ ὁ $ς^{\text{ὸ}}$, ὅς ἐστι πλευρὰ τῆς Δ^{Y}, β μ^{o} εὑρίσκεται, ἡ ἄρα Δ^{Y} ἐστι δ̅ μ^{o}.] Καὶ μ^{o} οὖν ρ̅ ⋔ Δ^{Y} α̅ ἴσαι μ^{o} ϟ̅ς̅· κοινῆς προστεθείσης τῆς λείψεως, γίνεται Δ^{Y} α̅ μ^{o} ϟ̅ς̅ ἴσαι μ^{o} ρ̅· καὶ ἀπὸ ὁμοίων ὅμοια, τουτέστιν

12 cf. I, 62, 15. 18—24 Quae seclusi inserta sunt in libris post μ^{o} ϟ̅ς̅ (l. 8). 19 α̅] πρῶτον. 25—26 Ἐπεὶ ... δ̅ μ^{o} ex margine videntur irrepsisse.

ἀφ' ἑκατέρου μ° $\overline{ϟϛ}$, λοιπαὶ μ° $\overline{δ}$ ἴσαι Δ^{Y}, καὶ ὁ ꞅ° μ° $\overline{β}$.

Ἄλλως εἰς τό· ἔστι δὲ τοῦτο πλασματικόν.

Διὰ τὸν προσδιορισμὸν τοῦτο λέγει· ὁ δὲ προσδιορισμός ἐστι τὸ μὴ ἴσους εἶναι τοὺς εὑρισκομένους ἀριθμούς (οὔτε γὰρ ἡ δεῖξις, οὔτε μὴν ὁ προσδιορισμὸς ἀληθεύσει ἐν τούτοις), ἀλλ' ἀνίσους· πλὴν οὐκ αὐτὸ μόνον ἀνίσους εἶναι δεῖ, ἀλλ' ἔτι καὶ τοὺς τοῦ ἑτέρου προσδιορισμοῦ φυλάσσειν, ὃν ἡμεῖς ἐξεθέμεθα.

AD PROBLEMA XXVIII.

	$\overline{κ}$		$\overline{ση}$
ἔκϑ.	ꞅ $\overline{α}$ μ° $\overline{ι}$		μ° $\overline{ι}$ ⋀ ꞅ $\overline{α}$
τετρ.	Δ^{Y} $\overline{α}$ ꞅꞅ $\overline{κ}$ μ° $\overline{ρ}$		Δ^{Y} $\overline{α}$ μ° $\overline{ρ}$ ⋀ ꞅꞅ $\overline{κ}$
σύνϑ.	Δ^{Y} $\overline{β}$ μ° $\overline{σ}$	ἴσ.	μ° $\overline{ση}$
ἀφ.	Δ^{Y} $\overline{β}$	ἴσ.	μ° $\overline{η}$
μερ.	Δ^{Y} $\overline{α}$	ἴσ.	μ° $\overline{δ}$
	ꞅ $\overline{α}$	ἴσ.	μ° $\overline{β}$
ὑπ.	μ° $\overline{ιβ}$		μ° $\overline{η}$

Καὶ τὸ κη^ον πλασματικόν ἐστι· καὶ δοκεῖ καὶ ἐνταῦθα περιττὸς εἶναι ὁ προσδιορισμός, εἰ μή που τοῦτό φησιν, ὡς εἴρηται, μὴ εἶναι τοὺς ἀριθμοὺς ἴσους, ἀλλ' ἀνίσους· ἡμεῖς καὶ ἐνταῦθα προσδιορισμὸν ἐκτίθεμεν τόνδε.

Δεῖ δὴ τὸ δὶς ἀπὸ τοῦ ἡμίσεος τοῦ συνθέματος τῶν ἀριθμῶν ἔλαττον εἶναι (τουτέστιν ἐλάττονας ἔχειν μ°) τοῦ συνθέματος τῶν ἀπ' αὐτῶν τετραγώνων· καὶ

---

3 I, 62, 2. 8 τοὺς] forsan legendum τά. 19 I, 62, 25.

γὰρ δ' ἐνταῦθα τὸ δὶς ἀπὸ τῶν ι̅, ὅς ἐστιν ∟' τῶν κ̅, τουτέστιν τὰ σ̅, ἐλάττονά ἐστι τῶν σ̅η̅· εἰ δ' ἴσα ἢ μείζονα γένοιντο, οὐ συσταθήσεται.

Γίνεται δὲ ἡ σύνθεσις τῶν ἀπ' αὐτῶν τετραγώνων, Δ^Y β̅ μ° σ̅, οὕτω· ὁ ς^{ὁ} α̅ καὶ μ° ι̅ γίνονται τετραγωνιζόμενοι, Δ^Y α̅ ςς^{οἱ} κ̅ μ° ρ̅· αἱ δὲ μ° ι̅ ⋀ ς^{οῦ} α̅ γίνονται Δ^Y α̅ (διὰ τὸ λεῖψιν ἐπὶ λεῖψιν ὕπαρξιν ποιεῖν), γίνονται οὖν Δ^Y α̅ μ° ρ̅ ⋀ ςς^{ῶν} κ̅· συντιθεμένων δὲ αὐτῶν, καὶ τῶν κ̅ ςς^{ῶν} ἀφανιζομένων ὑπὸ τῆς λείψεως τῶν κ̅ ςς^{ῶν}, γίνονται Δ^Y β̅ μ° σ̅. καὶ τὰ ἑξῆς δῆλα.

AD PROBLEMA XXIX.

	κ̅		π̅
ἔκθ.	ς α̅ μ° ι̅		μ° ι̅ ⋀ ς α̅
τετρ.	Δ^Y α̅ ςς κ̅ μ° ρ̅		Δ^Y α̅ μ° ρ̅ ⋀ ςς κ̅
ὑπεροχ.	ςς μ̅	ἴσ.	μ° π̅
μερ.	ς α̅	ἴσ.	μ° β̅
ὑπ.	μ° ι̅β̅		μ° η̅.

Τὸ κθ^{ον} οὐδενὸς δεῖται προσδιορισμοῦ· ἐπὶ πάντων γὰρ ἀριθμῶν προβαίνει, καὶ ἐὰν τό τε σύνθεμα καὶ ἡ ὑπεροχὴ τῶν ἀπ' αὐτῶν τετραγώνων ἴσαι ὑποτεθῶσι·

Γίνεται δὲ ἡ ὑπεροχὴ τῶν τετραγώνων ςς^{οἱ} μ̅, οὕτως· ἐπεὶ ὁ μέν ἐστι Δ^Y α̅ ςς^{οἱ} κ̅ μ° ρ̅, ὁ δὲ Δ^Y α̅ μ° ρ̅ ⋀ ςς^{ῶν} κ̅, εἰ μὲν συνετίθεντο, ἔμελλεν ἀφανίζειν ἡ λεῖψις τὴν ὕπαρξιν· ἐπεὶ δὲ μόνον ἡ ὑπεροχὴ θεωρεῖται, ἡ ὕπαρξις τῶν κ̅ ςς^{ῶν} ὑπερέχει τῆς λείψεως τῶν κ̅ ςς^{ῶν} καὶ ἑαυτῇ, τουτέστι τῇ ὑπάρξει καὶ τῇ λείψει· καὶ γίνονται ὁμοῦ μ̅.

---

4 cf. I, 64, 7. 21 cf. I, 64, 23/24.

AD PROBLEMA XXX.

	δ̄		ϟϛ̄
ἐκθ.	ς ᾱ μ^{o} β̄		ς ᾱ ⋔ μ^{o} β̄
πολλ.	Δ^{Y} ᾱ ⋔ μ^{o} δ̄	ἴ^{σ}.	μ^{o} ϟϛ̄
πρ.	Δ^{Y} ᾱ	ἴ^{σ}.	μ^{o} ρ̄
μερ.	ς ᾱ	ἴ^{σ}.	μ^{o} ῑ
ὑπ.	μ^{o} ιβ̄		μ^{o} η̄.

Οὐδὲ τοῦτο δεῖται προσδιορισμοῦ.

ς^{ὸ} δὲ ᾱ μ^{o} β̄ ἐπὶ ς^{ὸν} ᾱ ⋔ μ^{o} β̄ γίνονται Δ^{Y} ᾱ ⋔ μ^{o} δ̄· οὕτως· ὁ ς^{ὸ} ἐπὶ τὸν ς^{όν}, Δ^{Y} ᾱ· ὁ ς^{ὸ} ἐπὶ τὴν λεῖψιν τῶν β̄ μ^{o}, ⋔ ςς^{ῶν} β̄· πάλιν αἱ μ^{o} β̄ ἐπὶ τὸν ς^{ὸν} ᾱ, ςς^{οὺς} β̄· αἱ μ^{o} β̄ ἐπὶ τὴν λεῖψιν τῶν β̄ μ^{o}, ⋔ μ^{o} δ̄· καὶ ἀφανιζούσης τῆς λείψεως τῶν β̄ ςς^{ῶν} τοὺς δύο ςς^{ούς}, λοιπὰ Δ^{Y} ᾱ ⋔ μ^{o} δ̄.

Κοινῆς προστεθείσης τῆς λείψεως καὶ τὰ ἑξῆς.

AD PROBLEMA XXXI.

ἐκθ.	ςς γ̄		ς ᾱ
πολλ.	Δ^{Y} θ̄		Δ^{Y} ᾱ
συνθ·	Δ^{Y} ῑ	ε^{κις}	ςς δ̄
	Δ^{Y} ῑ	ἴ^{σ}.	ςς κ̄
μερ.	Δ^{Y} ᾱ	ἴ^{σ}.	ςς β̄
	ς ᾱ	ἴ^{σ}.	μ^{o} β̄
ὑπ.	μ^{o} ϛ̄		μ^{o} β̄

Ὁ ς^{ὸ} εὑρίσκεται μ^{o} β̄, οὕτως· ἐπεὶ Δ^{Y} ῑ εὑρίσκονται ἴσαι ςς^{οῖς} κ̄, ἐπιβάλλουσιν ἄρα ἑκάστῃ Δ^{Y} ςς^{οὶ} β̄·

9 cf. I, 66, 14. 23 cf. I, 68, 1.

δύναμις δὲ ἑτέρα $\bar{\beta}$ ςς^{οὺς} ἔχουσα παρὰ τὴν ἀπὸ τῶν $\bar{\beta}$ μ^{ο} οὐκ ἔστιν, ὥσπερ καὶ $\bar{\gamma}$ ςς^{ῶν} δύναμις παρὰ τὴν ἀπὸ τῶν $\bar{\gamma}$ μ^{ο}. ὅσων γάρ ἐστιν ἡ Δ^{Y} ςς^{ῶν}, τοσούτων ἀεὶ καὶ ὁ ς^{ὁ} μ^{ο}, καὶ τὸ ἀναπάλιν, καὶ τοῦτό ἐστι τὸ πάντα παρὰ ς^{όν}.

Γίνονται οὖν συναμφότεροι μ^{ο} $\bar{\eta}$, οἱ δὲ ἀπ' αὐτῶν τετράγωνοι μ^{ο} $\bar{\mu}$, τὴ δὲ $\bar{\mu}$ τῶν $\bar{\eta}$ πενταπλάσια.

AD PROBLEMA XXXII.

ἔκθ.	ςς $\bar{\gamma}$		ς $\bar{\alpha}$
πολλ.	Δ^{Y} $\bar{\vartheta}$		Δ^{Y} $\bar{\alpha}$
σύνθ.	Δ^{Y} $\bar{\iota}$		ςς $\bar{\beta}$
	Δ^{Y} $\bar{\iota}$	ἴσ.	ςς $\bar{\varkappa}$
μερ.	Δ^{Y} $\bar{\alpha}$	ἴσ.	ςς $\bar{\beta}$
	ς $\bar{\alpha}$	ἴσ.	μ^{ο} $\bar{\beta}$
ὑπ.	μ^{ο} $\bar{ϛ}$		μ^{ο} $\bar{\beta}$

Ὁ μὲν $\bar{ϛ}$ τοῦ $\bar{\beta}$ τριπλάσιος, ὁ δ' ἀπὸ τοῦ $\bar{ϛ}$ τετράγωνος ὁ $\overline{\lambda ϛ}$· καὶ ὁ ἀπὸ τοῦ $\bar{\beta}$, ὁ $\bar{\delta}$· ὁμοῦ $\bar{\mu}$· ἡ δὲ ὑπεροχὴ τῶν $\bar{ϛ}$ πρὸς τὰ $\bar{\beta}$, μ^{ο} $\bar{\delta}$· καὶ ὁ $\bar{\mu}$ τοῦ $\bar{\delta}$ δεκαπλάσιος.

AD PROBLEMA XXXIII.

ἔκθ.	ςς $\bar{\gamma}$		ς $\bar{\alpha}$
πολλ.	Δ^{Y} $\bar{\vartheta}$		Δ^{Y} $\bar{\alpha}$
	Δ^{Y} $\bar{\eta}$		ςς $\bar{\delta}$
	Δ^{Y} $\bar{\eta}$	ἴσ.	ςς $\overline{\varkappa\delta}$
μερ.	Δ^{Y} $\bar{\alpha}$	ἴσ.	ςς $\bar{\gamma}$
	ς $\bar{\alpha}$	ἴσ.	μ^{ο} $\bar{\gamma}$
ὑπ.	μ^{ο} $\bar{\vartheta}$		μ^{ο} $\bar{\gamma}$

Ὁ μὲν $\overline{\vartheta}$ τοῦ $\overline{\gamma}$ τριπλάσιος, ὁ δὲ τοῦ $\overline{\vartheta}$ τετράγωνος, ὁ $\overline{\pi\alpha}$· καὶ ὁ τοῦ $\overline{\gamma}$, ὁ $\overline{\vartheta}$· ὑπερέχει δὲ ὁ $\overline{\pi\alpha}$ τοῦ $\overline{\vartheta}$ μ° $\overline{o\beta}$, συναμφότερος δὲ ὁ $\overline{\vartheta}$ καὶ $\overline{\gamma}$, γίνονται $\overline{\iota\beta}$, καὶ ⟨ὁ⟩ $\overline{o\beta}$ τοῦ $\overline{\iota\beta}$ ἑξαπλάσιος.

AD PROBLEMA XXXIV.

ἔκϑ.	ϛϛ $\overline{\gamma}$		ϛ $\overline{\alpha}$
πολλ.	Δ^{Y} $\overline{\vartheta}$		Δ^{Y} $\overline{\alpha}$
	Δ^{Y} $\overline{\eta}$		ϛϛ $\overline{\beta}$
	Δ^{Y} $\overline{\eta}$	ἴσ.	ϛϛ $\overline{\kappa\delta}$
μερ.	Δ^{Y} $\overline{\alpha}$	ἴσ.	ϛϛ $\overline{\gamma}$
	ϛ $\overline{\alpha}$	ἴσ.	μ° $\overline{\gamma}$
ὑπ.	μ° $\overline{\vartheta}$		μ° $\overline{\gamma}$

Ὁ μὲν $\overline{\vartheta}$ τοῦ $\overline{\gamma}$ τριπλάσιος, καὶ ὑπερέχει αὐτοῦ μ° $\overline{ϛ}$· ἡ δὲ τῶν τετραγώνων αὐτῶν ὑπεροχὴ πρὸς ἀλλήλους, τοῦ $\overline{\pi\alpha}$ πρὸς τὸν $\overline{\vartheta}$, μ° $\overline{o\beta}$· καὶ τὰ $\overline{o\beta}$ τῶν $\overline{ϛ}$ δωδεκαπλάσια.

Τὰ τοῦ πορίσματος οὕτως ἔχει· ἔστω τὸν μείζονα τοῦ ἐλάττονος εἶναι τριπλάσιον, τὸν δὲ ὑπ' αὐτῶν τοῦ συναμφοτέρου διπλασιεπιτέταρτον. τετάχθω ὁ ἐλάσσων ϛ^{οῦ} $\overline{\alpha}$· ὁ ἄρα μείζων ἔσται ϛϛ^{ῶν} $\overline{\gamma}$. λοιπὸν θέλω καὶ τὸν ὑπ' αὐτῶν διπλασιεπιτέταρτον εἶναι τοῦ συναμφοτέρου· ἀλλὰ ὁ ὑπ' αὐτῶν ἐστι Δ^{Y} $\overline{\gamma}$, ὁ δὲ συναμφότερός ἐστιν ϛϛ^{ῶν} $\overline{\delta}$· δὶς ἄρα οἱ $\overline{\delta}$ ϛϛ^{οὶ} καὶ τὸ δ^{ον} αὐτῶν ἴσα ἔσονται Δ^{Y} $\overline{\gamma}$· ϛϛ^{οὶ} ἄρα $\overline{\vartheta}$ ἴσοι Δ^{Y} $\overline{\gamma}$· ἡ $\overline{\alpha}$ Δ^{Y} ἄρα ϛϛ^{οὶ} $\overline{\gamma}$, καὶ ὁ ϛ^{ὸ} μ° $\overline{\gamma}$. ἔσται ὁ μὲν μείζων $\overline{\vartheta}$,

17 cf. I, 70, 15.

ὁ δὲ ἐλάσσων γ̄, καὶ συναμφότερος μὲν ι̅β̅, ὁ δὲ ὑπ' αὐτῶν ὁ κ̅ζ̅, καὶ τὰ κ̅ζ̅ τῶν ι̅β̅ διπλασιεπιτέταρτον.

Καὶ πάλιν ἔστω τὸν μείζονα τοῦ ἐλάττονος εἶναι τριπλάσιον, τὸν δὲ ὑπ' αὐτῶν τῆς ὑπεροχῆς αὐτῶν τετραπλασιεφήμισυν, καὶ γίνεται τὸ αὐτὸ ἐπὶ τοῦ θ̄ καὶ τοῦ γ̄.

Οἶμαι δὲ διὰ τοῦτο καὶ ταῦτα μὴ ἐκθεῖναι τὸν Διόφαντον διὰ τὸ μὴ δύνασθαι ἐπὶ πολλαπλασίων λόγων ταῦτα καὶ δεικνύναι, ὡς καὶ τὰ ἔμπροσθεν, ἀλλ' ἐπὶ μόνων πολλαπλασιεπιμορίων.

AD PROBLEMA XXXV.

ἔκθ.	ςς γ̄		ς ᾱ
πολλ.	Δ^{Y} ᾱ		ςς γ̄
	Δ^{Y} ᾱ	ἴσ.	ςς ι̅η̅
μερ.	ς ᾱ	ἴσ.	μ^{o} ι̅η̅
ὑπ.	μ^{o} ν̅δ̅		μ^{o} ι̅η̅.

ςς^{οἰ} ἄρα ι̅η̅ ἴσοι Δ^{Y} ᾱ· τουτέστιν ς^{κις} τὰ ἐλάττονα ἴσα ἐστὶ τοῖς μείζοσι· οἷον ς^{κις} οἱ γ̄ ςς^{οἰ} γίνονται ςς^{οἰ} ι̅η̅· ὁ δὲ ἀπὸ τοῦ ἐλάττονος τετράγωνος γίνεται Δ^{Y} ᾱ· αὕτη ἄρα ἴση ςς^{οῖς} ι̅η̅. πάντα παρὰ ς^{όν}· ς^{ὸ} ἄρα ᾱ, μ^{o} ι̅η̅· ὁ δὲ μείζων ὁ ςς^{ῶν} γ̄, μ^{o} ν̅δ̅, ἀριθμῶν τε ὁ ἀπὸ τοῦ ἐλάσσονος τετράγωνος ἀριθμός, ὁ τ̅κ̅δ̅, ἑξαπλάσιός ἐστι τοῦ εὑρεθέντος μ^{o} ν̅δ̅.

---

17 I, 72, 17.

AD PROBLEMA XXXVI.

	M^{ς}.		⟨Ἐ$^{\lambda}$.⟩
ἔκθ.	ςς γ̄		ς ᾱ
πολλ.			Δ^{Y} ᾱ
	Δ^{Y} ᾱ		ς ᾱ
	Δ^{Y} ᾱ	ἴσ.	ςς ϛ̄
μερ.	ς ᾱ	ἴσ.	μ° ϛ̄
ὑπ.	μ° ι̅η̅		μ° ϛ̄

Ἐπεὶ εὕρηται ὁ μὲν μείζων ι̅η̅, ὁ δὲ ἐλάττων ϛ̄, εἰσὶν ἐν λόγῳ ἄρα τριπλασίονι· ὁ δὲ ἀπὸ τοῦ ϛ̄ τετράγωνος ἑξαπλάσιός ἐστιν αὐτοῦ τοῦ ϛ̄.

AD PROBLEMA XXXVII.

ἔκθ.	ςς γ̄		ς ᾱ
πολλ.			Δ^{Y} ᾱ
	Δ^{Y} ᾱ		ςς δ̄
	Δ^{Y} ᾱ	ἴσ.	ςς η̄
μερ.	ς ᾱ	ἴσ.	μ° η̄
ὑπ.	μ° κ̅δ̅		μ° η̄

Ἐπεὶ εὕρηται ὁ μὲν μείζων κ̅δ̅, ὁ δὲ ἐλάττων η̄, εἰσὶν ἄρα ἐν λόγῳ τριπλασίονι· ὁ δὲ ἀπὸ τοῦ η̄ τετράγωνος, ὁ ξ̅δ̅, τοῦ συναμφοτέρου, τουτέστι τοῦ λ̅β̅, ἔστι διπλασίων.

AD PROBLEMA XXXVIII.

ἔκθ.	ςς γ̄		ς ᾱ
πολλ.			Δ^{Y} ᾱ
	Δ^{Y} ᾱ		ςς β̄
	Δ^{Y} ᾱ	ἴσ.	ςς ιβ
μερ.	ς ᾱ	ἴσ.	μ° ιβ
ὑπ.	μ° λϛ		μ° ιβ

Ἐπεὶ εὕρηται ὁ μὲν μείζων λϛ, ὁ δὲ ἐλάττων ιβ, εἰσὶν ἄρα ἐν λόγῳ τριπλασίονι· ὁ δὲ ἀπὸ τοῦ ιβ τετράγωνος, ὁ ρμδ, τῆς ὑπεροχῆς αὐτῶν, τουτέστι τῶν κδ, ἔστιν ἑξαπλάσιος.

AD COROLLARIUM.

Τὰ τοῦ πορίσματος ἔξουσιν οὕτως· κατὰ μὲν τὴν α^ην πρότασιν, γενήσεται ὁ μὲν μείζων μ° ϛ̄, ὁ δὲ ἐλάττων μ° β̄, καὶ ἔσονται ἐν λόγῳ τριπλασίονι· ὁ δὲ ἀπὸ τοῦ ϛ̄ τετράγωνος, ὁ λϛ, ὀκτωκαιδεκαπλασίων τοῦ β̄.

Κατὰ δὲ τὴν β^αν, ὁ μὲν μείζων πάλιν ϛ̄, ὁ δὲ ἐλάττων β̄, ἐν λόγῳ τριπλασίονι, καὶ ὁ ἀπὸ τοῦ ϛ̄, ὁ λϛ, ἑξαπλάσιος αὐτοῦ τοῦ ϛ̄.

Κατὰ δὲ τὴν γ^ην, ὁ μὲν μείζων ὁ ιβ, ὁ δὲ ἐλάττων ὁ δ̄, ἐν λόγῳ τριπλασίονι, ὁ δὲ ἀπὸ τοῦ ιβ τετράγωνος, ὁ ρμδ, συναμφοτέρου, τουτέστι τοῦ ιϛ, ἔστιν ἐννεαπλάσιος.

Κατὰ δὲ τὴν δ^ην, ὁ μὲν μείζων ὁ ϛ̄, ὁ δὲ ἐλάττων ὁ β̄, ἐν λόγῳ τριπλασίονι· ὁ δὲ ἀπὸ τοῦ ϛ̄ τετράγωνος, ὁ λϛ, τῆς ὑπεροχῆς αὐτῶν, τουτέστι τοῦ δ̄, ἐννεαπλάσιος.

AD PROBLEMA XXXIX.

ἔκθ.	ς $\overline{\alpha}$ μ^{o} $\overline{\varepsilon}$	ςς $\overline{\gamma}$ μ^{o} $\overline{\iota\varepsilon}$
	ς $\overline{\alpha}$ μ^{o} $\overline{\gamma}$	ςς $\overline{\varepsilon}$ μ^{o} $\overline{\iota\varepsilon}$
	μ^{o} $\overline{\eta}$	ςς $\overline{\eta}$
	ςς $\overline{\varepsilon}$ μ^{o} $\overline{\iota\varepsilon}$, ςς $\overline{\eta}$,	ςς $\overline{\gamma}$ μ^{o} $\overline{\iota\varepsilon}$
	ςς $\overline{\eta}$ μ^{o} $\overline{\lambda}$ ἴ^{σ}.	ςς $\overline{\iota ϛ}$
ἀφ.	μ^{o} $\overline{\lambda}$ ἴ^{σ}.	ςς $\overline{\eta}$
μερ.	⟨μ^{o} $\overline{\gamma}$ $\overline{\gamma}$ δ^{α} ἴ^{σ}.	ς $\overline{\alpha}$⟩
	μ^{o} $\overline{\lambda\gamma}$ $\overline{\gamma}$ δ^{α}, μ^{o} $\overline{\lambda}$,	μ^{o} $\overline{\kappa ϛ}$ δ″
ὑπ.	μ^{o} $\overline{\varrho\lambda\varepsilon}$, μ^{o} $\overline{\varrho\kappa}$,	μ^{o} $\overline{\varrho\varepsilon}$

ἔκθ. ςς $\overline{\varepsilon}$ μ^{o} $\overline{\iota\varepsilon}$, ςς $\overline{\gamma}$ μ^{o} $\overline{\iota\varepsilon}$, ςς $\overline{\eta}$	ἔκθ. ςς $\overline{\eta}$, ςς $\overline{\varepsilon}$ μ^{o} $\overline{\iota\varepsilon}$, ςς $\overline{\gamma}$ μ^{o} $\overline{\iota\varepsilon}$
μ^{o} $\overline{\iota\varepsilon}$ ⋔ ςς $\overline{\varepsilon}$ ἴ^{σ}. ςς $\overline{\beta}$	ςς $\overline{\iota\alpha}$ μ^{o} $\overline{\iota\varepsilon}$ ςς $\overline{\varepsilon}$ μ^{o} $\overline{\iota\varepsilon}$
πρ. μ^{o} $\overline{\iota\varepsilon}$ ἴ^{σ}. ςς $\overline{\zeta}$	ςς $\overline{\iota\alpha}$ μ^{o} $\overline{\iota\varepsilon}$ ἴ^{σ}. ςς $\overline{\iota}$ μ^{o} $\overline{\lambda}$
μ^{o} $\overline{\beta}$ ζ″ ἴ^{σ}. ς $\overline{\alpha}$	ς $\overline{\alpha}$ ἴ^{σ}. μ^{o} $\overline{\iota\varepsilon}$
μ^{o} $\overline{\kappa\varepsilon}$ $\overline{\varepsilon}$ ζ^{α}, μ^{o} $\overline{\kappa\alpha}$ $\overline{\gamma}$ ζ^{α}, μ^{o} $\overline{\iota\zeta}$ ζ″	
μ^{o} $\overline{\varrho\pi}$, μ^{o} $\overline{\varrho\nu}$, μ^{o} $\overline{\varrho\kappa}$	μ^{o} $\overline{\varrho\kappa}$, μ^{o} $\overline{Ϟ}$, μ^{o} $\overline{\xi}$.

Τὴν τοῦ λθ^{ου} ἀπόδειξιν τριχῇ ποιεῖται, διὰ τὸ τὸν ὄντα $\overline{\eta}$ ςς^{ῶν} (καὶ ἔτι ἄδηλον εἶναι τὴν τοῦ ς^{οῦ} ὑπόστασιν) ἐνδέχεσθαι καὶ μέγιστον καὶ μέσον καὶ ἐλάχιστον ὑπάρχειν, καὶ διὰ ταῦτα καθ' ἑκάστην ἀπόδειξιν ἐν ἄλλῃ καὶ ἄλλῃ χώρᾳ τάττει αὐτόν.

Ἐν μὲν οὖν τῇ α^{ῃ} ἀποδείξει φησί· καὶ γίνεται ὁ ς^{ὁ} $\overline{\iota\varepsilon}$ δ^{ων} μ^{o}· γίνεται δὲ οὕτως· ἐπεὶ ςς^{οὶ} $\overline{\eta}$ μ^{o} $\overline{\lambda}$ ἴσοι εἰσὶν ςς^{οῖς} $\overline{\iota ϛ}$, ἐὰν ἀφέλω ἀπὸ ὁμοίων ὅμοια, γίνονται μ^{o} $\overline{\lambda}$ ἴσαι ςς^{οῖς} $\overline{\eta}$· μεριζομένων δὲ τῶν $\overline{\lambda}$ μ^{o} παρὰ τοὺς

22 I, 78, 26.

$\overline{\eta}$ ϛϛ^{οῦς}, γίνεται ὁ ϛ^{ὁ} μ^{ο} $\overline{\gamma}$ καὶ $\overline{\gamma}$ δ^{ων} μ^{ο}. ἀναλυομένων δὲ καὶ τῶν $\overline{\gamma}$ μ^{ο} εἰς δ^{α}, διὰ τὸ ἓν εἶδος πάντα γενέσθαι, γίνονται $\overline{\iota\varepsilon}$ δ^{α}.

Εἶτα ἀφαιρουμένου καὶ τοῦ μορίου, γίνονται μ^{ο} $\overline{\iota\varepsilon}$· ἐπεὶ οὖν ὁ μὲν μέγιστός ἐστιν ϛϛ^{ῶν} $\overline{\varepsilon}$ μ^{ο} $\overline{\iota\varepsilon}$, τουτέστι μονάδων ἀμερῶν $\overline{\lambda\gamma}$ καὶ $\overline{\gamma}$ δ^{ων}, ἀναλυθεισῶν τούτων εἰς δ^{α}, γίνεται $\overline{\varrho\lambda\varepsilon}$. ὁ δὲ μέσος ϛϛ^{ῶν} $\overline{\eta}$, τουτέστι μ^{ο} $\overline{\lambda}$, ἀναλυθεισῶν καὶ τούτων εἰς δ^{α}, γίνεται $\overline{\varrho\kappa}$. διὰ τὰ αὐτὰ καὶ ὁ ἐλάχιστος γίνεται $\overline{\varrho\varepsilon}$, καί εἰσιν ἐν ἴσῃ ὑπεροχῇ, ἥτις ἐστὶ $\overline{\iota\varepsilon}$.

Ἐν δὲ τῇ β^{α} φησί· καὶ γίνεται ὁ ϛ^{ὁ} $\overline{\iota\varepsilon}$ ζ^{ων}· γίνεται δὲ οὕτως· ἐπεὶ μ^{ο} $\overline{\iota\varepsilon}$ ⋀ ϛϛ^{ῶν} $\overline{\varepsilon}$ ἴσαι εἰσὶν ϛϛ^{οῖς} $\overline{\beta}$, κοινῆς προστεθείσης τῆς λείψεως, γίνονται μ^{ο} $\overline{\iota\varepsilon}$ ἴσαι ϛϛ^{οῖς} $\overline{\zeta}$· μεριζομένων δὲ τῶν $\overline{\iota\varepsilon}$ μ^{ο} παρὰ τὸν $\overline{\zeta}$, γίνεται ὁ ϛ^{ὁ} μ^{ο} $\overline{\beta}$ καὶ ζ^{ου} μ^{ο}· ἀναλυομένων δέ, διὰ τὸ ζ^{ον}, καὶ τῶν $\overline{\beta}$ μ^{ο} εἰς ζ^{α}, γίνεται ὁ ϛ^{ὁ} $\overline{\iota\varepsilon}$ ζ^{ων}.

Καὶ ὁ μὲν μέγιστος ἔσται μ^{ο} $\overline{\kappa\varepsilon}$ καὶ $\overline{\varepsilon}$ ζ^{ων}, τουτέστιν ἀναλυθεισῶν εἰς ζ^{α}, $\overline{\varrho\pi}$ ζ^{ων}· ὁ δὲ μέσος μ^{ο} $\overline{\kappa\alpha}$ καὶ $\overline{\gamma}$ ζ^{ων}, τουτέστιν $\overline{\varrho\nu}$ ζ^{ων}· ὁ δὲ ἐλάχιστος μ^{ο} $\overline{\iota\zeta}$ καὶ ζ^{ου}, τουτέστιν $\overline{\varrho\kappa}$ ζ^{ων}.

Ἐν δὲ τῇ γ^{η} φησίν· ὁ ϛ^{ὁ} $\overline{\iota\varepsilon}$ μ^{ο} τελείων· ἐπεὶ γὰρ ϛϛ^{οὶ} $\overline{\iota\alpha}$ μ^{ο} $\overline{\iota\varepsilon}$ ἴσοι εἰσὶν ϛϛ^{οῖς} $\overline{\iota}$ μ^{ο} $\overline{\lambda}$, ἀπὸ ὁμοίων ὅμοια, γίνεται ϛ $\overline{\alpha}$ μ^{ο} $\overline{\iota\varepsilon}$· καὶ τὰ ἑξῆς δῆλα.

---

11 I, 80, 7. 14 τὸν $\overline{\zeta}$] τῶν $\overline{\zeta}$. 18 μέσος X_2, μέγιστος B. 21 cf. I, 80, 17.

SCHOLIA IN DIOPHANTUM (LIBR. II) MAXIMI QUAE FERUNTUR PLANUDIS.

AD PROBLEMATA I—V.

I.			II.			IIIa.		
⟨ἔκθ.	ςς β̄	ς ᾱ	ἔκθ.	ςς β̄	ς ᾱ	ἔκθ.	ς ᾱ	ςς β̄
σύνθ.	ςς γ̄	Δ^{Y} ε̄		ς ᾱ	Δ^{Y} γ̄	πολλ.	Δ^{Y} β̄	ςς γ̄
	ςς λ̄ ἴσ.	Δ^{Y} ε̄		ςς ϛ̄ ἴσ.	Δ^{Y} γ̄		Δ^{Y} β̄ ἴσ.	ςς ιη̄
μερ.	ςς ϛ̄	Δ^{Y} ᾱ	μερ.	ςς β̄	Δ^{Y} ᾱ	μερ.	Δ^{Y} ᾱ	ςς θ̄
	μ° ϛ̄	ς ᾱ		μ° β̄	ς ᾱ		ς ᾱ	μ° θ̄
	μ° ιβ̄	μ° ϛ̄⟩	ὑπ.	μ° δ̄	μ° β̄	ὑπ.	μ° θ̄	μ° ιη̄

IIIb.			IV.			V.		
ἔκθ.	ς ᾱ	ςς β̄	ἔκθ.	ς ᾱ	ςς β̄	ἔκθ.	ς ᾱ	ςς β̄
πολλ.	Δ^{Y} β̄	ς ᾱ	σύνθ.	Δ^{Y} ε̄	ς ᾱ		Δ^{Y} γ̄	ςς γ̄
	Δ^{Y} β̄ ἴσ.	ςς ϛ̄		Δ^{Y} ε̄ ἴσ.	ςς ῑ		Δ^{Y} γ̄ ἴσ.	ςς ιη̄
μερ.	Δ^{Y} ᾱ ἴσ.	ςς γ̄	μερ.	Δ^{Y} α	ςς β̄	μερ.	Δ^{Y} ᾱ	ςς ϛ̄
	ς ᾱ	μ° γ̄		ς ᾱ	μ° β̄		ς ᾱ	μ° ϛ̄
ὑπ.	μ° γ̄	μ° ϛ̄	ὑπ.	μ° β̄	μ° δ̄	ὑπ.	μ° ϛ̄	μ° ιβ̄.

Τὰ ἀπὸ τοῦ $α^{ου}$ προβλήματα, μέχρις καὶ αὐτοῦ τοῦ $ε^{ου}$, δοκοῦσι τὰ αὐτὰ εἶναι τοῖς προλαβοῦσι, τουτέστι

τὸ μὲν $\alpha^{ον}$ τῷ $\lambda\alpha^{ῳ}$ ⟨τοῦ $\alpha^{ου}$⟩ βιβλίου,
τὸ δὲ $\beta^{ον}$ τῷ $\lambda\delta^{ῳ}$,
τὸ δὲ $\gamma^{ον}$, ἐπεὶ διπλοῦν ἐστι, τῷ $\kappa\zeta^{ῳ}$ καὶ τῷ $\lambda^{ῳ}$,
τὸ δὲ $\delta^{ον}$ τῷ $\lambda\beta^{ῳ}$,
καὶ ἔτι τὸ $\varepsilon^{ον}$ τῷ $\lambda\gamma^{ῳ}$.

Εἰσὶ δὲ ἐκείνων ἀτελέστερα· ἐν ἐκείνοις μὲν γὰρ ἐζητεῖτο καὶ ἅπερ ἐν τούτοις, πρὸς δὲ τούτῳ, καὶ λόγος τῶν ζητουμένων ἀριθμῶν πρὸς ἀλλήλους· ἐν δὲ τούτοις, τοῦτο οὐδ' ὅλως ἐζήτηται· ἐξ ἐκείνων δὲ δῆλα καὶ ταῦτα· τάσσει δὲ ἐν τούτοις, ὡς δ' ἐν ἄλλοις, τὸν μὲν $\alpha^{ον}$ $\varsigma^{οῦ}$ $\bar{\alpha}$, τὸν δὲ $\beta^{ον}$ $\varsigma\varsigma^{ῶν}$ $\bar{\beta}$ ἀδιαφόρως· ὅσων γὰρ ἂν $\varsigma\varsigma^{ῶν}$ τάξῃ ἑκάτερον, μόνον ἵνα θάτερος θατέρου μείζων ᾖ, οὐδὲν διοίσει· πάλιν γὰρ τὸ πρόβλημα γίνεται.

AD PROBLEMATA VI—VII.

VI.			VII.		
ἔκθ.	$\varsigma\ \bar{\alpha}\ \mu^{o}\ \bar{\beta}$	$\varsigma\ \bar{\alpha}$	ἔκθ.	$\varsigma\ \bar{\alpha}\ \mu^{o}\ \bar{\beta}$	$\varsigma\ \bar{\alpha}$
πολλ.	$\Delta^{Y}\bar{\alpha}\ \varsigma\varsigma\ \bar{\delta}\ \mu^{o}\ \bar{\delta}$	$\Delta^{Y}\bar{\alpha}$	πολλ.	$\Delta^{Y}\bar{\alpha}\ \varsigma\varsigma\ \bar{\delta}\ \mu^{o}\ \bar{\delta}$	$\Delta^{Y}\bar{\alpha}$
	$\varsigma\varsigma\ \bar{\delta}\ \mu^{o}\ \bar{\delta}$ ὑπ$^{\chi}$.	$\Delta^{Y}\bar{\alpha}$			
	$\varsigma\varsigma\ \bar{\delta}\ \mu^{o}\ \bar{\delta}$ ἴ$^{\sigma}$.	$\mu^{o}\ \overline{\kappa\beta}$		$\varsigma\varsigma\ \bar{\delta}\ \mu^{o}\ \bar{\delta}$ ἴ$^{\sigma}$.	$\mu^{o}\ \overline{\iota\varsigma}$
ἀφ.	$\varsigma\varsigma\ \bar{\delta}$ ἴ$^{\sigma}$.	$\mu^{o}\ \overline{\iota\eta}$	ἀφ.	$\varsigma\varsigma\ \bar{\delta}$ ἴ$^{\sigma}$.	$\mu^{o}\ \overline{\iota\beta}$
μερ.	$\varsigma\ \bar{\alpha}$	$\mu^{o}\ \bar{\delta}\ L'$	μερ.	$\varsigma\ \bar{\alpha}$	$\mu^{o}\ \bar{\gamma}$
ὑπ.	$\mu^{o}\ \bar{\varsigma}\ L'$	$\mu^{o}\ \bar{\delta}\ L'$	ὑπ.	$\mu^{o}\ \bar{\varepsilon}$	$\mu^{o}\ \bar{\gamma}$.

Καλῶς ἔχει τὰ τῶν προσδιορισμῶν, τοῦ τε $\varsigma^{ου}$ καὶ τοῦ $\zeta^{ου}$.

Τοῦ μὲν $\varsigma^{ου}$, ὅτι δεῖ τὸν ἀπὸ τῆς ὑπεροχῆς

1 $\alpha^{ου}$ add. X_2, βιβλίου X_1, βιβλίῳ B.   25 I, 88, 5.

τετράγωνον, ὡς ἐνταῦθα ἀπὸ τῶν $\overline{\beta}$ ἐστὶν δ $\overline{\delta}$, ἐλάσσονα εἶναι συναμφοτέρου, τουτέστιν αὐτοῦ τοῦ $\overline{\beta}$ καὶ τῆς ὑπεροχῆς αὐτῶν τῶν τετραγώνων, ⟨τοῦ $\overline{\varkappa}$⟩, ἅπερ ὁμοῦ γίνονται $\overline{\varkappa\beta}$· τὰ δὲ $\overline{\delta}$ τῶν $\overline{\varkappa\beta}$ ἐλάττονα.

Τοῦ δὲ $\zeta^{ου}$ ὅτι δεῖ τὸν ἀπὸ τῆς ὑπεροχῆς τετράγωνον, ὡς ἐν αὐτῷ ἀπὸ τῶν $\overline{\beta}$ ἐστὶν δ $\overline{\delta}$, ἐλάσσονα εἶναι συναμφοτέρου, τουτέστι τοῦ τριπλασίονος τῶν $\overline{\beta}$, ὅς ἐστι $\overline{ϛ}$ μ^{o}, καὶ τῶν $\overline{\iota}$ μ^{o}, ἅπερ ὁμοῦ γίνονται μ^{o} $\overline{\iota ϛ}$· καὶ ἔστι τὰ $\overline{\delta}$ τῶν $\overline{\iota ϛ}$ ἐλάττονα.

Εἰ δ' ἴσα ἐν ὁποτέρῳ αὐτῶν τεθεῖεν, οὐ συσταθήσεται τὸ θεώρημα, ὡς πολλάκις εἰρήκαμεν· πολλῷ δὲ δὴ πλέον, εἰ μείζονα.

AD PROBLEMA VIII.

VIII.

	$\Delta^{Y}\overline{\alpha}$		$\mu^{o}\,\overline{\iota ϛ} \pitchfork \Delta^{Y}\overline{\alpha}$
			$ςς\,\overline{\beta} \pitchfork \mu^{o}\,\delta$
	$\Delta^{Y}\overline{\delta}\,\mu^{o}\,\overline{\iota ϛ} \pitchfork ςς\,\overline{\iota ϛ}$	ἴσ.	$\mu^{o}\,\overline{\iota ϛ} \pitchfork \Delta^{Y}\overline{\alpha}$
πρ.	$\Delta^{Y}\overline{\varepsilon}\,\mu^{o}\,\overline{\iota ϛ}$	ἴσ.	$ςς\,\overline{\iota ϛ}\,\mu^{o}\,\overline{\iota ϛ}$
ἀφ.	$\Delta^{Y}\overline{\varepsilon}$	ἴσ.	$ςς\,\overline{\iota ϛ}$
μερ.	$\Delta^{Y}\overline{\alpha}$	ἴσ.	$ςς\,\overline{\gamma}\,\varepsilon''$
	$ς\,\overline{\alpha}$		$\mu^{o}\,\overline{\gamma}\,\varepsilon''$ ἢ $\overline{\iota ϛ}\,\varepsilon^{\alpha}$
ὑπ.	$\overline{\iota ϛ}\,\varepsilon^{\alpha}$		$\mu^{o}\,\overline{\beta}$, $\overline{\beta}\,\varepsilon^{\alpha}$ ἢ $\overline{\iota\beta}\,\varepsilon^{\alpha}\,\mu^{o}$
	$\overline{\sigma\nu ϛ}$		$\overline{\rho\mu\delta}$.

---

4 B habet $\overline{\varkappa}$ ante τετραγώνων. 6 I, 88, 26.

Ἄλλως.

ἔκϑ.	ς $\bar{\alpha}$		ςς $\bar{\beta}$ $\pitchfork$ μ^o $\bar{\delta}$
πολλ.	Δ^Y $\bar{\alpha}$		Δ^Y $\bar{\delta}$ μ^o $\overline{\iota\varsigma}$ $\pitchfork$ ςς $\overline{\iota\varsigma}$
σύνϑ.	Δ^Y $\bar{\varepsilon}$ μ^o $\overline{\iota\varsigma}$ $\pitchfork$ ςς $\overline{\iota\varsigma}$	$ἴ^σ$.	μ^o $\overline{\iota\varsigma}$
πρ.	Δ^Y $\bar{\varepsilon}$ μ^o $\overline{\iota\varsigma}$	$ἴ^σ$.	ςς $\overline{\iota\varsigma}$ μ^o $\overline{\iota\varsigma}$
ἀφ.	Δ^Y $\bar{\varepsilon}$	$ἴ^σ$.	ςς $\overline{\iota\varsigma}$
μερ.	Δ^Y $\bar{\alpha}$		ςς $\bar{\gamma}$ ε″ ἢ $\overline{\iota\varsigma}$ ε^α
	ς $\bar{\alpha}$		μ^o $\bar{\gamma}$ ε″ ἢ $\overline{\iota\varsigma}$ ε^α
ὑπ.	$\overline{\iota\varsigma}$ ε^α		μ^o $\bar{\beta}$, $\bar{\beta}$ ε^α ἢ $\overline{\iota\beta}$ ε^α.
	$\overline{\sigma\nu\varsigma}$		$\overline{\rho\mu\delta}$.

Ἐπιτάσσει ἐν $η^{ω}$ τὸν $\overline{\iota\varsigma}$ τετράγωνον διαιρεῖν εἰς δύο τετραγώνους, καίτοι μὴ φύσιν ἔχοντα διαιρεϑῆναι· τινὲς μὲν γὰρ τῶν τετραγώνων διαιροῦνται, τινὲς δ' οὐδαμῶς· καὶ τῶν διαιρουμένων οἱ μὲν εἰς δύο, ὡς ὁ $\overline{\kappa\varepsilon}$ εἰς τὸν $\bar{\vartheta}$ καὶ ⟨τὸν⟩ $\overline{\iota\varsigma}$· οἱ δὲ εἰς τρεῖς, ὡς ὁ $\overline{\mu\vartheta}$ εἴς τε τὸν $\bar{\delta}$ καὶ τὸν $\bar{\vartheta}$ καὶ τὸν $\overline{\lambda\varsigma}$· οἱ δ' εἰς τέσσαρας, ὡς ὁ $\overline{\sigma\kappa\varepsilon}$ εἴς τε τὸν $\bar{\delta}$ καὶ τὸν $\bar{\vartheta}$ καὶ τὸν $\overline{\iota\varsigma}$ καὶ τὸν $\overline{\rho ϟ \varsigma}$· καὶ ἑξῆς μέχρις ἀπείρου. οὐ τοῦτο τοίνυν λέγει, ὅτι ἀτμήτου τῆς μονάδος μενούσης, τὸν $\overline{\iota\varsigma}$ διελεῖν εἰς δύο τετραγώνους· τοῦτο γὰρ ἀδύνατον, ἠδύνατο μὲν γάρ, εἴπερ ἐβούλετο τοῦτο ποιῆσαι, ἐπὶ τοῦ $\overline{\kappa\varepsilon}$ τετραγώνου δεῖξαι τὸ πρόβλημα εἰς δύο διαιρουμένου· νῦν δὲ τῇ οἰκείᾳ φιλοτιμίᾳ χρησάμενος πάντα τετράγωνον βούλεται διαιρεῖν εἰς δύο τετραγώνους, τοῦτο δ' οὐκ ἂν ἄλλως γένοιτο, τῆς μονάδος μὴ τεμνομένης, ὥσπερ καὶ ἐνταῦϑα ἐποίησε, τὸν $\overline{\iota\varsigma}$ διελὼν εἰς δύο τετραγώνους, εἴς τε τὸν μ^o $\bar{\iota}$, ἓν $\varepsilon^{ον}$ μονάδος, καὶ ἓν $\kappa\varepsilon^{ον}$ (ἀπὸ πλευρᾶς τοῦ μ^o $\bar{\gamma}$ καὶ μ^o ε″), καὶ εἰς τὸν μ^{ο} $\overline{ε}$ καὶ $\overline{γ}$ ε^{α} μονάδος καὶ $\overline{δ}$ κε^{α} (ἀπὸ πλευρᾶς τοῦ μ^{ο} $\overline{β}$ καὶ $\overline{β}$ ε^{α} μονάδος)· οἵτινες τετράγωνοι συντιθέμενοι πάλιν ποιοῦσι τὸν $\overline{ιϛ}$· ὧν ὁ μὲν α^{ος} τετράγωνος, διὰ τὸ ἐν αὐτῷ ἀναστραφὲν κε^{ον}, εἰς κε^{α} ὅλος ἀναλυθεὶς γίνεται $\overline{σνϛ}$· ἡ δὲ πλευρὰ αὐτοῦ εἰς ε^{α} γίνεται $\overline{ιϛ}$· ὁ δὲ β^{ος} ὁμοίως εἰς κε^{α} γίνεται $\overline{ρμδ}$, ἡ δὲ πλευρὰ αὐτοῦ εἰς ε^{α} γίνεται $\overline{ιβ}$.

Καθόλου γὰρ τοῦτο χρὴ εἰδέναι, ὅτι οἱ ἀπὸ μορίων γενόμενοι τετράγωνοι ὁμώνυμα ἔχουσι τὰ μόρια τῷ ἀπὸ τοῦ ὁμωνύμου τῶν μορίων τῆς πλευρᾶς αὐτῶν τετραγώνῳ· ὡς καὶ ἐν τῷ παρόντι, ἐπεὶ ἡ πλευρὰ $\overline{ιϛ}$ ε^{ων} ἦν, ἀπὸ δὲ τοῦ ὁμωνύμου τῷ ε^{ῳ}, τουτέστι τοῦ $\overline{ε}$, γίνεται ὁ $\overline{κε}$, εἰκότως καὶ ὁ ἀπὸ τοῦ $\overline{ιϛ}$ τετράγωνος, ὁ $\overline{σνϛ}$, κε^{ων} ἐστίν· ὥσπερ καὶ ἐὰν γ^{ων} ᾖ ἡ πλευρά, ὁ τετράγωνος γίνεται θ^{ων}· κἂν ἐκείνη δ^{ων}, οὗτος ιϛ^{ων}, καὶ ἐφεξῆς· τοῦτο γάρ ἐστι τὸ ἀριθμοστὸν ἐπ' ἀριθμοστὸν δυναμοστὸν ποιεῖ· ἔστι γὰρ ἀριθμοστὸν μὲν τὸ ε^{ον}, δυναμοστὸν δὲ τὸ κε^{ον}.

Οὐ χρὴ δὲ θαυμάζειν εἰ καὶ τῶν τετραγώνων μονάδων μετὰ τῶν μορίων αὐτῶν συντιθεμένων, πάλιν ὁ $\overline{ιϛ}$ γίνεται, αἱ ⟨δὲ⟩ πλευραὶ αὐτῶν συντιθέμεναι μείζονα ποιοῦσιν ἀριθμὸν τῆς τοῦ $\overline{ιϛ}$ πλευρᾶς· γίνεται γὰρ μ^{ο} $\overline{ε}$ καὶ $\overline{γ}$ ε^{ων}. πάντων γὰρ τῶν εἰς δύο τετραγώνους διαιρουμένων τετραγώνων αἱ πλευραὶ τῶν ἀπὸ τῆς διαιρέσεως τετραγώνων μείζονές εἰσι συντιθέμεναι τῆς πλευρᾶς τοῦ ἀφ' οὗ διηρέθησαν, εἰ καὶ οἱ τετράγωνοι ἴσοι τῷ τετραγώνῳ· ὥσπερ καὶ τοῦ $\overline{κε}$ μὲν ἡ πλευρὰ $\overline{ε}$ μ^{ο} ἐστί, τοῦ δὲ $\overline{θ}$, $\overline{γ}$, καὶ τοῦ $\overline{ιϛ}$, $\overline{δ}$, τουτέστι $\overline{ζ}$· τὰ δὲ $\overline{ζ}$ τῶν $\overline{ε}$ μείζονα.

---

12 τοῦ $\overline{ε}$ X_2, τῷ $\overline{ε}$ B.

Ὁ μέντοι Διόφαντος πάντα εἰς ἓν εἶδος ἄγειν βουλόμενος, οὐκ ἀπὸ μονάδων καὶ μορίων ποιεῖ τοὺς τετραγώνους, ἀλλ' ἐπεὶ τὸ μὲν μόριον αὐτὸ καθ' αὑτὸ μονάδα γενέσθαι ἀμήχανον, τὴν μέντοι μονάδα τέμνειν εἰς μόρια δυνατόν, τέμνει τὰς ἐν αὐτοῖς μονάδας εἰς μόρια ὁμώνυμα τοῖς ἐν αὐτοῖς εὑρεθεῖσι μορίοις, καὶ ἐπεὶ κε^{ον} καὶ ε^{ον} ἐν αὐτοῖς ἀνεφάνη, τέμνει αὐτὰς κατὰ τὸν πρῶτον ἀπὸ μονάδος ἔχοντα τὰ τοιαῦτα μέρη ἀριθμόν, ὅς ἐστιν ὁ $\overline{\kappa\varepsilon}$, καὶ γίνονται τῶν τετραγώνων τὰ μόρια, τοῦ μὲν $\overline{\sigma\nu\varsigma}$, τοῦ δὲ $\overline{\rho\mu\delta}$, ἃ συντιθέμενα ποιοῦσι τὸν $\overline{\upsilon}$, ὃν καὶ ὁ $\overline{\iota\varsigma}$ ποιεῖ κατὰ τὸν $\overline{\kappa\varepsilon}$ τεμνόμενος· ιϛ^{κις}· γὰρ τὰ $\overline{\kappa\varepsilon}$, $\overline{\upsilon}$.

Ὅταν οὖν λέγῃ ὅτι τὸν $\overline{\iota\varsigma}$ τετράγωνον διελεῖν εἰς δύο τετραγώνους, ὅμοιόν φησιν ὡς εἰ ἔλεγεν ὅτι τὸν $\overline{\upsilon}$ τετράγωνον (τετράγωνον δ' ἀπὸ πλευρᾶς τοῦ $\overline{\kappa}$) διελεῖν εἰς δύο τετραγώνους, καὶ δὴ διελεῖν αὐτὸν εἴς τε τὸν $\overline{\sigma\nu\varsigma}$ καὶ τὸν $\overline{\rho\mu\delta}$· ἢ καὶ οὕτως· εὑρεῖν ἀριθμὸν ἐφ' ὃν πολλαπλασιασθεὶς ὁ $\overline{\iota\varsigma}$ ποιήσει τετράγωνον ἀριθμὸν ὅστις διαιρεθῆναι δυνατὸς ἔσται εἰς δύο τετραγώνους, μὴ τεμνομένης ἐνταυθοῖ τῆς μονάδος· καὶ εὕρηται ὁ $\overline{\kappa\varepsilon}$, ἐφ' ὃν πολλαπλασιασθεὶς ὁ $\overline{\iota\varsigma}$ ποιεῖ τὸν $\overline{\upsilon}$ τετράγωνον ὄντα ἀπὸ πλευρᾶς τοῦ $\overline{\kappa}$, ὃς διαιρεῖται εἰς δύο τετραγώνους, τὸν $\overline{\sigma\nu\varsigma}$ ἀπὸ πλευρᾶς τοῦ $\overline{\iota\varsigma}$, καὶ τὸν $\overline{\rho\mu\delta}$ ἀπὸ πλευρᾶς τοῦ $\overline{\iota\beta}$.

Τὸ δέ φησιν ὅτι· πλάσσω τὸν □^{ον} ἀπὸ ϛϛ^{ῶν} ὅσων δήποτε, καλῶς λέγων. κἂν γὰρ τῶν αὐτῶν ὑποκειμένων, ὑποθώμεθα ἀπὸ ϛϛ^{ῶν} $\overline{\delta}$ πλάσσεσθαι τὸν □^{ον}, γενήσονται Δ^{Y} $\overline{\iota\zeta}$ ἴσαι ϛϛ^{οῖς} $\overline{\lambda\beta}$, καὶ ὁ ϛ^{ὸ} μ^{ο} $\overline{\alpha}$ καὶ $\overline{\iota\varepsilon}$ ιζ^{α}, ἤτοι $\overline{\lambda\beta}$ ιζ^{α}· καὶ γενήσεται ὁ μὲν α^{ος} τετράγω-

25 I, 90, 14.

νος, ὡς ἀπὸ μὲν τῆς πλευρᾶς τῆς μ° ᾱ καὶ ῑε̄ ιζ^ων, μ° β̄, ῑγ̄ ιζ^α, καὶ σ̄κ̄ε̄ σπθ^α (ὁ γὰρ ιζ ἐφ᾽ ἑαυτὸν σπθ ποιεῖ), ὡς δ᾽ ἀπὸ τῶν λ̄β̄ ιζ^ων, ,ακδ σπθ^α· ὁ δὲ β^ος τετράγωνος, ἐπεὶ ⟨ἀπὸ⟩ ϛϛ^ῶν δ̄ ⋔ μ° δ̄ ὑπετέθη, καὶ ἔστιν ὁ ϛ^ὸ μ° ᾱ καὶ ῑε̄ ιζ^α, ἐὰν ἀφέλῃς ἀπὸ ϛϛ^ῶν δ̄, μ° δ̄, λοιπὰ ξ̄ ιζ^α, ἅπερ εἰσὶ μ° γ̄ καὶ θ̄ ιζ^α, ὡς ἀπὸ τῶν ξ̄ ιζ^ων, γίνεται ,γχ σπθ^α, ὡς δ᾽ ἀπὸ τῶν μ° γ̄, θ̄ ιζ^ων, μ° ιβ̄, γ̄ ιζ^α, π̄ᾱ σπθ^α· συντιθέμενοι δὲ οἱ τοιοῦτοι, οἱ μὲν ἀπὸ μονάδων καὶ μορίων, τουτέστιν ὅ τε μ° β̄, ῑγ̄ ιζ^α, σ̄κ̄ε̄ σπθ^α, καὶ ὁ μ° ιβ̄, γ̄ ιζ^α, π̄ᾱ σπθ^α, ποιοῦσι μ° ῑϛ̄, τὸν προκείμενον τετράγωνον· οἱ δ᾽ ἀπὸ τῶν μορίων, τουτέστι ὁ ,ακδ καὶ ὁ ,γχ, ποιοῦσι τὸν ,δχκδ σπθ^ων, ὃς δ᾽ αὐτός ἐστι τετράγωνος ἀπὸ πλευρᾶς τοῦ ξη, καὶ γίνεται τοῦ ῑϛ̄ ἐπὶ τὰ σπθ πολλαπλασιασθέντος, ἢ τῶν ἐν τῷ ῑϛ̄ μονάδων ἑκάστης εἰς σπθ τμηθείσης (ἑκατέρως γὰρ ὁ ,δχκδ γίνεται)· καὶ διῃρέθη νῦν ὁ ῑϛ̄ εἰς ἑτέρους δύο τετραγώνους τόν τε ,ακδ καὶ τὸν ,γχ.

Τοῦτό γε μὴν εἰδέναι χρεών, ὡς οὐδέποτε δεῖ ἐνταῦθα ποιεῖν τὸν τετράγωνον ἀπὸ ϛ^οῦ ᾱ, ἀλλ᾽ ἀπὸ ᾱ καὶ μορίου οἱουδηποτοῦν, καὶ β̄, καὶ ἐφεξῆς· εἰ γὰρ ἀπὸ μόνου ᾱ, οὐ προβήσεται τὸ ζητούμενον· γενήσεται γὰρ πάλιν ὁ ϛ^ὸ μ° ὅσων ἦν καὶ ἡ τοῦ ὑποτεθέντος τετραγώνου πλευρά, καὶ γενήσεται ὁ μὲν α^ος τετράγωνος ὁ αὐτὸς τῷ εἰς διαίρεσιν προκειμένῳ, ὁ δὲ β^ος οὐδαμοῦ ἔσται, καὶ μενεῖ πάλιν ὁ τετράγωνος ἀδιαίρετος, ὅπερ οὐχ ὑπέκειτο.

Ἔτι φησὶν ὅτι ἀπὸ ϛϛ^ῶν ὅσων δήποτε ⋔ μ° τοσούτων ὅσων ἐστὶν ἡ τῶν ῑϛ̄ μ° πλευρά. προκείσθω τὸν κ̄ε̄ διελεῖν εἰς δύο τετραγώνους· ἐπεὶ ἐκ

8 οἱ μὲν] ὁ μέν. 27 I, 90, 14/15.

τῶν $\overline{\iota\varsigma}$ καὶ $\overline{\vartheta}$ σύγκειται, ἐὰν ἀφέλω ἀπὸ τοῦ $\overline{\varkappa\varepsilon}$, $\Delta^{Y}\overline{\alpha}$ ἤτοι τὸν $\overline{\iota\varsigma}$, λοιπὰ μένουσιν $\overline{\vartheta}$, τουτέστι $\mu^{o}\,\overline{\varkappa\varepsilon}\pitchfork\Delta^{Y}\overline{\alpha}$· καὶ ἔστιν ἡ πλευρὰ τοῦ $\overline{\vartheta}$, ἥν φησι πλάσσειν, $\mu^{o}\,\overline{\gamma}$, ὃ λέγει $\varsigma\varsigma^{\tilde{\omega}\nu}\,\overline{\beta}\pitchfork\mu^{o}$ ὅσων ἐστὶν ἡ τοῦ $\overline{\varkappa\varepsilon}$ πλευρά, τουτέστι $\overline{\varepsilon}$· ὅπερ γίνεται οὕτως· ἐπεὶ ὁ $\varsigma^{\grave{o}}$, ὁ ποιῶν τὸν $\overline{\iota\varsigma}\,\Delta^{Y}$, ὁ $\overline{\delta}$ ἐστιν, οἱ $\overline{\beta}$ ἄρα $\varsigma\varsigma^{o\acute{\iota}}\,\mu^{o}$ εἰσὶν $\overline{\eta}$· ἂν δ' ἀφέλῃς ἀπὸ τῶν $\overline{\eta}$ ⟨τὴν⟩ πλευρὰν τοῦ $\overline{\varkappa\varepsilon}$, τουτέστι τὰ $\overline{\varepsilon}$, λοιπὰ $\overline{\gamma}$, ἅπερ ἐστὶν ἡ τοῦ $\overline{\vartheta}$ πλευρά· καί εἰσι τὰ $\overline{\gamma}$, $\mu^{o}\,\overline{\eta}\pitchfork\mu^{o}\,\overline{\varepsilon}$.

Πάλιν ἐὰν ἀφέλω ἀπὸ τῶν $\overline{\varkappa\varepsilon}$ τὸν $\overline{\vartheta}\,\Delta^{Y}$, λοιπὰ μένουσι $\overline{\iota\varsigma}$· τὴν δὲ τούτου πλευρὰν οὐκέτι φήσομεν $\varsigma\varsigma^{\tilde{\omega}\nu}\,\overline{\beta}$ πλάσσειν $\pitchfork\mu^{o}$ ὅσων ἡ τοῦ $\overline{\varkappa\varepsilon}$ πλευρά, ἀλλ' $\varsigma\varsigma^{\tilde{\omega}\nu}\,\overline{\gamma}$· ἐπεὶ γὰρ ἀρτίως ὁ ποιῶν τὸν $\overline{\vartheta}\,\Delta^{Y}\,\varsigma^{\grave{o}}$ ὁ $\overline{\gamma}$ ἐστίν, οἱ $\overline{\gamma}$ ἄρα $\varsigma\varsigma^{o\acute{\iota}}\,\mu^{o}$ εἰσὶν $\overline{\vartheta}$· ὧν ἐὰν ἀφέλῃς τὴν τοῦ $\overline{\varkappa\varepsilon}$ πλευράν, λοιπὰ $\overline{\delta}$, ἅπερ ἐστὶν ἡ τοῦ $\overline{\iota\varsigma}$ πλευρά· καὶ ἔστιν ἡ τοῦ $\overline{\iota\varsigma}$ πλευρά, τὰ $\overline{\delta}$, $\varsigma\varsigma^{\tilde{\omega}\nu}\,\overline{\gamma}\pitchfork\mu^{o}\,\overline{\varepsilon}$, τουτέστι $\mu^{o}\,\overline{\vartheta}\pitchfork\mu^{o}\,\overline{\varepsilon}$.

Καθόλου γὰρ ἐπὶ πάντων τετραγώνων τῶν εἰς δύο τετραγώνους διαιρουμένων, ἡ τοῦ διαιρουμένου πλευρὰ μετὰ τῆς πλευρᾶς ὁποτέρου τῶν ἀπὸ τῆς διαιρέσεως ἔχει τινὰ λόγον πρὸς τὴν πλευρὰν τοῦ λοιποῦ, καὶ ἀφαιρεθέντος ὁποτερουοῦν τῶν ἀπὸ τῆς διαιρέσεως, ἡ πλευρὰ τοῦ λοιποῦ τοσούτων μ^{o} ἔσται ὅσων ἦν, λείψει τῆς τοῦ διαιρουμένου πλευρᾶς, ἡ τοῦ ἀφαιρεθέντος πλευρὰ τοσαυτάκις ὁσαπλασίων ἦν καὶ ἡ πλευρὰ τοῦ λοιποῦ μετὰ τῆς πλευρᾶς τοῦ διαιρουμένου τῆς τοῦ ἀφαιρεθέντος πλευρᾶς.

Οἷον ἐπεὶ ὁ $\overline{\varkappa\varepsilon}$ ἐκ τοῦ $\overline{\vartheta}$ καὶ τοῦ $\overline{\iota\varsigma}$ σύγκειται καὶ εἰς αὐτοὺς διαιρεῖται, καὶ ἡ πλ. τοῦ $\overline{\varkappa\varepsilon}$, τὰ $\overline{\varepsilon}$, μετὰ

---

25 ὁσαπλασίων] cod. addunt ὁσόλογος.

τῆς πλ. τοῦ θ, τῶν γ, διπλασίων ἐστὶ τῆς πλ. τοῦ ις, τῶν δ, ἂν ἀφέλω τὸν ις, ἔσται ἡ τοῦ θ πλ., διὰ τὸν διπλάσιον λόγον, δὶς ἡ τοῦ ις πλ. ⋔ τῆς τοῦ κε πλ., τουτέστι μ° η παρὰ ε, τουτέστι γ. πάλιν ἐπεὶ ἡ πλ. τοῦ κε, τὰ ε, μετὰ τῆς πλ. τοῦ ις, τῶν δ, τριπλασίων ἐστὶ τῆς πλ. τοῦ θ, τῶν γ, ἐὰν ἀφέλω τὸν θ, ἔσται ἡ τοῦ ις πλ., διὰ τὸν τριπλάσιον λόγον, τρὶς ἡ τοῦ θ πλ. ⋔ τῆς τοῦ ⟨κε⟩ πλ., τουτέστι μ° θ παρὰ μ° ε, ὅ ἐστι μ° δ.

Καὶ ὁμοίως, ἐπεὶ ὁ ρξθ □^{ος} εἰς τὸν κε καὶ τὸν ρμδ διαιρεῖται, καὶ ἔστιν ἡ πλ. τοῦ ρξθ, τὰ ιγ, μετὰ τῆς τοῦ κε πλ., τῶν ε, ἡμιόλια τῆς τοῦ ρμδ πλ., τῶν ιβ, ἐὰν ἄρα ἀφέλω ἀπὸ τῶν ρξθ τὰ ρμθ, ἔσται ἡ τοῦ κε πλ., διὰ τὸν ἡμιόλιον λόγον, ἅπαξ καὶ ἡμισάκις ἡ τοῦ ρμδ πλ. ⋔ τῆς τοῦ ρξθ πλ., τουτέστι μ° ιη ⋔ μ° ιγ, ὅ ἐστι μ° ε. καὶ πάλιν, ἐπεὶ ἡ τοῦ ρξθ πλ., τὰ ιγ, μετὰ τῆς ρμδ πλ., τῶν ιβ, πενταπλασίων ἐστὶ τῆς τοῦ κε πλ., τῶν ε, ἐὰν ἄρα ἀφέλω ἀπὸ τοῦ ρξθ τὰ κε, ἔσται ἡ τοῦ ρμδ πλ., διὰ τὸν πενταπλάσιον λόγον, ε^{κις} ἡ τοῦ κε πλ., ⋔ τῆς τοῦ ρξθ πλ., τουτέστι μ° κε ⋔ μ° ιγ, ὅ ἐστι μ° ιβ.

Ἐπεὶ τοίνυν κατὰ πάντα μὲν γίνονται λόγον αἱ πλευραὶ πρὸς ἀλλήλας, ἀεὶ δὲ λείψει τῆς τοῦ διαιρουμένου πλευρᾶς, διὰ τοῦτό φησιν· ἀπὸ ϛϛ^{ῶν} ὅσων δήποτε ⋔ τῆς τοῦ διαιρουμένου πλευρᾶς· καὶ ἐπὶ τοῦ ρξθ τοίνυν, καθὼς ἡμεῖς λέγομεν, ἀφαιρεθέντων τῶν κε, λείπεται ἡ τοῦ ρμδ πλ., ε^{κις} ἡ τοῦ κε πλ., ⋔ τῆς τοῦ ρξθ πλ.· ὁ Διόφαντος εἶπεν ἂν ὅτι· ἔστω ἡ τοῦ ρμδ πλ., ϛϛ^{οὶ} ε ⋔ τῆς τοῦ ρξθ πλ. ϛ^{ὸ} γάρ ἐστιν ἡ πλ.

20 τοῦ ρξθ] τούτου ρξθ.

τοῦ ἀφαιρεθέντος $\square^{ου}$, ἤτοι $Δ^{Υ}$. εἰ δὲ εἶπεν ὅτι ρ̅ξ̅θ̅ διαιρῶν καὶ ἀφελὼν ἐξ αὐτοῦ $Δ^{Υ}$ α̅, εἶτα εἶπεν· ἔστω ἡ τοῦ λοιποῦ πλ., ϛϛ^{οἱ} ϛ̅ ἢ ζ̅ ἢ ὅσοι δήποτε ⋔ τῆς τοῦ ρ̅ξ̅δ̅ πλ., οὐκέτι τὸν κ̅ε̅ καὶ ρ̅μ̅δ̅ ποιεῖν ἔμελλεν, ὡς ἀνωτέρω δέδεικται, ἀλλ' ἑτέρους.

Πῶς δέ φησιν ὁ Διόφαντος ὅτι ὁ δὲ β^{ος} ἔσται ρ̅μ̅δ̅; ὅτι τὴν πλ. αὐτοῦ ὑπέθετο ϛϛ^{ῶν} β̅ ⋔ μ^{ο} δ̅, οἱ δὲ β̅ ϛϛ^{οἱ} εἰσι μ^{ο} ϛ̅ καὶ β̅ ε^{α}· ὧν ἐὰν ἀφέλῃς τὰς δ̅ μ^{ο}, λοιπαὶ μ^{ο} β̅ καὶ β̅ ε^{α}· ἀναλυθεισῶν δὲ καὶ τῶν μονάδων εἰς ε^{α}, γίνεται ι̅β̅ ε^{α}, πλευρὰ ὄντα τῶν ρ̅μ̅δ̅.

AD PROBLEMA IX.

ἔκθ.	ϛ α̅ μ^{ο} β̅		ϛϛ β̅ ⋔ μ^{ο} γ
πολλ.	$Δ^{Υ}$ α̅ ϛϛ δ̅ μ^{ο} δ̅		$Δ^{Υ}$ δ̅ μ^{ο} θ̅ ⋔ ϛϛ ι̅β̅
σύνθ.	$Δ^{Υ}$ ε̅ μ^{ο} ι̅γ̅ ⋔ ϛϛ η̅	ἴσ.	μ^{ο} ι̅γ̅
πρ.	$Δ^{Υ}$ ε̅ μ^{ο} ι̅γ̅	ἴσ.	ϛϛ η̅ μ^{ο} ι̅γ̅
ἀφ.	$Δ^{Υ}$ ε̅	ἴσ.	ϛϛ η̅
μερ.	$Δ^{Υ}$ α̅	ἴσ.	ϛϛ α̅, γ̅ ε^{α} ἢ η̅ ε^{α}.
	ϛ α̅		μ^{ο} α̅, γ̅ ε^{α} ἢ r̅ ε^{α}
ὑπ.	μ^{ο} γ̅, γ̅ ε^{α} ἢ ι̅η̅ ε^{α}		μ^{ο} α̅ ε^{ον}
	μ^{ο} ι̅β̅, γ̅ ε^{α}, θ̅ κε^{α} ἢ τ̅κ̅δ̅ κε^{α}		μ^{ο} α̅ κε^{ον}.

Ὥσπερ ἐν τῷ η^{ῳ} εἴπομεν, οὕτω δὴ κἀνταῦθα λέγομεν ὅτι οὐ πάντες οἱ ἀπὸ δύο τετραγώνων συγκείμενοι καὶ τετράγωνοί εἰσιν· ὅσοι μέντοι τούτων εἰσὶ τετράγωνοι, οὐχὶ καὶ εἰς δύο ἑτέρους τετραγώνους ἐπιδιαιροῦνται, ἀτμήτου τῆς μονάδος μενούσης, ἀλλὰ πάνυ βραχεῖς, οἷος ὁ χ̅κ̅ε̅, ἀπὸ πλ. τοῦ κ̅ε̅, διαιρεῖται

6 cf. I, 90, 20.

εἴς τε τὸν $\overline{σκε}$ ἀπὸ πλ. τοῦ $\overline{ιε}$, καὶ τὸν $\overline{υ}$ ἀπὸ πλ. τοῦ $\overline{κ}$, καὶ ἔτι εἴς τε τὸν $\overline{μθ}$ ἀπὸ πλ. τοῦ $\overline{ζ}$, καὶ τὸν $\overline{φοϛ}$ ἀπὸ πλ. τοῦ $\overline{κδ}$· καὶ μετὰ τὸν $\overline{χκε}$, οἱ ἀπὸ πλευρᾶς πολλαπλασίονος τῆς τούτου πλευρᾶς, ὡς ὁ ἀπὸ πλ. τοῦ $\overline{ν}$ καὶ $\overline{οε}$ καὶ $\overline{ρ}$ καὶ ἐφεξῆς. ὅ γε μὴν ἀριθμητικὸς Διόφαντος καὶ ἐπὶ πάντας ἀριθμοὺς τοὺς ἀπὸ τετραγώνων συγκειμένους, καὶ ὄντας τετραγώνους καὶ μὴ ὄντας, καὶ φύσιν ἔχοντας, ἀτμήτου τῆς μονάδος οὔσης, διαιρεῖσθαι καὶ μή, τὴν μεταχείρισιν ἐκτεῖναι βουλόμενος, τὸ παρὸν ἐξέθετο πρόβλημα.

Φησὶν οὖν καὶ ἐνταῦθα ὅτι· τετάχθωσαν αἱ τῶν ἐπιζητουμένων $\square^{ων}$ πλευραὶ ἡ μὲν ϛ^{οῦ} $\overline{α}$ μ^{ο} $\overline{β}$, ἡ δὲ ϛϛ^{ῶν} ὅσων δήποτε ⋔ μ^{ο} ὅσων ἐστὶν ἡ τοῦ λοιποῦ πλευρά. ὅθεν δ' οὕτω ταῦτα λαμβάνειν ὥρμηται, πειρασόμεθα ἡμεῖς, ὡς ἂν οἷοί τε ὦμεν, σαφῶς παραστῆσαι· δείξομεν δὲ τοῦτο ἐπὶ ἀριθμοῦ καθ' ὃν οὐ τέμνεται ἡ μονάς. προκείσθω τὸν $\overline{χκε}$, συγκείμενον ἔκ τε τοῦ $\overline{σκε}$ καὶ τοῦ $\overline{υ}$, μεταδιελεῖν εἴς τε τὸν $\overline{μθ}$ καὶ τὸν $\overline{φοϛ}$, καὶ ἐκκείσθωσαν αἱ πλευραὶ αὐτῶν πάντων κατὰ τὸ ὑποτεταγμένον διάγραμμα, καὶ προτετάχθωσαν αἱ τῶν ἐλαττόνων $\square^{ων}$ πλ^{αὶ} κατὰ συστοιχίαν οἷον τὰ $\overline{ζ}$ καὶ $\overline{ιε}$.

$\overline{ζ}$ $\overline{κδ}$

$\overline{ιε}$ $\overline{κ}$

$\overline{κε}$.

Ἐὰν οὖν ᾖ μοι ἐγνωσμένον ὅτι ὁ ἀπὸ τοῦ $\overline{κε}$ $\square^{ος}$ σύγκειται ἔκ τε τοῦ ἀπὸ τοῦ $\overline{ιε}$ καὶ τοῦ ἀπὸ τοῦ $\overline{κ}$, καὶ βούλωμαι ἔτι τὸν ἀπὸ τοῦ $\overline{κε}$ εἰς δύο ἑτέρους μεταδιελεῖν $\square^{ους}$, λέγω οὕτως· ἔστω ἡ πλ. τῶν ἐπιζη-

4 πολλαπλασίων. 11 sqq. I, 92, 21/23.

τουμένων □^{ων}, ἡ μὲν ς^{οῦ} $\overline{α}$ μ^{ο} $\overline{ιε}$, διὰ τὸ ἐγνῶσθαι τὸν $\overline{ιε}$, ἡ δὲ ςς^{ῶν} ἐνταῦθα $\overline{γ}$ ⋔ μ^{ο} $\overline{κ}$, διὰ τὸ ἐγνῶσθαι καὶ τὸν $\overline{κ}$, καὶ συναχθήσεται ὁ ς^{ὸ} μ^{ο} $\overline{θ}$, καὶ ἔσται ἡ μὲν ς^{οῦ} $\overline{α}$ μ^{ο} $\overline{ιε}$, μ^{ο} $\overline{κδ}$, ἡ δὲ ςς^{ῶν} $\overline{γ}$ ⋔ μ^{ο} $\overline{κ}$, μ^{ο} $\overline{ζ}$.

Ὁ δὲ ς^{ὸ} ἔσται μ^{ο} $\overline{θ}$, οὕτως· λάβε μοι τὰς πλ^{ὰς} τῶν □^{ων} χιαστῶς, καὶ ἐπεὶ αἱ $\overline{κ}$ μ^{ο}, ὧν λείψει ἡ β^{α} πλ. ἐλαμβάνετο, καὶ αἱ $\overline{ζ}$ μ^{ο} συντιθέμεναι ποιοῦσιν $\overline{κζ}$, ὁ δὲ $\overline{κζ}$ μεγίστῳ ἀριθμῷ μετρεῖται τῷ $\overline{θ}$, διὰ τοῦτο γίνεται ὁ ς^{ὸ}, $\overline{θ}$. διότι δὲ πάλιν ὁ $\overline{κζ}$ τρὶς μετρεῖται τῷ $\overline{θ}$, διὰ τοῦτο καὶ ςς^{ῶν} $\overline{γ}$ ἡ β^{α} πλ. ἐλαμβάνετο· τρὶς δὲ τὰ $\overline{θ}$, $\overline{κζ}$, καὶ ἀφαιρεθέντων τῶν $\overline{κ}$, λοιπαὶ $\overline{ζ}$, καί εἰσιν αἱ τῶν □^{ων} πλ^{αὶ} εἰς οὓς μεταδιαιρεῖται ὁ ἀπὸ τοῦ $\overline{κε}$, ἥ τε $\overline{κδ}$ καὶ ἡ $\overline{ζ}$ μ^{ο}.

Πάλιν ἐὰν ᾖ μοι ἐγνωσμένον ὅτι ὁ ἀπὸ τοῦ $\overline{κε}$ σύγκειται ἔκ τε τοῦ ἀπὸ τοῦ $\overline{ζ}$ καὶ τοῦ ἀπὸ τοῦ $\overline{κδ}$ καὶ βούλωμαι ἔτι αὐτὸν εἰς δύο ἑτέρους μεταδιελεῖν □^{ους}, λέγω οὕτως· ἔστω ἡ πλ. τῶν ἐπιζητουμένων □^{ων}, ἡ μὲν ς^{οῦ} $\overline{α}$ μ^{ο} $\overline{ζ}$, διὰ τὸ ἐγνῶσθαι τὸν $\overline{ζ}$, ἡ δὲ ςς^{ῶν} $\overline{γ}$ ⋔ μ^{ο} $\overline{κδ}$, ἔγνωσται γὰρ καὶ ὁ $\overline{κδ}$· λαμβάνω πάλιν τὰς πλ^{ὰς} χιαστῶς. καὶ αἱ $\overline{κδ}$ μ^{ο}, ὧν λείψει ἡ β^{α} ἐλαμβάνετο πλ., καὶ αἱ $\overline{ιε}$ μ^{ο} συντιθέμεναι γίνονται $\overline{λθ}$, ὁ δὲ $\overline{λθ}$ μεγίστῳ μέτρῳ μετρεῖται τῷ $\overline{ιγ}$, τρίς· καὶ γίνεται ὁ ς^{ὸ} $\overline{ιγ}$ μ^{ο}. διὰ δὲ τὸ τρίς, πάλιν $\overline{γ}$ ςς^{ῶν} ἐλήφθη ἡ β^{α} πλ., καὶ ἡ μὲν α^{η} πλ., ἡ ς^{οῦ} $\overline{α}$ μ^{ο} $\overline{ζ}$, ἔσται μ^{ο} $\overline{κ}$, ἡ δὲ β^{α}, ἡ ςς^{ῶν} $\overline{γ}$ ⋔ μ^{ο} $\overline{κδ}$, ἔσται μ^{ο} $\overline{ιε}$· τρὶς γὰρ τὰ $\overline{ιγ}$, $\overline{λθ}$, ὧν ἂν ἀφέλῃς τὰ $\overline{κδ}$, λοιπὰ $\overline{ιε}$, καί εἰσιν αἱ τῶν ζητουμένων □^{ων} πλ^{αί}, ἡ μὲν μ^{ο} $\overline{κ}$, ἡ δὲ μ^{ο} $\overline{ιε}$.

Διὰ δὴ ταῦτα εἰκότως καὶ οὗτος τὴν μὲν τοῦ α^{ου} τῶν ζητουμένων πλ^{άν}, ς^{οῦ} $\overline{α}$ τίθησι καὶ μ^{ο} ὅσων ἦν ἡ τοῦ ἐλάττονος τῶν ἐγνωσμένων πλ^{ά}, τὴν δὲ τοῦ β^{ου},

---

20 αἱ] ὁ.

ϛϛ$^{\tilde{ων}}$ ὅσων δήποτε, ὥσπερ καὶ ἐν τῷ πρὸ τούτου, ⋔ μ^{ο} ὅσων ἐστὶν ἡ τοῦ μείζονος τῶν ἐγνωσμένων πλ^{ά}, καὶ γίνεται ὁ μὲν προσλαμβάνων τὴν τοῦ ἐλάττονος πλ^{άν}, μείζων, ὁ δὲ τὴν τοῦ μείζονος ἐλλείπων, ἐλάττων.

Ὅπως δὲ τὰ $\overline{τκε}$ ⟨κε^{α}⟩ συνάγει τὰς $\overline{ιγ}$ μ^{ο}, γίνεται οὕτως· ἐπεὶ ὁ ϛ^{ὁ} μ^{ο} $\bar{α}$ καὶ $\bar{γ}$ ε^{ων} εὑρίσκεται, ἤτοι $\bar{η}$ ε^{ων}, ἀναλυομένης καὶ τῆς μονάδος εἰς ε^{α}, ἡ δὲ τοῦ α^{ου} □^{ου} πλ. ὑπετέθη ϛ^{οῦ} $\bar{α}$ μ^{ο} $\bar{β}$, ἔσται ἄρα μ^{ο} $\bar{γ}$, $\bar{γ}$ ε^{ων}, ἤτοι $\overline{ιη}$ ε^{ων}· ὁ δὲ ἀπὸ ταύτης □^{ος}, ὡς μὲν ἀπὸ μ^{ο} $\bar{γ}$, $\bar{γ}$ ε^{ων}, ἔσται μ^{ο} $\overline{ιβ}$, $\bar{γ}$ ε^{ων}, $\bar{θ}$ κε^{ων}, ὡς δ' ἀπὸ τῶν $\overline{ιη}$ ε^{ων}, $\overline{τκδ}$ κε^{ων}. πάλιν ἐπεὶ ἡ τοῦ β^{ου} πλ. ὑπετέθη ϛϛ$^{\tilde{ων}}$ $\bar{β}$ ⋔ μ^{ο} $\bar{γ}$, τουτέστι ἑνὸς ε^{ου}, καὶ ὁ ἀπ' αὐτοῦ □^{ος} ἑνὸς κε^{ου}, τὸ δὲ ἓν κε^{ον} συντιθέμενον ταῖς μ^{ο} $\overline{ιβ}$ $\bar{γ}^{ε''}$ $\bar{θ}^{κε''}$, γίνεται μ^{ο} $\overline{ιγ}$, αἳ ἐξ ἀρχῆς, τοῖς δὲ $\overline{τκδ}^{κε''}$, γίνεται $\overline{τκε}^{κε''}$, καὶ τὰ $\overline{τκε}$ κε^{α} εἰς μονάδας συναγόμενα γίνονται μ^{ο} $\overline{ιγ}$· ὁ μὲν $\overline{ιγ}$ συνετέθη ἐκ τοῦ $\bar{δ}$ καὶ $\bar{θ}$, μεταδιῃρέθη εἰς τὸν $\overline{ιβ}$ $\bar{γ}^{ε''}$ $\bar{θ}^{κε''}$ καὶ τὸ $\bar{α}^{κε''}$· ὁ δὲ $\overline{τκε}$ συνετέθη μὲν ἀπὸ τοῦ $\bar{ρ}$ (τουτέστι τοῦ δ^{κις} $\overline{κε}$) καὶ τοῦ $\overline{σκε}$ (τουτέστι τοῦ θ^{κις} $\overline{κε}$), μεταδιῃρέθη δὲ εἴς τε τὸν $\overline{τκδ}^{κε''}$ καὶ τὸ $\bar{α}^{κε''}$ (τουτέστι τῶν μ^{ο} $\overline{ιβ}$ $\bar{γ}^{ε''}$ θ$^{κε''}$ εἰς κε^{α} ἀναλυθέντων).

AD PROBLEMA X.

ἔκθ.	ϛ $\bar{α}$		ϛ $\bar{α}$ μ^{ο} $\bar{γ}$
πολλ.	$Δ^{Υ}$ $\bar{α}$		$Δ^{Υ}$ $\bar{α}$ ϛϛ $\bar{ϛ}$ μ^{ο} $\bar{θ}$
	ϛϛ $\bar{ϛ}$ μ^{ο} $\bar{θ}$	ἴσ.	μ^{ο} $\bar{ξ}$
ἀφ.	ϛϛ $\bar{ϛ}$	ἴσ.	μ^{ο} $\overline{να}$
μερ.	ϛ $\bar{α}$		μ^{ο} $\bar{η}$ ∠'
	μ^{ο} $\bar{η}$ ∠'		μ^{ο} $\overline{ια}$ ∠
ὑπ.	μ^{ο} $\overline{οβ}$ δ''		μ^{ο} $\overline{ρλβ}$ δ''.

5 cf. I, 94, 8. κε^{α} om. B, habet X. 12 ε^{ου}] πέμπτων. κε^{ου}] εἰκοστοπέμπτων. 20 τὸ] τόν.

AD PROBLEMA XI.

1.		2.		
		ἔκθ.	Δ^{Y}α ⋔ μ^{o}β̄	Δ^{Y} ᾱ μ^{o} ᾱ
ς ᾱ μ^{o} β̄	ς ᾱ μ^{o} γ̄	πλ.	ς ᾱ ⋔ μ^{o} δ̄	
μ^{o} δ̄ δ′′	μ^{o} ᾱ	πολλ.	Δ^{Y} ᾱ μ^{o} ιϛ ⋔ ςς η̄ ἰσ.	Δ^{Y} ᾱ μ^{o} ᾱ
ιε η^{α}	ιζ η^{α}	πρ.	Δ^{Y} ᾱ μ^{o} ιϛ ἰσ.	Δ^{Y} ᾱ ςς η̄ μ^{o} ᾱ
σκε ξδ^{α}	σπθ ξδ^{α}	ἀφ.	μ^{o} ιε ἰσ.	ςς η̄
ς ᾱ	ϟζ ξδ^{α}		⟨ιε η^{α}⟩	ς ᾱ
		ὑπ.	ϟζ ξδ^{α}	σπθ ξδ^{α}.

Διπλοϊσότης τὸ παρὸν εἶδος καλεῖται, ἐπειδὴ ἐν μὲν τοῖς λοιποῖς προβλήμασιν ἁπλῆ ἐγένετο ἡ ἰσότης δι᾽ ἧς ἡ τοῦ ς^{οῦ} ποσότης εὑρίσκεται, ἐνταῦθα δὲ διπλῆ· πρότερον μὲν γὰρ τὸ τῆς ὑπεροχῆς ἥμισυ, ἧς ἔχει ὁ ἕτερος τῶν ποιούντων τὴν ὑπεροχὴν ἀριθμῶν πρὸς τὸν ἕτερον, ἐφ᾽ ἑαυτὸ πολλαπλασιασθέν, ἐξισοῦται τῷ ἐλάττονι· εἶτα καὶ τῆς συνθέσεως τούτων τὸ ἥμισυ ἐφ᾽ ἑαυτό, ἐξισοῦται τῷ μείζονι· ὅπως δὲ γίνεται τοῦτο, δῆλον ἐντεῦθεν.

Ἐὰν ὦσι δύο ἀριθμοὶ ἐν ὑπεροχῇ τινι, ὁ ἀπὸ τοῦ ἡμίσεως τῆς συνθέσεως αὐτῶν τοσαύταις μ^{o} ὑπερέξει τοῦ ἀπὸ τοῦ ἡμίσεως τῆς ὑπεροχῆς αὐτῶν ὅσας καὶ αὐτοὶ ποιοῦσιν ἐπ᾽ ἀλλήλους πολλαπλασιαζόμενοι. οἷον ἔστωσαν μ^{o} η̄, μ^{o} δ̄, τούτων ἡ μὲν σύνθεσις μ^{o} ιβ̄, τὸ δὲ ἥμισυ τῆς συνθέσεως ϛ̄, τὸ δὲ ἀπὸ τούτου λϛ· ἡ δὲ ὑπεροχὴ μ^{o} δ̄, τὸ δὲ ἥμισυ ταύτης β̄, τὸ δὲ ἀπὸ τούτου δ̄· τὰ δὲ λϛ τῶν δ̄ ὑπερέχει μ^{o} λβ̄, ἀλλὰ καὶ

9 cf. I, 96, 9.

⟨τὰ⟩ η̅ καὶ τὰ δ̅ ἐπ' ἄλληλα πολλαπλασιαζόμενα λ̅β̅ ποιεῖ. τοῦτο δὲ ταὐτόν ἐστι τῇ προτάσει τοῦ ε^{ου} τοῦ β^{ου} τῶν Στοιχείων.

Τούτῳ τοίνυν ἀντιστρόφως ὁ Διόφαντος ἐνταῦθα χρησάμενός φησιν· ἐπεὶ ἡ ὑπεροχὴ τοῦ ς^{οῦ} α̅ μ^{ο} γ̅ πρὸς τὸν ς^{ὸν} α̅ μ^{ο} β̅, μ^{ο} α̅ τυγχάνει, τὴν δὲ ὑπεροχὴν ταύτην, τουτέστι τὴν μ^{ο} α̅, ποιοῦσι δύο τινὲς ἀριθμοὶ ἐπ' ἀλλήλους πολλαπλασιαζόμενοι, οἵ μ^{ο} δ̅ καὶ μ^{ο} δ^{ον} (δ^{κις} γὰρ τὸ δ^{ον}, μ^{ο} α̅ γίνεται), τὸ ἄρα ἀπὸ τοῦ ∠' τῆς ὑπεροχῆς τῶν δ̅ πρὸς τὸ δ^{ον}, ἴσον ἐστὶ τῷ ἐλάττονι, τὸ δὲ ἀπὸ τοῦ ∠' τῆς συνθέσεως αὐτῶν ἴσον τῷ μείζονι, ὥσπερ εἰ καὶ ἡμεῖς ἀντιστρέψαντες ἐπὶ τοῦ ἀνωτέρω τεθέντος παραδείγματος ἐλέγομεν· ἐπεὶ τὰ λ̅ς̅ ὑπερέχουσι τῶν δ̅ μ^{ο} λ̅β̅, τὸν ⟨δὲ⟩ λ̅β̅ ποιοῦσι δύο ἀριθμοὶ ἐπ' ἀλλήλους, ὁ η̅ καὶ ὁ δ̅, τὸ ἄρα ἀπὸ τοῦ ∠' τῆς ὑπεροχῆς τούτων, τουτέστι τὰ δ̅, ἴσον ἐστὶ τῷ ἐλάττονι, πάλιν τῷ δ̅· τὸ δὲ ἀπὸ τοῦ ∠' τῆς συνθέσεως αὐτῶν ἤτοι τὰ λ̅ς̅, ἴσον ἐστὶ τῷ μείζονι, τουτέστι πάλιν τῷ λ̅ς̅.

Ἔστι δὲ ἡ ὑπεροχὴ τῶν δ̅ μ^{ο} πρὸς τὸ δ^{ον}, ι̅ε̅ δ^{α}, τῶν μ^{ο} εἰς δ^{α} ἀναλυομένων· τούτων τὸ ∠', ζ̅ δ^{ων} καὶ η^{ου}· ταῦτα ἀναλυθέντα εἰς η^{α}, ποιοῦσι ι̅ε̅ η^{α}· ταῦτα ἐφ' ἑαυτὰ ποιοῦσι σ̅κ̅ε̅ ξδ^{α}. ταῦτα ἴσα τῷ ἐλάττονι, τῷ ς^{ῷ} α̅ μ^{ο} β̅. τῆς δὲ συνθέσεως τὸ ∠', ἤτοι τῶν δ̅ μ^{ο} καὶ τοῦ δ^{ου}, μ^{ο} β̅ καὶ η^{ον}, τουτέστιν η̅ δ^{α} καὶ η^{ον}, τουτέστι ι̅ζ̅ η^{α}· ταῦτα ἐφ' ἑαυτά, καὶ γίνονται σ̅π̅θ̅ ξδ^{α}. ταῦτα ἴσα τῷ μείζονι, τῷ ς^{ῷ} α̅ μ^{ο} γ̅.

Καὶ γίνεται ὁ ς^{ὸ} ϟ̅ζ̅ ξδ^{α}, οὕτως· ἐπεὶ ἡ μονὰς

---

4 cf. I, 96, 10. 9 τοῦ ∠'] τῆς ἡμίσεος B, corr. X_2. 28 I, 96, 16.

εἰς $\overline{\xi\delta}$, ἐὰν ἀφέλῃς ἀπὸ τῶν $\overline{\sigma\kappa\varepsilon}$ $\xi\delta^{\omega\nu}$, τῶν ἴσων $ϛ^{\overline{\omega}}$ $\overline{\alpha}$ μ^{o} $\overline{\beta}$, δὶς τὰ $\overline{\xi\delta}$, ἤτοι $\overline{\rho\kappa\eta}$, τουτέστι μ^{o} $\overline{\beta}$, λοιπὰ $\overline{Ϟ\zeta}$. ὁμοίως καὶ ἐὰν ἀπὸ τῶν $\overline{\sigma\pi\vartheta}$ $\xi\delta^{\omega\nu}$, τῶν ἴσων $ϛ^{\overline{\omega}}$ $\overline{\alpha}$ μ^{o} $\overline{\gamma}$, ἀφέλῃς τρὶς τὰ $\overline{\xi\delta}$, τουτέστιν $\overline{\rho Ϟ\beta}$, ἅπερ ἐστὶ μ^{o} $\overline{\gamma}$, λοιπὰ πάλιν $\overline{Ϟ\zeta}$. ταῦτα τὰ $\overline{Ϟ\zeta}$, προστιθέμενα τοῖς μὲν $\overline{\rho\kappa\eta}$ ποιοῦσι □^{ον}, τὸν $\overline{\sigma\kappa\varepsilon}$ ἀπὸ πλ. τοῦ $\overline{\iota\varepsilon}$, τοῖς δὲ $\overline{\rho Ϟ\beta}$, τὸν $\overline{\sigma\pi\vartheta}$ ἀπὸ πλ. τοῦ $\overline{\iota\zeta}$· ἦσαν δὲ τὰ μὲν $\overline{\rho\kappa\eta}$, μ^{o} $\overline{\beta}$· τὰ δὲ $\overline{\rho Ϟ\beta}$, μ^{o} $\overline{\gamma}$.

Ζητεῖται δὲ διὰ τί, τῆς ὑπεροχῆς τῶν $\overline{\gamma}$ μ^{o} πρὸς τὰς $\overline{\beta}$, $\overline{\alpha}$ μ^{o} οὔσης, τοὺς ποιοῦντας τὴν ὑπεροχὴν ἀριθμοὺς μ^{o} $\overline{\delta}$ καὶ $\delta^{ον}$ ἔλαβε, καίτοι γε ἐνῆν καὶ μ^{o} $\overline{\gamma}$ καὶ $\gamma^{ον}$, ἢ μ^{o} $\overline{\beta}$ καὶ $\mu^{ος}$ 𐅵′ λαβόντα, τὸ αὐτὸ ποιεῖν· καὶ γὰρ καὶ τὸ $\gamma^{ον}$ τῶν $\overline{\gamma}$, $\overline{\alpha}$ μ^{o} ἐστιν, καὶ τὸ 𐅵′ τῶν $\overline{\beta}$ μ^{o}, ὡσαύτως. καὶ λέγομεν ὅτι, εἰ ἄλλους ἀριθμοὺς ἐλάμβανεν ἐλάττονας τῶν μ^{o} $\overline{\delta}$ καὶ $\delta^{ου}$, καὶ ἡ ἀπὸ τοῦ 𐅵′ τῆς ὑπεροχῆς αὐτῶν δύναμις ἐλάττων ἔμελλεν εἶναι, οὐ μόνον τοῦ $ϛ^{ου}$ $\overline{\alpha}$ μ^{o} $\overline{\beta}$, ἀλλὰ καὶ μόνων τῶν $\overline{\beta}$ μ^{o}· ὡσαύτως καὶ ἡ ἀπὸ τοῦ 𐅵′ τῆς συνθέσεως αὐτῶν δύναμις οὐ μόνον τῶν ϛ $\overline{\alpha}$ μ^{o} $\overline{\gamma}$, ἀλλὰ καὶ μόνων αὐτῶν τῶν $\overline{\gamma}$ μ^{o} ἐλάττων· καὶ τούτου γενομένου, οὐκ ἂν ἦν δυνατὸν ἐκ τοῦ ἐλάττονος ἀφαιρεθῆναι τὸ μεῖζον, καὶ οὐκ ἀφαιρεθῆναι μόνον, ἀλλὰ καὶ καταλειφθῆναι τὸ ὅπερ ἦν ἂν τοῦ $ϛ^{ου}$ ἡ ὑπόστασις.

Καὶ δεικτέον τοῦτο ἐπὶ τῶν μ^{o} $\overline{\gamma}$ καὶ $\gamma^{ου}$, ὅπερ ἄτοπον γίνεται· ἐπεὶ ἡ ὑπεροχὴ τῶν $\overline{\gamma}$ μ^{o} πρὸς τὸ $\gamma^{ον}$, $\overline{\eta}$ γ^{α} ἐστί, τὸ ἄρα ἀπὸ τοῦ 𐅵′ τῆς ὑπεροχῆς, τουτέστι τῶν $\overline{\delta}$ $\gamma^{\omega\nu}$, ὅπερ ἐστὶ $\overline{\iota ϛ}$ ϑ^{α}, ἴσον ἐστὶ τῷ $ϛ^{\overline{\omega}}$ $\overline{\alpha}$ μ^{o} $\overline{\beta}$. καὶ πάλιν, ἐπεὶ ἡ σύνθεσις τῶν μ^{o} $\overline{\gamma}$ καὶ $\gamma^{ου}$ γίνεται $\overline{\iota}$ γ^{α}, τὸ ἄρα ἀπὸ τοῦ 𐅵′ τῆς συνθέσεως, τουτέστι τῶν $\overline{\varepsilon}$ $\gamma^{\omega\nu}$, ὅπερ ἐστὶν $\overline{\kappa\varepsilon}$ ϑ^{α}, ἴσον ἐστὶ τῷ $ϛ^{\overline{\omega}}$ $\overline{\alpha}$ μ^{o} $\overline{\gamma}$. ἐπεὶ τοίνυν διὰ τὸ ϑ'', ἡ μονὰς ἐνταῦθα εἰς $\overline{\vartheta}$ τέτμηται, δεῖ ἀφελεῖν, ἀπὸ μὲν τοῦ ἀπὸ τοῦ ∟′ τῆς ὑπεροχῆς, $\mu^{o}\ \overline{\beta}$ ἤτοι $\overline{\iota\eta}$ ϑ^{α}, ἀπὸ δὲ τοῦ ∟′ τῆς συνθέσεως, $\mu^{o}\ \overline{\gamma}$ ἤτοι $\overline{\kappa\zeta}$ ϑ^{α}, καὶ καταλειφθῆναι καὶ ἐξ ἑκατέρου αὐτῶν τι, ὅπερ ἡ ὑπόστασις ἔσται τοῦ ϛ$^{o\tilde{v}}$. ἀλλὰ τὸ μὲν ἀπὸ τοῦ ∟′ τῆς ὑπεροχῆς $\overline{\iota\varsigma}$ ἦν ϑ^{α}, τὸ δὲ ἀπὸ τοῦ ∟′ τῆς συνθέσεως, $\overline{\kappa\epsilon}$ ϑ^{α}· οὐ δυνατὸν δὲ οὔτε τὰ $\overline{\iota\eta}$ ἀπὸ τῶν $\overline{\iota\varsigma}$ ἀφελεῖν, οὔτε τὰ $\overline{\kappa\zeta}$ ἀπὸ τοῦ $\overline{\kappa\epsilon}$, τὰ μείζονα ἀπὸ τῶν ἐλαττόνων, ὥστε οὐκ ἔσται οὕτως ἡ τοῦ ϛ$^{o\tilde{v}}$ ὑπόστασις δήλη· πολλῷ δὲ δὴ πλέον, οὐδ᾽ εἰ $\overline{\beta}$ μ^{o} καὶ $\mu^{o\varsigma}$ ∟′ ἔλαβεν, ἀπὸ μέντοι τῶν $\overline{\delta}$ μ^{o} καὶ δ^{ov} καὶ ἐπέκεινα, προβαίνειν τὴν δεῖξιν δυνατόν.

Τοῦτο δ᾽ οὐκ αὐτόθεν ἐστὶ γνώριμον, τουτέστι τίνας προληπτέον ἀριθμοὺς οἳ ποιήσωσιν ἂν τὴν ὑπεροχήν (ἦ γὰρ ἂν καὶ ὁ Διόφαντος ἐτίθη προσδιορισμόν), ἀλλ᾽ ἐκ μόνης τῆς πείρας καταλαμβάνεται, ὡς ἐνταῦθα, τῶν $\mu^{o}\ \overline{\gamma}$ καὶ γ^{ov} ἀποδοκιμαζομένων, τὰς $\mu^{o}\ \overline{\delta}$ καὶ τὸ δ^{ov} ἔλαβεν· οὕτω γοῦν καὶ ἐπὶ τῆς $\beta^{\alpha\varsigma}$ ἀποδείξεως ποιεῖ, λέγων· πλάσσω τὸν □^{ov} ἀπὸ ϛ$^{o\tilde{v}}$ $\overline{\alpha}$ ⋔ μ^{o} τοσούτων ὥστε τὴν τῆς Δ^{Y} ὑπόστασιν ὑπερβάλλειν αὐτὰς τὰς προεκτεθειμένας τῆς λείψεως $\mathring{\mu}^{\alpha\varsigma}$· καὶ πλάσσει αὐτὸν ἀπὸ ϛ$^{o\tilde{v}}$ $\overline{\alpha}$ ⟨⋔⟩ $\mu^{o}\ \overline{\delta}$· ἐν μὲν τῇ α^{η} ἀποδείξει, ἐπειδὴ ὕπαρξει ἦσαν αἱ $\overline{\beta}$ μ^{o}, καὶ τὸν □^{ov} ἐξ ὑπάρξεως τοῦ ∟′ τῆς ὑπεροχῆς τῶν $\mu^{o}\ \overline{\delta}$ πρὸς τὸ δ^{ov} ἐποίει· ἐνταῦθα δέ, ἐπειδὴ λείψει εἰσὶν αἱ $\overline{\beta}$ μ^{o}, καὶ τὸν □^{ov} ἀπὸ λείψεως ποιεῖ $\mu^{o}\ \overline{\delta}$, οὐκ ἀπὸ λείψεως δὲ $\mu^{o}\ \overline{\gamma}$. ἡ γὰρ ἀπὸ τούτου Δ^{Y} πάλιν ἐλάττων ἔμελλεν εἶναι τῆς λείψεως τῶν $\overline{\beta}$ μ^{o}· καὶ γὰρ ἡ ἀπὸ ϛ$^{o\tilde{v}}$ $\overline{\alpha}$ ⋔ $\mu^{o}\ \overline{\gamma}$ δύναμις γίνεται $\Delta^{Y}\ \overline{\alpha}$ μ^{o} $\overline{\vartheta}$ ⋔ ϛϛ$^{\tilde{\omega}\nu}$ $\overline{\varsigma}$, καὶ κοινῆς προστεθείσης τῆς λείψεως, μετὰ

---

1 ἀπὸ τοῦ] ἀπὸ τῆς. 14 ἐτίθη X, ἐτίθει B. 18 I, 98, 12/15.

τὴν τῶν ὁμοίων ἀπὸ τῶν ὁμοίων ἀφαίρεσιν, εὑρίσκεται πάλιν ὁ ς^{o} ἐπὶ τὰς ὑποστάσεις, $\overline{\delta}\ \gamma^{\alpha}$· καὶ ἡ ἀπ' αὐτοῦ ὑφισταμένη $\Delta^{Y}\,\overline{\iota\varsigma}\ \vartheta^{\alpha}$, ἅτινα οὐχ ὑπερβάλλει τὰς $\overline{\beta}\ \mu^{o}$· αἱ γὰρ $\overline{\beta}\ \mu^{o}$, $\overline{\iota\eta}\ \vartheta^{\alpha}$ εἰσιν, ὥστε οὐ προβήσεται ἡ ἀπόδειξις· ἐὰν δὲ ἀπὸ $\varsigma^{o\tilde{v}}\ \overline{\alpha} \pitchfork \mu^{o}\ \overline{\delta}$ πλασθῇ, τότε ἡ ἀπὸ τοῦ εὑρεθέντος $\varsigma^{o\tilde{v}}$ κατὰ τὴν ὑπόστασιν τῶν $\overline{\iota\varepsilon}\ \eta^{\omega\nu}$ ὑφισταμένη Δ^{Y} ὑπερβάλλει τὰς $\overline{\beta}\ \mu^{o}$· ἡ μὲν γὰρ Δ^{Y} ἐστι $\overline{\sigma\kappa\varepsilon}\ \xi\delta^{\omega\nu}$, αἱ δὲ $\overline{\beta}\ \mu^{o}$ περιέχουσιν $\overline{\rho\kappa\eta}\ \xi\delta^{\alpha}$· ἐκεῖνα δὲ τούτων μείζονα. εἰ γὰρ μὴ ὑπερβαλεῖται ἡ τοιαύτη Δ^{Y} τὰς $\overline{\beta}\ \mu^{o}$, ὡς ἀφαιρουμένων ἐξ αὐτῆς τῶν $\overline{\beta}\ \mu^{o}$ καταλείπεσθαί τι, τί ἔσται τὸ προστεθησόμενον ταῖς $\overline{\beta}\ \mu^{o}$ καὶ ποιῆσον τὸ ὅλον $\square^{o\nu}$;

AD PROBLEMA XII.

	$\overline{\vartheta}$		$\overline{\kappa\alpha}$
ἔκθ.	$\Delta^{Y}\ \overline{\alpha}$		$\mu^{o}\ \overline{\vartheta} \pitchfork \Delta^{Y}\ \overline{\alpha}$
	$\mu^{o}\ \overline{\vartheta} \pitchfork \Delta^{Y}\ \overline{\alpha}$		$\Delta^{Y}\ \overline{\alpha}\ \mu^{o}\ \overline{\iota\beta}$
	$\varsigma\ \overline{\alpha} \pitchfork \mu^{o}\ \overline{\delta}$		
πολλ.	$\Delta^{Y}\overline{\alpha}\ \mu^{o}\ \overline{\iota\varsigma} \pitchfork \varsigma\varsigma\ \overline{\eta}$	ἴσ.	$\Delta^{Y}\ \overline{\alpha}\ \mu^{o}\ \overline{\iota\beta}$
πρ.	$\Delta^{Y}\ \overline{\alpha}\ \mu^{o}\ \overline{\iota\varsigma}$	ἴσ.	$\Delta^{Y}\overline{\alpha}\ \varsigma\varsigma\ \overline{\eta}\ \mu^{o}\ \overline{\iota\beta}$
ἀφ.	$\mu^{o}\ \overline{\delta}$		$\varsigma\varsigma\ \overline{\eta}$
μερ.	$\overline{\delta}\ \eta^{\alpha}$		$\varsigma\ \overline{\alpha}$
ὑπ.	$\overline{\iota\varsigma}\ \xi\delta^{\alpha}$		$\overline{\varphi\xi}\ \xi\delta^{\alpha}$
			$\overline{\psi\pi\delta}\ \xi\delta^{\alpha}$

Τὸ οἷον δ' ἂν ἀφέλω τετράγωνον τοιοῦτόν ἐστιν· ἐπεὶ ὁ $\overline{\vartheta}$ καὶ $\overline{\kappa\alpha}$ ἀπὸ $\square^{\omega\nu}$ καὶ ἀριθμοῦ τινος συνετέθησαν, ὃν ἐὰν ἀφέλω, καταλειφθήσονται μόνοι

24 οἷον Dioph. (I, 100, 4), ὃν cod.

οἱ □^{οι}, δῆλον ὅτι καὶ ἐὰν ἀφέλω ἀπὸ ἑτέρου αὐτῶν τὸν □^{ον}, ὁ ἀριθμὸς ἐκεῖνος καταλειφθήσεται πάντως. ἐπεὶ τοίνυν ὁ μὲν ς^{ὁ} εὑρέθη δ̄ η^{ων}, ἡ δὲ ἀπ' αὐτῶν Δ^{Y}, ιϛ ξδ^{α}, δῆλον ὡς αἱ μ^{ο} εἰς ξδ^{α} ἀναλυθήσονται, καὶ αἱ μὲν θ̄ μ^{ο} ἔσονται φοϛ ξδ^{α}, αἱ δὲ κα, ͵ατμδ ξδ^{α}· καὶ ἐὰν μὲν ἀπὸ τῶν θ̄ μ^{ο} ἀφέλω Δ^{Y} ᾱ, τουτέστιν ἀπὸ τῶν φοϛ ξδ^{ων}, ιϛ ξδ^{α}, λοιπὰ φξ ξδ^{α}, ἅπερ ἐστὶν ὁ ζητούμενος ἀφαιρεῖσθαι ἀριθμός· ἐὰν δὲ πάλιν τὰ φξ ξδ^{α} ἀφέλω ἀπὸ τῶν ͵ατμδ, λοιπὰ ψπδ, ἅπερ ἐστὶ □^{ος} ἀπὸ πλ. τοῦ κη$^{η''}$· ταῦτα γάρ ἐστιν ἡ Δ^{Y} ᾱ μ^{ο} ιβ.

AD PROBLEMA XIII.

1.

ἔκθ.	ς ᾱ ⋔ μ^{ο} ϛ̄,	ς ᾱ ⋔ μ^{ο} ζ̄
ὑπ^{χ}.	μ^{ο} β̄, μ^{ο} L',	μ^{ο} ᾱ
	ε̄ δ^{α}	γ̄ δ^{α}
	κε ιϛ^{α}	θ̄ ιϛ^{α}
ς	ρκα	ρκα
ὑπ.	ϟϛ ιϛ^{α}	ριβ ιϛ^{α}.

2.

⟨ἔκθ.⟩	Δ^{Y} ᾱ μ^{ο} ϛ̄		
	Δ^{Y} ᾱ,		Δ^{Y} ᾱ ⋔ μ^{ο} ᾱ
	ς ᾱ ⋔ μ^{ο} β̄		
⟨πολλ.⟩	Δ^{Y} ᾱ μ^{ο} δ̄ ⋔ ςς δ̄	ἴσ.	Δ^{Y} ᾱ ⋔ μ^{ο} ᾱ
⟨πρ.⟩	⟨Δ^{Y} ᾱ μ^{ο} ε̄	ἴσ.	Δ^{Y} ᾱ ςς δ̄
⟨ἀφ.⟩	μ^{ο} ε̄	ἴσ.	ςς δ̄
⟨μερ.⟩	ε̄ δ^{α}		ς ᾱ
⟨ὑπ.⟩	κε ιϛ^{α}		θ̄ ιϛ^{α}
		ρκα ιϛ^{α}⟩.	

Καὶ τὸ ιγ^{ον} τῆς αὐτῆς ἐστιν ἐφόδου τῷ ια^{ῳ}· συνάγεται δὲ ὁ ς^{ὁ}, ἀφ' οὗ ἀφαιροῦνται οἱ δοθέντες δύο ἀριθμοὶ ὡς γίνεσθαι ἑκάτερον τῶν λοιπῶν □^{ον}, ρκα$^{ιϛ''}$, οὕτως· ἐπεὶ ὁ ς^{ὁ} ᾱ ⋔ μ^{ο} ϛ ὑπερέχει τοῦ ς^{οῦ} ᾱ ⋔ μ^{ο} ζ̄, μ^{ο} ᾱ, ποιοῦσι δὲ τὴν μ^{ο} δύο ἀριθμοὶ πρὸς ἀλλήλους,

2 post πάντως B addit τετράγωνος.

ὡς δέδεικται ἐν τῷ ια$^{\omega}$, μ^{o} $\overline{\beta}$ καὶ μ$^{o\varsigma}$ ∟′, τὸ ἄρα ἀπὸ τοῦ τῆς ὑπεροχῆς αὐτῶν ἡμίσεος, τουτέστι τὸ ἀπὸ $\overline{\gamma}$ δ$^{\omega\nu}$, ὅπερ ἐστὶν ⟨$\overline{\vartheta}$⟩ ιϛ$^{\alpha}$, ἴσον ἐστὶ τῷ ἐλάττονι, τῷ ϛ$^{\tilde{\omega}}$ $\overline{\alpha}$ ⋔ μ^{o} $\overline{\zeta}$ τὸ δὲ ἀπὸ τοῦ ∟′ τῆς συνθέσεως αὐτῶν, τουτέστι τὸ ἀπὸ $\overline{\varepsilon}$ δ$^{\omega\nu}$, ὅπερ ἐστὶν $\overline{\kappa\varepsilon}$ ιϛ$^{\alpha}$, ἴσον ἐστὶ τῷ μείζονι, τῷ ϛ$^{\tilde{\omega}}$ $\overline{\alpha}$ ⋔ μ^{o} $\overline{\varsigma}$· ἐπεὶ τοίνυν εἰς $\overline{\iota\varsigma}$ τέμνεται ἡ μ^{o}, ἐὰν τοῖς $\overline{\vartheta}$ ιϛ$^{o\iota\varsigma}$ προστιθῶ τὴν λεῖψιν τῶν $\overline{\zeta}$ μ^{o}, τουτέστιν ζ$^{\varkappa\iota\varsigma}$ τὰ $\overline{\iota\varsigma}$, $\overline{\rho\iota\beta}$ ιϛ$^{\alpha}$, ἔσται $\overline{\rho\kappa\alpha}$ ιϛ$^{\omega\nu}$, καὶ ἐὰν ἀπὸ τούτου ἀφαιρεθῶσι τὰ $\overline{\rho\iota\beta}$, λοιπὰ $\overline{\vartheta}$, ἅπερ ἐστὶ □$^{o\varsigma}$. ἐὰν δὲ τοῖς $\overline{\kappa\varepsilon}$ ιϛ$^{o\iota\varsigma}$ προσθῶ τὴν λεῖψιν τῶν $\overline{\varsigma}$ μ^{o}, τουτέστι ϛ$^{\varkappa\iota\varsigma}$ τὰ $\overline{\iota\varsigma}$, ὅπερ ἐστὶν $\overline{ϟ\varsigma}$ ιϛ$^{\alpha}$, ἔσται πάλιν $\overline{\rho\kappa\alpha}$ ιϛ$^{\omega\nu}$, καὶ ἐὰν ἀπὸ τούτων ἀφαιρεθῶσι τὰ $\overline{ϟ\varsigma}$, λοιπὰ $\overline{\kappa\varepsilon}$, ἅπερ ἐστὶ □$^{o\varsigma}$. καὶ εὕρηται ὁ $\overline{\rho\kappa\alpha}$ ἀριθμός, οὗ ἐὰν μὲν ἀφέλῃς $\overline{\rho\iota\beta}$, λοιπὰ $\overline{\vartheta}$ □$^{o\varsigma}$, ἐὰν δὲ $\overline{ϟ\varsigma}$, λοιπὰ $\overline{\kappa\varepsilon}$ □$^{o\varsigma}$.

Ἔλαβε δὲ ἐνταῦθα τοὺς ποιοῦντας τὴν ὑπεροχήν, μ^{o} $\overline{\beta}$ καὶ μ$^{o\varsigma}$ ∟′, οὐχὶ δὲ μ^{o} $\overline{\delta}$ καὶ δ$^{o\nu}$, ὥσπερ ἐπὶ τοῦ ια$^{o\upsilon}$, ὅτι καὶ ἐπὶ τούτων προβαίνει ἡ δεῖξις καὶ ἐπὶ τῶν ἐφεξῆς μειζόνων ἀριθμῶν λαμβανομένων, ἐπὶ δὲ ἐλάττονος δειχθῆναι οὐ δύναται· οἷον ἐπὶ τοῦ ἅπαξ τὸ $\overline{\alpha}$, καὶ γὰρ καὶ ταῦτα μ^{o} συνάγεται, ἀλλ' ὑπεροχὴν τῆς μ^{o} πρὸς τὴν μ^{o} οὐκ ἔστιν εὑρεῖν.

Ἐὰν τετραγώνῳ τινί, φησί, προσθῶ μ^{o} $\overline{\varsigma}$, δῆλον ὅτι καὶ ἐὰν ἀφέλω τὰς $\overline{\varsigma}$ μ^{o}, πάλιν τετράγωνος καταλείπεται. δεῖ δὲ ἀπὸ τοῦ τοιούτου □$^{o\upsilon}$ καὶ τῶν προσκειμένων αὐτῷ μ^{o} $\overline{\varsigma}$, ἀφελεῖν μ^{o} $\overline{\zeta}$, καὶ πάλιν καταλιμπάνεσθαι □$^{o\nu}$. ἀλλ' ἐὰν ἀφέλω τὰς $\overline{\zeta}$ μ^{o}, καὶ καταλείπεται ὁ □$^{o\varsigma}$ ⋔ μ^{o} $\overline{\alpha}$, τουτέστι Δ^{Y} $\overline{\alpha}$ ⋔ μ^{o} $\overline{\alpha}$· ταῦτα ἴσα □$^{\varphi}$· □$^{o\nu}$ γὰρ αὐτὸν εἶναι δεῖ.

---

20 ἐλάττονος X_2, ἐλάττονα B. 23 cf. I, 102, 10/11.

Καὶ πλάττει τὸν □ον ἀπὸ ϛοῦ ᾱ ⟨⋔⟩ μο β̄, καὶ γὰρ προβαίνει ἀπὸ μο ᾱ· καὶ γίνεται ὁ □ος, ΔΥ ᾱ μο δ̄ ⋔ ϛϛῶν δ̄· ταῦτα ἴσα ΔΥ ᾱ ⋔ μο ᾱ· κοινῆς προστεθείσης τῆς λείψεως, ΔΥ ᾱ μο ε̄ ἴσα ϛϛοῖς δ̄ ΔΥ ᾱ. ἀπὸ ὁμοίων ὅμοια· μο ε̄ ἴσαι ϛϛοῖς δ̄, ὁ ϛὸ ε̄δ'', καὶ γίνεται ἡ ΔΥ, κε ιϛων· καὶ ⟨ϛ μο ἤτοι ϟϛ ιϛα⟩, ὁμοῦ ρκα, ἀφ' ὧν ἀφαιρεθέντων τῶν ϟϛ, λοιπὸς ὁ κε □ος· ἐὰν δὲ ἀπὸ τῶν ρκα, ἅπερ ἐστὶ ΔΥ ᾱ μο ϛ̄, ἀφέλω μο ζ̄, τουτέστιν ζκις τὰ ιϛ ἤτοι ριβ, λοιπὰ θ̄, ἅπερ ἐστὶ □ος.

AD PROBLEMA XIV.

⟨ἔκθ.	ϛ ᾱ μο β̄		ϛ ᾱ μο γ̄
	ΔΥ ᾱ ϛϛ δ̄ μο δ̄		ΔΥ ᾱ ϛϛ ϛ̄ μο θ̄
	ϛϛ δ̄ μο δ̄		ϛϛ ϛ̄ μο θ̄
σύνθ.	ϛϛ ῑ μο ιγ	ἴσ.	μο κ̄
ἀφ.	ϛϛ ῑ	ἴσ.	μο ζ̄
μερ.	ϛ ᾱ	ἴσ.	ζ̄ ια
ὑπ.	ξη ια ἢ χπ ρα		ρλβ ια ἢ ͵ατκ ρα
	ψκθ ρα,	μθ ρα,	͵ατξθ ρα⟩.

Ἔσται ὁ μὲν ξηι'', ὁ δὲ ρλβι'', τουτέστιν ὁ μὲν χπρ'', ὁ δὲ ͵ατκρ'', ἃ καὶ γίνονται οὕτως· ἐπεὶ ὁ ϛὸ ζ̄ ιων εὑρέθη, ἡ ἀπ' αὐτοῦ ἄρα ΔΥ ἔσται μθ ρων· ἡ ἄρα μο εἰς ρ̄ τέμνεται. ἐπεὶ δὲ μετὰ τὴν ἀφαίρεσιν τῆς ΔΥ, ὁ μὲν αος ἦν ϛϛῶν δ̄ μο δ̄, τουτέστι κη ιων καὶ μ̄ ιων, ἤτοι ὁμοῦ ξηι'', ὁ δὲ βος ϛϛῶν ϛ̄ μο θ̄, τουτέστι μβι'' καὶ ϟι'', ἤτοι ὁμοῦ ρλβι'', δεῖ ἄρα καὶ τὰ ξηι'' καὶ τὰ ρλβι'' ρα

1 cf. I, 102, 16. 11 sqq. Diagramma restitui.

γενέσθαι. ἀλλ' ἐὰν δεκαπλασιασθῶσι τὰ ι$^{\alpha}$, γενήσονται ρ$^{\alpha}$· δεκαπλασιαζόμενα γίνονται $\overline{\chi\pi}^{\varrho''}$ καὶ ,ατκ$^{\varrho''}$, ὧν ἑκατέρῳ προστιθέμενος ὁ μθ$^{\varrho''}$, □^{ον} ποιεῖ, τὸν μὲν ψκθ$^{\varrho''}$, ἀπὸ πλ. τοῦ κζ$^{ι''}$, τὸν δὲ ,ατξθ$^{\varrho''}$, ἀπὸ πλ. τοῦ λζ$^{ι''}$· τὰ μέντοι χπ$^{\varrho''}$ καὶ ,ατκ$^{\varrho''}$ αἱ κ μ^{ο} εἰσίν, εἰς ρ ἑκάστης τμηθείσης· εἰσὶ γὰρ ὁμοῦ ,β· καὶ δέδοται ἀριθμὸς ὁ ,β εἰς δύο ἀριθμοὺς διαιρεθείς, τόν τε χπ καὶ τὸν ,ατκ, ὧν ἑκάτερος προσλαβὼν □^{ον} τὸν μθ, ποιεῖ ἑαυτὸν □^{ον}, ὁ μὲν ψκθ, ὁ δὲ ,ατξθ. ἦσαν δὲ καὶ αἱ πλασθεῖσαι τῶν τετραγώνων πλευραί, ἡ μὲν ς^{οῦ} α μ^{ο} β, τουτέστι κζ$^{ι''}$, ἡ δὲ ς^{οῦ} α μ^{ο} γ, τουτέστι λζ$^{ι''}$· ταῦτα δὲ ἐφ' ἑαυτὰ ποιοῦσι τοὺς εἰρημένους τετραγώνους.

AD PROBLEMA XV.

ἔκθ.	ς α μ^{ο} β		Δ^{Υ} α ςς δ μ^{ο} δ
	Δ^{Υ} α		Δ^{Υ} α ςς β μ^{ο} α
λ^{π}.	ςς δ μ^{ο} δ		ςς β μ^{ο} γ
σύνθ.	ςς ϛ μ^{ο} ζ	ἴσ.	μ^{ο} κ
λ^{π}.	ςς ϛ		μ^{ο} ιγ
	ς α		ιγ ς^{α}
	κε$^{ς'}$		χκε$^{λς'}$
	ος$^{ς'}$ ἤτ. υνς$^{λς'}$		μδ$^{ς'}$ ἤτ. σξδ$^{λς'}$

Πᾶς τετράγωνος ἀπὸ ςς^{ῶν} ὁσωνοῦν καὶ μ^{ο} ὁσωνοῦν γινόμενος, ἐάν τε πάντας τοὺς γινομένους ςς^{ούς} καὶ μ^{ο} λίπῃ, τετράγωνος καταλιμπάνεται, ἐάν τε ὁμώνυμον ταῖς ἐξ ἀρχῆς μονάσι μέρος τῶν ςς^{ῶν} καὶ μονάδας ἴσας τῷ ὁμωνύμῳ ἀριθμῷ τῶν τε καταλειφθέντων τῶν ςς^{ῶν} μορίων καὶ τῶν ἐξ ἀρχῆς μονάδων, τετράγωνος κατα-

28 μονάδων] μορίων.

λιμπάνεται. τοῦτο δὲ ἔσται δῆλον ἐντεῦθεν. ἐκκείσθω πλευρά τις ϛϛ^{ῶν} $\overline{β}$ μ^{o} $\overline{β}$, καὶ ὑποκείσθω ὁ ϛ^{ὸ} μ^{o} $\overline{β}$· οὐκοῦν ὁ ἀπ' αὐτῶν ἔσται $Δ^{Y}$ $\overline{δ}$ (τουτέστι μ^{o} $\overline{ιϛ}$), ϛϛ^{οὶ} $\overline{η}$ (τουτέστι πάλιν μ^{o} $\overline{ιϛ}$) καὶ μ^{o} $\overline{δ}$, ἤτοι μ^{o} $\overline{λϛ}$, ὥσπερ εἰ ἀπὸ συνθέσεως τῶν $\overline{δ}$ μονάδων τῶν ϛϛ^{ῶν} καὶ τῶν $\overline{β}$ μ^{o} ἐγένετο, ἅπερ εἰσὶν $\overline{ϛ}$· ἐάν τε οὖν τοὺς $\overline{η}$ ϛϛ^{οὺς} (ἤτοι τὰς $\overline{ιϛ}$ μ^{o}) καὶ τὰς $\overline{δ}$ μ^{o} λίπῃ, καταλιμπάνεται ὁ $\overline{ιϛ}$ □^{ος}· ἐάν τε πάλιν ϛϛ^{οὺς} $\overline{δ}$ (ἤτοι μ^{o} $\overline{η}$) καὶ μ^{o} $\overline{γ}$ λίπῃ, ἤτοι ὁμοῦ $\overline{ια}$, καταλιμπάνεται ὁ $\overline{κε}$ □^{ος}.

Εἰσὶν οἱ μὲν $\overline{δ}$ ϛϛ^{οί}, μέρος τῶν $\overline{η}$ ϛϛ^{ῶν}, ὁμώνυμον ταῖς ἐξ ἀρχῆς $\overline{β}$ μ^{o}, τουτέστι δυοστόν· αἱ δὲ $\overline{γ}$ μ^{o} ἴσαι τῷ ὁμωνύμῳ ἀριθμῷ τοῦ τε καταλειφθέντος μέρους τῶν ϛϛ^{ῶν}, ὅπερ ἐστὶν ἐκ τῶν δύο ἕν, καὶ τῶν ἐξ ἀρχῆς $\overline{β}$ μ^{o}· $\overline{α}$ δὲ καὶ $\overline{β}$, $\overline{γ}$.

Πάλιν ἔστωσαν ϛϛ^{οὶ} $\overline{γ}$ μ^{o} $\overline{ε}$, καὶ ὑποκείσθω πάλιν ὁ ϛ^{ὸ} μ^{o} $\overline{β}$. γίνεται ὁ ἀπ' αὐτῶν □^{ος}, $Δ^{Y}$ $\overline{θ}$ (ἤτοι μ^{o} $\overline{λϛ}$) ϛϛ^{οὶ} $\overline{λ}$ (ἤτοι μ^{o} $\overline{ξ}$) καὶ μ^{o} $\overline{κε}$, ὁμοῦ $\overline{ρκα}$· ἐάν τε οὖν πάντας τοὺς $\overline{λ}$ ϛϛ^{ούς} (ἤτοι τὰς $\overline{ξ}$ μ^{o}) καὶ πάσας τὰς $\overline{κε}$ μ^{o} ἀφέλω, καταλιμπάνεται ὁ $\overline{λϛ}$ □^{ος}· ἐάν τε τὸ ὁμώνυμον ταῖς $\overline{ε}$ μ^{o} μόριον τῶν $\overline{λ}$ ϛϛ^{ῶν}, τουτέστι τὸ ε^{ον} αὐτῶν, ϛϛ^{οὺς} $\overline{ϛ}$ ἤτοι μ^{o} $\overline{ιβ}$, καὶ ἔτι μονάδας ἴσας τῷ ὁμωνύμῳ ἀριθμῷ τῶν καταλειφθέντων τῶν ϛϛ^{ῶν} μορίων καὶ ταῖς ἐξ ἀρχῆς μ^{o}· καταλείφθησαν δὲ τῶν μὲν $\overline{λ}$ ϛϛ^{ῶν}, $\overline{δ}$ ε^{α}, αἱ δὲ μ^{o} εἰσὶ $\overline{ε}$· $\overline{δ}$ δὲ καὶ $\overline{ε}$, $\overline{θ}$· ἐὰν οὖν ἀφέλω τὰς ῥηθείσας μ^{o} $\overline{ιβ}$ καὶ μ^{o} $\overline{θ}$, πάλιν καταλιμπάνεται □^{ος} ὁ $\overline{ρ}$.

Οὕτως οὖν καὶ οὗτος ἐνταῦθα ἐποίησεν· ἐπεὶ γὰρ ὑπέθετο τὸν ζητούμενον □^{ον}, $Δ^{Y}$ $\overline{α}$ ϛϛ^{ῶν} $\overline{δ}$ μ^{o} $\overline{δ}$, ἀπὸ ϛ^{οῦ} $\overline{α}$ μ^{o} $\overline{β}$, εὕρηται δὲ ὕστερον ὁ ϛ^{ὸ} $\overline{ιγ}^{ϛ''}$, ἡ ἄρα πλευρά, ὁ ϛ^{ὸ} $\overline{α}$ μ^{o} $\overline{β}$, ἔσται $\overline{κε}^{ϛ''}$. καὶ ὁ ἀπ' αὐτῶν □^{ος}, $\overline{χκε}^{λϛ''}$, ὅς ἐστι $Δ^{Y}$ $\overline{α}$ (τουτέστι $\overline{ρξθ}^{λϛ''}$) ϛϛ^{οὶ} $\overline{δ}$ (τουτέστι $\overline{τιβ}^{λϛ''}$)

καὶ μ^{o} $\bar{\delta}$ (τουτέστι $\overline{\rho\mu\delta}^{\lambda\varsigma''}$)· ταῦτα ὁμοῦ γίνονται $\overline{\chi\kappa\varepsilon}$· ἐάν τε ἀπὸ τούτου τοῦ $\overline{\chi\kappa\varepsilon}$, τοὺς $\bar{\delta}$ ϛϛ^{οὺς} (ἤτοι τὰ $\overline{\tau\iota\beta}$) καὶ τὰς $\bar{\delta}$ μ^{o} (ἤτοι τὰ $\overline{\rho\mu\delta}$), ἅπερ ὁμοῦ $\overline{\upsilon\nu\varsigma}$ ἐστι, καταλίπῃ, καταλιμπάνεται ὁ $\overline{\rho\xi\vartheta}$ ἀπὸ πλ. τοῦ $\overline{\iota\gamma}$ □^{ος}· ἐάν τε ϛϛ^{οὺς} $\bar{\beta}$ (τουτέστι $\overline{\rho\nu\varsigma}^{\lambda\varsigma''}$) καὶ μ^{o} $\bar{\gamma}$ (τουτέστι $\overline{\rho\eta}^{\lambda\varsigma''}$), ἅπερ ὁμοῦ ἐστι $\overline{\sigma\xi\delta}^{\lambda\varsigma''}$, καταλιμπάνεται ὁ $\overline{\tau\xi\alpha}$ □^{ος} ἀπὸ πλ. τοῦ $\overline{\iota\vartheta}$· τὰ δὲ $\overline{\upsilon\nu\varsigma}$ καὶ $\overline{\sigma\xi\delta}$ συντιθέμενα γίνεται ὁ $\overline{\psi\kappa}$, ἅπερ εἰσὶν αἱ $\bar{\kappa}$ μ^{o}, ἑκάστης εἰς $\overline{\lambda\varsigma}$ τμηθείσης· καὶ εὕρηται ὁ $\overline{\psi\kappa}$ διαιρεθεὶς εἰς δύο, τόν τε $\overline{\upsilon\nu\varsigma}$ καὶ τὸν $\overline{\sigma\xi\delta}$, οἵτινες ἀφαιρούμενοι ἀπὸ τοῦ $\overline{\chi\kappa\varepsilon}$, ἑκάτερος καταλιμπάνει □^{ον}.

AD PROBLEMA XVI.

ἔκθ.	$\Delta^{Y}\bar{\alpha}$ ϛϛ $\bar{\varsigma}$		$\Delta^{Y}\bar{\gamma}$ ϛϛ $\overline{\iota\eta}$
	$\Delta^{Y}\bar{\gamma}$ ϛϛ $\overline{\iota\eta}$ $\mu^{o}\bar{\vartheta}$		
	ϛϛ $\bar{\beta}$ ⋔ $\mu^{o}\bar{\gamma}$		
πολλ.	$\Delta^{Y}\bar{\delta}$ $\mu^{o}\bar{\vartheta}$ ⋔ ϛϛ $\overline{\iota\beta}$	ἴσ.	$\Delta^{Y}\bar{\gamma}$ ϛϛ $\overline{\iota\eta}$ $\mu^{o}\bar{\vartheta}$
πρ.	$\Delta^{Y}\bar{\delta}$ $\mu^{o}\bar{\vartheta}$	ἴσ.	$\Delta^{Y}\gamma$ ϛϛ $\bar{\lambda}$ $\mu^{o}\bar{\vartheta}$
⟨ἀφ.⟩	$\Delta^{Y}\bar{\alpha}$		ϛϛ $\bar{\lambda}$
μερ.	ϛ $\bar{\alpha}$		$\mu^{o}\bar{\lambda}$
ὑπ.	$\overline{͵\alpha\pi}$		$\overline{͵\gamma\sigma\mu}$

Ἐξαναπλάσσεται ὁ □^{ος} ἀπὸ λείψεως· ἐπεὶ γὰρ $\Delta^{Y}\bar{\gamma}$ ϛϛ^{οὶ} $\overline{\iota\eta}$ $\mu^{o}\bar{\vartheta}$ ἴσα □^{ῳ}, οὐκ ἀφ' $\bar{\alpha}$ ϛ^{οῦ} πλάσσεται (γενήσεται γὰρ $\bar{\alpha}$ Δ^{Y}, εἰσὶ δὲ $\bar{\gamma}$, λοιπὸν ἀπό, $\bar{\beta}$), ἵνα πλεονάσωσι μὲν αἱ Δ^{Y}, ἐλλείψωσι δὲ οἱ ϛϛ^{οί}· καὶ γενήσεται καὶ ἡ αὐτὴ τῶν μ^{o} ποσότης· οὕτω γὰρ αἱ μὲν μ^{o} ὅλαι ἀφ' ὅλων ἀφαιρεθήσονται, καὶ ἀπὸ δυνά-

21 cf. I, 106, 19.

μεων δυνάμεις, καὶ καταλειφθήσεται Δ^{Y} ἴση τοσοῖσδε ςς^{οῖς}· μετὰ τοίνυν τὴν πρόσθεσιν τῆς λείψεως καὶ τὴν τῶν ὁμοίων ἀφαίρεσιν, πάντα παρὰ ς^{όν}, καὶ γίνεται ὁ ς^{ο} μ^{ο} λ̄, ἡ δὲ Δ^{Y} ϡ̄· ἔσται οὖν ὁ μὲν ἐλάττων (Δ^{Y} ᾱ ὧν καὶ ςς^{οὶ} ϛ̄), ͵απ, ὁ δὲ μείζων (Δ^{Y} γ̄ ςς^{οὶ} ιη) ͵γσμ· ὧν προστιθέμενα ἑκατέρῳ τὰ θ ποιεῖ, ⟨τὸν μὲν⟩ ͵απθ ἀπὸ πλ. τοῦ λγ, τὸν δὲ ͵γσμ⟨θ⟩ ἀπὸ πλ. τοῦ νζ· καί εἰσι τὰ μὲν λγ, ς^{οὶ} ᾱ μ^{ο} γ̄, ἅπερ ἐστὶν πλ. τοῦ Δ^{Y} ᾱ ςς ϛ̄ μ^{ο} θ̄· τὰ δὲ νζ, ςς^{οὶ} β ⋔ μ^{ο} γ, ἅπερ ἐστὶ πλ. τοῦ Δ^{Y} δ̄ μ^{ο} θ̄ ⋔ ςς^{ῶν} ιβ· εἰσὶ δὲ αἱ Δ^{Y} δ̄ μ^{ο} θ̄, ͵γχθ, ὧν ἐὰν ἀφέλῃς ςς^{οὺς} ιβ, ἤτοι μ^{ο} τξ, λοιπὰ ͵γσμθ.

AD PROBLEMA XVII.

ςς ε̄		ςς ϛ̄
ςς δ̄ ⋔ μ^{ο} ϛ̄		ςς ζ̄ μ^{ο} ϛ̄
ςς ϛ̄ ⋔ μ^{ο} ᾱ		ςς ϛ̄ ⋔ μ^{ο} ᾱ
ςς β̄ μ^{ο} ε̄		
ςς β̄ ⋔ μ^{ο} γ̄		ςς ιδ ⋔ μ^{ο} κα
		ςς ιβ ⋔ μ^{ο} κϛ
ςς ϛ̄ ⋔ μ^{ο} ᾱ	ἴσ.	ςς ιγ ⋔ μ^{ο} ιθ
ςς ϛ̄ μ^{ο} ιθ	ἴσ.	ςς ιγ μ^{ο} ᾱ
μ^{ο} ιη	ἴσ.	ςς ζ̄
ιη ζ^{α}		ς ᾱ
ϟ ζ^{α}	ρη ζ^{α}	ρε ζ^{α}

Περὶ τοῦ γ^{ου} φησίν· ἀλλὰ δοὺς μὲν τὸ ζ^{ον} καὶ μ^{ο} η̄, λοιπός ἐστιν ςς^{ῶν} ιβ ⋔ μ^{ο} κϛ. γίνεται δὲ

24 I, 108, 20.

οὕτως· ἐπεὶ τὸ ζ^{ον} αὐτοῦ ϛϛ^{ῶν} ἦν β̅ ⋔ μ^{ο} γ̅, δοὺς αὐτὸ τῷ α^{ῳ}, καταλείπεται ἔχων ϛϛ^{οὺς} ι̅β̅ ⋔ μ^{ο} ι̅η̅· ἀλλὰ καὶ η̅ μ^{ο} δέδωκε τῷ α^{ῳ}, λοιπὸς γίνεται ϛϛ^{ῶν} ι̅β̅ ⋔ μ^{ο} κ̅ϛ̅· ἡ γὰρ τῶν η̅ λεῖψις τῇ τῶν ι̅η̅ λείψει συντιθεμένη ποιεῖ λεῖψιν κ̅ϛ̅.

Ὁ δὲ γ^{ος} γίνεται ρ̅ε̅ ζ^{ων} οὕτως· ἐπεὶ ϛϛ^{ῶν} ι̅δ̅ ἐστίν (ἤτοι σ̅ν̅β̅ ζ^{ων}) ⋔ μ^{ο} κ̅α̅ (ἤτοι ρ̅μ̅ζ̅ ζ^{ων}), ἔστιν ρ̅ε̅· ἐκβληθέντων γὰρ ἀπὸ τῶν σ̅ν̅β̅ τῶν ρ̅μ̅ζ̅, ταῦτα καταλείπονται.

Ὁ τοίνυν α^{ος}, δοὺς τῷ β^{ῳ} τὸ ἑαυτοῦ ε^{ον}, ι̅η̅, καὶ ἔτι μ^{ο} ϛ̅, ἤτοι μ̅β̅ ζ^{α}, λοιπός ἐστι λ̅ ζ^{ων}· λαβὼν δὲ παρὰ τοῦ γ^{ου} τὸ αὐτοῦ ζ^{ον}, ι̅ε̅ ζ^{α}, καὶ μ^{ο} η̅, ἤτοι ν̅ϛ̅ ζ^{α}, γίνεται ρ̅α̅ ζ^{α}.

Ὁ δὲ β^{ος}, δοὺς τὸ ἑαυτοῦ ϛ^{ον}, ι̅η̅ ζ^{α}, καὶ μ^{ο} ζ̅, ἤτοι μ̅θ̅ ζ^{α}, λοιπός ἐστι μ̅α̅ ζ^{ων}· λαβὼν δὲ παρὰ τοῦ α^{ου} τὸ ε^{ον} αὐτοῦ, ι̅η̅ ζ^{α}, καὶ μ^{ο} ϛ̅, ἤτοι μ̅β̅ ζ^{α}, γίνεται ρ̅α̅.

Ὁμοίως καὶ ὁ γ^{ος}, δοὺς τὸ ἑαυτοῦ ζ^{ον}, ι̅ε̅ ζ^{α}, καὶ μ^{ο} η̅, ἤτοι ν̅ϛ̅ ζ^{α}, λοιπός ἐστι λ̅δ̅ ζ^{ων}· λαβὼν δὲ παρὰ τοῦ β^{ου} τὸ ϛ^{ον} αὐτοῦ, ι̅η̅ ζ^{α}, καὶ μ^{ο} ζ̅, ἤτοι μ̅θ̅ ζ^{α}, γίνεται ρ̅α̅ ζ^{ων}.

---

1 ϛϛ^{ῶν}] μ^{ο}. 6 cf. I, 110, 4. 8 τῶν ρ̅μ̅ζ̅] τῶ ρ̅μ̅ζ̅. 16 ϛ̅] ϛ̅ ϛ̅. 18 λ̅δ̅] ρ̅μ̅δ̅.

AD PROBLEMA XVIII.

ἔκθ.	ϛϛ ε̄		μ^{o} ιβ̄
	ϛϛ δ̄ ⋔ μ^{o} ϛ̄		ϛ ᾱ μ^{o} ιη̄
	μ^{o} ιε̄ ⋔ ϛϛ γ̄		ϛ ᾱ μ^{o} θ̄
	ϛ ᾱ μ^{o} θ̄		
	μ^{o} ζ̄ ⋔ ϛϛ γ̄		μ^{o} μθ̄ ⋔ ϛϛ κᾱ
			μ^{o} νη̄ ⋔ ϛϛ κᾱ
	ϛ ᾱ μ^{o} θ̄	ἴσ.	μ^{o} μγ̄ ⋔ ϛϛ ιη̄
πρ.	ϛϛ ιθ̄ μ^{o} θ̄	ἴσ.	μ^{o} μγ̄
ἀφ.	ϛϛ ιθ̄	ἴσ.	μ^{o} λδ̄
μερ.	ϛ ᾱ	ἴσ.	λδ̄ ιθ^{α}
ὑπ.	ρο̄ ιθ^{α}		σκη̄ ιθ^{α} σιξ̄ ιθ^{α}

Ὁ γ^{ος}, ὢν ⟨μ^{o}⟩ μθ̄ ⋔ ϛϛ^{ῶν} κᾱ, λαβὼν παρὰ τοῦ β^{ου} τὸ ϛ^{ον} αὐτοῦ, μ^{o} β̄, καὶ μ^{o} ζ̄, ἤτοι μ^{o} θ̄, γίνεται μ^{o} νη̄ ⋔ ϛϛ^{ῶν} κᾱ· δοὺς δὲ τῷ α^{ῳ} τὸ ζ^{ον} αὐτοῦ, μ^{o} ζ̄ ⋔ ϛϛ^{ῶν} γ̄, καὶ ἔτι μ^{o} η̄, ἤτοι μ^{o} ιε̄ ⋔ ϛϛ^{ῶν} γ̄, λοιπός ἐστι μ^{o} μγ̄ ⋔ ϛϛ^{ῶν} ιη̄. ἡ δὲ πρόσθεσις καὶ ἀφαίρεσις δήλη.

Ὁ δὴ α^{ος}, ὁ ρο̄$^{ιθ'}$, δοὺς τῷ β^{ῳ} τὸ ε^{ον} αὐτοῦ, λδ̄$^{ιθ'}$ καὶ μ^{o} ϛ̄, ἤτοι ριδ̄$^{ιθ'}$, λοιπός ἐστιν κβ̄ ιθ^{α}· λαβὼν δὲ παρὰ τοῦ γ^{ου} τὸ ζ^{ον} αὐτοῦ, λᾱ$^{ιθ'}$, καὶ μ^{o} η̄, ἤτοι ρνβ̄$^{ιθ'}$, γίνεται σε̄$^{ιθ'}$.

Ὁ δὲ β^{ος}, ὁ σκη̄$^{ιθ'}$, δοὺς μὲν τῷ γ^{ῳ} τὸ ἑαυτοῦ ϛ^{ον}, λη̄$^{ιθ'}$, καὶ μ^{o} ζ̄, ἤτοι ρλγ̄$^{ιθ'}$, λοιπός ἐστιν νζ̄$^{ιθ'}$· λαβὼν δὲ παρὰ τοῦ α^{ου} τὸ ε^{ον} αὐτοῦ, λδ̄$^{ιθ'}$, καὶ μ^{o} ϛ̄, ἤτοι ριδ̄$^{ιθ'}$, γίνεται σε̄$^{ιθ'}$.

Ὁμοίως καὶ ὁ γ^{ος} ⟨ὁ σιξ̄$^{ιθ'}$⟩, δοὺς μὲν τῷ α^{ῳ} τὸ ἑαυτοῦ ζ^{ον}, λᾱ$^{ιθ'}$, καὶ μ^{o} η̄, ἤτοι ρνβ̄$^{ιθ'}$, λοιπός ἐστιν

$\overline{\lambda\delta}^{\iota\vartheta'}$· λαβὼν δὲ παρὰ τοῦ $\beta^{ου}$ τὸ $ς^{ον}$ αὐτοῦ, $\overline{\lambda\eta}^{\iota\vartheta'}$, καὶ $\mu^{o}\ \overline{\xi}$, ἤτοι $\overline{\rho\lambda\gamma}^{\iota\vartheta'}$, γίνεται $\overline{\sigma\varepsilon}$ $\iota\vartheta^{\omega\nu}$.

AD PROBLEMA XIX.

$\Delta^{Y}\,\overline{\alpha}$ ςς $\overline{\eta}$ $\mu^{o}\,\overline{\delta}$, $\Delta^{Y}\,\overline{\alpha}$ ςς $\overline{\beta}$ $\mu^{o}\,\overline{\alpha}$, $\Delta^{Y}\,\overline{\alpha}$ ς $\overline{\alpha}$ $\mu^{o}\,\overline{\gamma}$

$\Delta^{Y}\,\overline{\alpha}$ ςς $\overline{ς}$ $\mu^{o}\,\overline{\vartheta}$	$ἴ^{σ}$.	$\Delta^{Y}\,\overline{\alpha}$ ςς $\overline{\eta}$ $\mu^{o}\,\overline{\delta}$
$\mu^{o}\,\overline{\varepsilon}$	$ἴ^{σ}$.	ςς $\overline{\beta}$
$\mu^{o}\,\overline{\beta}\,\llcorner'$		ς $\overline{\alpha}$
$\mu^{o}\,\overline{\lambda}\,\delta''$	$\mu^{o}\,\overline{\iota\beta}\,\delta''$	$\mu^{o}\,\overline{ς}\,\delta''$.

Οὐ μόνος ὁ ἐλάχιστος, ἀλλὰ καὶ ὁ μέσος $\square^{ος}$ ὀφείλει τάττεσθαι ἀπὸ ςς$^{\tilde{\omega}\nu}$ καὶ μ^{o} ὅσων δήποτε, ὁ δὲ μείζων οὐ $\square^{ος}$, ἀλλὰ μόνον λόγον ἔχειν τὴν ὑπεροχὴν αὐτοῦ πρὸς τὸν μέσον ⟨τριπλασίονα⟩ τῆς ὑπεροχῆς τοῦ μέσου πρὸς τὸν ἐλάχιστον· καλῶς δὲ ἐνταῦθα τοῦ μέσου ταχθέντος $\Delta^{Y}\,\overline{\alpha}$ ςς$^{\tilde{\omega}\nu}$ $\overline{\beta}$ $\mu^{o}\,\overline{\alpha}$, ὁ μέγιστος ἐτάχθη $\Delta^{Y}\,\overline{\alpha}$ ςς^{οἱ} $\overline{\eta}$ $\mu^{o}\,\overline{\delta}$· ἐπεὶ γὰρ ἡ ὑπεροχὴ τοῦ μέσου πρὸς τὸν ἐλάχιστον ςς$^{\tilde{\omega}\nu}$ $\overline{\beta}$ $\mu^{o}\,\overline{\alpha}$ ἐστιν, δεῖ δὲ τὴν ὑπεροχὴν τοῦ μεγίστου πρὸς τὸν μέσον τριπλασίονα εἶναι τῆς ὑπεροχῆς τοῦ μέσου πρὸς τὸν ἐλάχιστον, οἱ ἄρα ςς^{οἱ} $\overline{\eta}$ ςς^{ούς} $\overline{ς}$ ὑπερέχοντες τῶν ςς$^{\tilde{\omega}\nu}$ $\overline{\beta}$, καὶ αἱ $\overline{\delta}$ μ^{o} τῆς $\mu^{o}\,\overline{\alpha}$, $\mu^{o}\,\overline{\gamma}$ (εἰσὶ δὲ τὰ μὲν $\overline{ς}$ τῶν $\overline{\beta}$, τὰ δὲ $\overline{\gamma}$ τοῦ $\overline{\alpha}$ τριπλάσια), τὴν ὑπεροχὴν τῆς ὑπεροχῆς τριπλάσιον ποιοῦσιν.

Ἄν τε οὖν οἱ ἐν τῷ μεγίστῳ ςς^{οἱ} πλείους ὦσι τῶν μ^{o}, ὡς ἐνταῦθα, ἄν τε ἴσοι, ἄν τε ἐλάττους, ἀεὶ τὸν πλαττόμενον $\square^{ον}$, κατὰ τὰς μ^{o} τὰς ἐν αὐτῷ καὶ τοὺς ςς^{ούς}, δεῖ τοῦ μὲν ὑπερέχειν τῶν ἐν τῷ μεγίστῳ ὁμοίων

---

10 cf. I, 112, 18. 23 cf. I, 112, 22 sq.

εἰδῶν αὐτοῖς, τοῦ δὲ ἐλλείπειν, καὶ τοῦτο ὁπότερον δήποτε, οὐ γὰρ ἀεὶ τὸ αὐτὸ γίνεται.

AD PROBLEMA XX.

ἔκθ.	$ϛ\ \bar{\alpha}$		$\mu^{o}\ \bar{\alpha}\ ϛϛ\ \bar{\beta}$
	$\Delta^{Y}\ \bar{\delta}\ ϛϛ\ \bar{\varepsilon}\ \mu^{o}\ \bar{\alpha}$		
	$ϛϛ\ \bar{\beta}\ ⋔\ \mu^{o}\ \bar{\beta}$		
	$\Delta^{Y}\ \bar{\delta}\ \mu^{o}\ \bar{\delta}\ ⋔\ ϛϛ\ \bar{\eta}$	ἴσ.	$\Delta^{Y}\ \bar{\delta}\ ϛϛ\ \bar{\varepsilon}\ \mu^{o}\ \bar{\alpha}$
πρ.	$\Delta^{Y}\ \bar{\delta}\ \mu^{o}\ \bar{\delta}$	ἴσ.	$\Delta^{Y}\ \bar{\delta}\ ϛϛ\ \overline{\iota\gamma}\ \mu^{o}\ \bar{\alpha}$
ἀφ.	$\mu^{o}\ \bar{\gamma}$		$ϛϛ\ \overline{\iota\gamma}$
ὑπ.	$\bar{\gamma}\ \iota\gamma^{\alpha}$	$\overline{\iota\vartheta}\ \iota\gamma^{\alpha}$.	

Πλάττει τὸν □^{ον} ἀπὸ ϛϛ^{ῶν} $\bar{\beta}$ ⋔ μ^{o} $\bar{\beta}$, ἵνα, διὰ μὲν τῶν $\bar{\beta}$ ϛϛ^{ῶν}, ἔχῃ πάλιν τὰς $\bar{\delta}$ Δ^{Y}, διὰ δὲ τῆς λείψεως τῶν β^{o} μ^{o}, ποιήσῃ τὰ ἐν αὐτῷ εἴδη τῶν ϛϛ^{ῶν} καὶ τῶν μ^{o}, τὸ μὲν ὑπερβάλλειν, τὸ δὲ ἐλλείπειν· καὶ ὑπερβάλλουσιν αἱ μὲν γενόμεναι $\bar{\delta}$ μ^{o} τῆς $\bar{\alpha}$ μ^{o}, ἐλλείπει δὲ ἡ λεῖψις τῶν $\bar{\eta}$ ϛϛ^{ῶν} τῆς ὑπάρξεως τῶν $\bar{\varepsilon}$ ϛϛ^{ῶν}.

Αἱ δὲ ὑποστάσεις τῶν □^{ων} γίνονται οὕτως· ὁ α^{ος}, $\bar{\gamma}^{ιγ'}$ ὤν, ποιεῖ τὸν ἀπ' αὐτοῦ, $\bar{\vartheta}$ $\overline{\varrho\xi\vartheta}^{ων}$· οὐκοῦν ἡ μονὰς εἰς $\overline{\varrho\xi\vartheta}$ τέμνεται, ἀναλυθέντα δὴ καὶ $\overline{\iota\vartheta}^{ιγ'}$ εἰς $\varrho\xi\vartheta^{α}$, τουτέστι πολλαπλασιασθέντων τῶν $\overline{\iota\vartheta}$ ἐπὶ τὰ $\overline{\iota\gamma}$, γίνονται $\overline{\sigma\mu\zeta}$· ταῦτα προσλαμβάνων ὁ $\bar{\vartheta}$, γίνεται $\overline{\sigma\nu ϛ}^{ρξθ'}$ ἀπὸ πλ. τοῦ $\overline{\iota ϛ}$.

Πάλιν ὁ β^{ος}, $\overline{\iota\vartheta}^{ιγ'}$ ὤν, ποιεῖ τὸν ἀπ' αὐτοῦ $\overline{\tau\xi\alpha}$ $\varrho\xi\vartheta^{α}$· ἀναλυθέντα δὴ καὶ τὰ $\bar{\gamma}$ ιγ^{α} εἰς $\varrho\xi\vartheta^{α}$, τουτέστι τοῦ $\bar{\gamma}$ ἐπὶ τὰ $\overline{\iota\gamma}$ γενομένου, γίνεται $\overline{\lambda\vartheta}^{ρξθ'}$· ταῦτα προσλαμβάνων ὁ $\overline{\tau\xi\alpha}$, γίνεται $\bar{\upsilon}$ ἀπὸ πλ. τοῦ $\bar{\varkappa}$.

---

11 cf. I, 114, 14. 23 $\overline{\iota\vartheta}^{ιγ'}$] $\overline{\iota\vartheta}^{ρξθ'}$.

AD PROBLEMA XXI.

ἔκθ.	ϛϛ $\bar{\beta}$ μ^{o} $\bar{\alpha}$		ϛ $\bar{\alpha}$ μ^{o} $\bar{\alpha}$
πολλ.	Δ^{Y} $\bar{\delta}$ ϛϛ $\bar{\delta}$ μ^{o} $\bar{\alpha}$		Δ^{Y} $\bar{\alpha}$ ϛϛ $\bar{\beta}$ μ^{o} $\bar{\alpha}$
	Δ^{Y} $\bar{\delta}$ ϛ $\bar{\gamma}$	ἴσ.	Δ^{Y} $\bar{\vartheta}$
ἀφ.	ϛϛ $\bar{\gamma}$	ἴσ.	Δ^{Y} $\bar{\varepsilon}$
μερ.	ϛϛ $\bar{\gamma}$ ε^{α}		Δ^{Y} $\bar{\alpha}$
	$\bar{\gamma}$ ε^{α}		ϛ $\bar{\alpha}$
	$\overline{\iota\alpha}$ ε^{α}		$\bar{\eta}$ ε^{α}.

Πλάττει τὸν $\square^{o\nu}$ ἀπὸ $\bar{\gamma}$ ϛϛ$^{\tilde{\omega}\nu}$, ἵνα αἱ ἀπ' αὐτοῦ Δ^{Y} $\bar{\vartheta}$ γινόμεναι ὑπερβῶσιν τὰς $\bar{\delta}$ Δ^{Y}· εἰ γὰρ ἀπὸ $\bar{\beta}$ ἔπλασσεν, ἐγένοντο ἂν Δ^{Y} $\bar{\delta}$, καὶ ἀφαιρουμένων τῶν ὁμοίων, ἐλείποντο $\bar{\gamma}$ ϛϛ$^{o\grave{\iota}}$ ἴσοι οὐδενί, ὅπερ ἄτοπον· ἀπὸ ϛϛ$^{\tilde{\omega}\nu}$ δὲ μόνων, οὐ μὴν καὶ μ^{o}, ὅτι, μετὰ τὴν ἀφαίρεσιν τοῦ ἐλάττονος ἀπὸ τοῦ ἀπὸ τοῦ μείζονος $\square^{o\upsilon}$, δύο εἴδη κατελείφθη, Δ^{Y} καὶ ϛϛ$^{o\acute{\iota}}$· εἰ γὰρ καὶ μ^{o} κατελιμπάνοντο, ἀπὸ ϛϛ$^{\tilde{\omega}\nu}$ ἂν καὶ μ^{o} ἔπλασε τὸν $\square^{o\nu}$· νῦν δ' οὐ χρεία γέγονε τῶν μ^{o}.

Ἐπεὶ δὲ ὁ ἐλάττων $\bar{\gamma}^{\varepsilon'}$ ἐστίν, ὁ ἀπ' αὐτοῦ γίνεται $\overline{\xi\delta}$ $\kappa\varepsilon^{\omega\nu}$· ἡ μονὰς ἄρα εἰς $\kappa\varepsilon^{\alpha}$ τέμνεται· ἀναλυθέντα δὲ καὶ ⟨$\overline{\iota\alpha}$ ε^{α} εἰς $\kappa\varepsilon^{\alpha}$⟩, γίνονται $\overline{\nu\varepsilon}$ $\kappa\varepsilon^{\alpha}$· ταῦτα ἐὰν ἀφέλω ἀπὸ τῶν $\overline{\xi\delta}$, λοιπὰ $\bar{\vartheta}$ $\square^{o\varsigma}$. πάλιν ἐπεὶ ὁ μείζων ἐστὶν $\overline{\iota\alpha}$ ε^{α}, ὁ ἀπ' αὐτοῦ γίνεται $\overline{\rho\kappa\alpha}$ $\kappa\varepsilon^{\alpha}$· ἀναλυθέντων τῶν $\bar{\eta}$ $\varepsilon^{\omega\nu}$ εἰς $\kappa\varepsilon^{\alpha}$, γίνεται $\bar{\mu}$ $\kappa\varepsilon^{\alpha}$· τούτων ἀφαιρεθέντων ἀπὸ τῶν $\overline{\rho\kappa\alpha}$, λοιπὰ $\overline{\pi\alpha}$ $\square^{o\varsigma}$.

9 cf. I, 116, 12.

AD PROBLEMA XXII.

ἔκθ.	$\varsigma\ \bar{\alpha}\ \mu^{o}\ \bar{\alpha}$	$\varsigma\ \bar{\alpha}$
πολλ.	$\Delta^{Y}\ \bar{\alpha}\ \varsigma\varsigma\ \bar{\delta}\ \mu^{o}\ \bar{\beta}$	$\Delta^{Y}\ \bar{\alpha}$
	$\varsigma\ \bar{\alpha}\ \pitchfork\ \mu^{o}\ \bar{\beta}$	
	$\Delta^{Y}\ \bar{\alpha}\ \mu^{o}\ \bar{\delta}\ \pitchfork\ \varsigma\varsigma\ \bar{\delta}$ ἴσ.	$\Delta^{Y}\ \bar{\alpha}\ \varsigma\varsigma\ \bar{\delta}\ \mu^{o}\ \bar{\beta}$
πρ.	$\Delta^{Y}\ \bar{\alpha}\ \mu^{o}\ \bar{\delta}$	$\Delta^{Y}\ \bar{\alpha}\ \varsigma\varsigma\ \bar{\eta}\ \mu^{o}\ \bar{\beta}$
ἀφ.	$\mu^{o}\ \bar{\beta}$	$\varsigma\varsigma\ \bar{\eta}$
μερ.	$\bar{\beta}\ \eta^{\alpha}$	$\varsigma\ \bar{\alpha}$
ὑπ.	$\bar{\iota}\ \eta^{\alpha}$	$\bar{\beta}\ \eta^{\alpha}$.

Καλῶς τάσσει τὸν μείζονα $\varsigma^{\text{ὸν}}\ \bar{\alpha}\ \mu^{o}\ \bar{\alpha}$, ἵνα ὁ ἀπὸ τοῦ ἐλάσσονος, τουτέστι $\bar{\alpha}\ \Delta^{Y}$, προσλαβοῦσα συναμφότερον, ποιῇ $\square^{\text{ον}}$, τουτέστι $\Delta^{Y}\ \bar{\alpha}\ \varsigma\varsigma\ \bar{\beta}\ \mu^{o}\ \bar{\alpha}$, ἀπὸ πλ. τοῦ $\varsigma^{\text{οῦ}}\ \bar{\alpha}\ \mu^{o}\ \bar{\alpha}$. καὶ τὸν $\square^{\text{ον}}$ δὲ πλάττει ἀπὸ $\varsigma^{\text{οῦ}}\ \bar{\alpha}\ \pitchfork\ \mu^{o}\ \bar{\beta}$, ἵνα πάλιν ἔχῃ τὴν $\bar{\alpha}\ \Delta^{Y}$, καὶ τὰ εἴδη τῶν $\varsigma\varsigma^{\text{ῶν}}$ καὶ μ^{o}, τὸ μὲν ὑπερβάλλῃ, τὸ δὲ ἐλλείπῃ.

Ἐπεὶ δὲ ὁ ἐλάσσων ἐστὶ $\bar{\beta}\ \eta^{\text{ων}}$, ὁ ἀπ' αὐτοῦ ἐστι $\bar{\delta}\ \xi\delta^{\text{ων}}$· εἰς $\overline{\xi\delta}$ ἄρα τέμνεται ἡ μονάς· ἀναλυθέντες δὲ ὁ μείζων καὶ ὁ ἐλάττων εἰς $\xi\delta^{\alpha}$, τουτέστιν ἐπὶ τὰ $\bar{\eta}$ πολλαπλασιασθέντες, γίνονται $\overline{ϟ\varsigma}\ \xi\delta^{\alpha}$· ταῦτα προσλαμβάνων ὁ $\bar{\delta}$, γίνεται $\bar{\rho}\ \xi\delta^{\alpha}$. πάλιν ἐπεὶ ὁ μείζων ἐστὶ $\bar{\iota}\ \eta^{\text{ων}}$, ὁ ἄρα ἀπ' αὐτοῦ ἐστι $\bar{\rho}\ \xi\delta^{\text{ων}}$, οὗτος προσλαμβάνων τὰ $\overline{ϟ\varsigma}$, ποιεῖ $\overline{\rho ϟ\varsigma}$, $\square^{\text{ον}}$ ἀπὸ πλ. τοῦ $\overline{\iota\delta}$.

AD PROBLEMA XXIII.

ἔκθ.	$\varsigma\ \bar{\alpha}\ \mu^{o}\ \bar{\alpha}$	$\varsigma\ \bar{\alpha}$
πολλ.	$\Delta^{Y}\ \bar{\alpha}\ \varsigma\varsigma\ \bar{\beta}\ \mu^{o}\ \bar{\alpha}$	$\Delta^{Y}\ \bar{\alpha}\ \pitchfork\ \varsigma\varsigma\ \bar{\beta}\ \mu^{o}\ \bar{\alpha}$
πλ.		$\varsigma\ \bar{\alpha}\ \pitchfork\ \mu^{o}\ \bar{\gamma}$

10 cf. I, 116, 19. 13 cf. I, 118, 1.

πολλ.	$\Delta^{Y}\,\bar{\alpha}\ \mu^{o}\,\bar{\vartheta}$ ⋔ ϛϛ $\bar{\varsigma}$	ἴσ.	$\Delta^{Y}\,\bar{\alpha}$ ⋔ ϛϛ $\bar{\beta}\ \mu^{o}\,\bar{\alpha}$
πρ.	$\Delta^{Y}\,\bar{\alpha}\ \mu^{o}\,\bar{\iota}$ ϛϛ $\bar{\beta}$	ἴσ.	$\Delta^{Y}\,\bar{\alpha}$ ϛϛ $\bar{\varsigma}$
ἀφ.	$\mu^{o}\,\bar{\iota}$		ϛϛ $\bar{\delta}$
ὑπ.	$\mu^{o}\,\bar{\gamma}$ L′		$\mu^{o}\,\bar{\beta}$ L′.

Λείψει συναμφοτέρου ποιῇ □^{ον}· ποιεῖ γὰρ τὴν $\bar{\alpha}\ \Delta^{Y}$.

Πλάσσει δὲ τὸν □^{ον} ἀπὸ ϛ^{οῦ} $\bar{\alpha}$ ⋔ $\mu^{o}\,\bar{\gamma}$· εἰ δὲ καὶ ἀπὸ λείψεως $\bar{\beta}\ \mu^{o}$ ἐποίει, τὸ αὐτὸ πάλιν ἐγένετο.

Ὁ μὲν ἀπὸ τοῦ ἐλάσσονός ἐστιν $\bar{\varsigma}$ δ″, οὗ ἐὰν ἀφέλῃς συναμφότερον, ἤτοι $\mu^{o}\,\bar{\varsigma}$, λοιπὸν δ^{ον}, □^{ος} ἀπὸ πλ. τοῦ L′· ὁ δὲ ἀπὸ τοῦ μείζονός ἐστι $\overline{\iota\beta}$ δ″, οὗ ἐὰν ἀφέλῃς πάλιν $\mu^{o}\,\bar{\varsigma}$, λοιπὰ $\bar{\varsigma}$ δ″, □^{ος} ἀπὸ πλ. τοῦ $\bar{\beta}$ L′.

AD PROBLEMA XXIV.

ἔκϑ.	$\Delta^{Y}\,\bar{\gamma}$,	$\Delta^{Y}\,\bar{\alpha}$,	$\Delta^{Y}\,\bar{\eta}$
		$\Delta^{Y}\,\overline{\iota\alpha}$	
πολλ.	$\Delta\Delta^{Y}\,\overline{\varrho\kappa\alpha}$	ἴσ.	$\Delta^{Y}\,\bar{\alpha}$
πλ.	$\Delta^{Y}\,\overline{\iota\alpha}$	ἴσ.	ϛ $\bar{\alpha}$
	ϛϛ $\overline{\iota\alpha}$	ἴσ.	$\mu^{o}\,\bar{\alpha}$
	ϛ $\bar{\alpha}$		$\bar{\alpha}\ \iota\alpha^{ov}$
ὑπ.	$\bar{\gamma}\ \varrho\kappa\alpha^{\alpha}$		$\bar{\eta}\ \varrho\kappa\alpha^{\alpha}$.

Ἐπεὶ ὁ ϛ^{ὁ} εὑρίσκεται ἑνὸς ια^{ου}, ἡ μὲν ἄρα $\bar{\alpha}\ \Delta^{Y}$ ἔσται ἑνὸς ρκα^{ου}, ἡ δὲ $\bar{\alpha}\ \Delta\Delta^{Y}$ ἑνὸς ά ͵δχμα^{ου}, αἱ δὲ $\bar{\gamma}\ \Delta^{Y}$, $\bar{\gamma}$ ὁμοίων, καὶ αἱ $\bar{\eta}$, $\bar{\eta}$, καὶ αἱ $\overline{\iota\alpha}$, $\overline{\iota\alpha}$· ὁ δὲ ἀπὸ τῶν $\overline{\iota\alpha}\ \Delta^{Y}$ □^{ος} ἔσται $\overline{\varrho\kappa\alpha}\ \Delta\Delta^{Y}$, τουτέστιν $\overline{\varrho\kappa\alpha}$ ά ͵δχμα^{ων}· διὰ δὲ τὸ τοιοῦτον μόριον ἀναλυϑήτωσαν τὰ $\bar{\gamma}\ \varrho\kappa\alpha^{\alpha}$ εἰς $\overline{\tau\xi\gamma}$ ά ͵δχμα$^{\alpha}$, καὶ τὰ $\bar{\eta}$ εἰς ὅμοια $\overline{\text{ϡ}\xi\eta}$· ἐπεὶ δὲ καὶ

5 I, 118, 9/10. 7 cf. I, 118, 14.

ὁ ἀπὸ συναμφοτέρου τῶν ὁμοίων ἐστὶν ρκα, ταῦτα ἐάν τε τὸν τξγ προσλάβῃ, γίνεται υπδ, □^{ος} ἀπὸ πλ. τοῦ κβ, ἐάν τε τὸν ϡξη, γίνεται ͵απθ, □^{ος} ἀπὸ πλ. τοῦ λγ.

AD PROBLEMA XXV.

ἔκθ.	$Δ^{Y}$ ιβ,	$Δ^{Y}$ ις,	$Δ^{Y}$ ζ
συνθ.		$Δ^{Y}$ ιθ	
	$ΔΔ^{Y}$ τξα	ἴσ.	$Δ^{Y}$ ις
	$Δ^{Y}$ ιθ	ἴσ.	ϛϛ δ
	ϛϛ ιθ	ἴσ.	$μ^{o}$ δ
μερ.	ϛ ᾱ		δ $ιθ^{α}$
ὑπ.	ρϟβ $τξα^{α}$		ριβ $τξα^{α}$.

Ἐπεὶ ὁ ἀπὸ συναμφοτέρου, τξα $ΔΔ^{Y}$, ἐστὶν ἴσος $Δ^{Y}$ ις, καὶ ἡ πλευρὰ ἴση τῇ πλευρᾷ, τουτέστιν αἱ ιθ $Δ^{Y}$, δ $ϛϛ^{οῖς}$, πάντα παρὰ $ϛ^{όν}$, $ϛϛ^{οὶ}$ ἄρα ιθ ἴσοι $μ^{o}$ δ· ὁ $ϛ^{ὸ}$ ἄρα δ $ιθ^{ων}$.

Ἔσται ὁ μὲν $α^{ος}$, ἐπεὶ ιβ $Δ^{Y}$, ρϟβ $τξα^{ων}$· ἡ γὰρ μία $Δ^{Y}$ τῶν ὁμοίων ἐστὶ μορίων ις, ἐπεὶ ὁ $ϛ^{ὸ}$ $δ^{ιθ'}$· ὁ δὲ $β^{ος}$, ἐπεὶ ζ $Δ^{Y}$, τῶν ὁμοίων μορίων ριβ· ἐπεὶ γοῦν συναμφότερος τδ $τξα^{ων}$ ἐστίν, ὁ ἀπὸ συναμφοτέρου αὐτῶν, τουτέστιν ὁ ἀπὸ τῶν τδ $τξα^{ων}$, θ̈ ͵βυις ιγ̈ $τκα^{ων}$· διὰ δὴ τὸ τοιοῦτον μόριον, ἀναλυθήτωσαν καὶ τὰ ρϟβ καὶ τὰ ριβ $τξα^{α}$ εἰς ιγ̈ $τκα^{α}$, καὶ γίνεται ὁ μὲν ρϟβ, ϛ̈ ͵θτιβ τοιούτων μορίων, ὁ δὲ ριβ, τῶν ὁμοίων δ̈ υλβ· ἐάν τε οὖν ἀπὸ τῶν θ̈ ͵βυις ἀφέλω τὰ ϛ̈ ͵θτιβ, λοιπός ἐστιν ὁ β̈ ͵γρδ, □^{ος} ἀπὸ πλ. τῶν ρνβ· ἐάν τε τὰ δ̈ υλβ, λοιπός ἐστιν ὁ ε̈ ͵αϡπδ, □^{ος} ἀπὸ πλ. τοῦ σκη.

---

13 cf. I, 120, 21.

AD PROBLEMA XXVI.

ἔκθ.	ϛϛ δ̄ ⋔ μ^o ᾱ		ϛ ᾱ
	Δ^Y δ̄ ϛϛ γ̄ ⋔ μ^o ᾱ		
	μ^o ϛ̄ ⋔ ϛϛ β̄		
πολλ.	Δ^Y δ̄ μ^o λ̄ϛ̄ ⋔ ϛϛ κ̄δ̄	ἴσ.	Δ^Y δ̄ ϛϛ γ̄ ⋔ μ^o ᾱ
πρ.	Δ^Y δ̄ μ^o λ̄ζ̄	ἴσ.	Δ^Y δ̄ ϛϛ κ̄ζ̄
ἀφ.	μ^o λ̄ζ̄		ϛϛ κ̄ζ̄
μερ.	λ̄ζ̄ κζ$^{\alpha}$		ϛ ᾱ
ὑπ.	ρ̄κ̄ᾱ κζ$^{\alpha}$		λ̄ζ̄ κζ$^{\alpha}$.

Τὸ λῆμμα ὃ τίθησιν ἐν τῷ κϛ$^{\omega}$ ἐστὶ τοιοῦτον. ἐὰν ἀριθμὸς ἀριθμοῦ τοσαπλάσιος ᾖ, ὅσαι μ^o εἰσὶν ἑνὸς οὑτινοσοῦν τῶν □$^{\omega\nu}$, ὁ ὑπ' αὐτῶν □$^{o\varsigma}$ γίνεται· τουτέστιν ἐάν τε ἴσος, διὰ τὴν μονάδα □$^{o\nu}$ οὖσαν, ὡς δὶς τὰ β̄, δ̄, καὶ τρὶς τὰ γ̄, θ̄· ἐάν τε τετραπλάσιος, διὰ τὸν δ̄, ὡς ὁ β̄ καὶ ὁ η̄, δὶς τὰ η̄, ῑϛ̄, καὶ τρὶς τὰ ι̅β̅, λ̄ϛ̄· ἐάν τε ἐννεαπλάσιος, διὰ τὸν θ̄, καὶ ἐφεξῆς. οὐκοῦν καὶ ἐὰν ἀριθμὸς ἀριθμοῦ τετραπλάσιος ἢ ἐννεαπλάσιος ἢ ἑκκαιδεκαπλάσιος καὶ ἑξῆς ᾖ παρὰ μὲν μ^o ᾱ, τὸ ὑπ' αὐτῶν προσλαβὼν ἅπαξ τὸν ἐλάσσονα, □$^{o\nu}$ ποιεῖ, ὡς δὶς ζ̄, ῑδ̄, καὶ β̄, ῑϛ̄· παρὰ δὲ β̄ μ^o, δὶς προσλαβὼν τὸν ἐλάσσονα, □$^{o\nu}$ ποιεῖ, ὡς δὶς ϛ̄, ῑβ̄, καὶ δὶς τὰ β̄, δ̄, ὁμοῦ ῑϛ̄· παρὰ δὲ γ̄ μ^o, τρὶς καὶ ἐφεξῆς.

Ἐὰν δὲ ἀριθμὸς ἀριθμοῦ τετραπλάσιος ἢ ἐννεαπλάσιος καὶ ἐφεξῆς ᾖ, εἰ μὲν καὶ μ^o ᾱ, τὸ ὑπ' αὐτῶν λείψει ἅπαξ τοῦ ἐλάσσονος, □$^{o\nu}$ ποιεῖ, ὡς β̄ καὶ θ̄, δὶς τὰ θ̄, ῑη̄, λείψει δὲ τοῦ ἐλάσσονος, γίνεται ῑϛ̄· εἰ δὲ καὶ μ^o β̄, λείψει δὶς τοῦ ἐλάσσονος, ὡς β̄ καὶ ῑ, δὶς ῑ, κ̄, λείψει δὲ τοῦ β̄ δίς, ἤτοι τῶν δ̄, γίνεται ῑϛ̄· εἰ δὲ γ̄ μ^o, τρὶς λείψει καὶ ἐφεξῆς.

---

10 cf. I, 122, 9 sq.

Ὁ μὲν οὖν ὑπ' αὐτῶν ἐστι $Δ^{Y}$ δ ⋔ $ϛ^{ου}$ ᾱ· οὗτος δὴ προσλαβὼν μὲν τὸν ἐλάττονα, γίνεται $Δ^{Y}$ δ̄ τελείων· προσλαβὼν δὲ τὸν μείζονα, γίνεται $Δ^{Y}$ δ̄ $ϛϛ^{ῶν}$ γ̄ ⋔ $μ^{ο}$ ᾱ· ἐπεὶ τοίνυν ἡ τοῦ ἐλάττονος $□^{ου}$ πλευρά, τουτέστι τῶν δ̄ $Δ^{Y}$, $ϛϛ^{ῶν}$ ἐστι β̄, εἰκότως τὴν τοῦ μείζονος $□^{ου}$ πλευρὰν ἔταξε $μ^{ο}$ ϛ̄ ⋔ $ϛϛ^{ῶν}$ β̄, ἵνα ὁμοῦ αἱ δύο πλευραὶ συντεθεῖσαι, $μ^{ο}$ ποιήσωσιν ϛ̄. καὶ τὰ ἀπὸ τῆς τοῦ μείζονος πλευρᾶς ἴσα λέγει εἶναι τῷ μείζονι τετραγώνῳ, εἰκότως.

Ἐπεὶ τοίνυν ὁ $ϛ^{ὁ}$ λ̅ζ̅ $κζ^{ῶν}$ εὑρέθη, καὶ ἔστιν ὁ ἐλάττων λ̅ζ̅ $κζ^{ῶν}$, ὁ δὲ μείζων ρ̅κ̅α̅ $κζ^{ῶν}$, (οἱ γὰρ δ̄ $ϛϛ^{οἱ}$ ρ̅μ̅η̅ $κζ^{ῶν}$ εἰσίν, ὧν ἐὰν ἀφέλῃς $μ^{ο}$ ᾱ, ἤτοι κ̅ζ̅ $κζ^{α}$, λοιπὰ ρ̅κ̅α̅ $κζ^{α}$), ὁ ὑπὸ τῶν λ̅ζ̅ καὶ ρ̅κ̅α̅ γίνονται ͵δυοζ $ψκθ^{α}$· ἐὰν τοίνυν ἀναλυθῶσι καὶ τὰ λ̅ζ̅ $κζ^{α}$ εἰς $ψκθ^{α}$, τουτέστιν ἑκάστου αὐτοῦ μορίου εἰς κ̅ζ̅ μερισθέντος, τὰ μὲν λ̅ζ̅ $κζ^{α}$ γενήσεται Ϡϟθ $ψκθ^{α}$, τὰ δὲ ρ̅κ̅α̅ $κζ^{α}$, ͵γσξζ $ψκθ^{α}$· τοῖς οὖν ͵δυοζ, ἐάν τε τὰ Ϡϟθ συντεθῶσι, ποιοῦσι ͵ευος, $□^{ον}$ ἀπὸ πλ. τοῦ ο̅δ̅· ἐάν τε τὰ ͵γσξζ, ποιοῦσι τὸν ͵ζψμδ, $□^{ον}$ ἀπὸ πλ. τοῦ π̅η̅· αἱ δὲ τούτων πλευραί, τουτέστι τὰ ο̅δ̅ καὶ π̅η̅ $κζ^{α}$, ἃ γίνονται ὁμοῦ ρ̅ξ̅β̅, συναχθέντα εἰς μονάδας, γίνονται $μ^{ο}$ ϛ̄.

AD PROBLEMA XXVII.

ἔκθ.	ϛϛ δ̄ $μ^{ο}$ ᾱ		ϛ ᾱ
πολλ.	$Δ^{Y}$ δ̄ ϛ ᾱ		
	$Δ^{Y}$ δ̄ ⋔ ϛϛ γ̄ $μ^{ο}$ ᾱ	ἴσ.	$Δ^{Y}$ δ̄ $μ^{ο}$ κ̅ε̅ ⋔ ϛϛ κ̄
πρ.	$Δ^{Y}$ δ̄ ϛϛ κ̄	ἴσ.	$Δ^{Y}$ δ̄ $μ^{ο}$ κ̅ϛ̅ ϛϛ γ̄
ἀφ.	ϛϛ ι̅ζ̅	ἴσ.	$μ^{ο}$ κ̅ϛ̅
μερ.	ϛ ᾱ	ἴσ.	κ̅ϛ̅ $ιζ^{α}$
ὑπ.	ρ̅κ̅α̅ $ιζ^{α}$		κ̅ϛ̅ $ιζ^{α}$.

1 cf. I, 122, 13 sq.

Καὶ τὸ κζ^{ον} ὁμοίως δείκνυσι τῷ κϛ^{ῳ}.

Ἐπεὶ τοίνυν ὁ ς^{ὸ} ἐστιν $\overline{κϛ}^{ιζ}$, ὁ μὲν ἐλάσσων, ὁ ς^{οῦ} $\overline{α}$, ἔσται $\overline{κϛ}$ ιζ^{ων}, ὁ δὲ μείζων, ὁ ςς^{ων} $\overline{δ}$ μ^{ο} $\overline{α}$, $\overline{ρκα}$ ιζ^{ων}· δ^{κις} γὰρ τὰ $\overline{κϛ}$, $\overline{ρδ}$, οἷς προστιθέμενα $\overline{ιζ}$ ιζ^{α}, ἤτοι μ^{ο} $\overline{α}$, γίνεται $\overline{ρκα}$ ιζ^{α}. ὁ τοίνυν ὑπ᾽ αὐτῶν ἐστι $\overline{,γρμϛ}$ σπθ^{ων}· ἀναλυθέντα δὲ καὶ τὰ $\overline{κϛ}$ ιζ^{α} εἰς ὅμοια μόρια σπθ^{α}, γίνεται $\overline{υμβ}$· τὰ δὲ $\overline{ρκα}$ ιζ^{α}, $\overline{,βνζ}$ σπθ^{α}· ἐάν τε οὖν ἀπὸ τῶν $\overline{,γρμϛ}$ ἀφέλω $\overline{υμβ}$, λοιπὰ $\overline{,βψδ}$, ἅπερ ἐστὶ □^{ος} ἀπὸ πλ. τοῦ $\overline{νβ}$· ἐάν τε τὰ $\overline{,βνζ}$, λοιπὰ $\overline{,απθ}$, ἅπερ ἐστὶ □^{ος} ἀπὸ πλ. τοῦ $\overline{λγ}$· αἱ δὲ τούτων πλευραί, τουτέστι τὰ $\overline{νβ}$ καὶ τὰ $\overline{λγ}$, ὁμοῦ συντιθέμενα γίνονται $\overline{πε}$ ιζ^{α}, ἃ συναγόμενα εἰς μονάδας, γίνονται μ^{ο} $\overline{ε}$.

AD PROBLEMA XXVIII.

ἔκθ.	$Δ^{Y}$ $\overline{α}$ μ^{ο} $\overline{α}$		μ^{ο} $\overline{α}$
	$Δ^{Y}$ $\overline{α}$		$Δ^{Y}$ $\overline{α}$ μ^{ο} $\overline{α}$
πλ.	ς $\overline{α}$ ⋔ μ^{ο} $\overline{β}$		
πολλ.	$Δ^{Y}$ $\overline{α}$ μ^{ο} $\overline{δ}$ ⋔ ςς $\overline{δ}$	ἴσ.	$Δ^{Y}$ $\overline{α}$ μ^{ο} $\overline{α}$
πρ.	$Δ^{Y}$ $\overline{α}$ μ^{ο} $\overline{δ}$	ἴσ.	$Δ^{Y}$ $\overline{α}$ ςς $\overline{δ}$ μ^{ο} $\overline{α}$
ἀφ.	μ^{ο} $\overline{γ}$	ἴσ.	ςς $\overline{δ}$
μερ.	$\overline{γ}$ δ^{α}		ς $\overline{α}$
ὑπ.	$\overline{θ}$ ιϛ^{α}		$\overline{ιϛ}$ ιϛ^{α}
ἔκθ.	$Δ^{Y}$ $\overline{θ}$ μ^{ο} $\overline{θ}$	ἴσ.	$Δ^{Y}$ $\overline{θ}$ μ^{ο} $\overline{ιϛ}$ ⋔ ςς $\overline{κδ}$
πρ.	$Δ^{Y}$ $\overline{θ}$ ςς $\overline{κδ}$ μ^{ο} $\overline{θ}$	ἴσ.	$Δ^{Y}$ $\overline{θ}$ μ^{ο} $\overline{ιϛ}$
ἀφ.	ςς $\overline{κδ}$		μ^{ο} $\overline{ζ}$
μερ.	ς $\overline{α}$		$\overline{ζ}$ κδ^{α}
	$\overline{τκδ}$ φοϛ^{α}		$\overline{μθ}$ φοϛ^{α}.

Αἱ πλευραὶ λαμβάνονται, ἐν τῷ κη^{ῳ}, τῶν πλαττομένων □^{ων}, ἡ μὲν ς^{οῦ} $\bar{α}$ ⋔ μ^{ο} $\bar{β}$, ἡ δὲ ςς^{ῶν} $\bar{γ}$ ⋔ μ^{ο} $\bar{δ}$, ἵνα ἔχῃ πάλιν τὰς Δ^{Υ}, καὶ τῶν γινομένων εἰδῶν τὸ μὲν ἐλλείπῃ, τὸ δὲ ὑπερβαίνῃ.

Ἐπεὶ δὲ ὁ ς^{ὁ} εὑρίσκεται $\bar{γ}$ δ^{ων}, ἡ μὲν Δ^{Υ} ἔσται $\bar{θ}$ ις^{ων}, ἡ δὲ μ^{ο} τῶν ὁμοίων μορίων $\overline{ις}$, τὸ δὲ ὑπ' αὐτῶν $\overline{ρμδ}$ συς^{α}· ταῦτα προσλαβόντα τὴν μ^{ο} εἰς συς^{α} ἀναλυθεῖσαν, συς^{α} γίνεται $\bar{υ}$, □^{ος} ἀπὸ πλ. τοῦ $\bar{κ}$ ις^{ων}· τούτων οὕτως ἐχόντων 'πάντων, φησίν, ις$^{πλ.}$, τουτέστιν ὅ τε ὑπ' αὐτῶν, ἤτοι $\overline{ρμδ}$ συς^{α}, ταὐτὸν δ' εἰπεῖν $\bar{θ}$ ις^{α}, καὶ ἡ Δ^{Υ}, ἤτοι τὰ $\bar{θ}$ ις^{α}· ις^{κις} γὰρ ταῦτα ποιοῦσι Δ^{Υ} $\bar{θ}$ μ^{ο} $\bar{θ}$, οὔσης καὶ ἑκάστης τῶν Δ^{Υ} μονάδος μιᾶς.

Πάλιν, ἐπεὶ γίνεται ὁ ς^{ὁ} $\bar{ζ}$ κδ^{ων}, ἡ Δ^{Υ} ἄρα $\overline{μθ}$ φος^{ων}, καὶ πάλιν ἐπεὶ ὁ ἕτερος μ^{ο} ἦν $\bar{θ}$, διὰ τὸ πάντα ις^{κις}, ἀπὸ πλ. $\bar{γ}$ δ^{ων}, ἔσται πάλιν τούτου† τὰ $\bar{γ}$ δ^{α} τῶν $\overline{κδ}$ κδ^{ων} ἤτοι τὰ $\overline{ιη}$ κδ^{α}, ἃ καὶ εἰς ἑαυτὰ πολλαπλασιαζόμενα ποιοῦσι $\overline{τκδ}$ φος^{α}· ὁ δὲ ὑπ' αὐτῶν, $\ddot{α}$,εωος $\ddot{λγ}$,αψος^{α}· ταῦτα προσλήψει μὲν τῶν $\overline{μθ}$ φος^{ων}, ἀναλυθέντων εἰς $\ddot{β}$,ησκδ $\ddot{λγ}$,αψος^{α}, γίνεται $\ddot{δ}$,δρ τοιούτων μορίων, ἅπερ ἐστὶ □^{ος} ἀπὸ πλ. τῶν $\overline{σι}$ φος^{ων}· προσλήψει δὲ τῶν $\overline{τκδ}$ φος^{ων} ἀναλυθέντων εἰς $\ddot{ιη}$,σχκδ $\ddot{λγ}$,αψος^{α}, γίνεται ὅλος $\ddot{κ}$,βφ μορίων τοιούτων, ἅπερ ἐστὶ □^{ος} ἀπὸ πλ. τῶν $\overline{υν}$ φος^{ων}.

AD PROBLEMA XXIX.

ἐκθ.	Δ^{Υ} $\bar{α}$	μ^{ο} $\bar{α}$
	Δ^{Υ} $\bar{α}$	$\overline{κε}$

1 cf. I, 126, 5 et 12. 4 *ὑπερβαίνει.* 5 *ὁ* ς^{ὁ}] *ὡς.* cf. I, 126, 5. 9 I, 126, 10/11. ις$^{πλ.}$] *ἑξακιδεκάκις.* 13 cf. I, 126, 13. 14 μ^{ο}] *δυνάμεων.* 15 *τούτου* B, *τούτων* cett. 18 *ἀναλυθέντα.*

πολλ.	$\Delta^{Y}\,\overline{\kappa\varepsilon}$ ⋀ $\mu^{o}\,\overline{\kappa\varepsilon}$	ἴσ.	$\Delta^{Y}\,\bar{\alpha}\,\mu^{o}\,\overline{\iota\varsigma}$ ⋀ ϛ $\bar{\eta}$
πρ.	$\Delta^{Y}\,\overline{\kappa\varepsilon}$ ϛϛ $\bar{\eta}$	ἴσ.	$\Delta^{Y}\,\bar{\alpha}\,\mu^{o}\,\overline{\mu\alpha}$
ἀφ.	ϛϛ $\bar{\eta}$	ἴσ.	$\mu^{o}\,\overline{\iota\xi}$
μερ.	ϛ $\bar{\alpha}$		$\overline{\iota\xi}\,\eta^{\alpha}$
ἀφ.	$\Delta^{Y}\,\overline{\kappa\delta}$ ϛϛ $\bar{\eta}$		$\mu^{o}\,\overline{\mu\alpha}$
ὑπ.	$\overline{\sigma\pi\vartheta}\,\xi\delta^{\alpha}$		$\bar{\varrho}\,\xi\delta^{\alpha}$.

Ἐπεὶ ἀπὸ τοῦ $\overline{\kappa\varepsilon}$ ἀφαιρουμένων τῶν τῆς $\mu^{o}\,\overline{\iota\varsigma}^{\iota\varsigma'}$, καταλείπεται $\square^{o\varsigma}$ ὁ $\bar{\vartheta}$, εὐλόγως τέτακται ὁ μὲν $\overline{\kappa\varepsilon}$, ὁ δὲ $\Delta^{Y}\,\bar{\alpha}$· ὀφείλει δὲ ἡ Δ^{Y} εἶναι $\iota\varsigma^{\omega\nu}$, ἵνα ἀφαιρεθείσης μονάδος τῶν $\overline{\iota\varsigma}$, δηλονότι $\iota\varsigma^{\omega\nu}$, καταλειφθῇ $\square^{o\varsigma}$.

Τὸ δὲ πάντα $\iota\varsigma^{\kappa\iota\varsigma}$ οὕτως· ἀναλυθείσης μιᾶς ἑκάστης τῶν $\overline{\kappa\varepsilon}$ μ^{o} εἰς $\overline{\iota\varsigma}$, $\iota\varsigma^{\alpha}$ $\overline{\kappa\varepsilon}$, καὶ πολλαπλασιασθεισῶν πασῶν μετὰ τῆς Δ^{Y}, ἥτις ἦν $\bar{\alpha}$ $\iota\varsigma^{ov}$, γίνεται $\Delta^{Y}\,\overline{\kappa\varepsilon}$, ὧν ἑκάστη ἐστὶν $\overline{\iota\varsigma}$ $\iota\varsigma^{\omega\nu}$.

Μετὰ ταῦτα κοιναὶ προσκείσθωσαν αἱ λείψεις· Δ^{Y} ἄρα $\overline{\kappa\varepsilon}$ ϛϛ^{oi} $\bar{\eta}$ ἴσα $\Delta^{Y}\,\bar{\alpha}\,\mu^{o}\,\overline{\mu\alpha}$, καὶ ἀφαιρεθείσης τῆς $\bar{\alpha}$ Δ^{Y} ἐξ ἑκατέρου μέρους, καταλείπονται $\Delta^{Y}\,\overline{\kappa\delta}$ ϛϛ^{oi} $\bar{\eta}$ ἴσ. $\mu^{o}\,\overline{\mu\alpha}$. ἐπεὶ δὲ μία ἑκάστη τῶν $\Delta^{Y}\,\overline{\iota\varsigma}$ $\iota\varsigma^{\omega\nu}$ ἦν, αἱ $\overline{\kappa\delta}$ Δ^{Y} ἴσαι εἰσὶ $\mu^{o}\,\overline{\kappa\delta}$, καὶ ἀφαιρεθέντων ἐξ ἑκατέρου μέρους αὖθις $\mu^{o}\,\overline{\kappa\delta}$, καταλείπονται $\mu^{o}\,\overline{\iota\xi}$ ἴσαι ϛϛ$^{o\iota\varsigma}$ $\bar{\eta}$· καὶ γίνεται ὁ ϛ^{o} $\overline{\iota\xi}\,\eta^{\omega\nu}$. ὁ ἄρα $\square^{\omega\nu}$ εἷς, $\overline{\sigma\pi\vartheta}\,\xi\delta^{\alpha}$, ὁ δὲ λοιπός, καθὼς ἐν τῷ πρὸ τούτου θεωρήματι ἐλέχθη, ἔσται $\bar{\varrho}\,\xi\delta^{\alpha}$, ἀπὸ πλ. $\bar{\iota}\,\eta^{\omega\nu}$· ἐπεὶ γὰρ τῶν $\overline{\kappa\varepsilon}$ Δ^{Y}, ὧν μία ἑκάστη $\overline{\iota\varsigma}$ ἦν $\iota\varsigma^{\omega\nu}$, πλ. ἦσαν $\bar{\varepsilon}\,\delta^{\alpha}$, εὑρέθη δὲ ὁ ϛ^{o} $\overline{\iota\xi}\,\eta^{\omega\nu}$, ἔσται ὁ λοιπὸς $\bar{\varepsilon}\,\delta^{\alpha}$ τῶν $\bar{\eta}\,\eta^{\omega\nu}$· τὰ δὲ $\bar{\varepsilon}\,\delta^{\alpha}$, $\bar{\iota}\,\eta^{\alpha}$.

Ὁ ὑπ' αὐτῶν ἄρα $\ddot{\beta}$ ͵ηϡ ͵δϠϛ$^{\alpha}$, λείψει γοῦν $\bar{\varrho}\,\xi\delta^{\omega\nu}$, ἅτινα ἀναλύονται εἰς ͵ϛυ ὅμοια μόρια, γίνεται $\ddot{\beta}$ ͵βφ τοιούτων μορίων· ἔσται $\square^{o\varsigma}$ ἀπὸ πλ. $\overline{\varrho\nu}\,\xi\delta^{\omega\nu}$· λείψει δὲ

7 cf. I, 128, 3. 11 I, 128, 6.

τῶν $\overline{\sigma\pi\vartheta}$ ξδ$^{\omega\nu}$ ἀναλυθέντων εἰς $\overset{\alpha}{}$ᾱ ͵ηυϟϛ ͵δϟϛ$^{\alpha}$, καταλείπονται ᾱ $\overline{\upsilon\delta}$ ὅμοια μόρια, ἅπερ ἐστὶ □$^{o\varsigma}$ ἀπὸ πλ. $\overline{\rho\beta}$ ξδ$^{\omega\nu}$.

AD PROBLEMA XXX.

	$\overline{\beta}$		$\overline{\gamma}$
ἔκθ.	ϛ ᾱ		ϛϛ $\overline{\iota\gamma}$
	Δ^{Y} $\overline{\text{ϛ}}$		
	Δ^{Y} $\overline{\iota\beta}$	ἴσ.	ϛϛ $\overline{\iota\delta}$
	ϛϛ $\overline{\iota\beta}$	ἴσ.	μ^{o} $\overline{\iota\delta}$
μερ.	ϛ ᾱ		$\overline{\iota\delta}$ ιβ$^{\alpha}$ ἤτοι $\overline{\zeta}$ ϛ$^{\alpha}$
ὑπ.	$\overline{\zeta}$ ϛ$^{\alpha}$		$\overline{\text{ϟα}}$ ϛ$^{\alpha}$.

Ἐπειδὴ ἀριθμοὺς δύο τίθησι τὸν $\overline{\beta}$ καὶ τὸν $\overline{\gamma}$, ἔστωσαν καὶ ὁ $\overline{\beta}$, ϛϛ^{oi} $\overline{\beta}$, καὶ ὁ $\overline{\gamma}$, ϛϛ^{oi} $\overline{\gamma}$· ἀπὸ μὲν οὖν τῶν $\overline{\beta}$ ϛϛ$^{\tilde{\omega}\nu}$, γίνεται □$^{o\varsigma}$ Δ^{Y} $\overline{\delta}$, ἀπὸ ⟨δὲ⟩ τῶν $\overline{\gamma}$, Δ^{Y} $\overline{\vartheta}$· $\overline{\delta}$ δὲ καὶ $\overline{\vartheta}$ συντιθέμενα γίνονται Δ^{Y} $\overline{\iota\gamma}$· ἐπεὶ δὲ ϛϛ^{oi} $\overline{\beta}$ καὶ ϛϛ^{oi} $\overline{\gamma}$ πολλαπλασιασθέντες ἐπ' ἀλλήλους ποιοῦσι Δ^{Y} $\overline{\text{ϛ}}$, ἐὰν ἄρα δὶς τὰ $\overline{\text{ϛ}}$, ἤτοι Δ^{Y} $\overline{\iota\beta}$, προσθῶ ταῖς $\overline{\iota\gamma}$ Δ^{Y}, γίνεται Δ^{Y} $\overline{\kappa\varepsilon}$· ἐὰν δὲ ἀφέλω, γίνεται Δ^{Y} ᾱ καί εἰσι □^{oi}. διὰ δὴ ταῦτα τάσσει τὸν ὑπ' αὐτῶν Δ^{Y} $\overline{\iota\gamma}$, ἵνα, ἐάν τε προσθῇ, ἐάν τε ἀφέλῃ, γίνηται □$^{o\varsigma}$.

Ἐπεὶ τοίνυν ὁ μέν ἐστιν $\overline{\zeta}$ ϛ$^{\omega\nu}$, ὁ δὲ $\overline{\text{ϟα}}$ ϛ$^{\omega\nu}$, ὁ ὑπ' αὐτῶν γίνεται $\overline{\chi\lambda\zeta}$ λϛ$^{\omega\nu}$· ὁ δὲ συναμφότερος, $\overline{\text{ϟη}}$ ὢν ϛ$^{\omega\nu}$, γίνεται $\overline{\varphi\pi\eta}$ λϛ$^{\omega\nu}$· ἐάν τε οὖν τοῖς $\overline{\chi\lambda\zeta}$ προσθῶ τὰ $\overline{\varphi\pi\eta}$, γίνεται ὁ ͵$\overline{\alpha\sigma\kappa\varepsilon}$, □$^{o\varsigma}$ ἀπὸ πλ. $\overline{\lambda\varepsilon}$ ϛ$^{\omega\nu}$· ἐάν τε ἀφέλω, γίνεται ὁ $\overline{\mu\vartheta}$ λϛ$^{\omega\nu}$, □$^{o\varsigma}$ ἀπὸ πλ. $\overline{\zeta}$ ϛ$^{\omega\nu}$.

12 cf. I, 128, 18. 20 γίνεται.

AD PROBLEMA XXXI.

	δ̄		β̄
ἐκθ.	$Δ^{Y}$ ιϛ̄		$Δ^{Y}$ κ̄
	ϛϛ β̄		ϛϛ ῑ
	$Δ^{Y}$ κ̄		
	ϛϛ ιβ̄	ἴ^{σ}.	$Δ^{Y}$ ιϛ̄
	μ^{o} ιβ̄		ϛϛ ιϛ̄
μερ.	ιβ̄ ιϛ^{α} ἢ γ̄ δ^{α}		ϛ ᾱ
ὑπ.	ϛ̄ δ^{α}		λ̄ δ^{α}.

Τὸ λα^{ον} ὅμοιόν ἐστι τῷ λ^{ῳ}, γίνεται δὲ οὕτως. ἐπεὶ ὁ μὲν ἀπὸ β̄ ϛϛ^{ῶν}, $Δ^{Y}$ ἐστὶ δ̄, ὁ δὲ ἀπὸ δ̄ ϛϛ^{ῶν}, $Δ^{Y}$ ιϛ̄, αἱ δὲ δ̄ καὶ ιϛ̄ συντιθέμεναι γίνονται κ̄, ἐὰν ἄρα ἀπὸ τῶν κ̄ $Δ^{Y}$ ἀφέλωμεν δὶς τὸν ὑπὸ τῶν β̄ καὶ δ̄ ϛϛ^{ῶν}, τουτέστι $Δ^{Y}$ ιϛ̄, καταλειφθήσεται $Δ^{Y}$ δ̄ □^{ος}· καὶ ἐὰν προσθῶ τὰς ιϛ̄ $Δ^{Y}$, γίνεται λϛ̄, πάλιν □^{ος}. διὰ δὴ ταῦτα τάσσει τὸν ὑπ' αὐτῶν $Δ^{Y}$ κ̄, ἵνα, ἐάν τε προσθῇ τὸν αὐτὸν ἀριθμόν, ἐάν τε ἀφέλῃ, γίνηται □^{ος}.

Ἐπεὶ τὸν κ̄ ποιοῦσι καὶ ἕτεροι δύο ἀριθμοὶ ἐπ' ἀλλήλους πολλαπλασιαζόμενοι, ὅ τε β̄ καὶ ῑ, τάσσει τὸν μὲν ϛϛ^{ῶν} β̄, τὸν δὲ ϛϛ^{ῶν} ῑ, ἵνα πάλιν γίνηται κ̄· οἱ δὲ β̄ καὶ ῑ, ὁ συναμφότερός ἐστι γιγνόμενος ιβ̄ ϛϛ^{οί}, ἀλλ' ἔδει τὸν συναμφότερον εἶναι $Δ^{Y}$ ιϛ̄. οὐκοῦν ϛϛ^{οὶ} ιβ̄ ἴσοι $Δ^{Y}$ ιϛ̄· πάντα παρὰ ϛ^{όν}· ϛϛ^{οὶ} ἄρα ιϛ̄ ἴσοι μ^{o} ιβ̄, καὶ γίνεται ὁ ϛ^{ὁ}, ιβ̄ ιϛ^{ων}, τουτέστι γ̄ δ^{ων}, καὶ ἐπεὶ ὁ μέν ἐστιν ϛϛ^{οὶ} β̄, ἔσται ϛ̄ δ^{ων}, ὁ δὲ ῑ, ἔσται λ̄ δ^{ων}.

---

14 $Δ^{Y}$ δ̄] ὁ δ̄. 16 cf. I, 130, 17. 17 et 20 *γίνεται*. 19 cf. I, 130, 18/19.

Καί εἰσιν ἴσοι □^{ῳ} τῷ $\overline{λϛ}$· καὶ ὁ μὲν ὑπ' αὐτῶν ἐστιν $\overline{ρπ}$ ιϛ^{ων}, ὁ δὲ συναμφότερος εἰς ιϛ^{α} ἀναλυόμενος, $\overline{ρμδ}$ ιϛ^{ων}, ἴσος καὶ οὗτος □^{ῳ}· ἐάν τε οὖν τοῖς $\overline{ρπ}$ προσθῶ τὰ $\overline{ρμδ}$, γίνεται ὁ $\overline{τκδ}$, □^{ος} ἀπὸ πλ. τοῦ $\overline{ιη}$· ἐάν τε ἀφέλω ταῦτα, γίνεται ὁ $\overline{λϛ}$, □^{ος} ἀπὸ πλ. τοῦ $\overline{ϛ}$.

Ἠδύνατο δέ, εἴπερ ἐβούλετο, καὶ τὸν μὲν τάξαι ϛϛ^{ῶν} $\overline{δ}$, τὸν δὲ ϛϛ^{ῶν} $\overline{ε}$· καὶ οὕτω γὰρ ἂν $\overline{κ}$ Δ^{Υ} ἐγίνοντο, καὶ ὁ μὲν ϛ^{ο} $\overline{θ}$ ιϛ^{ων}, καὶ ὁ μὲν α^{ος} $\overline{λϛ}$ ιϛ^{ων}, ὁ δὲ β^{ος} $\overline{με}$ ιϛ^{ων}, καὶ ὁ μὲν ὑπ' αὐτῶν $\overline{͵αχκ}$ σνϛ^{ων}, ὁ δὲ συναμφότερος $\overline{͵ασ⅃ϛ}$, ἃ ἐὰν μὲν προσθῇς τὸν $\overline{͵αχκ}$, γίνεται ὁ $\overline{͵β⅃ιϛ}$, ἀπὸ πλ. τοῦ $\overline{νδ}$ □^{ος}· ἐὰν δὲ ἀφέλῃς, γίνεται $\overline{τκδ}$, □^{ος} ἀπὸ πλ. τοῦ $\overline{ιη}$.

AD PROBLEMA XXXII.

ἐκθ.	ϛ $\overline{α}$,		ϛϛ $\overline{β}$ μ^{ο} $\overline{α}$,	ϛϛ $\overline{δ}$ μ^{ο} $\overline{γ}$
σύνθ.	Δ^{Υ} $\overline{α}$ ϛϛ $\overline{β}$ μ^{ο} $\overline{α}$,		Δ^{Υ} $\overline{δ}$ ϛϛ $\overline{η}$ μ^{ο} $\overline{δ}$,	Δ^{Υ} $\overline{ιϛ}$ ϛϛ $\overline{κε}$ μ^{ο} $\overline{θ}$
πλ.	ϛϛ $\overline{δ}$ ⋔ μ^{ο} $\overline{δ}$			
πολλ.	Δ^{Υ} $\overline{ιϛ}$ μ^{ο} $\overline{ιϛ}$ ⋔ ϛϛ $\overline{λβ}$	ἴσ.		Δ^{Υ} $\overline{ιϛ}$ ϛϛ $\overline{κε}$ μ^{ο} $\overline{θ}$
πρ.	Δ^{Υ} $\overline{ιϛ}$ μ^{ο} $\overline{ιϛ}$	ἴσ.		Δ^{Υ} $\overline{ιϛ}$ ϛϛ $\overline{νζ}$ μ^{ο} $\overline{θ}$
ἀφ.	μ^{ο} $\overline{ζ}$	ἴσ.		ϛϛ $\overline{νζ}$
μερ.	$\overline{ζ}$ νζ^{α}			ϛ $\overline{α}$
ὑπ.	$\overline{ζ}$ νζ^{α},		$\overline{οα}$ νζ^{α},	$\overline{ρ⅃θ}$ νζ^{α}.

Καὶ ἁπλῶς καθ' ὅσους ἂν ἀριθμοὺς ἐγχωρεῖ· ἔστωσαν δύο ἀριθμοὶ ὁ $\overline{β}$ καὶ ὁ $\overline{ε}$ [καὶ πολλαπλασιαζομένους ἐπ' ἀλλήλους γίνεσθαι τὸν $\overline{κ}$]· ἔστιν ὁ $\overline{ε}$ διπλάσιος τοῦ $\overline{β}$ καὶ μονάδι μείζων· ὁ δὲ ἀπὸ τοῦ $\overline{β}$ □^{ος} ὁ $\overline{δ}$· οὗτος προσλαβὼν τὸν $\overline{ε}$, γίνεται $\overline{θ}$ πάλιν □^{ος}.

---

22 cf. I, 130, 17. ἐγχωρῇ. 23—24 καὶ . . . τὸν $\overline{κ}$ videntur defluxisse a praecedenti scholio.

Ἔπλασε δὲ τὸν $\square^{ον}$ ἀπὸ πλ. $ςς^{\tilde{ων}}$ δ̅ ⋀ $μ^{ο}$ δ̅, ἵνα διὰ μὲν τῶν $ςς^{\tilde{ων}}$ πάλιν ἔχῃ τὰς ις̅ $Δ^{Υ}$, διὰ δὲ τῆς λείψεως τῶν δ̅ $μ^{ο}$ τὰ γιγνόμενα εἴδη τῶν $ςς^{\tilde{ων}}$ καὶ $μ^{ο}$ τὸ μὲν ὑπερβάλλῃ, ὡς αἱ ις̅ $μ^{ο}$ τῶν ϑ̅, τὸ δὲ ἐλλείπῃ, ὡς ἡ τῶν λβ̅ $ςς^{\tilde{ων}}$ λεῖψις τῆς ὑπάρξεως τῶν κε̅ $ςς^{\tilde{ων}}$· ἐλάττοσι μὲν γὰρ $μ^{ο}$ οὐ δυνατὸν γενέσθαι, πλείοσι δ' ἐφ' ὅσον βούλει.

Προσθέσει τοίνυν καὶ ἀφαιρέσει γίνεται ὁ $ς^{ὁ}$ ζ̅ $νζ^{ων}$, καὶ ὁ μὲν ἀπὸ τοῦ $α^{ου}$ $\square^{ος}$ γίνεται ⟨μϑ̅⟩ $͵γσμϑ^{ων}$, ὁ δὲ ἀπὸ τοῦ $β^{ου}$ $\square^{ος}$ ͵εμα̅ τῶν αὐτῶν μορίων, ὁ δὲ ἀπὸ τοῦ $γ^{ου}$ τῶν αὐτῶν ϋ ͵ϑχα. τούτων οὖν ὁ μὲν ἀπὸ τοῦ $α^{ου}$ ὁ μϑ̅, λαβὼν τὸν $β^{ον}$ ἀναλυθέντα εἰς ͵δμζ̅ $͵γσμϑ^{α}$, γίνεται ͵δ⊢ις, $\square^{ος}$ ἀπὸ πλ. τοῦ ξδ̅ $νζ^{ων}$· ὁ δὲ ἀπὸ τοῦ $β^{ου}$, ὁ ͵εμα̅, προσλαβὼν τὸν $γ^{ον}$ ἀναλυθέντα ὁμοίως εἰς ἅ ͵ατμγ̅ $͵γσμϑ^{α}$, γίνεται ἅ ͵ςτπδ̅, $\square^{ος}$ ἀπὸ πλ. τοῦ ρκη̅ $νζ^{ων}$· ὁ δὲ ἀπὸ τοῦ $γ^{ου}$ ὁ ϋ ͵ϑχα̅, προσλαβὼν τὸν $α^{ον}$ ἀναλυθέντα ὁμοίως εἰς τ⊢ιϑ $͵γσμϑ^{α}$, γίνεται ὁ δ̈, $\square^{ος}$ ἀπὸ πλ. τῶν σ̅ $νζ^{ων}$.

AD PROBLEMA XXXIII.

ἔκϑ.	ς α̅ $μ^{ο}$ α̅,	ςς β̅ $μ^{ο}$ α̅,	ςς δ̅ $μ^{ο}$ α̅
πολλ.	$Δ^{Υ}$ α̅	$Δ^{Υ}$ δ̅	$Δ^{Υ}$ ις̅ ςς ζ̅
πλ.	ςς ε̅		
	$Δ^{Υ}$ κε̅	$ἴ^{σ}$.	$Δ^{Υ}$ ις̅ ςς ζ̅
ἀφ.	$Δ^{Υ}$ ϑ̅	$ἴ^{σ}$.	ςς ζ̅
$π^{ρ}$. ς	ςς ϑ̅	$ἴ^{σ}$.	$μ^{ο}$ ζ̅
μερ.	ς α̅		ζ̅ $ϑ^{α}$
ὑπ.	ις̅ $ϑ^{α}$	κγ̅ $ϑ^{α}$	λζ̅ $ϑ^{α}$.

1 cf. I, 132, 15.

Πλάσσει τὸν $\square^{ον}$ ἀπὸ SS^{ῶν} $\overline{ε}$ μόνων, ἵνα γενομένων $\overline{κε}$ $Δ^{Υ}$, ἀφέλῃ τὰς $\overline{ιϛ}$ $Δ^{Υ}$, καὶ λειφθῶσι $Δ^{Υ}$ ἴσαι SS^{οῖς}· εἰ γὰρ $\overline{ιϛ}$ $Δ^{Υ}$ SS^{οῖς} $\overline{ζ}$ εἶχον καὶ $μ^{ο}$ τινάς, ἔμελλε καὶ τὴν πλάσιν τοῦ $\square^{ου}$ ἀπὸ SS^{ῶν} $\overline{δ}$ ⋔ $μ^{ο}$ τινῶν ποιεῖν.

Καί εἰσιν ἴσαι αἵ τε $\overline{κε}$ $Δ^{Υ}$ καὶ αἱ $\overline{ιϛ}$ $Δ^{Υ}$ SS^{οἱ} $\overline{ζ}$· εἰ δὲ καὶ ἀπὸ $\overline{ϛ}$ SS^{ῶν} ἔπλαττε τὸν $\square^{ον}$ καὶ ἐπέκεινα, προεχώρει τὸ πρόβλημα.

Ὁ τοίνυν ἀπὸ τοῦ $α^{ου}$, τῶν $\overline{ιϛ}$ $ϑ^{ων}$, ὅς ἐστι $\overline{σνϛ}$ $πα^{α}$, ⋔ τοῦ $β^{ου}$, τοῦ $\overline{κγ}$ $ϑ^{ων}$, ὅς ἐστι $\overline{σξ}$ $π^{α}$, γίνεται $\overline{μϑ}$, $\square^{ος}$· ὁ δὲ ἀπὸ τοῦ $β^{ου}$, τοῦ $\overline{κγ}$ $ϑ^{ων}$, ὅς ἐστι $\overline{φκϑ}$ $πα^{α}$, ⋔ τοῦ $γ^{ου}$ τοῦ $\overline{λξ}$ $ϑ^{ων}$, ὅς ἐστι $\overline{τλγ}$ $πα^{α}$, γίνεται $\square^{ος}$ $\overline{ρϟϛ}$ $πα^{α}$· ὁ δὲ ἀπὸ τοῦ $γ^{ου}$, ὅς ἐστι $\overline{͵ατξϑ}$ $πα^{α}$, ⋔ τοῦ $α^{ου}$, ὅς ἐστιν $\overline{ρμδ}$, γίνεται $\square^{ος}$ ὁ $\overline{͵ασκε}$, ὅς ἐστιν ἀπὸ πλ. τοῦ $\overline{λε}$.

AD PROBLEMA XXXIV.

$Δ^{Υ}$ $\overline{ιβ}$

ἐκϑ.	$μ^{ο}$ $\overline{ε}$ ∟′,	$μ^{ο}$ $\overline{β}$,	$μ^{ο}$ ∟′
	$\overline{μβ}$ δ″	$\overline{ιϛ}$	$\overline{ιβ}$ δ″
	SS $\overline{ε}$ ∟′	SS $\overline{β}$	S ∟′
σύνϑ.	SS $\overline{η}$	$ἴ^{σ}$.	$Δ^{Υ}$ $\overline{ιβ}$
	$μ^{ο}$ $\overline{η}$	$ἴ^{σ}$.	SS $\overline{ιβ}$
μερ.	$\overline{η}$ $ιβ^{α}$ ἤτοι $\overline{δ}$ $ϛ^{α}$		SS $\overline{α}$
ὑπ.	$\overline{κβ}$ $ϛ^{α}$	$\overline{η}$ $ϛ^{α}$	$\overline{β}$ $ϛ^{α}$.

Τὸ λῆμμα τοιοῦτόν ἐστιν· ἐὰν ἀριθμὸς μετρῆται ὑπό τινος, λάβωμεν δὲ καὶ τὸν καθ' ὃν μετρεῖται, καὶ ἀπὸ τοῦ μείζονος τούτων ἀφέλωμεν τὸν ἐλάττονα, ὁ

1 cf. I, 134, 8. 2 ληφθῶσι. 23 cf. I, 134, 16 sq.

ἀπὸ τοῦ ἡμίσεος τοῦ λοιποῦ, προσλαβὼν τὸν ἐξ ἀρχῆς, ἤτοι τὸν μετρούμενον ὑπό τε τοῦ μετροῦντος καὶ τοῦ καθ' ὃν μετρεῖται, ποιεῖ τετράγωνον.

Οἷον ὁ $\overline{\text{ς}}$ ἀριθμὸς μετρεῖται ὑπὸ τοῦ $\overline{\gamma}$ κατὰ τὸν $\overline{\beta}$, (τοῦτο γάρ ἐστι τὸ καθ' ὃν μετρεῖται), ἢ ἀνάπαλιν ὁ $\overline{\text{ς}}$ ἀριθμὸς μετρεῖται ὑπὸ τοῦ $\overline{\beta}$ κατὰ τὸν $\overline{\gamma}$· ἐὰν οὖν ἀφέλωμεν τὸν ἐλάττονα ἀπὸ τοῦ μείζονος, τουτέστι τὸν $\overline{\beta}$ ἀπὸ τοῦ $\overline{\gamma}$, καταλείπεται μ^{o} $\overline{\alpha}$· καὶ ὁ ἀπὸ τοῦ ∠' τῆς μ^{o}, ὅπερ ἐστὶ τὸ δ^{ov}, (ἡμισάκις γὰρ τὰ τὸ ἥμισυ, τέταρτον), προσλαβὼν τὸν ἐξ ἀρχῆς, ἤτοι τὸν $\overline{\text{ς}}$, ποιεῖ $\square^{ov}$· ὁ γὰρ $\overline{\text{ς}}$ δ'' $\square^{o\varsigma}$ ἀπὸ πλ. τοῦ $\overline{\beta}$ ∠'.

Τάσσει δὲ τὸν $\overline{\iota\beta}$, ὅτι τοῦτον πρῶτον ἀπὸ μονάδος εὑρίσκει τρισὶ μετρούμενον ἀριθμοῖς, ἀεὶ ἐπὶ τῶν ἐλαχίστων γυμνάζων ἡμᾶς ἀριθμῶν.

Δεῖ δή, φησίν, τὸν συγκείμενον ἐκ τῶν τριῶν ἴσον εἶναι Δ^{Y} $\overline{\iota\beta}$. προσλήψει τε γὰρ τοῦ $\overline{\iota\beta}$ γίνονται οἱ $\square^{oi}$, καὶ προσλήψει τῆς ἐκ τῶν τριῶν συνθέσεως· ὥστε τὸ ἐκ τῶν τριῶν σύνθεμα ἴσον εἶναι ὀφείλει ταῖς $\overline{\iota\beta}$ Δ^{Y}, καὶ γίνεται ὁ ς^{o} $\overline{\eta}^{\iota\beta''}$ ἤτοι $\overline{\delta}^{\text{ς}''}$· ἠδύνατο δὲ εἰπεῖν ὅτι $\overline{\beta}^{\gamma''}$, ἀλλ' οὐκ ἠθέλησεν ὅμως, καὶ ἐκεῖ ὁμοίως γίνεται.

Ἐπεὶ τοίνυν ὁ μὲν $\alpha^{o\varsigma}$ ἐστιν $\overline{\kappa\beta}^{\text{ς}''}$, ἀναλυόμενος εἰς $\lambda\text{ς}^{\alpha}$, γίνεται $\overline{\rho\lambda\beta}$· ὁ δὲ $\beta^{o\varsigma}$, $\overline{\eta}^{\text{ς}''}$, γίνεται $\overline{\mu\eta}$ $\lambda\text{ς}^{\omega\nu}$· ὁ δὲ γ^{ov} ὁ $\overline{\beta}^{\langle \text{ς}'' \rangle}$, γίνεται $\overline{\iota\beta}$· οἱ δὲ τρεῖς συντεθέντες γίν. $\overline{\text{ρϟβ}}$ $\lambda\text{ς}^{\omega\nu}$· καὶ ὁ μὲν ἀπὸ τοῦ α^{ov} $\square^{o\varsigma}$, ὁ $\overline{\upsilon\pi\delta}$, προσλαβὼν τὸν $\overline{\text{ρϟβ}}$, γίνεται $\overline{\chi o \text{ς}}$ $\square^{o\varsigma}$ ἀπὸ πλ. τοῦ $\overline{\kappa\text{ς}}$· ὁ δὲ ἀπὸ τοῦ β^{ov}, ὁ $\overline{\xi\delta}$, προσλαβὼν τὸν $\overline{\text{ρϟβ}}$, γίνεται $\square^{o\varsigma}$ ὁ $\overline{\sigma\nu\text{ς}}$ ἀπὸ πλ. τοῦ $\overline{\iota\text{ς}}$· ὁ δὲ ἀπὸ τοῦ γ^{ov}, ὁ $\overline{\delta}$, προσλαβὼν τὸν $\overline{\text{ρϟβ}}$, γίνεται $\square^{o\varsigma}$ ὁ $\overline{\text{ρϟς}}$, ἀπὸ πλ. τοῦ $\overline{\iota\delta}$.

12 cf. I, 134, 22. 15 I, 136, 4. 16 γίνεται.

AD PROBLEMA XXXV.

ἔκθ.	ϛϛ ϛ̅ ∟′	ϛϛ δ̅	ϛϛ γ̅ ∟′
	λ̅ δ″	δ̅	δ″
σύνθ.	ϛϛ ι̅δ̅	ἰ^{σ}.	Δ^{Y} ι̅β̅
πρ. ϛ	μ° ι̅δ̅	ἰ^{σ}.	ϛϛ ι̅β̅
μερ.	ι̅δ̅ ιβ^{α} ἤτοι	ζ̅ ϛ^{α}	ϛ α̅
ὑπ.	μ̅ε̅ ∟′ ϛ^{α},	κ̅η̅ ϛ^{α},	κ̅δ̅ ∟′ ϛ^{α}.

Τὸ λε^{ον}, ὡς καὶ τὸ λδ^{ον}, δεῖται λήμματος τοιούτου· ἐὰν ἀριθμὸς ὑπό τινος ἀριθμοῦ μετρῆται, καὶ συνθῶμεν τὸν μετροῦντα αὐτὸν καὶ τὸν καθ' ὃν μετρεῖ, ὁ ἀπὸ τοῦ ∟′ τοῦ συνθέματος □^{ος}, λείψει τοῦ ἐξ ἀρχῆς, □^{ον} ποιεῖ.

Οἷον ὁ ϛ̅ μετρεῖται ὑπὸ τοῦ β̅ κατὰ τὸν γ̅ ἢ ἀνάπαλιν· ἐὰν οὖν συνθῶμεν τὸν β̅ καὶ τὸν γ̅, γίνεται ε̅· τούτων τὸ ∟′, β̅ ∟′· ὁ ἀπὸ τούτου □^{ος} γίνεται ϛ̅ δ″· ἐὰν δὲ ἀπὸ τούτων ἀφέλωμεν τὸν ἐξ ἀρχῆς, ἤτοι τὸν ϛ̅, μένει δ″, ὅπερ ἐστὶ □^{ος} ἀπὸ πλ. τοῦ ∟′ τῆς μ°.

Καὶ κατὰ τὴν τούτου τοῦ λήμματος μέθοδον τάσσει τοὺς ἀριθμούς, ὡς καὶ ἐν τῷ λδ^{ῳ}.

Ἐπεὶ τοίνυν ὁ μὲν α^{ος} μ̅ε̅ ∟′ ϛ^{ων} ἐστι, ἔσται σ̅ο̅γ̅ λϛ^{ων}, ὁ δὲ β^{ος}, κ̅η̅ ϛ^{ων} ὤν, ἔσται ρ̅ξ̅η̅ λϛ^{ων}, καὶ ὁ γ^{ος}, κ̅δ̅ ∟′ ὤν, ἔσται ρ̅μ̅ζ̅ λϛ^{ων}· ὁμοῦ δὲ συντεθέντες φ̅π̅η̅, καὶ ὁ μὲν ἀπὸ τοῦ μ̅ε̅ ∟′ □^{ος}, ὁ ͵β̅ο̅ δ″, λιπὼν τὸν φ̅π̅η̅, μένει □^{ος} ὁ ͵α̅υ̅π̅β̅ δ″ ἀπὸ πλ. του λ̅η̅ ∟′· ὁ δὲ ἀπὸ τοῦ κ̅η̅, ὁ ψ̅π̅δ̅, λιπὼν τὸν φ̅π̅η̅, γίνεται ρϟϛ, □^{ος} ἀπὸ πλ. τοῦ ι̅δ̅· ὁ δὲ ἀπὸ τοῦ κ̅δ̅ ∟′ □^{ος}, ⟨ὁ χ̅ δ″⟩,

---

26 ∟′ om.

ὁμοίως λιπὼν τὸν $\overline{φπη}$, γίνεται $\overline{ιβ}$ δ″, □^{ος} ἀπὸ πλ. τοῦ $\bar{γ}$ L′.

Εἰ δέ τις ἀπαλλαγῆναι τοῦ L′ βούλεται, διπλασιασάτω τοὺς τρεῖς, καὶ τὸν μὲν α^{ον} ποιείτω $\overline{ϡα}$, τὸν δὲ β^{ον} $\overline{νϛ}$, τὸν δὲ γ^{ον} $\overline{μθ}$, πάντα μορίων μονάδος ιβ^{ων}, τουτέστιν ἐχέτω τὸν ϛ^{ον} $\overline{ιδ}$ ιβ^{ων}, καὶ ἕξει τὸ πρόβλημα ἐλεύθερον τοῦ L′.

IN DIOPHANTUM SCHOLIA VETERA.

1. P. 3, 9: *Γνώμη.*

2. P. 3, 12: *Γνώμη.*

3. Ad. def. II: *Εἴτε τὴν δύναμιν ἐφ' ἑαυτὴν πολλαπλασιάσεις, δυναμοδύναμιν ποιήσεις, εἴτε τὴν πλευρὰν τῆς δυνάμεως πρὸς τὸν ἀπὸ τῆς αὐτῆς αὐτῇ πλευρᾶς κύβον, δυναμοδύναμιν πάλιν ποιήσεις. ἐννάκις γὰρ τὰ* $\overline{\vartheta}$ *καὶ τρὶς τὰ* $\overline{\kappa\zeta}$, $\overline{\pi\alpha}$. *ὁμοίως καὶ εἴτε τὴν πλευρὰν πολυπλασιάσεις μετὰ τῆς δυναμοδυνάμεως, εἴτε τὴν δύναμιν μετὰ τοῦ κύβου, δυναμόκυβον· τρὶς γὰρ* $\overline{\pi\alpha}$, $\overline{\sigma\mu\gamma}$, *καὶ ἐννάκις τὰ* $\overline{\kappa\zeta}$, $\overline{\sigma\mu\gamma}$. *ὡσαύτως καὶ εἴτε τὸν κύβον ἐφ' ἑαυτὸν πολυπλασιάσεις, εἴτε τὴν πλευρὰν ἐπὶ τὸν δυναμόκυβον, κυβόκυβον ποιήσεις· τὰ γὰρ* $\overline{\kappa\zeta}$ *ἐφ' ἑαυτὰ πολυπλασιασθέντα καὶ τὰ* $\overline{\gamma}$ *ἐπὶ* $\overline{\sigma\mu\gamma}$, $\overline{\psi\kappa\vartheta}$ *γίνονται.*

4. Ad. def. IV: *Νῦν πολυπλασιάζει τὰ εἴδη τῶν ἀριθμῶν.*

5. Ad. def. VII: *Νῦν τὰ μόρια πολυπλασιάζει.*

6. Ad. def. VIII: [*Ἐνταῦθα τὸν μερισμὸν τῶν εἰδῶν παραδίδωσι*].

7. Ad. probl. I, IV: *Ἐπιτετάχθω εἶναι τὸν μείζονα ἐν λόγῳ ἡμιολίῳ πρὸς τὸν ἐλάττονα, τὴν δὲ ὑπεροχὴν*

19—20 Sch. 6 non habet A.

εἶναι $\mu^{o}\ \overline{\vartheta}$. τοῦ ἄρα ἐλάττονος ἀριθμοῦ ἑνὸς ὄντος, ὁ μείζων ἔσται ἑνὸς ἡμίσεος. λοιπὸν θέλω τὸν ἕνα ἥμισυν ὑπερέχειν τοῦ ἑτέρου $\mu^{o}\ \overline{\vartheta}$, ἀλλ' ὑπεροχὴ αὐτοῦ ἡμίσεος ἀριθμοῦ· ὁ ἄρα ἐλάττων ἀριθμὸς $\mu^{o}\ \overline{\iota\eta}$, ὁ μείζων $\overline{\varkappa\zeta}$. εὕρηνται ἄρα δύο ἀριθμοὶ ἐν λόγῳ καὶ ὑπεροχῇ τῇ δοθείσῃ.

8. Ad probl. I, v (p. 20, 23): *Πῶς οἱ δύο συντεθέντες ποιοῦσιν ἀριθμοὺς δύο μ° 𐅵;* ἐντεῦθεν δῆλον· ἐπεὶ ὁ $\beta^{o\varsigma}$ ἀριθμῶν $\overline{\varepsilon}$, ὁ δὲ $\alpha^{o\varsigma}$ μ^{o} 𐅵 λείψει ἀριθμῶν $\overline{\gamma}$, ἄφελε ἀπὸ τῶν $\overline{\varepsilon}$ ἀριθμῶν ἀριθμοὺς $\overline{\gamma}$, οἱ ἐναπολειφθέντες ἄρα ἀριθμοὶ δύο μ^{o} 𐅵.

9. Ad probl. I, v (p. 20, 13): *Δεῖ δὴ τὸν ἐκ τῆς συνθέσεως τῶν δύο δοθέντων μορίων ἀριθμὸν μεταξὺ πίπτειν τῶν τοιούτων δύο μορίων τοῦ ἐξ ἀρχῆς διαιρουμένου,* ἤτοι τὸν $\overline{\lambda}$ μεταξὺ τοῦ τρίτου τῶν $\overline{\varrho}$, ὅπερ ἐστὶ $\overline{\lambda\gamma}\ \gamma'$, καὶ τοῦ πέμπτου τῶν $\overline{\varrho}$, ὅπερ ἐστὶ $\mu^{o}\ \overline{\varkappa}$, καὶ μήτε ἄνωθεν τῶν $\overline{\lambda\gamma}\ \gamma'$ μήτε κάτωθεν τῶν $\overline{\varkappa}$· εἰ γὰρ τὸν ἐκ τῆς συνθέσεως τῶν δύο μορίων θῶμεν εἶναι τοῦ $\overline{\lambda\delta}$, οὐ προβαίνει ἡ δεῖξις· οἱ γὰρ δύο συντεθέντες ποιήσουσιν ἀριθμοὺς $\overline{\beta}$ $\mu^{o}\ \overline{\varrho\beta}$, καὶ τὸ ἀπὸ ὁμοίων ὅμοια χώραν ἐνταῦθα οὐκ ἔχει· μείζους γὰρ αἱ $\overline{\varrho\beta}$ τῶν $\overline{\varrho}$ μ^{o}. πάλιν εἰ τὸν $\overline{\iota\eta}$ ὑποθήσομεν εἶναι καὶ τάξομεν τὸ τοῦ β^{ov} πέμπτον ἀριθμοῦ ἑνός, αὐτὸς ἔσται ἀριθμῶν $\overline{\varepsilon}$· τὸ ἄρα τοῦ α^{ov} τρίτον ἔσται $\mu^{o}\ \overline{\iota\eta}$ λείψει ἀριθμοῦ ἑνός. αὐτὸς ἄρα ἔσται $\mu^{o}\ \overline{\nu\delta}$ λείψει ἀριθμῶν $\overline{\gamma}$· οἵτινες συντεθέντες ποιοῦσιν ἀριθμοὺς $\overline{\beta}$ $\mu^{o}\ \overline{\nu\delta}$. καὶ ἀπὸ ὁμοίων ὅμοια. λοιπὸν ἄρα $\mu^{o}\ \overline{\mu\varsigma}$ ἴσαι ἀριθμοῖς δυσίν· ἀλλὰ τὸ ε^{ov} τοῦ β^{ov} ἀριθμοῦ ἑνός, ἤτοι $\mu^{o}\ \overline{\varkappa\gamma}$· αὐτὸς ἄρα $\mu^{o}\ \overline{\varrho\iota\varepsilon}$, ὅπερ ἄτοπον. [τὸ

29 sqq. Quae seclusi praebent V etc.; pro quibus haec inepta A: ὑπόκειται γὰρ τὸ τοῦ α^{ov} ἀριθμοῦ γ^{ov} καὶ τὸ τοῦ β^{ov} ε^{ov} ἐπὶ

γὰρ μέρος τοῦ ὅλου μεῖζον· οὗτος γὰρ ὁ $\overline{\rho\iota\epsilon}$ ἀνεφάνη εἷς τῶν ἐκ τῶν $\overline{\rho}$ διαιρεθέντων· οὐκοῦν ἄρα οὔτε ἄνωθεν οὔτε κατώθεν τῶν τοιούτων δύο μερῶν τοῦ διαιρεθέντος ἀριθμοῦ δεῖ πίπτειν τὸν ἐκ τῆς συνθέσεως, ἀλλὰ τούτων μεταξύ.]

10. Ad probl. I, vi (p. 22, 7): *Δεῖ δὴ τὴν δοθεῖσαν ὑπεροχὴν τῶν μορίων, τουτέστι τοῦ* $\delta^{ου}$ *πρὸς τὸ* $ϛ^{ον}$, *ἥτις ἐδόθη* $\mu^{ο}$ $\overline{\varkappa}$, *εἶναι ἐλάσσονα τοῦ δοθέντος μέρους τοῦ ἐξ ἀρχῆς δοθέντος ἀριθμοῦ τοῦ* $\overline{\rho}$, *τουτέστιν ἐλάττονα τοῦ* $\delta^{ου}$ *αὐτοῦ μέρους· ἡ γὰρ ὑπεροχὴ τῶν μορίων τοῦ* $\delta^{ου}$ *πρὸς τὸ* $ϛ^{ον}$ *ἐκείνας ἔχει τὰς μονάδας τὰς* $\overline{\varkappa}$, *αἵτινες ὀφείλουσιν εἶναι ἐλάσσονες τοῦ* $\delta^{ου}$ *μέρους (τῶν* $\overline{\varkappa\epsilon}$ $\mu^{ο}$*) τοῦ ἐξ ἀρχῆς ληφθέντος ἀριθμοῦ ἤτοι τῶν* $\overline{\rho}$. *καὶ ἡ αἰτία δήλη τῷ καὶ μόνον ἐπιστήσαντι τοῦ προτεθέντος τὸν προσδιορισμόν· οὐ γὰρ προβαίνει ἡ δεῖξις, εἴτε πρὸς τὴν ὑπεροχὴν τοῦ μείζονος μέρους τοῦ διαιρεθέντος ἀριθμοῦ ἢ ἴση ἢ μείζων ἐστὶ τοῦ τοιούτου μέρους τοῦ ἐξ ἀρχῆς ἀριθμοῦ.*

11. Ad probl. I, vii (p. 24, 12): *Ἀφῃρήσθω κοινὴ λεῖψις· γίνεται ἀριθμοὶ ἄρα* $\overline{\gamma}$ *λείψει* $\mu^{ο}$ $\overline{\sigma\pi}$ *ἴσοι ἀριθμῷ ἑνί.*

12. Ad probl. I, viii (p. 26, 6): *Διχῶς γίνεται ἡ ἀφαίρεσις κατά τε μονάδα καὶ ἀριθμόν· καὶ γὰρ πρότερον ἀφαιροῦμεν ἐκ τῶν ἀριθμῶν τῶν γ καὶ* $\mu^{ο}$ $\overline{\xi}$, $\mu^{ο}$ $\overline{\xi}$, *καὶ ἐκ τοῦ ἀριθμοῦ τοῦ* $\overline{\alpha}$ *καὶ* $\mu^{ο}$ $\overline{\rho}$, *ἀφαιροῦμεν* $\mu^{ο}$ $\overline{\xi}$, *τουτέστιν ἀπὸ ὁμοίων ὅμοια· καὶ λοιποὶ ἀριθμοὶ γ ἴσοι ἀριθμῷ* $\overline{\alpha}$ *καὶ μονάσι* $\overline{\mu}$. *εἶτα διὰ τὸ μὴ εὑρεῖν ἡμᾶς τὴν ὑπόστασιν τοῦ ἀριθμοῦ, ἀφαιροῦμεν πάλιν ἐκ τοῦ ἀριθμοῦ τοῦ* $\overline{\alpha}$ *καὶ* $\mu^{ο}$ $\overline{\mu}$, *τὸν ἕνα ἀριθ-*

τὸ αὐτὸ συντεθέντα ποιεῖν μονάδας $\overline{\lambda}$ καὶ μόνον· καλῶς ἄρα ἔσται τὸ τοῦ $\alpha^{ου}$ $\gamma^{ον}$ $\mu^{ο}$ $\overline{\lambda}$ λεῖψις ἀριθμοῦ ἑνός.

μόν, καὶ ἐκ τοῦ $\bar{\gamma}$ ἀριθμῶν ἕνα ἀριθμόν, καὶ λοιποὶ ἀριθμοὶ $\bar{\beta}$ ἴσοι μ° $\bar{\mu}$.

12. Ad probl. I, VIII (p. 24, 24): *Εἰ γὰρ μή ἐστιν ὁ διδόμενος λόγος ἐλάττων τοῦ λόγου ὃν ἔχει ὁ μείζων πρὸς τὸν ἐλάττονα, οὐ προβαίνει ἡ δεῖξις*· εἰ γὰρ τοῦ $\bar{\rho}$ πρὸς τὸν $\bar{\varkappa}$ λόγον πενταπλάσιον ἔχοντος, ἑξαπλάσιον ἔχειν τοὺς γενομένους προστιθεμένου τοῦ ἀριθμοῦ ἀπαιτήσομεν, τῆς δείξεως προβαινούσης, δεήσει τὰ μείζονα εἶναι τῶν ἐλασσόνων ἑξαπλάσια. ἑξάκις ἄρα τὰ ἐλάττονα ἴσα ἔσται τοῖς μείζοσι· ἑξάκις δὲ τὰ ἐλάσσονα γίνονται ἀριθμοὶ $\bar{\varsigma}$ μ° $\overline{\rho\varkappa}$· ταῦτα δὲ οὐκ ἴσα ἀριθμῷ $\bar{\alpha}$ μ° $\bar{\rho}$, ἀλλὰ μείζονα, ὥστε ἡ δεῖξις οὐ προβαίνει. ὁμοίως καὶ εἰ πενταπλάσιον λόγον ἔχειν τοὺς γενομένους ἀπαιτήσωμεν· $\bar{\varepsilon}$ ἀριθμοὶ μ° $\bar{\rho}$ ἴσοι ἔσονται ἀριθμῷ $\bar{\alpha}$ μ° $\bar{\rho}$.

[13. Ad probl. I, IX (p. 26, 11): *Καὶ ἡ αἰτία δι' ἣν ὁ προσδιορισμὸς τῷ μετ' ἐπιστασίας ἀναγινώσκοντι δήλη.*

14. Ad probl. I, IX (p. 26, 27): *'Επεὶ ἡ λεῖψις ἀριθμοὶ $\bar{\varsigma}$, ταῖς μὲν $\overline{\rho\varkappa}$ μονάσιν οἱ $\bar{\varsigma}$ προστεθέντες ἀριθμοὶ ἀφανίσουσι τὴν λεῖψιν, ταῖς δὲ $\bar{\rho}$ μονάσι λεῖψις ἀριθμοῦ $\bar{\alpha}$ ποιήσουσιν ἀριθμοὺς $\bar{\varepsilon}$ μ° $\bar{\rho}$. καὶ ἀπὸ ὁμοίων ἤτοι μονάδων ὅμοια, ἐναπολειφθήσονται ἀριθμοὶ $\bar{\varepsilon}$ ἴσοι μ° $\bar{\varkappa}$.*]

15. Ad probl. I, X: *Δύο δοθέντων ἀριθμῶν ἀνίσων, ὁ μὲν μείζων, ὁ δὲ ἐλάττων ἀριθμὸς ἔχουσι λόγον πρὸς ἀλλήλους πολλαπλάσιον*, καθ' ὃ ἐδόθη ὁ $\bar{\rho}$ καὶ ὁ $\bar{\varkappa}$ λόγον ἔχοντες $\bar{\varepsilon}$. καὶ αὐτὸς ἀριθμὸς ἐδόθη προστιθέμενος μὲν εἰς τὸν $\bar{\varkappa}$, καὶ πάλιν ὁ αὐτὸς ἀφαιρούμενος εἰς τὸν $\bar{\rho}$. εἰ δὲ ὑποτιθέμεθα τὸν $\bar{\rho}$ λεί-

16—24 Scholia 13, 14 non habet A.

ποντα ἀριθμὸν $\overline{α}$ ἐλάσσονα εἶναι $μ^{o}$ $\overline{κ}$ καὶ ἀριθμοῦ $\overline{α}$, ὁ διδόμενος λόγος οὐδὲν διαφέρει διδόσθαι εἴτε μείζων ἢ εἴτε ἐλάσσων τοῦ λόγου τοῦ ἐξ ἀρχῆς δοθέντος, τῶν $\overline{ρ}$ καὶ $\overline{κ}$ τὸν λόγον ἐχόντων πρὸς ἀλλήλους $\overline{ε}$, εἴτε $\overline{δ}$ δοθῇ εἴτε $\overline{ζ}$. ὁ δὲ τὴν προσθήκην δεχόμενος, ὁ $μ^{o}$ $\overline{κ}$ ⸋ $\overline{α}$ . . . . . .

[16. Ad probl. I, xvi (p. 38, 14): *Τὰ τῶν τριῶν ἀριθμῶν λείποντα τῶν $\overline{ϙ}$ ἴσα ἀριθμῷ ἑνί, ὅς ἥμισύ ἐστιν ὁ $\overline{με}$.*

17. Ad probl. I, xxiv (p. 58, 4): *$\overline{να}$ ἅτινά ἐστι τρὶς ὁ $β^{ος}$ ἤγουν ὁ $\overline{ιζ}$· τρὶς γὰρ ιζ, $\overline{να}$· ὁ δεύτερος ἄρα ἐστὶν ἀριθμοῦ ἑνὸς ἤτοι $\overline{ιγ}$ καὶ μονάδος τρίτου ἤτοι $\overline{δ}$· τοῦ γὰρ $\overline{ιβ}$ τὸ τρίτον $\overline{δ}$.*

18. Ad probl. I, xxv (p. 60, 4): *Ὁ δὲ τέταρτος ἀριθμοῦ ἑνὸς μονάδος ἡμιτρισκαιδεκάτου ἔγγιστα.*]

19. Ad probl. I, xxvii (p. 62, 2) *πλασματικόν*: *ἤτοι οὐκ ἐπιτηδεύσει τινὶ γενόμενον, ἀλλ' αὐτῇ τῇ πλάσει συναναφαινόμενον.*

20. Ad probl. I, xxviii (p. 64, 7): *Πῶς ποιεῖ $Δ^{Y}$ $\overline{β}$ $μ^{o}$ $\overline{σ}$; ὁ $\overline{α}$ ἀριθμὸς καὶ αἱ $\overline{ι}$ $μ^{o}$ πολλαπλασιαζόμεναι ποιοῦσι $Δ^{Y}$ . . . .*
. . . .

Ex codice A (secunda manu).

Ad probl. II, 8: *Ἡ ψυχή σου, Διόφαντε, εἴη μετὰ τοῦ Σατανᾶ ἕνεκα τῆς δυσκολίας τῶν τε ἄλλων σου θεωρημάτων καὶ δὴ καὶ τοῦ παρόντος θεωρήματος.*

7—15 Scholia 16, 17, 18 primus habet Vaticanus 304. — Pro $\overline{γ}$ $ε^{ων}$ (I, p. 60, 4) librarius quidam scripsit ∠' ι' $\left(\frac{3}{5}=\frac{1}{2}+\frac{1}{10}\right)$, quae in ∠' ιγ' corrupta, in textum Parisinorum codicum irrepserunt, ineptumque scholium adduxerunt.

INDEX GRAECITATIS

APUD DIOPHANTUM.[1]

---

1) Prioris voluminis huius editionis paginae et lineae indicantur.

ὀκτάς, octonarius, 342, 17.
ὁλόκληρος, integer (numerus): ἐὰν ἐν ὁλοκλήροις θέλῃς, 306, 6.
ὅλος, totus: ὅλη ἡ διαίρεσις (summa partium), 34, 9; ὅλος ὁ δε, 336, 21; cf. 480, 12. ὁ ὅλος, summa, 344, 10. — integer (numerus), 164, 10.
ὅμοιος, similis: ἀπὸ ὁμοίων ὅμοια, 14, 13; 18, 16; 20, 25; 22, 18; 50, 17; 90, 18; 106, 4; 246, 23; 256, 19; 396, 14; 444, 21; vide ἀφαιρεῖν. — de triangulis rectangulis, 368, 21; 420, 13. — λαβὼν τὰ ἐλάσσονα τῶν ὁμοίων, 410, 13. — V. διὰ et ἐπίπεδος.
ὁμοίως, similiter, 14, 7; 42, 23; 46, 6; 58, 7. 19; 64, 18, etc.; ὁμοίως τοῖς πρὸ τούτου, 402, 6.
ὁμοπληθής, cum eodem coefficiente, 14, 6. 12.
ὁμόπλοος, navigationis socius, 384, 7.
ὁμώνυμος, eadem denominatione: ὁμώνυμα μόρια τοῖς ἀριθμοῖς, 6, 9; 8, 16; cf. 48, 5; (ἀριθμὸς) ὁμώνυμος λόγου τινός, 36, 1.
ὁμωνύμως, 8, 24.
ὅμως, 2, 10.
ὀνομασία, denominatio, 6, 25.
ὀξύς, acutus: τῶν ὀξειῶν γωνιῶν, 430, 23.
ὁποῖος ἄν, quilibet, 166, 16. — ὁποιοσοῦν, 154, 3; 156, 3; 158, 2; 160, 13; 164, 19; 166, 25; 168, 19; 170, 11; 172, 9; 176, 11; 216, 22; 228, 8; 234, 14; 278, 14; 282, 14; 290, 6; 316, 3; 318, 5; 320, 2; 322, 3; 328, 5; 330, 5; 376, 2. 11. 20.
ὁποσοιοῦν, quotlibet, 454, 6; 456, 2; 460, 5; 468, 15.
ὁπότερος, alteruter, 14, 15.
ὅπως, ita ut: cum subiunct. saepissime, ut 18, 27; 20, 11; 22, 6, etc.; interdum cum indic. in cod. mss., ut 60, 23; 62, 20; 66, 2; 114, 11. 24; 116, 16; 118, 6. 20.
ὁρᾷν, videre: ὁρῶ, 350, 24; ἰδών, 96, 10.
ὀργανοῦν (spurium): ὀργανῶσαι τὴν μέθοδον, 2, 5.
ὀρθή: αἱ περὶ τὴν ὀρθήν (sub. γωνίαν), numeri laterum circa rectum angulum (in triangulo rectangulo), 182, 24; 368, 11; 434, 1; 436, 17; 444, 14; cf. 378, 13. ἡ ὀρθή, ipsum latus circa rectum, 392, 5; 394, 12; 402, 10; 404, 12; 406, 8; 408, 7. 21; 410, 21; 412, 12. 16; 414, 26; 420, 9; 422, 17; 428, 19; 436, 21; 440, 3; 442, 13; 446, 17.
ὀρθογώνιον, rectangulum (triangulum): ὀρθογώνιον τρίγωνον, 182, 22; 236, 1; 324, 14. 21; 326, 15; 370, 10; 378, 13; etc. in sexto libro. — abs. ὀρθογώνιον, 374, 13; 402, 22; 416, 20; 422, 6; 430, 19; 434, 16; 438, 1; 440, 9. 14.
ὁρίζειν, determinare: ὡρισμένων, 6, 7.
ὅρος, definitio, 470, 27.
ὅς, ἥ, ὅ; frequentius ὃς μὲν . . . ὃς δέ (pro ὁ μὲν . . . ὁ δέ) ut 2, 18. 21; 60, 12; 86, 22; 92, 7; 94, 14, etc.; semel ὃς μὲν . . . ὁ δέ, 30, 2. — post verba εὑρεῖν, ζητεῖν etc. adhibetur cum

CONSPECTUS PROBLEMATUM DIOPHANTI.[1]

Liber I.

1. $x_1 + x_2 = a, \qquad x_1 - x_2 = b.$
2. $x_1 + x_2 = a, \qquad x_1 = m x_2.$
3. $x_1 + x_2 = a, \qquad x_1 = m x_2 + b.$
4. $x_1 - x_2 = a, \qquad x_1 = m x_2.$
5. $x_1 + x_2 = a, \qquad \frac{1}{m} x_1 + \frac{1}{n} x_2 = b.$
6. $x_1 + x_2 = a, \qquad \frac{1}{m} x_1 - \frac{1}{n} x_2 = b.$
7. $x - a = m(x - b).$
8. $x + a = m(x + b).$
9. $a - x = m(b - x).$
10. $x + b = m(a - x).$
11. $x + b = m(x - a).$
12. $x_1 + x_2 = x_1' + x_2' = a, \quad x_1 = m x_2', \quad x_1' = m x_2.$
13. $\begin{cases} x_1 + x_2 = x_1' + x_2' = x_1'' + x_2'' = a. \\ x_1 = m x_2', \quad x_1' = n x_2'', \quad x_1'' = p x_2. \end{cases}$
14. $x_1 x_2 = m(x_1 + x_2).$
15. $x_1 + a = m(x_2 - a), \quad x_2 + b = n(x_1 - b).$
16. $x_1 + x_2 = a, \quad x_2 + x_3 = b, \quad x_3 + x_1 = c.$
17. $\begin{cases} x_1 + x_2 + x_3 = a, \quad x_2 + x_3 + x_4 = b. \\ x_3 + x_4 + x_1 = c, \quad x_4 + x_1 + x_2 = d. \end{cases}$

---

1) Variantes numeri Bacheti intra parentheses numeris huius editionis adiuncti sunt; asterisci problemata notant quae interpolata videntur.

18. (18.), (19.) $\begin{cases} x_1 + x_2 = x_3 + a, \quad x_2 + x_3 = x_1 + b, \\ x_3 + x_1 = x_2 + c. \end{cases}$

19. (20.), (21.) $\begin{cases} x_1 + x_3 + x_3 = x_4 + a, \; x_2 + x_3 + x_4 = x_1 + b, \\ x_3 + x_4 + x_1 = x_2 + c, \; x_4 + x_1 + x_2 = x_3 + d. \end{cases}$

20. (22.) $x_1 + x_2 + x_3 = a, \; x_1 + x_2 = m x_3, \; x_2 + x_3 = n x_1.$

21. (23.), (24.) $x_1 = x_2 + \frac{1}{m} x_3, \; x_2 = x_3 + \frac{1}{n} x_1, \; x_3 = a + \frac{1}{p} x_2.$

22. (25.) $\begin{cases} x_1 - \frac{1}{m} x_1 + \frac{1}{p} x_3 = x_2 - \frac{1}{n} x_2 + \frac{1}{m} x_1 = \\ \qquad = x_3 - \frac{1}{p} x_3 + \frac{1}{n} x_2. \end{cases}$

23. (26.) $\begin{cases} x_1 - \frac{1}{m} x_1 + \frac{1}{q} x_4 = x_2 - \frac{1}{n} x_2 + \frac{1}{m} x_1 = \\ = x_3 - \frac{1}{p} x_3 + \frac{1}{n} x_2 = x_4 - \frac{1}{q} x_4 + \frac{1}{p} x_3. \end{cases}$

24. (27.) $\begin{cases} x_1 + \frac{1}{m}(x_2 + x_3) = x_2 + \frac{1}{n}(x_3 + x_1) = \\ \qquad = x_3 + \frac{1}{p}(x_1 + x_2). \end{cases}$

25. (28.) $\begin{cases} x_1 + \frac{1}{m}(x_2 + x_3 + x_4) = x_2 + \frac{1}{n}(x_3 + x_4 + x_1) = \\ = x_3 + \frac{1}{p}(x_4 + x_1 + x_2) = x_4 + \frac{1}{q}(x_1 + x_2 + x_3). \end{cases}$

26. (29.) $a x = \alpha^2, \qquad b x = \alpha.$

27. (30.) $x_1 + x_2 = a, \qquad x_1 x_2 = b.$

28. (31.) $x_1 + x_2 = a, \qquad x_1^2 + x_2^2 = b.$

29. (32.) $x_1 + x_2 = a, \qquad x_1^2 - x_2^2 = b.$

30. (33.) $x_1 - x_2 = a, \qquad x_1 x_2 = b.$

31. (34.) $x_1 = m x_2, \qquad x_1^2 + x_2^2 = n(x_1 + x_2).$

32. (35.) $x_1 = m x_2, \qquad x_1^2 + x_2^2 = n(x_1 - x_2).$

33. (36.) $x_1 = m x_2, \qquad x_1^2 - x_2^2 = n(x_1 + x_2).$

34. (37.) $x_1 = m x_2, \qquad x_1^2 - x_2^2 = n(x_1 - x_2).$

Coroll. $x_1 = m x_2, \qquad x_1 x_2 = n(x_1 + x_2).$

" $x_1 = m x_2, \qquad x_1 x_2 = n(x_1 - x_2).$

35. (38.) $x_1 = m x_2, \qquad x_2^2 = n x_1.$

36. (39.) $x_1 = m x_2, \qquad x_2^2 = n x_2.$

37. (40.) $x_1 = m x_2, \quad x_2^2 = n(x_1 + x_2).$

38. (41.) $x_1 = m x_2, \quad x_2^2 = n(x_1 - x_2).$

Coroll. (42.) $x_1 = m x_2, \quad x_1^2 = n x_2.$

„ $x_1 = m x_2, \quad x_1^2 = n x_1.$

„ $x_1 = m x_2, \quad x_1^2 = n(x_1 + x_2).$

„ $x_1 = m x_2, \quad x_1^2 = n(x_1 - x_2).$

39. (43.)
$$\left.\begin{aligned} (a+b)x &= \frac{(a+x)b+(b+x)a}{2}, \\ \text{vel}\quad (a+x)b &= \frac{(a+b)x+(b+x)a}{2}, \\ \text{vel}\quad (b+x)a &= \frac{(a+b)x+(a+x)b}{2} \end{aligned}\right\} \quad a > b.$$

Liber II.

1.* $x_1 + x_2 = \frac{1}{m}(x_1^2 + x_2^2).$

2.* $x_1 - x_2 = \frac{1}{m}(x_1^2 - x_2^2).$

3.* a. $x_1 x_2 = m(x_1 + x_2).$

„ b. $x_1 x_2 = m(x_1 - x_2).$

4.* $x_1^2 + x_2^2 = m(x_1 - x_2).$

5.* $x_1^2 - x_2^2 = m(x_1 + x_2).$

6.* $x_1 - x_2 = a, \quad x_1^3 - x_2^2 = x_1 - x_2 + b.$

7.* $\langle x_1 - x_2 = a, \rangle \quad x_1^2 - x_2^2 = m(x_1 - x_2) + b.$

8. $\left\{\begin{matrix}(8.)\\(9.)\end{matrix}\right\}$ $x_1^2 + x_2^2 = a^2.$

9. (10.) $x_1^2 + x_2^2 = a^2 + b^2.$

10. (11.) $x_1^2 - x_2^2 = a.$

11. (12.) $x + a = \square, \quad x + b = \square.$

12. (13.) $a - x = \square, \quad b - x = \square.$

13. (14.) $x - a = \square, \quad x - b = \square.$

14. (15.) $x_1 + x_2 = a, \quad x_1 + y^2 = \square, \quad x_2 + y^2 = \square.$

15. (16.) $x_1 + x_2 = a, \quad y^2 - x_1 = \square, \quad y^2 - x_2 = \square.$

16. (17.) $x_1 = m x_2, \quad a^2 + x_1 = \square, \quad a^2 + x_2 = \square.$

17.* (18.) $\begin{cases} x_1 - \left(\frac{1}{m_1}x_1 + a_1\right) + \frac{1}{m_3}x_3 + a_3 = \\ \quad = x_2 - \left(\frac{1}{m_2}x_2 + a_2\right) + \frac{1}{m_1}x_1 + a_1 = \\ \quad = x_3 - \left(\frac{1}{m_3}x_3 + a_3\right) = \frac{1}{m_2}x_2 + a_2 . \end{cases}$

18.* (19.) Eadem conditio, et insuper: $x_1 + x_2 + x_3 = b$.

19. (20.) $x_1^2 - x_2^2 = m(x_2^2 - x_3^2)$.

20. (21.) $x_1^2 + x_2 = \square, \quad x_2^2 + x_1 = \square$.

21. (22.) $x_1^2 - x_2 = \square, \quad x_2^2 - x_1 = \square$.

22. (23.) $x_1^2 + x_1 + x_2 = \square, \quad x_2^2 + x_1 + x_2 = \square$.

23. (24.) $x_1^2 - (x_1 + x_2) = \square, \quad x_2^2 - (x_1 + x_2) = \square$.

24. (25.) $(x_1 + x_2)^2 + x_1 = \square, \quad (x_1 + x_2)^2 + x_2 = \square$.

25. (26.) $(x_1 + x_2)^2 - x_1 = \square, \quad (x_1 + x_2)^2 - x_2 = \square$.

26. (27.) $x_1 x_2 + x_1 = \alpha^2, \quad x_1 x_2 + x_2 = \beta^2, \quad \alpha + \beta = a$.

27. (28.) $x_1 x_2 - x_1 = \alpha^2, \quad x_1 x_2 - x_2 = \beta^2, \quad \alpha + \beta = a$.

28. (29.) $x_1^2 x_2^2 + x_1^2 = \square, \quad x_1^2 x_2^2 + x_2^2 = \square$.

29. (30.) $x_1^2 x_2^2 - x_1^2 = \square, \quad x_1^2 x_2^2 - x_2^2 = \square$.

30. (31.) $x_1 x_2 \pm (x_1 + x_2) = \square$.

31. (32.) $x_1 x_2 \pm (x_1 + x_2) = \square, \quad x_1 + x_2 = \square$.

32. (33.) $x_1^2 + x_2 = \square, \quad x_2^2 + x_3 = \square, \quad x_3^2 + x_1 = \square$.

33. (34.) $x_1^2 - x_2 = \square, \quad x_2^2 - x_3 = \square, \quad x_3^2 - x_1 = \square$.

34. (35.) $\begin{cases} x_1^2 + x_1 + x_2 + x_3 = \square, \quad x_2^2 + x_1 + x_2 + x_3 = \square, \\ \qquad x_3^2 + x_1 + x_2 + x_3 = \square . \end{cases}$

35. (36.) $\begin{cases} x_1^2 - (x_1 + x_2 + x_3) = \square, \quad x_2^2 - (x_1 + x_2 + x_3) = \square, \\ \qquad x_3^2 - (x_1 + x_2 + x_3) = \square . \end{cases}$

Liber III.

1.* $\begin{cases} x_1 + x_2 + x_3 - x_1^2 = \square, \quad x_1 + x_2 + x_3 - x_2^2 = \square, \\ \qquad x_1 + x_2 + x_3 - x_3^2 = \square . \end{cases}$

2.* $\begin{cases} (x_1 + x_2 + x_3)^2 + x_1 = \square, \quad (x_1 + x_2 + x_3)^2 + x_2 = \square, \\ \qquad (x_1 + x_2 + x_3)^2 + x_3 = \square . \end{cases}$

3.* $\begin{cases} (x_1+x_2+x_3)^2 - x_1 = \square, \; (x_1+x_2+x_3)^2 - x_2 = \square, \\ (x_1+x_2+x_3)^2 - x_3 = \square. \end{cases}$

4.* $\begin{cases} x_1 - (x_1+x_2+x_3)^2 = \square, \; x_2 - (x_1+x_2+x_3)^2 = \square, \\ x_3 - (x_1+x_2+x_3)^2 = \square. \end{cases}$

5. $\left\{\begin{matrix}(5.)\\(6.)\end{matrix}\right\}$ $x_1 + x_2 + x_3 = \square, \quad x_1 + x_2 - x_3 = \square,$ $x_2 + x_3 - x_1 = \square, \quad x_3 + x_1 - x_2 = \square.$

6. $\left\{\begin{matrix}(7.)\\(8.)^*\end{matrix}\right\}$ $x_1 + x_2 + x_3 = \square,$ $x_1 + x_2 = \square, \quad x_2 + x_3 = \square, \quad x_3 + x_1 = \square,$

7. (9.) $\begin{cases} x_1 - x_2 = x_2 - x_3. \\ x_1 + x_2 = \square, \quad x_2 + x_3 = \square, \quad x_3 + x_1 = \square. \end{cases}$

8. (10.) $\begin{cases} x_1 + x_2 + x_3 + a = \square. \\ x_1+x_2+a = \square, \; x_2+x_3+a = \square, \; x_3+x_1+a = \square. \end{cases}$

9. (11.) $\begin{cases} x_1 + x_2 + x_3 - a = \square. \\ x_1+x_2-a = \square, \; x_2+x_3-a = \square, \; x_3+x_1-a = \square. \end{cases}$

10. (12.) $x_1 x_2 + a = \square, \quad x_2 x_3 + a = \square, \quad x_3 x_1 + a = \square.$

11. (13.) $x_1 x_2 - a = \square, \quad x_2 x_3 - a = \square, \quad x_3 x_1 - a = \square.$

12 (14.) $x_1 x_2 + x_3 = \square, \quad x_2 x_3 + x_1 = \square, \quad x_3 x_1 + x_2 = \square.$

13. (15.) $x_1 x_2 - x_3 = \square, \quad x_2 x_3 - x_1 = \square, \quad x_3 x_1 - x_2 = \square.$

14. (16.) $x_1 x_2 + x_3^2 = \square, \quad x_2 x_3 + x_1^2 = \square, \quad x_3 x_1 + x_2^2 = \square.$

15. $\left\{\begin{matrix}(17.)\\(18.)\end{matrix}\right\}$ $x_1 x_2 + x_1 + x_2 = \square, \quad x_2 x_3 + x_2 + x_3 = \square,$ $x_3 x_1 + x_3 + x_1 = \square.$

16. (19.) $\begin{cases} x_1 x_2 - (x_1 + x_2) = \square, \quad x_2 x_3 - (x_2 + x_3) = \square, \\ x_3 x_1 - (x_3 + x_1) = \square. \end{cases}$

17. (20.) $\begin{cases} x_1 x_2 + x_1 + x_2 = \square, \\ x_1 x_2 + x_1 = \square, \quad x_1 x_2 + x_2 = \square. \end{cases}$

18. (21.) $\begin{cases} x_1 x_2 - (x_1 + x_2) = \square, \\ x_1 x_2 - x_1 = \square, \quad x_1 x_2 - x_2 = \square. \end{cases}$

19. (22.) $(x_1 + x_2 + x_3 + x_4)^2 \pm \begin{Bmatrix} x_1 \\ x_2 \\ x_3 \\ x_4 \end{Bmatrix} = \square.$

20.* (23.) Vide II, 15.
21.* (24.) Vide II, 14.

Liber IV.

1. $x_1^3 + x_2^3 = a, \quad x_1 + x_2 = b.$

2. $x_1^3 - x_2^3 = a, \quad x_1 - x_2 = b.$

3. $x^2 y = \alpha, \quad xy = \alpha^3.$

4. $x^2 + y = \alpha^2, \quad x + y = \alpha.$

5. $x^2 + y = \alpha, \quad x + y = \alpha^2.$

6. $x^3 + y^2 = \alpha^3, \quad z^2 + y^2 = \beta^2.$

7. $\left\{\begin{matrix}(7.)\\(8.)\end{matrix}\right\}$ $x^3 + y^2 = \alpha^2, \quad z^2 + y^2 = \beta^3.$

8. (9.) $x + y^3 = \alpha^3, \quad x + y = \alpha.$

9. (10.) $x + y^3 = \alpha, \quad x + y = \alpha^3.$

10. (11.) $x_1^3 + x_2^3 = x_1 + x_2.$

11. (12.) $x_1^3 - x_2^3 = x_1 - x_2.$ } Idem problema.

12. (13.) $x_1^3 + x_2 = x_2^3 + x_1.$ }

13. (14.) $\begin{cases} x_1 + 1 = \square, \quad x_2 + 1 = \square. \\ x_1 \pm x_2 + 1 = \square. \end{cases}$

14. (15.) $x_1^2 + x_2^2 + x_3^2 = (x_1^2 - x_2^2) + (x_2^2 - x_3^2) + (x_1^2 - x_3^2).$

15. (16.) $(x_1 + x_2)x_3 = a, \ (x_2 + x_3)x_1 = b, \ (x_3 + x_1)x_2 = c.$

16. (17.) $\begin{cases} x_1 + x_2 + x_3 = \square, \\ x_1^2 + x_2 = \square, \quad x_2^2 + x_3 = \square, \quad x_3^2 + x_1 = \square. \end{cases}$

17. (18.) $\begin{cases} x_1 + x_2 + x_3 = \square, \\ x_1^2 - x_2 = \square, \quad x_2^2 - x_3 = \square, \quad x_3^2 - x_1 = \square. \end{cases}$

18. (19.) $x_1^3 + x_2 = \alpha^3, \quad x_2^2 + x_1 = \beta^2.$

19. (20.) $x_1 x_2 + 1 = \square, \quad x_2 x_3 + 1 = \square, \quad x_3 x_1 + 1 = \square.$

20. (21.) $\begin{cases} x_1 x_2 + 1 = \square, \quad x_2 x_3 + 1 = \square, \quad x_3 x_1 + 1 = \square, \\ x_1 x_4 + 1 = \square, \quad x_2 x_4 + 1 = \square, \quad x_3 x_4 + 1 = \square. \end{cases}$

21. (22.) $\begin{cases} x_1 x_3 = x_2^2, \quad x_1 - x_2 = \square, \\ x_2 - x_3 = \square, \quad x_1 - x_3 = \square. \end{cases}$

22. (23.) $x_1 x_2 x_3 + \left\{\begin{matrix} x_1 \\ x_2 \\ x_3 \end{matrix}\right\} = \square.$

23. (24.) $x_1 x_2 x_3 - \begin{Bmatrix} x_1 \\ x_2 \\ x_3 \end{Bmatrix} = \square.$

24. (25.) $x_1 + x_2 = a, \qquad x_1 x_2 = \alpha^3 - \alpha.$

25. (26.) $x_1 + x_2 + x_3 = a, \qquad x_1 x_2 x_3 = [2(x_1 - x_3)]^3.$

26. (27.) $x_1 x_2 + x_1 = \alpha^3, \qquad x_1 x_2 + x_2 = \beta^3.$

27. (28.) $x_1 x_2 - x_1 = \alpha^3, \qquad x_1 x_2 - x_2 = \beta^3.$

28. $\begin{Bmatrix} (29.) \\ (30.) \end{Bmatrix}$ $x_1 x_2 + x_1 + x_2 = \alpha^3, \qquad x_1 x_2 - (x_1 + x_2) = \beta^3.$

29. (31.) $x_1^2 + x_2^2 + x_3^2 + x_4^2 + x_1 + x_2 + x_3 + x_4 = a.$

30. (32.) $x_1^2 + x_2^2 + x_3^2 + x_4^2 - (x_1 + x_2 + x_3 + x_4) = a.$

31. $\begin{Bmatrix} (33.) \\ (34.) \end{Bmatrix}$ $\begin{matrix} x_1 + x_2 = 1, \\ (x_1 + a)(x_2 + b) = \square. \end{matrix}$

32. (35.) $x_1 + x_2 + x_3 = a, \qquad x_1 x_2 \pm x_3 = \square.$

33. (36.) $\begin{cases} x_1 + \frac{1}{y} x_2 = m(x_2 - \frac{1}{y} x_2), \\ x_2 + \frac{1}{y} x_1 = n(x_1 - \frac{1}{y} x_1). \end{cases}$

Lemma. (37.) $x_1 x_2 + x_1 + x_2 = a.$

34. (38.) $\begin{cases} x_1 x_2 + x_1 + x_2 = a, \qquad x_2 x_3 + x_2 + x_3 = b, \\ \qquad\qquad\qquad\qquad\qquad x_3 x_1 + x_3 + x_1 = c. \end{cases}$

Lemma. (39.) $x_1 x_2 - x_1 - x_2 = a.$

35. (40.) $\begin{cases} x_1 x_2 - x_1 - x_2 = a, \qquad x_2 x_3 - x_2 - x_3 = b, \\ \qquad\qquad\qquad\qquad\qquad x_3 x_1 - x_3 - x_1 = c. \end{cases}$

Lemma. (41.) $x_1 x_2 = m(x_1 + x_2).$

36. (42.) $\begin{cases} x_1 x_2 = m(x_1 + x_2), \qquad x_2 x_3 = n(x_2 + x_3), \\ \qquad\qquad\qquad\qquad\qquad x_3 x_1 = p(x_3 + x_1). \end{cases}$

37. (43.) $\begin{cases} x_1 x_2 = m(x_1 + x_2 + x_3), \\ x_2 x_3 = n(x_1 + x_2 + x_3), \\ x_3 x_1 = p(x_1 + x_2 + x_3). \end{cases}$

38. (44.) $\begin{cases} (x_1 + x_2 + x_3)x_1 = \frac{\alpha(\alpha+1)}{2}, \\ (x_1 + x_2 + x_3)x_2 = \beta^2, \\ (x_1 + x_2 + x_3)x_3 = \gamma^3. \end{cases}$

39. (45.) $\begin{cases} x_1 - x_2 = m(x_2 - x_3), \\ x_1 + x_2 = \square, \quad x_2 + x_3 = \square, \quad x_3 + x_1 = \square. \end{cases}$

40. (46.) $\begin{cases} x_1^2 - x_2^2 = m(x_2 - x_3), \\ x_1 + x_2 = \square, \quad x_2 + x_3 = \square, \quad x_3 + x_1 = \square. \end{cases}$

Liber V.

1. $\begin{cases} x_1 x_3 = x_2^2, \\ x_1 - a = \square, \quad x_2 - a = \square, \quad x_3 - a = \square. \end{cases}$

2. $\begin{cases} x_1 x_3 = x_2^2, \\ x_1 + a = \square, \quad x_2 + a = \square, \quad x_3 + a = \square. \end{cases}$

3. $\begin{cases} x_1 + a = \square, \quad x_2 + a = \square, \quad x_3 + a = \square, \\ x_1 x_2 + a = \square, \quad x_2 x_3 + a = \square, \quad x_3 x_1 + a = \square. \end{cases}$

4. $\begin{cases} x_1 - a = \square, \quad x_2 - a = \square, \quad x_3 - a = \square, \\ x_1 x_2 - a = \square, \quad x_2 x_3 - a = \square, \quad x_3 x_1 - a = \square. \end{cases}$

5. $\begin{cases} x_1^2 x_2^2 + x_3^2 = \square, \quad x_2^2 x_3^2 + x_1^2 = \square, \\ x_3^2 x_1^2 + x_2^2 = \square, \\ x_1^2 x_2^2 + x_1^2 + x_2^2 = \square, \quad x_2^2 x_3^2 + x_2^2 + x_3^2 = \square, \\ x_3^2 x_1^2 + x_3^2 + x_1^2 = \square. \end{cases}$

6. $\begin{cases} x_1 - 2 = \square, \quad x_2 - 2 = \square, \quad x_3 - 2 = \square, \\ x_1 x_2 - x_1 - x_2 = \square, \quad x_2 x_3 - x_2 - x_3 = \square, \\ x_3 x_1 - x_3 - x_1 = \square, \\ x_1 x_2 - x_3 = \square, \quad x_2 x_3 - x_1 = \square, \quad x_3 x_1 - x_2 = \square. \end{cases}$

Lemma. (7.) $x_1 x_2 + x_1^2 + x_2^2 = \square.$

Lemma. (8.) $\begin{cases} r_1^2 = s_1^2 + t_1^2, \quad r_2^2 = s_2^2 + t_2^2, \quad r_3^2 = s_3^2 + t_3^2, \\ s_1 t_1 = s_2 t_2 = s_3 t_3. \end{cases}$

7. (9.) $\begin{cases} x_1^2 \pm (x_1 + x_2 + x_3) = \square, \quad x_2^2 \pm (x_1 + x_2 + x_3) = \square, \\ x_3^2 \pm (x_1 + x_2 + x_3) = \square. \end{cases}$

Lemma. (10.) $x_1 x_2 = a^2, \quad x_2 x_3 = b^2, \quad x_3 x_1 = c^2.$

8. (11.) $\begin{cases} x_1 x_2 \pm (x_1 + x_2 + x_3) = \square, \ x_2 x_3 \pm (x_1 + x_2 + x_3) = \square, \\ x_3 x_1 \pm (x_1 + x_2 + x_3) = \square. \end{cases}$

9. (12.) $x_1 + x_2 = 1, \quad x_1 + a = \square, \quad x_2 + a = \square.$

10. (13.) $x_1 + x_2 = 1, \quad x_1 + a = \square, \quad x_2 + b = \square.$

11. (14.) $\begin{cases} x_1 + x_2 + x_3 = 1, \\ x_1 + a = \square, \quad x_2 + a = \square, \quad x_3 + a = \square. \end{cases}$

12. (15.) $\begin{cases} x_1 + x_2 + x_3 = 1, \\ x_1 + a = \square, \quad x_2 + b = \square, \quad x_3 + c = \square. \end{cases}$

13. (16.) $\begin{cases} x_1 + x_2 + x_3 = a, \\ x_1 + x_2 = \square, \quad x_2 + x_3 = \square, \quad x_3 + x_1 = \square. \end{cases}$

14. (17.) $\begin{cases} x_1 + x_2 + x_3 + x_4 = a, \\ x_1 + x_2 + x_3 = \square, \quad x_2 + x_3 + x_4 = \square, \\ x_3 + x_4 + x_1 = \square, \quad x_4 + x_1 + x_2 = \square. \end{cases}$

15. (18.) $\begin{cases} (x_1 + x_2 + x_3)^3 + x_1 = \alpha^3, \ (x_1 + x_2 + x_3)^3 + x_2 = \beta^3, \\ (x_1 + x_2 + x_3)^3 + x_3 = \gamma^3. \end{cases}$

16. (19.) $\begin{cases} (x_1 + x_2 + x_3)^3 - x_1 = \alpha^3, \ (x_1 + x_2 + x_3)^3 - x_2 = \beta^3, \\ (x_1 + x_2 + x_3)^3 - x_3 = \gamma^3. \end{cases}$

17. (20.) $\begin{cases} x_1 - (x_1 + x_2 + x_3)^3 = \alpha^3, \ x_2 - (x_1 + x_2 + x_3)^3 = \beta^3, \\ x_3 - (x_1 + x_2 + x_3)^3 = \gamma^3. \end{cases}$

18. (21.) $\begin{cases} x_1 + x_2 + x_3 = \alpha^2, \\ \alpha^6 + x_1 = \square, \quad \alpha^6 + x_2 = \square, \quad \alpha^6 + x_3 = \square. \end{cases}$

19. (22.) a. $\begin{cases} x_1 + x_2 + x_3 = \alpha^2, \\ \alpha^6 - x_1 = \square, \quad \alpha^6 - x_2 = \square, \quad \alpha^6 - x_3 = \square. \end{cases}$

b. $\begin{cases} x_1 + x_2 + x_3 = \alpha^2, \\ x_1 - \alpha^6 = \square, \quad x_2 - \alpha^6 = \square, \quad x_3 - \alpha^6 = \square. \end{cases}$

c. $\begin{cases} x_1 + x_2 + x_3 = a, \\ a^3 + x_1 = \square, \quad a^3 + x_2 = \square, \quad a^3 + x_3 = \square. \end{cases}$

d. $\begin{cases} x_1 + x_2 + x_3 = a, \\ a^3 - x_1 = \square, \quad a^3 - x_2 = \square, \quad a^3 - x_3 = \square. \end{cases}$

20. (23.) $\begin{cases} x_1 + x_2 + x_3 = \frac{1}{m}, \\ x_1 - \frac{1}{m^3} = \square, \quad x_2 - \frac{1}{m^3} = \square, \quad x_3 - \frac{1}{m^3} = \square. \end{cases}$

21. (24.) $\begin{cases} x_1^2 x_2^2 x_3^2 + x_1^2 = \square, \quad x_1^2 x_2^2 x_3^2 + x_2^2 = \square, \\ x_1^2 x_2^2 x_3^2 + x_3^2 = \square. \end{cases}$

22. (25.) $\begin{cases} x_1^2 x_2^2 x_3^2 - x_1^2 = \square, \quad x_1^2 x_2^2 x_3^2 - x_2^2 = \square, \\ x_1^2 x_2^2 x_3^2 - x_3^2 = \square. \end{cases}$

23. (26.) $\begin{cases} x_1^2 - x_1^2 x_2^2 x_3^2 = \square, \quad x_2^2 - x_1^2 x_2^2 x_3^2 = \square, \\ x_3^2 - x_1^2 x_2^2 x_3^2 = \square. \end{cases}$

24. (27.) $x_1^2 x_2^2 + 1 = \square, \; x_2^2 x_3^2 + 1 = \square, \; x_3^2 x_1^2 + 1 = \square.$

25. (28.) $x_1^2 x_2^2 - 1 = \square, \; x_2^2 x_3^2 - 1 = \square, \; x_3^2 x_1^2 - 1 = \square.$

26. (29.) $1 - x_1^2 x_2^2 = \square, \; 1 - x_2^2 x_3^2 = \square, \; 1 - x_3^2 x_1^2 = \square.$

27. (30.) $\begin{cases} x_1^2 + x_2^2 + a = \square, \quad x_2^2 + x_3^2 + a = \square, \\ x_3^2 + x_1^2 + a = \square. \end{cases}$

28. (31.) $\begin{cases} x_1^2 + x_2^2 - a = \square, \quad x_2^2 + x_3^2 - a = \square, \\ x_3^2 + x_1^2 - a = \square. \end{cases}$

29. (32.) $x_1^4 + x_2^4 + x_3^4 = \square.$

30. (33.) $m x_1 + n x_2 = \alpha^2 = (x_1 + x_2)^2 - a.$

Liber VI.[1])

1. $r - s = \alpha^3, \quad r - t = \beta^3.$
2. $r + s = \alpha^3, \quad r + t = \beta^3.$
3. $\frac{1}{2} st + a = \square.$
4. $\frac{1}{2} st - a = \square.$
5. $a - \frac{1}{2} st = \square.$
6. $\frac{1}{2} st + s = a.$
7. $\frac{1}{2} st - s = a.$

1) In omnibus problematis sexti libri supponitur $r^2 = s^2 + t^2$.

8. $\frac{1}{2}st + s + t = a.$

9. $\frac{1}{2}st - s - t = a.$

10. $\frac{1}{2}st + r + s = a.$

11. $\frac{1}{2}st - r - s = a.$

Lemma. (12.) $s - t = \square, \quad s = \square, \quad \frac{1}{2}st + t = \square.$

Lemma. (12.) $ax^2 + b = \square$ (supp.: $a + b = c^2$).

12. (13.) $\frac{1}{2}st + s = \square, \quad \frac{1}{2}st + t = \square.$

13. (14.) $\frac{1}{2}st - s = \square, \quad \frac{1}{2}st - t = \square.$

14. (15.) $\frac{1}{2}st - r = \square, \quad \frac{1}{2}st - s = \square.$

Lemma. (16.) $ax^2 - b = \square$ (supp.: $ad^2 - b = c^2$).

15. (17.) $\frac{1}{2}st + r = \square, \quad \frac{1}{2}st + s = \square.$

16. (18.) $x_1 + x_2 = t, \quad \frac{x_1}{x_2} = \frac{s}{r}, \quad s^2 + x_1{}^2 = x_3{}^2.$

17. (19.) $\frac{1}{2}st + r = \square, \quad r + s + t = \alpha^3.$

18. (20.) $\frac{1}{2}st + r = \alpha^3, \quad r + s + t = \square.$

19. (21.) $\frac{1}{2}st + s = \square, \quad r + s + t = \alpha^3.$

20. (22.) $\frac{1}{2}st + s = \alpha^3, \quad r + s + t = \square.$

21. (23.) $r + s + t = \alpha^2 = \beta^3 - \frac{1}{2}st.$

22. (24.) $r + s + t = \alpha^3 = \beta^2 - \frac{1}{2}st.$

23. (25.) $r^2 = \alpha^2 + \alpha = s(\beta^3 + \beta).$

24. (26.) $r = \alpha^3 + \alpha, \quad s = \beta^3 - \beta, \quad t = \gamma^3.$

CONSPECTUS.

DIOPHANTUS PSEUDEPIGRAPHUS.

DE DIOPHANTO TESTIMONIA VETERUM.